Bob Flexner의
목재 마감

UNDERSTANDING WOOD FINISHING
by Bob Flexner

Original English Language edition Copyright © 2021, 2010, 2005 Bob Flexner and Fox Chapel Publishing Inc.,
903 Square Street, Mount Joy, PA 17552
All rights reserved

Translation into Korean Copyright © 2022 by Monoonjongi, All rights reserved. Published under llicense.

Photographs and illustrations copyright © 2005 AW Media, LLC, except as follows: Photo 1-4 / copyright © 2005 Michael Puryear; Photos p. 16, 1-6 / copyright © 2005 Charles Radtke; Photos p. 1-7 / copyright © 2005 Bob Flexner; Photos 15-4 through 15-8 / copyright 2005 © Jim Roberson; Photos p. 9, p. 24, 1-1, 1-2, 1-3, 2-3, 4-4, 4-5, 4-8, 4-13, 4-14, 14-1, 15-2, 15-3, 15-9, 15-10, p. 222, 17-1, 17-2, p. 240, 17-3, p. 244, p. 246, pp. 247-251, pp. 253-255, p. 258, pp. 259-261, pp. 263-267, p. 291, 20-5 / copyright © 2005 Rick Mastelli; Photos pp. 304-318 © Bob Flexner

Korean translation rights are arranged with Fox Chapel Publishing through AMO Agency Korea.

Bob Flexner의 목재 마감

초판 1쇄 발행 2022년 5월 31일

지은이 밥 플렉스너 | **옮긴이** 김준형·정연집
펴낸이 서진 | **기획·마케팅** 노수준 | **편집** SUB

펴낸곳 모눈종이 | **출판등록** 제2015-000280호
주소 (우 05415) 서울 강동구 아리수로93나길 88 강동리버스트 812동 1805호
전화 070-7553-1868 | **팩스** 0505-041-2300 | **이메일** mo-noon@naver.com

ISBN 979-11-961341-6-7(03540)
값 38,000원

이 책의 한국어판 저작권은 AMO 에이전시를 통해 저작권자와 독점 계약한 모눈종이에 있습니다.
신 저작권법에 의해 한국 내에서 보호를 받는 저작물이므로 무단 전재와 무단 복제를 금합니다.

Bob Flexner의
목재 마감

밥 플렉스너 지음   김준형·정연집 옮김

모눈종이

차례

머리말 8
안전제일 11
한국어판 서문 12
옮긴이의 말 14

1장 목재는 왜 마감을 해야 하는가? 16
- 위생 17
- 치수안정화 17
- 장식효과 20

2장 재면 준비 23
- 목재 선택 24
- 샌딩과 평활화 26
- 사포 30
- 접착제 얼룩 31
- 거스러미 제거 31
- 함몰, 손상과 구멍 34
- 목재 퍼티 36

3장 도장 용구 38
- 헝겊 39
- 연마 패드 만들기 39
- 붓 40
- 붓질하기 42
- 붓질에서 흔히 발생하는 문제점 44
- 분무총과 장비 45
- 전형적인 분무총 작동 방식 45
- 분무배기장치 47
- 분무에서 흔히 발생하는 문제점 49
- 에어로졸 분무 마감 50
- 공기압축기 52
- 분무총에서 흔히 발생하는 문제점 53

4장 목재 착색 58
- 착색제의 이해 60
- 착색제의 구성 61
- 착색제 길잡이 65
- 화학 착색제 66
- 목재 탈색 67
- 목재 흑단화 처리 73
- 아닐린 염료의 사용 74
- 색상 맞추기 76
- 염료와 퇴색저항 77
- 착색제 바르기 77
- 착색 전 워시코트 하기 78
- 워시코트제 80
- 마구리면 착색 82
- 착색에서 흔히 발생하는 문제점, 원인과 해결 방법 84

5장 오일 마감제 87
- 옛 목공인들과 아마인유 88
- 오일과 오일·바니시 마감제 바르기 89
- 오일 마감제와 침투 90
- 오일의 이해 90
- 식품 안전에 대한 오해 92
- 바니시의 이해 93
- 알맞은 오일 찾기 95
- 오일 마감제의 블리딩 97
- 오일 마감제의 구분 98
- 유지관리와 보수 99
- 오일 마감제 안내 100

6장 왁스 마감제 103
- 마감제로 왁스 사용하기 105
- 다른 마감제와의 호환성 105

- 나만의 반죽형 왁스 만들기 106
- 반죽형 왁스 바르기 107

7장 눈메꿈 110
- 마감제로 눈메꿈 하기 112
- 반죽형 목재 메꿈제로 눈메꿈 하기 113
- 마감제와 반죽형 목재 메꿈제 비교 114
- 유성과 수성 목재 메꿈제 비교 115
- 유성 반죽형 목재 메꿈제를 사용할 때 흔히 발생하는 문제점 116
- 유성 반죽형 목재 메꿈제 사용하기 118
- 수성 반죽형 목재 메꿈제 사용하기 120

8장 도막형성 마감제 입문 123
- 제품명의 오해? 124
- 마감제 이해하기 125
- 고형분 함량과 도막 두께 126
- 마감제의 경화 방식 127
- 소광제로 광택 조절하기 128
- 마감제의 경화법 130
- 증발형·반응형·복합형 마감제 비교 132
- 마감제 분류 133
- 실러와 실러 바르기 134
- 용제와 희석제 136
- 다양한 마감제용 용제와 희석제 136
- 마감제 호환성 137
- 도막형성 마감제의 미래 138

9장 셀락 140
- 셀락이란? 141
- 셀락의 장단점 141
- 셀락의 범주 143

- 알코올 144
- 오늘날 셀락의 용도 145
- 프랑스 광택내기 147
- 셀락의 분무와 붓질 148
- 셀락 마감에서 흔히 발생하는 문제점 152
- 패딩 래커 154

10장 래커 155
- 다양한 니트로셀룰로오스 래커 156
- 래커의 장단점 157
- 래커의 장점 157
- 래커 희석제 159
- 래커 희석제에 포함된 용제 비교 160
- 크래클 래커 161
- 래커의 문제점 162
- 래커 마감에서 흔히 발생하는 문제점 164
- 피시 아이와 실리콘 165
- 래커 분무 167

11장 바니시 168
- 오일과 수지 혼합물 170
- 바니시의 장단점 170
- 바니시의 특성 171
- 바니시 도포하기 172
- 와이핑 바니시 173
- 바니시 종류 판별하기 173
- 바니시 붓질하기 174
- 테레빈유와 석유 증류분 용제 176
- 젤 바니시 176
- 바니시의 미래 177
- 바니시 도포에서 흔히 발생하는 문제점 178

12장 **2액형 마감제** 180
- 주방 가구 제조자 협회(KCMA) 시험기준 181
- 촉매형 마감제 182
- 2액형 마감제의 장단점 182
- 2액형 폴리우레탄 184
- 가교 결합형 수성 마감제 185
- 에폭시 수지 185

13장 **수성 마감제** 188
- 수성 마감제는 무엇인가? 189
- 수성 마감제의 장단점 190
- 수성 마감제의 특성 190
- 수성 마감제 사용에서 흔히 발생하는 문제점 192
- 수성 마감제 붓질과 분무 193
- 글리콜 에테르 196
- 수성 마감제는 여러분에게 적합한가? 197

14장 **마감제 선택하기** 198
- 마감 후 외관 199
- 보호력 201
- 내구성 201
- 사용 편의성 201
- 안전성 202
- 용제 폐기물 처리하기 203
- 복구가능성 204
- 마감제 비교하기 204
- 마감제 선택 가이드 205
- 연마 광내기 편의성 206
- 어떻게 선택해야 하는가? 207

15장 **고급 도색 방법** 208
- 도막착색 209
- 공장에서 사용하는 마감법 210
- 토닝 215
- 고재처럼 마감하기 216
- 피클링 218
- 스텝 패널 219
- 도막착색과 토닝에서 흔히 발생하는 문제점 220

16장 **마감 완성하기** 222
- 마감면 노출하기 224
- 마감면 연마 시 중요한 몇 가지 요인 224
- 합성 스틸울 227
- 스틸울로 연마하기 228
- 연마용 윤활유 비교 231
- 마감면 평잡기와 연마하기 232
- 공구연마 234

17장 **각기 다른 목재의 마감** 237
- 소나무 239
- 붓으로 래커 마감한 소나무 240
- 분무 래커로 색조 마감한 소나무 241
- 젤 착색제와 저광 폴리우레탄 바니시로 마감한 소나무 242
- 참나무 243
- 저광 래커로 마감한 참나무 244
- 호두색 오일·바니시 혼합물로 마감한 참나무 246
- 저광 수성 마감제로 마감한 피클링 참나무 247
- 저광 래커로 마감한 착색 피클링 참나무 248
- 호두나무 249
- 오일·바니시 혼합물로 마감한 호두나무 249
- 오렌지 셸락과 왁스로 마감한 호두나무 250

- 변재착색제와 래커로 마감한 호두나무 251
- 마호가니 252
- 와이핑 바니시로 마감한 마호가니 253
- 착색과 눈메꿈 후 연마 래커로 마감한 마호가니 254
- 착색하고 래커로 마감한 도막착색 마호가니 255
- 염료 착색 후 셸락으로 마감한 단풍나무 256
- 경단풍나무 257
- 와이핑 바니시로 마감한 단풍나무 258
- 수성 마감제로 마감한 단풍나무 259
- 벚나무 259
- 젤 바니시로 마감한 고재 벚나무 260
- 토닝과 연마 래커로 마감한 벚나무 261
- 물푸레, 느릅나무, 밤나무 263
- 저광 래커로 마감하고 토닝한 물푸레나무 263
- 연필향나무 264
- 연단풍, 미국풍나무, 포플러 264
- 자작나무 264
- 유분이 많은 목재들 264
- 염색과 수성도료로 마감한 포플러 265
- 프랑스 광택으로 마감한 염료착색 자작나무 266
- 왁스로 마감한 로즈우드 267

18장 마감 관리하기 268
- 마감 열화의 원인 269
- 액상 가구 광택제 바르기 270
- 마감 열화 방지하기 270
- 마감면 열화의 원인과 예방 272
- 광택제 선택 기준 273
- 고가구 관리 273
- 가구 광택내기 개론 273
- 가구 관리 제품의 종류 274
- 마감제의 열화와 앤티크로드쇼 275

19장 마감 보수하기 276
- 이물질 제거 277
- 간단한 손상 보수 278
- 마감면 색상 손상 복구 280
- 색상 터치하기 282
- 번인 스틱으로 메꾸기 286
- 깊은 스크래치와 상처 수리 288
- 에폭시로 메꾸기 289

20장 실외마감 291
- 목재 열화 292
- 목재 열화 지연 294
- 실외 문 마감하기 297
- 목재 데크 착색 마감 298
- 자외선으로부터 보호 300
- 적절한 마감제의 선택 303

21장 슬기로운 마감 생활 304
- 하루 안에 마감하기 305
- 비누 마감 309
- 색상 맞추기 312
- 목재 마감제 역사 316

후기 319
찾아보기 321
관련 재료 미국 현지 구입처 328

머리말

1970년대 중반 직접 운영했던 목공방 근처에 있던 몇몇 도장마감 기술자들로부터 목재마감을 배웠다. 당시 경험을 초석으로 나는 꽤 괜찮은 마감기술자가 되었다고 자부한다. 래커 분무법, 경화제 첨가 마감제, 염료, 도막착색, 색조 처리제, 눈메꿈제, 광택제 등 많은 과정을 이때 배웠다.

하지만 목공 잡지를 읽을 때마다 자신감을 잃어가는 나를 발견하였다. 도장마감에 관해 읽으면 읽을수록 더욱 혼란스러워졌고, 1980년대 초에는 결국 마감 작업을 전폐한 채 농사를 짓기 시작했다. 이런 상태가 몇 년 더 지속되었지만, 더 이상 극복할 방법을 찾지 못해 헤어나지 못하고 있었다. 많은 분의 격려 속에 그럭저럭 탈 없이 지내고 있었는데, 몇몇 고객들로부터 불만이 제기되기 시작하면서 끝내 좌절에 빠지게 되었다.

나의 딜레마는 도장마감이 점점 더 이해하기 어려운 것이 되어간다는 상황이었다. 마감이 그렇게 어려운 것인가? 수렁에서 벗어날 방법을 강구해야 했다. 그래서 공공도서관에서 도장 관련 도서를 대출하여 읽기 시작했고, 목공 관련 잡지들을 참고하여 정보를 얻으려는 노력에 박차를 가했다. 그렇지만 도움은커녕 더 혼란스러워져만 갔다. 마감의 공정과 설명을 단편적으로 이해하려 할 때마다 무언가 모순되는 것들이 내 안에서 물음표를 던졌다.

돌파구

어느 날, 나는 화학을 전공한 친구 짐에게 전화를 걸었다. 아교로 접착한 가구 접합부재가 왜 알코올에 의해 분리되는지 설명해 달라고 부탁했다. 그러자 친구는 "아교가 뭐야?"라고 되물었다. "그건 동물 가죽으로 만든 접착제야."라고 말해 주었더니, "아, 단백질" 하더니 그 어떤 목공 서적에서도 얻을 수 없었던 아교에 대한 다양한 정보, 이를테면 어떻게 작용하고 열화 하는지, 왜 클램프 없이 접착되고, 알코올로 결정화하고, 증기에 녹게 되는지 등을 설명해 주었다.

나는 뭔가 한 방 맞은 듯했다. 몇 년 동안 앤티크 가구를 수리하는 데 사용되는 아교에 관한 정확한 정보를 찾아보았지만 늘 허사였는데, 친구는 단백질을 화학적으로 이해한다는 그 이유 하나로 단숨에 설명해주는 게 아닌가.

우리의 통화는 짐이 지역 대학 공학도서관에서 참고자료들을 함께 찾아보자고 내게 제안하면서 끝이 났다. 그날 아교에 관한 참고도서 한아름이 내 품에 있었다

접착제 관련 서고에는 착색, 염료, 용제, 오일, 왁스 등의 화학과 기술에 관한 서적이 즐비하게 소장되어 있었다. 나는 몇 주 후 다시 들러 그 가운데 몇 권의 책을 추가로 대출해 왔다.

나는 화학이나 공학을 전공한 사람이 아니라서 그 책들을 처음부터 이해하기가 쉽지 않았다. 좀 더 공부하기 위해 페인트와 도료 화공학자 협회에 가입하고, 모임과 세미나에 참석하였다. 마감제에 사용되는 원료를 제조하는 화공학자들과 대화하며 수많은 시간을 보냈다. 이들도 그들 분야에 관심을 보이는 사람과 지식을 공유하는 것을 좋아했는데, 그동안 내가 만났던 대부분의 목공인과 그 특성이 매우 유사하다는 것도 발견하였다.

도료에 관해 서서히 이해되기 시작하였다. 나는 각 제품을 이해하고 응용하여 어떻게 작동하는지, 그리고 내 공방에서 문제가 발생했을 때 이런 이해가 문제 해결에 어떻게 도움이 되는지 알게 되었다. 이제 더 이상 엄청난 비용과 좌절을 감수하면서까지, 그리고 성공을 위해서라면 장기적인 헌신을 요하는 시행착오를 겪으면서까지 배울 필요가 없었다 (정기적인 작업을 하는 단순 도장업자가 아니라면, 시행착오만으로 훌륭한 기술자가 되는 방법은 단언컨대 없다).

또한 왜 지금껏 아무도 이런 정보를 습득하지 못했으며

도장공과 목공인에게 유용한 형태의 정보를 제공하지 않았는지 이해되지 않았다. 마감제에 관한 거라면 뭐가 옳은지 그른지 잘 이해하는 도료 화공학자와 사용자 간의 고리를 연결해 줄 역할을 시도한 사람이 아무도 없었던 것이다. 그런 까닭에 1994년 발간된 이 책을 계기로 내가 그 역할을 직접 하기로 결정했다.

절반 법칙

초판은 꿈도 꾸지 못했던 대성공을 거뒀다. 하지만 문제는 해결되지 않았다. 도장마감 관련 출판정보들은 여전히 혼란스럽고 모순적이었다. 우리는 아직도 '절반 법칙'이라는 명명에 스스로 발목이 잡혀있다. 마감에 관해 읽거나 들은 정보의 절반은 옳다. 나머지 절반은 여전히 오리무중인 것이다.

왜 그럴까? 목재마감에 대한 정보는 왜 계속 불충분할까? 결국 목재마감이란 아주 간단한 기법에 불과하고 마감제 용기에서 목재로 헝겊이나 붓 또는 분무기로 액체를 옮기는 것에서 조금 더 나아간 것에 지나지 않으며 이런 공구를 다루는 방법도 어려운 것이 아닐진대 말이다(목공에서 익혀야 할 많은 공구들과 비교해 보시라).

두 가지 설명이 가능하다. 첫째, 마감제의 화학성분에 대한 이해가 있어야 한다. 그것은 다양한 종류의 독특한 특성을 지닌 분자로 구성된 액상 형태이다. 그러므로 목공에서 물리적 운동을 하는 목공구와는 달리 차이점이 눈에 보이지 않는다. 용기나 목재에 마감을 한 후에도 바니시와 래커의 차이가 확연하지 않다. 이와는 반대로 주먹장과 장부접합은 분명 다르고, 띠톱과 테이블 톱이 다르다(비록 테이블 위에 장착되어 있긴 하지만)는 걸 목공에서는 쉽게 구별할 수 있다.

차이를 구별할 수 없다는 것은 불가피하고도 가능한 두 번째 설명이 된다. 마감제 제조업체들이 사용하는 제품명과 마케팅에서의 설명은 오해와 과장을 조장할 여지가 많다. 이런 결과로 소비자는 오해하게 되고, 글을 쓰는 사람도 도장마감에서 무엇이 옳고 그른 것인지를 애매하게 서술하는 것이다. 그러므로 제품이 실제보다 더 좋고 주목받도록 과장하는 제조업체의 일반적인 성향에 대해 사용자의 효과적인 점검은 어렵다.

잘못된 정보가 그렇게 만연하지 않았다면, 도장마감에 관한 이해는 훨씬 더 간단한 일이므로 이렇게 두꺼운 책으로 출간할 필요가 없었을 거라고 확신한다. 이 책을 통해 독자는 무엇이 옳은지보다는 무엇이 잘못된 것인지를 알아가는 데 더 많은 노력이 필요하다는 사실을 알게 될 것이다.

비밀이 없다는 것이 비밀

제조업체가 좋은 정보 제공에 주저하는 이유는 그들이 사용하는 원료를 밝히기 꺼리기 때문이다. 그들의 변명은 주로 그런 정보가 자산이라는 인식에서 출발한다. 제조업체

입장에서 자신의 '비밀'을 누설하고 싶지는 않을 것이다.

한동안 제조업체뿐만 아니라 심지어 개별 도장업자까지도 자신만의 마감제에 대한 비밀을 간직했던 것 같다. 그렇지만 지난 100년 사이에 마감제 성분은 이제 정교한 과학의 분야가 되었다. 대부분의 마감제에 관해 화학적으로 접근한 체계적인 연구는 과거 수십 년 동안 그 분야를 완전히 이해하도록 만들었다.

이제 목재용 마감제에 있어 새로운 것은 거의 없다. 새로운 것이라 하더라도 거의 대부분 원료를 생산하는 규모가 큰 화학회사에 의해 개발된 것이다. 이런 기업들은 새로운 정보를 원하는 이들, 특히 잠재고객인 마감제 제조업체에게 이를 기꺼이 제공한다. 이 원자재 제공업체들은 자사 제품을 사용하면, 심지어 원료 성분조합까지도 제공한다. 모든 마감제 제조업체들은 다량으로 구입한 원료를 그저 혼합하기만 하면 되는 것이다.

그러므로 모든 착색제와 마감제 제조업체(나와 여러분을 포함해)는 원료와 최종 산물에 대한 정보에 동일하게 접근할 수 있다. 하지만 원자재를 혼합하는 마감제 생산자와 최종 사용자인 소비자 사이에는 사각지대가 있기에 이 정보가 제대로 전달되지 않는다.

대규모 마감제 생산업체들은 그들 경쟁사 제품의 원료 구성을 분석해 낼 수 있으므로 제조업체 간의 비밀은 더 이상 존재하지 않는다. 모든 업체는 경쟁 업체의 판매 상황을 점검하는 것이 일상적이다. 현대 도료의 개척자 중의 한 명인 윌리엄 크룸바는 "그들이 비밀이라 하는 진정한 이유는 숨길 게 없다는 사실을 숨겨야 하기 때문"이라 일갈한 바 있다.

오늘날의 목재마감제 공급업체들은 솔직히 관련 제품의 최대 매출을 위해 매진하는 마케팅 회사에 불과하다. 근래 수십 년 동안 이루어진 업무통합과 비용절감으로 인해 판매되는 모든 제품에 대해 완벽히 이해하는 기술자가 거의 남아 있지 않으며, 설령 있다고 해도 극소수에 불과하다. 바로 이런 현실이 종종 제품에 부착된 사용설명서의 정확성 여부를 문의했을 때 도움받기 어려운 이유를 설명해 준다.

독자들의 이해를 돕기 위해

제조업체나 전문도서와 팸플릿에서 얻은 정보조차 믿을 수 없다. 시행착오가 두려운 나머지 매일 연습하지 않으면 완벽한 마감법을 숙지할 수 없는 이러한 이중현실을 대체 어떻게 타개해야 할까? 경험에 비추어보면, 사용자는 제품 그 자체와 그것의 작동원리, 그리고 기대성능을 제품 설명서에 적힌 대로만 배웠기 때문일 것이다. 모든 독자가 반드시 나처럼 화학적인 접근으로 시작할 필요는 없다고 생각하며, 이번 3차 개정판은 초판에다가 근래에 축적한 정보를 추가하였다.

기원하건대, 이 책에 서술된 정보가 독자들의 마감작업에 성공적으로 적용되기를 바란다. 그러함에도 그 누군가 나의 부족한 부분을 찾아 채워 넣기를 바라는 마음 또한 간절하다. 결국 마감제를 적용하는 방법은 무수히 많고 그 효과도 다양할 수밖에 없을 것이다(그러나 제품을 정의하는 정확한 방법은 유일할 수밖에 없다).

무엇보다도 제조업체가 나서서 사용자가 이러한 제품에 대해 제대로 알 수 있도록 도와주기를 희망한다. 용기에 정확한 라벨을 부착하고 거기에 원료의 성분을 열거하는 것부터 시작해야 할 것이다. 목재마감이 쉬운 공정이 되도록 하는 것보다 중요한 것은 없다.

이 책의 활용법

실제로 경험해보지 못한 작업을 곧바로 따라 하는 것은 여간 어려운 일이 아니다. 그러므로 마감 관련 서적을 직관적으로 읽어 나가기란 쉽지 않다. 이 책에 있는 정보들은 실

제 마감 작업에 적용할 수 있도록 순차적인 과정으로 기술되어 있다. 그렇지만 뒷부분을 이해하기 위해 앞부분을 먼저 읽을 필요는 없다. 기술이 반드시 순차적으로 습득되는 것만은 아니지 않은가. 점진적으로 축적되며 주기적인 실제 경험이 뒷받침되는 개념적 이해인 것이다.

관심 있는 부분부터 먼저 읽어도 무방하다. 마감할 부위에 바로 적용하지 말고 동일 재료 자투리 판재에 시도해 보길 권한다(초보자라면 주먹장을 적용하기 위해 실제 서랍 소재를 연습 없이 바로 톱질하지는 않을 것이다).

작업자의 기술이 늘면, 관심 분야가 변할 수 있으며 또 다른 분야로 옮겨 갈 수 있다. 그러면 마감에 사용되는 재료와 기법이 서로 연결되어 있음을 알게 된다. 하나의 주제를 깊이 알게 될수록 다른 분야를 더 이해할 수 있게 된다.

안전제일

이 책에서 각기 다른 마감제를 사용할 때 작업자가 꼭 준수해야 할 안전사항을 밝혀 두고자 하며, 개괄적인 내용은 다음과 같다.

도장마감에 사용되는 대부분의 물질은 인체에 해롭다. 미네랄 스피릿, 나프타, 래커 희석제 같은 용제들은 피부염, 어지럼증, 두통, 메스꺼움을 유발할 수 있다. 가성소다, 옥살산, 염소 표백제와 같은 화학성분들은 호흡기에 영향을 주고 피부질환을 일으킬 수 있다. 비록 안전한 등급의 마감제 제거제와 수성 마감제라 해도 많이 흡입하면 건강에 해로운 용제가 함유되어 있다.

작업장에 이중 환기장치를 설치해 항상 깨끗한 공기를 유입시켜 작업자 자신을 보호해야 한다. 깨끗한 공기 유입을 보장할 수 없다면 NIOSH(국립산업안전보건연구소의 약칭, 노동자의 건강과 관련된 문제를 연구하고 호흡기 보호 인증과 시험을 주관하는 미국 연방정부 기관) 인증 방독면을 착용한다. 마감제와 접촉할 때는 장갑을 착용하여 손을 보호해야 한다.

그러나 이런 경고가 두렵다고 해서 목공구를 다루는 일보다 마감제를 사용하는 일을 더 두려워하고 꺼릴 필요는 없다. 어떤 제품이든지 사용상의 위험에 대한 심각한 경고를 접하는 일이 점점 흔해지고 있으므로 이는 중요한 지적이다. 어떤 경고는 경쟁 제품의 제조업체로부터 흘러나오고 또 다른 경우는 유효한 조사도 없이 그저 전해 들은 것을 토대로 매우 극단적인 경고를 반복하는 저자로부터 비롯되기도 한다. 사용자가 정확하게 알지 못하면 흔한 페인트 매장에서 구입한 제품을 통해서도 매우 심각한 위험에 이를 수 있다.

전동 목공구를 사용할 때와 같이 마감제를 사용할 때는 상식에 의존해야 한다. 신체 반응에 주목해야 한다. 약간 어지럽거나 기침을 시작한다든지, 손이 메마르고 살갗이 튼다면 안전에 더욱 신경 써야 한다. 도장마감에서 사용하는 용제나 화학성분에 기인한 건강상 위험은 노출 정도(신체가 민감해지므로)에 따라 증가하므로 이런 제품을 정기적으로 사용한다면 더 주의를 기울여야 한다.

한국어판 서문

미국에서 『Box Flexner의 목재 마감』(Understanding Wood Finishing)는 목재 마감 분야에서 '바이블'로 널리 인정받고 있습니다. 이번에 이 책의 한국어판 번역을 맡아준 김준형 교수와 정연집 박사에게 깊은 감사의 말씀을 전합니다. 저는 이 번역본이 한국 독자들에게 많은 도움이 되고 유용한 길잡이로 자리매김 하기를 진심으로 바랍니다.

우선 번역본의 머리말 부분을 읽어보시길 권합니다. 미국 마감제 시장이 가진 문제가 무엇인지 이해하실 수 있을 겁니다.

마감제 또는 관련 제품은 눈으로 볼 수 없는 분자를 다루는 화학적 영역이라는 특성으로 인해(쉽게 보이고 물리적인 운동이 주가 되는 목공 도구와 대조적으로) 마감제 제조업체와 공급업체가 마케팅 과정에서 그 특성을 과장하고 오도하는 경향이 큽니다.

한국에서는 이런 일들이 일어나지 않길 바라지만, 상황은 아마도 비슷하리라 여겨집니다. 저는 이 책이 여러분이 마감에 사용하는 제품에 대한 이해를 도우리라 기대합니다.

각 장을 보면 다양한 제품 사용법에 관한 설명이 많지만 제가 이 책을 쓴 주된 목적은 각각의 제품군과 그것이 어떻게 마감되는지를 명확히 밝힘으로써 각자 처한 상황에서 독자 스스로 문제의 해결법을 찾도록 하기 위함입니다.

제 글은 다양한 수준의 기술과 경험을 가진 많은 독자를 대상으로 해왔기에 마감에 관한 모든 주요 주제를 다루어야 합니다.

그래서 이 책은 특정 프로젝트에 초점을 맞춘 '방법론'이 아니라 오히려 마감에 관한 교과서와 비슷하다고 생각합니다. 저의 목표는 주요 주제를 모두 다루는 것입니다. 아마 여러분은 본서에 기술된, 마감에 관한 모든 것을 배울 수도 있을 테고 또는 여러분이 수행 중인 프로젝트에 도움이 될 주제에만 집중하고 싶을 수도 있습니다. 이런 상황이라면 방대한 목차와 색인을 활용해 필요한 내용을 추려낼 수도 있습니다.

설령 여러분이 마감보다 목공을 더 선호한다고 해도 여전히 목재의 마감은 매우 중요합니다.

마감은 두 가지 주요 목적을 달성시켜 줍니다. 첫째, 목재를 더욱 풍부하고 심도 있게 보이게 합니다. 마감이 안 된 목재는 매우 단조롭게 보입니다. 둘째, 마감은 액체와의 접촉으로부터 목재를 보호합니다. 목재가 과도한 수분에 노출되면 단판은 갈라지고 접합과 단판이 분리됩니다. 습기 또한 목재를 틀어지고 갈라지게 하는 원인입니다. 빗물 방지가 어려운 데크와 다른 외장용 목재에 어떤 상황이 발생하는지 생각해 보면 금방 아실 겁니다.

마감제의 사용은 재면을 보기 좋은 상태로 유지하도록 해줍니다. 마감하지 않은 목재는 사용할수록 주변의 오염원이 발생시키는 먼지와 때에 오염되기 마련입니다. 마감은 다공성 목재의 표면을 밀봉함으로써 오염이 덜 되고 청소하기 쉬운 상태로 만듭니다.

　마감제를 적용하는 방법은 매우 쉽고 논리적입니다. 다만 한 가지 주의할 점이 있습니다. 조급함은 금물입니다. 착색제와 마감제가 건조하기까지 대부분 하룻밤이 걸립니다. 마감제를 바르는 데 많은 시간이 걸리는 것은 아니지만 다음 단계로 진행하기 전에 따뜻한 곳에서 충분히 건조해야 합니다. 어쩌면 수많은 목공인과 마감 작업자가 직면하는 가장 큰 장애물이 바로 조급함일 것입니다.

　건축 현장에 가보면 "마감은 페인트 기술자가 알아서 잘할 겁니다."라는 말로 자신들이 대충 마무리한 공정을 합리화하려는 목수들의 변명을 종종 듣게 됩니다. 이러한 맥락에서 덧붙이자면 프로젝트를 더욱 아름답고 성공적으로 마무리해 주는 것이 바로 마감공정이라 할 수 있습니다. 마감공정이 별로라면, 그것은 실패한 프로젝트입니다. 훌륭한 마감은 찬사 받아 마땅합니다. 부디 이 책이 여러분이 훌륭한 마감으로 찬사를 받도록 올바른 길잡이가 되길 기원합니다.

밥 플렉스너 (Bob Flexner)

옮긴이의 말

국민 소득이 증가하면서, 웰빙을 위시한 개인 삶의 질이 중요하다는 인식은 점차 확대하고 있다. 그런 이유 때문인지 가구 제품을 선택할 때 더 이상 가격만이 기준이 되지 않는다. 이보다는 가구가 제조되는 과정과 사용되는 재료에 대한 높은 관심을 통해서, 소비자의 기준이 매우 향상되었음을 느낀다. 또한 본인이 스스로 제작하는 DIY 열풍이 가구를 비롯한 많은 목제품의 제작에 이르기까지 범위를 넓히고 있고, 이를 위한 다양한 정보가 온라인 상에 많이 유포되고 있다.

가구 또는 목제품의 제작은 크게 2단계로 나뉜다. 다양한 형태의 재료(합판, 집성목, 원목)를 성형해서 결과물을 만드는 것이 첫 번째 단계이고, 이를 효과적으로 보존하고 편리하게 사용하기 위한 가구 마감이 두 번째 단계이다. 한국 전통 가구도 한 명의 장인이 백골 제작과 칠을 함께 하는 경우도 있었지만, 많은 경우 백골 제작과 칠을 분리하여 작업하였다.

마감작업이나 칠작업은 가구의 구조, 결합, 재료 등이 쉽게 분별되는 목제품의 제작과정과는 달리 쉽게 이해되지 않아 경험에 의존하는 경우가 많다. 마감제나 경화과정에 대한 과학적 분석이 불가능했던 과거에는 더욱 그 정도가 심했다. 불행히도 분석장비나 물리·화학적인 지식이 많이 축적되고, 온라인을 통해 많은 정보가 흘러넘치는 현재에도 대부분의 가구 제작자나 아마추어의 마감제에 대한 지식은 과거와 크게 달라지지 않았다. 기본적으로 마감제 자체의 물리적·화학적 분자 구조 또는 경화 과정에 대한 이해 자체가 어느 정도 전문지식이 필요하므로 나무를 사랑하는 대중의 접근이 쉽지 않기 때문이었다. 이와 더불어 국내외를 막론하고 마감제 제조·판매사들은 자사 제품에 대한 과장된 홍보 위주의 판매 전략과 온라인을 통해 유통되는 목재, 마감제에 대한 감성적인 접근으로 인해 오랫동안 가구제작 활동을 한 사용자들도 매우 개인적인 경험에 국한된 정보만을 받아들이고 그것만을 신봉하는 것이 현실이다.

관련 전공 분야에서 오래 고민해 왔던 역자들은 마감제와 마감작업에 조예가 깊은 '밥 플렉스너'의 『Understanding Wood Finishing』를 번역·소개하는 기회를 얻었.

'밥 플렉스너'는 미국 오클라호마 주에서 40년 이상 가구제작과 재마감 공방을 운영하고 있으며, 이를 바탕으로 영미권에서 가장 많이 판매되는 목재 마감 관련 서적들을 다수 집필한 바 있다. 특히 이 책은 오랜 목재 마감 경험과 마감제의 물리·화학적 이론 설명을 집대성한 관련 분야의 바이블로 인정받는 우수 도서이다.

본 서의 주제와 언급되는 마감제의 범위는 일반적으로 온라인 상에서 유통되는 정보와는 차원을 달리한다. 물론 미국이라는 공간과 저자가 주로 활동해온 시기가 현재와 차이가 있고, 기술의 발달로 새로운 마감제가 계속 개발되어 시장에 소개되고 있지만, 저자가 제시하는 마감제에 대한 깊이 있는 이해는 마감에 관해 고민하는 모든 이에게 교과서와도 같은 지침을 줄 것이라 기대한다.

번역 과정에서 전문가인 원저자가 마감제에 대한 탐구·이론화 과정에서 겪었던 오랜 기간의 고충을 그대로 느낄 수 있었고, 이러한 과정은 가구 제작자나 아마추어 취목인들이 일부라 하더라도 늘 따라가야 할 부분이라 생각된다.

본 번역본이 조금이나마 목우님들께 도움이 되기를 바라며, 원저자 본인이 저서에서 항상 언급했던 것처럼 목재 마감에 대한 정확한 정보가 제대로 알려지고 확대·재생산되는 계기가 되었으면 한다.

이런 훌륭한 서적을 번역 출간하기로 결정한 모눈종이 출판사 노수준, 서진 디자이너께 사의를 표하고, 번역문을 우리말 문맥으로 세심하게 다듬어 주신 편집부에 목우들을 대신해서 감사를 드린다.

2022년 4월
옮긴이 김준형, 정연집

1장 목재는 왜 마감을 해야 하는가?

- 위생
- 치수안정화
- 장식효과

목재를 왜 도장마감 해야 하는가? 그것은 추가적인 공정에다 많은 목공인이 달가워하지 않는 과정이다. 냄새나고 지저분하며 결과가 나쁠 수도 있다. 게다가 대부분의 목재는 마감하지 않았을 때 더 좋아 보인다. 왜 성가신 공정을 더해야 할까? 목재를 마감하는 데는 세 가지 이유가 있다. 재면의 청결 유지, 치수 안정화, 그리고 장식 효과 때문이다.

위생

목재는 다공성 물질이다. 다양한 크기의 수많은 구멍이 있다. 목재를 다룰 때, 이런 공극에는 음식이나 공기 중의 오염물질에 기인한 때나 먼지가 쌓일 수 있다. 얼룩진 목재는 보기에 좋지 않고 세균이 번식할 수 있기에 위생상 문제가 발생할 수 있다. 마감은 다공질 표면을 피복하여 오염을 방지하고 청소를 용이하게 한다.

치수안정화

목재는 다공성이며 또한 흡습성이 있다. 습기를 배출하거나 흡습하기도 한다. 목재 내 수분의 정도를 함수율이라 하는데, 수분은 액상이나 증기 상태(습도)로 존재한다. 목재는 주변의 습기 정도에 반응하여 변하게 된다. 잘 건조된 목재를 물속이나 습도가 높은 곳에 두면 목재는 수분을 흡수하고 팽윤할 것이다. 함수율이 높은 목재를 상대적으로 건조한 기후에 두면 목재는 수분을 배출하고 수축하게 된다.

목재변동이라 할 수 있는 이런 치수 변화는 목재 전체에 일관되게 일어나는 것은 아니다. 예를 들면 목재 표면은 심층보다 더 쉽게 반응한다. 목재는 폭 방향으로 더 많이 수축하거나 팽윤하고 길이 방향으로는 변화가 크지 않다. 또한 방사방향보다는 접선방향으로 더 움직인다. 이런 이방성은 목재 내부와 부재를 결합한 접합부에 큰 응력을 유발한다. 이런 응력으로 인해 갈라짐, 할렬과 틀어짐이 발생하며 접합부는 약화된다. 도장마감은 수분 교환을 지연하여 응력을 줄이고 목재의 치수안정화를 보장한다.

일반적으로 도막이 두꺼우면 수분 교환의 지연효과가 더 우수하다. 이때의 수분은 반드시 액상 형태로 국한되는 것은 아니며 대부분 수증기 형태이다. 목공과정과 제작된 가구에서 수분 교환은 많은 영향을 미친다. 목재를 도장마감하면 하지 않은 목재보다 수분 교환 속도를 더 늦추게 된다.

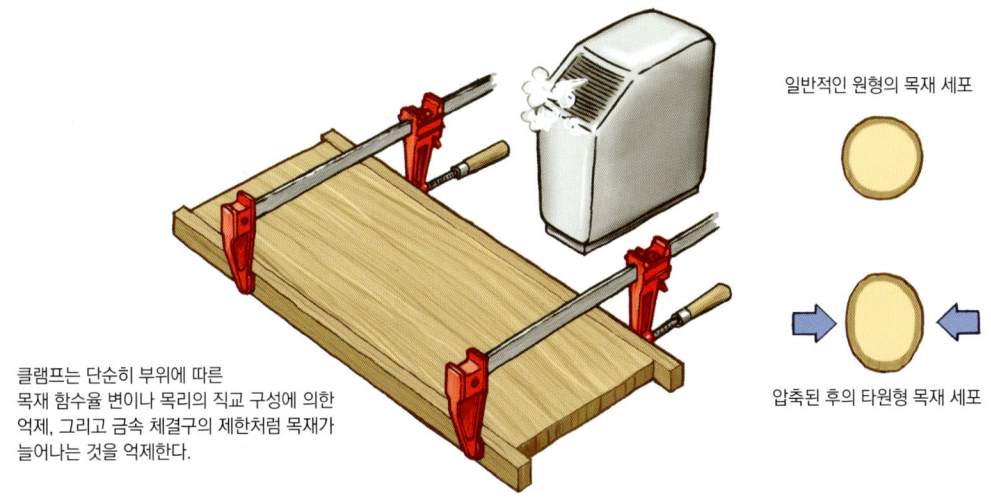

클램프는 단순히 부위에 따른 목재 함수율 변이나 목리의 직교 구성에 의한 억제, 그리고 금속 체결구의 제한처럼 목재가 늘어나는 것을 억제한다.

일반적인 원형의 목재 세포

압축된 후의 타원형 목재 세포

그림 1.1 건조된 목재가 수분에 노출되면 세포벽은 팽윤된다. 이때 세포가 팽창되지 않는다면 세포는 압축된다.

속설 판재의 양면을 도장하면 틀어짐을 방지하거나, 적어도 감소시킨다.

사실 도막은 흡습 지연 효과가 있긴 하지만, 방사 방향과 접선 방향 간 수축이방성에 기인하는 틀어짐을 방지하거나 감소시키지 못한다. 수분은 도막 내로 침투하여 틀어짐을 야기한다. 습윤과 건조에 더 노출된 면(주로 윗부분)의 압축수축에 기인한 틀어짐은 도장마감 했다고 해서 방지되는 것은 아니다. 오염에 노출되어 물수건으로 자주 닦아야 하는 테이블 상판의 도막이 손상되거나 마모되면 즉시 재마감 해야 하는 까닭이 여기에 있다.

갈라짐, 할렬과 틀어짐

수분 교환이 갈라짐, 할렬과 틀어짐에 어떤 식으로 영향을 미치는지 이해하기 위해서 그림 1-1을 참조하라. 인공건조 된 원목을 폭 방향으로 팽윤하지 못하도록 클램프로 단단히 고정한다. 그런 다음 일정기간 상대습도 100%에 노출시킨다. 세포벽은 팽윤하고 목재는 늘어나려 하지만, 클램프에 의해 제약을 받게 된다. 그러므로 세포벽의 형태는 원형에서 타원형으로 변하면서 압축된다.

판재에서 클램프를 제거하고 상대습도를 30%로 내리면, 수분은 증발하고 세포벽은 수축한다. 그렇지만 세포는 원형으로 복원되지 않고 납작한 형태로 남아 있게 된다. 다만 판재는 수축하여 원래보다 줄어들게 된다. 만약 판재를 클램프로 고정하고 다시 높은 습도에 두었다가 낮은 습도에 두면 더 많이 수축한다. 이런 현상을 **압축수축**(압축세트)이라 한다. 시간의 경과에 따라 목재에 박은 못이나 나사못이 느슨해지고 망치와 손도끼 자루가 헐거워지는 이유는 이런 영구변형이 일어나기 때문이다.

압축수축으로 판재 마구리면에서 발생하는 갈라짐과 판재 중앙부의 할렬, 고습에 노출된 판재의 측면 굽음(틀어짐의 일종)을 설명(사진 1-1~사진 1-3 참조)한다. 이 경우, 수분에 접촉된 판재의 일부분은 나머지 부분이 허용하는 것보다 더 팽

사진 1-1 목재가 수분을 흡수할 때, 마구리면은 다른 면보다 공극이 더 많이 노출되고 표면적이 더 넓기 때문에 더 많은 양의 수분을 흡수한다. 결과적으로 판재의 마구리면은 판재의 중앙부보다 더 팽윤하는 경향이 있다. 그렇지만 중앙부는 양 마구리면에 클램프와 같은 억제를 가하기 때문에 압축수축이 발생하게 된다. 이런 사이클이 수차례 반복되면 판재 마구리면에 갈라짐이 발생하여 응력이 해제되게 된다. 이런 유형의 압축 수축은 수분과의 접촉이 반복되는 판재 마구리면에서 주로 발생하게 된다.

사진 1-2 판재 일부가 수분에 노출되면 그 부분의 목재 세포는 팽윤하게 된다. 하지만 주변의 목재 세포는 클램프처럼 억제역할을 해서 팽윤을 방어한다. 이런 압축수축은 결국 할렬을 초래한다. 화분에서 물이 누수되는 것과 같이 수분과 접촉이 빈번한 테이블 상판에서 이런 압축수축을 볼 수 있다.

윤하려 한다. 제한된 팽윤을 수차례 반복한 후, 완전히 수축하면 판재의 그 부분은 변형되거나 갈라지게 된다. 물론 이런 형태의 문제는 도장마감 상태가 양호하게 유지된다면 발생할 가능성이 낮아진다. 상대적으로 더 적은 양의 수분이 목재에 흡수되기 때문이다.

접합파괴

접합파괴는 과도한 수분교환, 즉 액상이 아닌 대부분 증기 상태의 수분에 의해 가속된다. 목재 세포는 판재의 길이 방향으로 배열된, 음료수 빨대와 같은 것이다. 세포벽의 수축과 팽윤으로 인해 판재의 폭과 두께의 치수가 변한다. 하지만 길이는 거의 변하지 않는다. 판재의 목리가 교차하여 접합되면, 각기 다른 방향으로 수축과 팽윤이 진행되기에 접합부는 막대한 응력을 받는다. 접착제는 열화되어 유연성을 잃고 목리 교차구조에 따른 유동은 접합파괴의 원인이 된다. 이러한 특성이 접착 구성된 가구가 시간이 경과하면서 분리되는 이유와 어떤 접착제도 접합부를 영구히 붙잡지 못하는 것이 왜 클레임에 해당하지 않는지를 설명하는 근거가 된다 (그림 1-2).

목재의 수분 교환 정도와 접합부 접착층의 파괴 속도는 어떤 환경조건에 노출되는가에 달려 있다. 실외에 보관된 가구나 목재에서 발생하는 갈라짐, 할렬, 틀어짐, 접합파괴는 보호된 경우보다 빠르게 발생한다. 가구나 목재가 보호되어도 문제 발생은 통제되는 환경(주택 내부와 같은 실내조건)보다 훨씬 빠를 것이다. 뉴올리언스와 같이 습한 기후 조건에서 조립된 가구가 피닉스와 같이 건조한 곳으로 옮겨오면 부재가 도장되었다 하더라도 1~2년 내로 접합부에 문제가 발생할 공산이 크다. 목재나 목제품을 보관하기 위한 가장 좋은 환경은 온도와 습도를 일정하게 유지하는 것이다. 이런 조건이 바로 박물관이 유지하려고 하는 환경조건이다.

도장마감은 목재 주변 온도와 습도 조건에 상관없이 수

팁 압축수축의 개념을 이해하면 한쪽 면이 수분에 반복적으로 노출되어 발생한 틀어짐을 바로잡는 데 있어 직관적이지는 않지만, 효율적인 방법을 적용할 수 있게 된다. 판재가 늘어나지 못하도록 클램프로 조이고, 아래로 볼록한 면(주로 테이블 상판의 하부 쪽)을 습윤시키고 건조하는 과정을 여러 번 반복한다. 볼록한 부분이 압축되고 수축하여 판재가 평평해질 것이다.

사진 1-3 판목재 한 부위가 다른 한 부위보다 더 많은 수분에 노출되면, 이런 불균형이 길이 굽음의 원인이 된다. 흡습을 많이 한 부분은 판재의 두께에 따른 억제를 받게 되어 압축수축하에 놓이게 된다. 이런 압축수축은 길이 굽음이 항상 윗부분에서 발생하는 데크재와 테이블 상판에서 볼 수 있다. 판재의 연륜 방향이 아래로 향하고 있고, 윗부분은 아랫부분과 달리 도장되어 있어도 같은 양상을 띤다. 테이블 상판에 마감된 도료는 마모되고 열화되어 방수역할이 소실된다는 점에 유념해야 한다. 식사 후 행주로 닦는 부분은 테이블 상판 윗부분이라는 점도 염두에 두어야 한다.

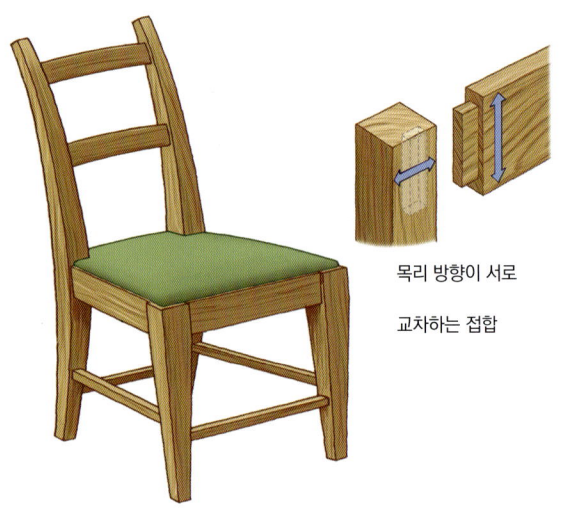

그림 1-2 목재는 길이 방향보다는 폭 방향으로 더 많이 수축하고 팽윤한다. 판재가 서로 수직으로 접합되면 수축과 팽윤이 크게 달라 접합부 파괴의 원인이 될 수 있다.

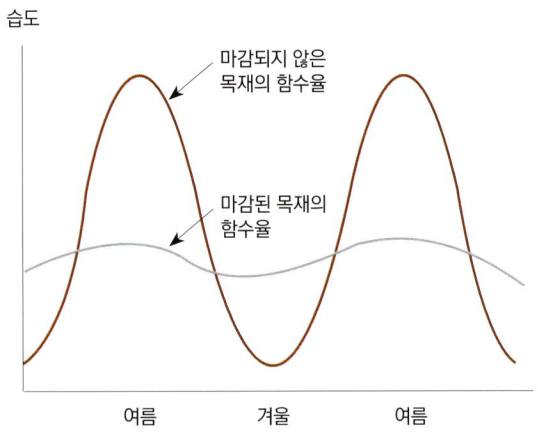

그림 1-3 위 그래프는 목재마감이 상대습도의 계절적 변화에서 목재함수율 안정화에 얼마나 효과적인지를 보여준다. 수분교환 억제는 큰 습도변이에 기인하는 목재의 응력을 효과적으로 줄여준다.

분의 교환을 지연한다. 도장은 목재나 목제품을 더 오래 보존하게 하는데, 인기 있는 미국 TV골동품 쇼인 앤티크 로드쇼(Antique Roadshow)에서 "재도장하지 말라"는 잘못된 메시지가 전달되는 현실은 우려하지 않을 수 없다. 만약 사람들이 이런 정보를 믿는다면 장기간에 걸쳐 수많은 가구가 훼손되는 결과를 피할 수 없을 것이다 (그림 1-3).

장식효과

마감된 목재는 안정화와 오염방지, 그리고 장식효과를 갖는다. 단순히 오일마감이나 왁스마감만 해도 장식적인 효과를 볼 수 있다. 이런 기법은 무수히 많지만 크게 세 가지로 나뉘는데 색상, 질감 그리고 광택이다.

색상

목재 착색에는 네 가지 기법이 있다. 화학반응으로 재색을 변화시킬 수 있는데, 탈색 또는 화학착색이라 일컫는다. 목재에 색소를 바로 바르면 착색이라 부른다. 도막과 도막 사이에 착색제를 적용하면 도막착색이라 한다. 마감제에 색소를 첨가해 목재에 적용하면 토닝(Toning) 또는 셰이딩(Shading)이라 하며, 이는 여전히 목재 바탕이 드러나 보이는 착색 도장이다. 만약 목재 바탕이 보이지 않으면 불투명 도장이 된다. 이런 개별 방법은 각기 다른 장식효과를 낸다.

> **메모** 아무리 마감 횟수나 양을 늘려도 수분으로 인한 문제를 완전히 차단할 수 없다. 예를 들어 도장마감된 목재 창호는 겨울에는 틈새가 수축되어 찬 공기가 들어오지만, 여름에는 팽윤되어 틈새가 사라진다. 적절한 마감은 계절적인 습도 변이에 따른 극단적인 치수변동을 줄여주지만, 변이를 완전히 막지는 못한다.

- 탈색이란 목재에서 재색을 탈색하는 것으로 거의 흰색으로 남게 된다 (사진 1-4). 화학착색은 목재 천연 화학성분에 반응하거나 재색에 다른 색상을 추가한다.
- 무처리재에 적용된 착색은 목재 문양과 목리를 도드라지게 한다. 착색은 또한 재면의 스크래치, 손상, 나이프 마크, 불균일한 밀도와 같은 문제를 드러낸다.
- 전체적으로 얇고 고르게 도포되는 도막착색은 재색의 색

사진 1-4 커피 테이블 상판은 물푸레나무 탈색에 2액형 탈색제를 사용했다. 또한 물푸레나무 다리는 흑단 재색을 내기 위해 검은 염료로 착색했다. 사진제공: Michael Puryear

조에 변화를 주며 관공과 조만재 대비를 강조한다(사진 1-5). 두껍게 적용하면 인조 목리와 대리석 같은 다양한 모조효과를 연출할 수 있다.
- 셰이딩, 토닝과 불투명도장은 관공과 목리의 강조 없이 재색의 색조를 변화시킨다. 셰이딩과 토닝은 목재의 무늬나 목리가 보이게 하는 착색이다. 불투명도장은 목재 특성이 보이지 않는 착색기법이다. 셰이딩은 원하는 영역에서만 색조를 변경한다. 토닝은 전체 표면의 색조를 변하게 하는 착색기법이다.

재색을 조절하는 절묘하고도 중요한 방법은 마감과 함께 하는 것이다. 대부분의 마감제는 마감 후 약간의 오렌지색(보통 황변현상이라 일컫는다)을 띠게 되는 것에 반해 어떤 마감제는 완전 투명인 것도 있다. 호박(Amber)셀락과 같은 다른 마감제는 여전히 상당한 황색을 띤다(사진 1-6).

질감

모든 활엽수재는 관공의 크기와 분포에 따른 천연 질감이 있다. 도막을 얇게 해야 이런 질감을 유지할 수 있다.

이런 박막 도장은 인기가 있다. 종종 목재의 천연 마감이라 불리며, 오일이나 왁스 마감이 여기에 속한다. 바니시, 셀락, 래커, 그리고 수성도료와 같은 도막형성 마감에서도 도막이 얇게만 유지된다면 같은 질감을 낼 수 있다. 스칸디나

사진 1-5 조각의 심도를 강조하기 위해, 구를 감아쥔 발톱인 다리 조각의 하도 위에 도막착색이 적용되었다. 돌출된 곳의 도막착색제는 대비를 강화하기 위해 닦아냈다. 그런 다음 상도를 도포했다.

비아 티크 가구들은 도막형성 마감제를 적용하는데, 주로 전환형 바니시를 얇게 바른다. 이는 오일 마감의 일종으로 믿을 정도이다.

전체 또는 부분적으로 눈메꿈하여 목재의 질감을 완전히 바꿀 수 있다. 반죽형 목재 메꿈제 또는 바르고 난 후 샌딩하거나 긁어내는 다회 도장으로 관공을 메울 수 있다 (사진 1-7). 아주 정교한 도장마감(고급 식탁 상판에 주로 적용되는)에는 눈메꿈이 필수다.

광택

광택이란 도막의 윤이 나는 정도이다. 광택을 조절하는 두 가지 방법이 있다. 첫 번째는 원하는 광택의 단계인 유광, 저광, 무광 도료를 선택하는 것이다. 두 번째는 경화된 도막을 연마하여 원하는 광택을 내는 방법이다.

사진 1-6 마호가니, 뽕나무, 미국 편백으로 구성된 이 캐비닛은 천연 재색을 내기 위해 따뜻한 호박 색조의 셀락을 얇게 도포한 후 오일로 마감했다. 사진제공: Charles Radtke

사진 1-7 이 의자는 하와이 코아와 흑단으로 구성되어 있는데 관공은 반죽형 목재 메꿈제로 눈메꿈한 것이다. 그 다음 도막을 거울처럼 편평하도록 연마해서 저광을 내고 있다.

2장
재면 준비

- 목재 선택
- 샌딩과 평활화
- 사포
- 접착제 얼룩
- 거스러미 제거
- 함몰, 손상과 구멍
- 목재 퍼티

목재를 제대로 준비하지 않으면 품질 좋은 도장마감을 할 수 없다. 아마 많이 들었던 이야기이고 이미 알고 있는 것일 수도 있다. 대부분의 목공인이 이런 준비 단계를 성가시게 여겨 생략하기도 하는데, 결과적으로 품질 나쁜 마감을 초래한다. 반면에 어떤 이들은 적절한 오염 제거, 샌딩, 표면 보수, 샌딩, 파인 곳의 복구, 샌딩, 그리고 또 다시 샌딩 등에 필요한 것보다 더 큰 노력을 기울이기도 한다. 이런 극단적인 두 예시는 아마도 그 기준에 대한 이해 부족이 원인일 것이다.

이해력 부족이 형편없는 작업으로 이어지는 가장 현저한 예는, 목공인과 마감 담당자가 동일인이 아니어서 서로 의사소통이 부족할 때 나타난다. 이런 상황은 소목이나 내장 목수들이 수월한 마감작업과 품질을 좌우하는 선 공정을 대충 하는 주택 건축현장에서 흔하게 발생한다. 그들은 종종 "도장공이 알아서 하겠지"라고 말할 것이다.

대부분의 과잉준비는 입도 400번 또는 그 이상에서 샌딩하면 더 좋은 결과를 얻을 수 있다는 믿음 때문이다. 물론 결과적으로 400번 이상 샌딩하면 재면은 더 좋아 보일 것이다. 그런데 바로 그 재면에 칠한 마감은 왜 개선되지 않는 걸까?

처음부터 끝까지 프로젝트를 관리하게 된다면, 작업 초기에 도장마감을 고려하는 것이 좋다는 것을 알게 될 것이다. 사실 좋은 마감은 좋은 목재의 선택, 그 자체에서 시작한다는 오래된 교훈을 인정해야만 한다.

마감을 위한 재면준비에는 다음의 네 단계가 있다.

1. **목재선택 후 재단과 형삭**: 이 단계에서 적절한 주의를 기울이면 많은 잠재적 마감문제를 예방할 수 있다.
2. **샌딩 또는 재면 평활화**: 대부분의 목공인에게 가장 달갑지 않은 작업이지만, 공구에 대한 지식이 있고 의지가 있으면 힘든 일을 줄이고 결과를 개선하는 데 큰 도움이 된다.
3. **재면의 접착제 잔존물 제거**: 빛을 비추면 착색과 도장마감에도 접착제는 얼룩으로 보이게 된다.
4. **재면의 표면 결함 보정**: 함몰, 손상, 갈라짐, 그리고 불충분한 접합부 틈새 메우기와 같은 과정으로 '재색과 유사한 목재 퍼티를 찾고자 하는 목공인의 갈구'라고 불리기도 한다.

목재 선택

목재는 수종에 따라 목리 형태가 다르므로, 도장만으로 비슷하게 보이게 하는 것은 불가능하다. 즉 참나무를 마호가니처럼, 소나무를 호두나무처럼, 단풍나무를 물푸레나무처럼 제작하는 일은 불가능하다. 작업하는 최종 산물이 도장마감 되었을 때 어떻게 보이기를 원하는지 염두에 두고, 선택한 수종이 그렇게 보이도록 만들 수 있는지 확인해야 한다 (사진 2-1).

사진 2-1 모두 같은 착색제로 착색(오른쪽)된 소나무, 단풍나무, 마호가니, 참나무다. 그렇지만 각 수종은 재색, 무늬, 목리가 다르기 때문에 완전히 다른 수종으로 보인다. 항상 최종 형상을 고려해 목재 수종을 선택해야 한다. 대부분의 경우, 원래와 전혀 다른 수종으로 보이게 할 수는 없다.

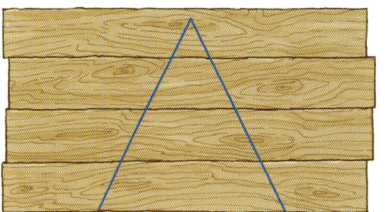
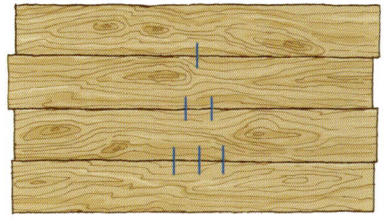

그림 2-1 테이블 상판이나 서랍장 상판용으로 구성 판재들을 배열하고 집성할 때는 섞이지 않도록 표시를 한다. 여기에서는 두 가지 방법을 보여주고 있다.

동일 수종이라도 무늬와 재색은 다를 수 있다. 어떤 수종에서는 심재와 변재가 확연하게 구별되기도 한다. 프로젝트에 재목을 배치할 때는 어떻게 보일지에 주의를 기울여야 한다. 대규모 공장보다 나은 목공방의 유일한 장점은 목재의 선택과 배치에 집중적으로 신경 쓸 수 있다는 것이다.

소규모 목재 판매소에서 판재를 고르든 보유한 재고에서 고르든, 다양하게 배치된 무늬와 목리 형태 차이가 프로젝트에 적용되었을 때 어떻게 보일지 예상해 보아야 한다. 옹이, 갈라짐, 할렬 또는 기타 결점도 유의하고, 이들을 활용하여 그 문제를 어떻게 처리할지 결정한다. 합판을 사용할지, 아니면 원목에서 단판을 직접 절삭한 경우에 단판에 나타난 무늬를 어떻게 하면 잘 살릴 수 있을지 고려한다. 최종 산물에 불투명 마감을 할 게 아니라면, 무엇보다도 심변재 차이 같은 재색변이도 주의해야 한다.

테이블 상판이나 서랍장 상판용 집성은 최적의 배열을 찾을 때까지 판재를 이리저리 뒤집어 맞춰본다. 그런 다음 서로 바뀌지 않게 표시를 해 둔다(그림 2-1). 상판에 합판을 사용할 경우, 4×8 판면 중 어느 면을 사용하는 것이 최적인지 결정한다. 서랍장의 경우, 서랍 앞면을 고를 때도 같은 주의를 기울인다. 소비자들은 목공방에서 제작한 수제가구를 볼 때, 제작자가 심혈을 기울여 제작한 환상적인 접합부를 보려는 것이 아니다. 고객은 목공인이 선택한 판재와 배치, 그리고 디자인과 도장마감을 주로 볼 것이다. 소재 원목을 선택하고 이를 적절히 배치하는 데 들이는 노고는 늘 보상이 따르기 마련이다.

재목을 재단하기 전에, 기계 공구의 날물은 예리한지, 그

> **팁** 샌딩하는 기본적인 이유는 자동대패, 수압대패, 형삭기 또는 약간 거친 라우터 등에 의해 재면에 남겨진 빨래판 같은 날물 자국을 온전히 제거하기 위함이다. 전동공구가 나오기 전에는 샌딩할 이유가 거의 없었다. 그 당시에는 사포도 없었다. 샌딩은 목공작업을 더 쉽고 빨리 하기 위해서 전동공구를 사용한 대가로 치러야 하는 추가 공정이다.

리고 적절하게 장착되었는지 확인한다. 무딘 자동대패나 수압대패, 형삭기 날물과 무딘 라우터 날은 목재에 빨래판 같은 눌린 자국을 남기고 이를 제거하기 위해서는 추가적인 노력이 더 들어간다. 이 빠진 날물은 보기 흉한 칼자국을 남긴다. 잘못 장착된 동력 날물은 판재 끝부분에 자국을 남기고, 절삭날물이 마모되면 재면에 열변성 자국을 남겨서 프로젝트를 완전히 망칠 수도 있다 (사진 2-2). 자국 없이 항상 깨끗한 절삭면이 나오도록 작업해야 한다.

샌딩과 평활화

제작과 마감을 포함한 목공의 모든 단계 중 가장 귀찮고 하기 싫은 공정을 꼽으라면 샌딩(사포질, 연삭)일 것이다. 동시에 기이하게도 가장 큰 노력을 소모하는 단계이다. 여기에는 샌딩을 많이 할수록 최종 산물도 더 좋아질 것이라는 그릇된 신념이 있는 것 같다. 경험이 풍부한 노년의 도장공으로서 나는 "깨끗해졌을 때가 바로 욕조에서 나가야 할 때다!"라고 말해왔다. 즉 재면이 평활해지면, 날물 자국이나 다른 결점들이 없어지고 샌딩 스크래치도 보이지 않을 정도로 미세해져 더 샌딩할 이유가 없어진다. 그러면 그걸로 끝인 것이다. 작업자의 목표는 가능한 적은 노력으로 여기에 도달하는 것이어야 한다.

전동공구를 사용하기 이전에 가구 부재를 평활화하는 데 사용한 연장은 여러 종류의 손대패와 스크래퍼 같은 수공구였다. 물론 이런 공구들은 오늘날에도 여전히 사용되며 날물 자국을 제거하는 데 매우 유용하게 쓰인다. 사실 목

사진 2-2 전동공구의 적절하게 장착된 예리한 날물보다 잘못 장착되거나 무딘 날물이 훨씬 선명한 자국을 남긴다. 착색과 도장마감은 이런 결함이 감추기보다는 더 뚜렷하게 한다.

공 프로젝트에서 정교하게 대패질된 재면은 최종 마감면으로 간주되기도 한다. 일부 분야에서는 대팻날에 의한 고유 재면상태와 스크래퍼 작업 흔적은 수공구 평삭 작업의 근거이며 고유의 질감은 수제품이라는 사실을 입증하는 증거로 작용한다. 그리고 대용량 전동공구를 운영할 경제적 여유가 없거나 관심이 없다면, 스크래퍼와 같은 단순한 수공구가 탁월한 선택이 될 수 있다.

어떤 공구를 사용하든지 간에, 조립하기 전에 모든 부재를 준비하면 좀 더 수월할 수 있다. 각 부재를 작업대에서 제대로 확인할 수 있다. 원하는 도구로 편안한 위치에서 작업할 수 있다. 또한 이미 조립된 스타일과 레일 또는 다리와 레일 같은 직각 접합부를 반대쪽에 스크래치 내지 않도록 목리 방향으로 샌딩하거나 스크래핑하는 어려움을 피할 수 있다 (그림 2-2). 그러나 조립하기 전에 부재를 준비하는 것은 조립하기 전에 마감하는 것과는 다르다. 같은 경우도 있지만, 보통은 그렇지 않다.

목선반으로 가공한 부재들은 추가적인 작업이 필요 없다. 선삭재는 목선반에 장착되어 있을 때, 샌딩하는 것이 좋다. 조각품의 샌딩은 조각도로 표현한 미세함을 없앨 수 있기에 대부분 샌딩하지 않는다.

그러나 테이블이나 서랍장 상판, 측판, 패널, 그리고 문이나 서랍 전면부, 대부분의 몰딩류는 날물 자국이 남아 있기 때문에 반드시 제거되어야 한다. 손대패와 스크래퍼를 제외한 가장 효율적인 공구는 바로 사포(Sandpaper)이다.

샌딩 기초

효율적인 샌딩의 비결은 필요 이상의 큰 스크래치 없이 최소의 노력으로 결함을 제거할 수 있는 정도의 거친 사포로 시작하는 것이다. 이는 기계로 하든 손으로 하든 마찬가지이다 (그림 2-3, 그림 2-4). 현실적으로 가장 좋은 개시점은 보통 입도 80에서 100번이다. 결함이 심각해서 80번으로 쉽사리 제거되지 않는다면, 이전 단계로 돌아가거나 스크래퍼 또는 손대패를 사용한다 (30쪽 '사포' 참조).

그렇지만 입도 120번, 150번과 같이 고운 사포로 제거할 수 있는 결함을 더 거친 사포로 시작한다면, 이는 시간과 에너지를 낭비하는 것이 된다. 많은 사람이 도막을 제거한 재면 샌딩에는 입도 100번 사포로 시작한다. 모든 도막이 제거되었는지 확인하려면 입도 180번이나 220번으로 해도 되는데, 결국 목재에서 하는 방식을 그대로 적용한 것이다.

잘못된 입도로 샌딩을 시작하는 것은 비효율적이지만, 가장 일반적인 실수는 마모된 사포를 계속 사용하는 것이다. 무슨 일이 일어나는지 주목하라. 마모된 사포의 절삭효율은 급격히 저하된다. 사포를 자주 교환하면 샌딩 시간도 그만큼 줄일 수 있게 된다.

재면결함을 제거한 다음, 거친 사포에 의해 남겨진 스크래치는 입도를 증가시켜가며 원하는 크기의 스크래치가 생길 때까지 갈아낸다. 스크래치 크기는 착색 시 색상 발현의 차이를 만들어 내는데, 특히 안료착색에서 현저하다 (사진 2-3). 가장 좋은 결과를 내는 최종 입도는 보통 150, 180 또는 220번이고 나는 주로 180번에서 완료한다. 이런 샌딩의 목표는 착색이나 마감 후, 날물 자국이나 샌딩 스크래치가 보이지 않는 표면을 만드는 데 있다. 스크래치 형태를 균일하게 만들 수만 있다면 120번 또는 150번만으로도 만족할 만한 결과를 얻을 수 있다. 고정식 샌더가 좋은 결과를 낸다.

진동식 원형 샌더에 아주 고운 입도의 사포를 장착하여 샌딩하고 난 다음, 그 사포를 목리 방향으로 손 샌딩하면 결과

> **팁** 날물 자국과 미세한 결함들은 착색으로 명확해지기 전에는 잘 보이지 않는다. 이를 인지했다면 이미 늦었다. 착색하기 전에 이런 결함을 발견하는 가장 좋은 방법은 반사광을 이용해서 재면을 검사하는 것이다. 판재를 조명에 비춰 보거나 하나의 조명을 목재 바로 위로 비추는 것이다.
> 이런 시도를 해보면, 얼마나 많은 단점을 찾아낼 수 있는지 깜짝 놀랄 것이다.

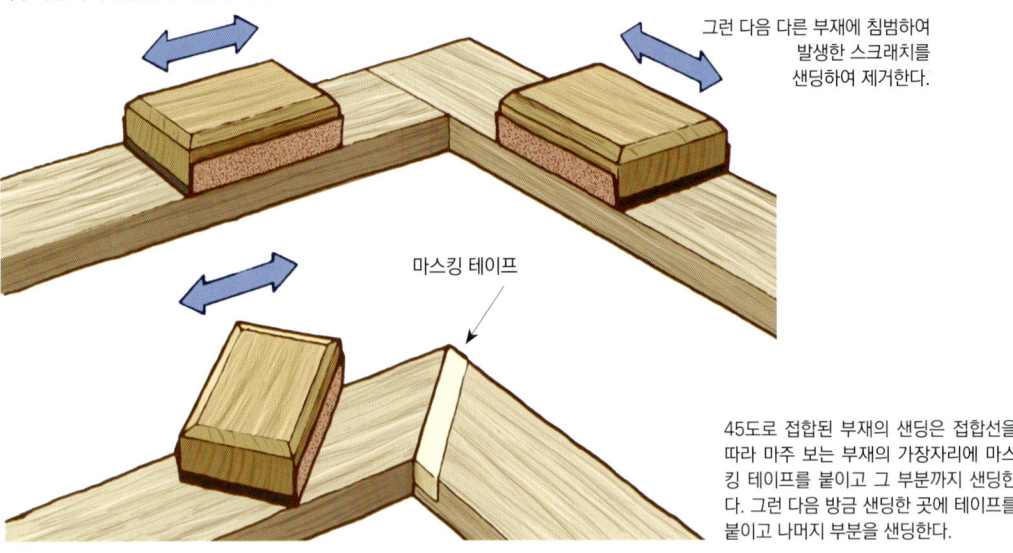

그림 2-2 직각으로 접합된 부재 샌딩.

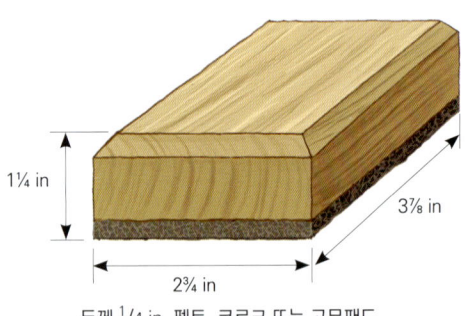

두께 1/4 in. 펠트, 코르크 또는 고무패드

그림 2-3 평활화 작업을 위해 손 샌딩을 할 경우, 샌딩 블록이 필요하다. 적절한 크기는 각자의 손 크기에 따라 다르다. 아래 치수는 오른손잡이 평균치이다. 목재 블록은 찌꺼기 낌을 방지하기 위해 1/8 in. 또는 1/4 in. 두께의 펠트나 코르크(카센터에 가면 개스킷 코르크를 구하기 쉽다) 또는 고무를 접착한다.

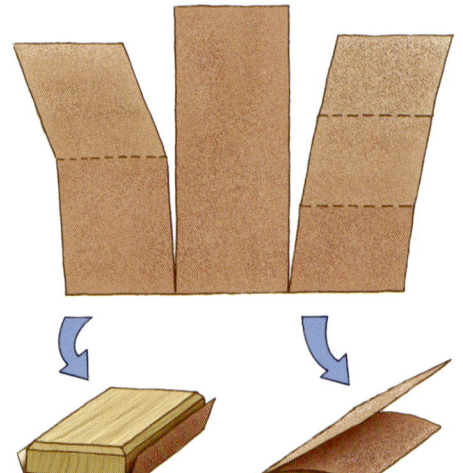

그림 2-4 9x11 in. 사포 1장을 길이로 3등분 하여 한 장을 반으로 접거나(샌딩 블록에 사용할 때) 다시 3등분해서(블록을 사용하지 않을 때) 사용하는 것이 가장 효율적이다.

사진 2-3 고운 입도로 샌딩할수록 목재 착색은 덜 된다. 이런 현상은 특히 안료착색에서 발생하는데, 각 샌딩 스크래치에 안료가 자리 잡을 공간이 부족해지기 때문이다. 위 사진에서 판재의 밝은 쪽은 입도 400번까지 샌딩한 것이고, 짙은 것은 입도 150번까지만 샌딩한 것이다.

속설 400번이나 그 이상의 입도로 샌딩하면 더 좋은 결과를 얻을 수 있다.

사실 마감하기 전에 입도 400번으로 목재를 샌딩하면 180번으로 샌딩한 것보다 광택이 더 난다. 왜냐하면, 400번은 180번보다 더 많은 광택을 내기 때문이다. 그렇지만 도막 형성 마감제를 바르고 나면 그 어떤 차이도 느낄 수 없다. 한 번 시도해 보면 샌딩하는 시간을 상당히 절약할 수 있다. 도장마감에서 샌딩을 적게 하는 법은 89쪽 '오일과 오일·바니시 혼합 마감제 바르기'를 참조하라.

가 좋다. 이렇게 하면 소용돌이 연마흔적을 제거할 수 있다.

각 사포로 적절한 양의 샌딩을 할 수 있다면 입도 80, 100, 120, 150, 180번으로 연속 승급해 진행하는 것이 가장 효율적일 것이다. 그렇지만 작업자 대부분은 입도에서 필요 이상으로 샌딩하기 때문에 입도 순서를 일부 생략하여 투입하는 노력을 절감할 수 있다. 이는 특히 샌더(Sander)를 사용할 때 그렇다.

하지만 샌딩은 매우 개인적 공정이다. 가하는 압력이 다르고, 내마모성이 각기 다른 사포를 사용하고, 작업시간도 다르다. 샌딩이 충분히 되었는지 확인할 수 있는 유일한 방법은 착색 시 날물 자국이나 샌딩 스크래치가 나타나는지 확인하는 것이다. 그러므로 어떤 방식과 과정이 가장 만족할 만한 결과를 가져오는지 느낄 때까지 자투리 나무 조각으로 충분히 연습하는 것이 좋다.

손 샌딩은 가능한 목리 방향으로 한다(물론 목선반과 조각에서는 예외). 그렇지 않으면 마감 후에 나타날 목리에 거스르는 스크래치가 생긴다. 또한 운동방향으로 모서리가 접힌 사포로 샌딩하는 것이 현명한 일이다. 사포의 모서리가 노출되면 목재 조각 아래에서 들리게 되므로 결국 찢어져서 손에 상처를 입게 된다.

마지막 단계에 아무리 고운 사포를 사용했다고 하더라도, 물이 묻으면 솟아올라 재면을 거칠게 하는 작은 목섬유를 모두 제거해야 한다. 만약 수용성 착색제나 마감제를 사용한다면 대부분의 샌딩 단계 후에 거스러미를 제거하는 것이 좋다. 재면을 축축하게 하고 마르게 한 다음, 부드럽게 재샌딩한다(31쪽 거스러미 제거 참조).

이제 마지막 단계로 쉽게 손상되기 쉽고 손에 닿는 촉감이 좋지 않으며 마감제가 잘 부착되지 않은 예리한 모서리를 제거하기 위해 모서리와 직각 방향으로 가볍게 연마한다. 이런 과정을 때때로 모서리 부드럽게 하기 또는 모서리 없애기라고 부른다.

먼지 제거

사포 사용은 모든 단계마다 재면에 먼지를 남기게 된다. 이런 먼지들은 마감하기 전에 깨끗이 제거해야 한다. 먼지를 제거하는 방법에는 다음 네 가지가 있다.

- 솔로 털어 내기
- 송진포로 닦아 내기(매우 묽은 바니시 같은 것에 적신 끈적끈적한 헝겊 사용)
- 진공 흡입하기
- 압축공기로 불어 내기

솔질은 일반적으로 쉽고 편리하지만, 공기 중에 먼지를

사포

고정식과 휴대용 샌딩 공구에 사용되는 사포의 종류와 수를 산정해 보면 그 수가 어마어마할 것이다. 사포를 이해하는 데 꼭 필요한 세 가지 중요한 사실이 있다.

색상에 따른 분류
낱장으로 된 사포는 작은 조각으로 찢어서 손 샌딩할 수 있고 색상으로 쉽게 구분한다.
- **주황색 사포**는 석류석(가넷) 연마제가 부착되어 있고 입도(Grit) 280번까지 가용된다. 비교적 저렴하고 목재용으로 많이 사용한다.
- **황갈색 사포**는 산화 알루미늄 연마제가 부착되어 있고 입도 280번까지 가용된다. 가넷보다 비싸지만, 내구성이 더 좋다. 목재용이다.
- **흑색 사포**(습·건식 방수)는 산화규소(실리콘 카바이드) 연마제가 방수접착제로 부착되어 있으며 입도 2,500번까지이다. 물, 오일윤활유로 도막을 샌딩하는 용도이다.
- **회색과 황금색 사포**(건식윤활유)는 실리콘 카바이드나 산화 알루미늄 연마제가 부착되어 있고 입도 600번까지 가용된다. 이런 사포들은 수분이 제거된 비누 같은 스테아르산 아연 또는 이와 유사한 윤활유가 코팅되어 있어서 잘 엉기지 않는다. 주로 도막연마용으로, 특히 습식윤활유에 충분히 보호되지 못하는 얇은 도막이나 실러코트용으로 사용한다. 건식윤활유용 사포를 구분하기 위해 3M은 '트리 마이트(Tri-Mite)', '프리컷(Fre-Cut)'이라는 유통명을 사용. 노튼은 '아달록스(Adalox)'와 '노필(No Fil)', 클링스포어는 '스테아레이트(Stearate)'를 사용한다.

사포 등급
사포 등급에는 CAMI와 FEPA의 두 가지 체계가 있다. CAMI(Coated Abrasives Manufacturing Institute, 코팅연마제 제조연구소) 체계는 미국의 전통적인 등급 표준이다. FEPA(Federation of European Producers Association, 유럽생산자협회) 체계는 유럽 표준이며 입도 앞에 'P'를 붙여 구분한다. 이들 등급은 입도 220번까지는 서로 동일하다. 그렇지만 그다음은 'P'자가 붙은 유럽기준이 미국기준보다 높기 때문에 달라진다. 샌딩 시 입도 규격 차이를 너무 걱정할 필요는 없지만, 습식과 건식 도막 샌딩용 고운 방수사포의 입도 차이는 상당하므로 주의해야 한다. 예를 들어 입도 600번으로 도막 샌딩을 하고자 했으나 실제로는 P600번으로 했다면, 이는 결과적으로 입도 360번에 해당된다(아래 왼쪽 '사포 규격' 참조).

원형 샌더기용 백킹
가장 많이 사용하는 샌딩기는 원형샌더로 샌딩 회전판에는 두 종류가 있다. 압력식 접착형(PSA, presure-sensitive adhesive)과 찍찍이형(아래 사진 참조)으로 PSA 원판은 저렴한 가격대 제품이지만 PSA를 제거할 수 없고, 하나를 한동안 사용하고 난 다음에 새 것을 장착한다. 그러므로 PSA는 연속적으로 승급 교체보다는 완전히 닳아서 교체하는 일이 많은 생산현장에 적합한 형태이다. 벨크로처럼 작동하는 찍찍이형은 원하는 만큼 교환이 자유롭다.

원형샌더에 사용되는 샌딩 회전판에는 두 가지 형태가 있다. PSA 원판(위쪽)은 접착식 백킹을 사용하고 가격이 저렴하다. 찍찍이형(아래쪽) 디스크는 벨크로처럼 작동하며 가격이 더 비싸다.

목공에서 주로 사용하는 사포지에는 네 종류가 있다. 각 색상으로 구별하며 주황색(가넷) 사포는 목재를 샌딩하는 데 가장 유용하고, 황갈색(산화 알루미늄) 사포 역시 목재 샌딩에 많이 사용한다(산화 알루미늄은 기계사포에 주로 사용). 흑색(습·건식 실리콘-카바이드) 사포는 윤활유로 마감층을 샌딩하는 데 가장 많이 사용한다. 회색과 황금색(스테아르산염 실리콘 카바이드 또는 산화 알루미늄) 사포는 주로 얇은 도막이나 샌딩 실러코트에 사용한다.

사포 규격
유통되는 대부분의 사포는 CAMI나 FEPA의 규격이다. CAMI는 전통적인 미국 규격, FEPA는 유럽 등급으로 숫자 앞에 'P'자가 붙어있다. 입도 220번까지는 서로 차이가 없으나, 그 이후부터는 규격 차이가 크게 나며 도막 평활화에 사용되는 흑색 습·건식 방수사포는 특히 차이가 더 크다.

- **두 가지 규격의 동일성과 상이성**

CAMI (미국 규격)	FEPA (유럽 규격)
800	P2000
600	P1200
500	P1000
400	P800
360	P600
320	P500
280	P400
	P360
240	P320
	P280
	P240
220	P220
180	P180
150	P150
120	
100	P120
80	P100
	P80

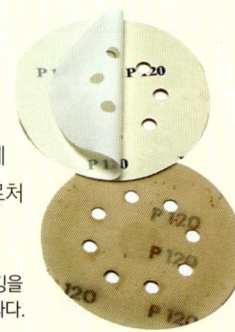

분산시킨다. 적절한 분무실 내에서 작업하는 경우가 아니라면 먼지가 가라앉을 때까지 기다렸다가 마감작업을 해야 한다.

솔질 후 재면에 남아있는 먼지를 제거하는 데 효율적인 것은 헝겊으로 닦는 것이다. 먼지가 많지 않다면, 맨손으로 닦아내는 것도 시도할 만하다(수성 착색제나 마감제에 적신 천을 사용해서는 안 된다). 바니시와 같은 것은 먼지와 결합하여 원활한 배출을 방해한다. 대신 다른 방법 중에서 하나를 사용한다.

만약 공기 중의 비산먼지가 도장실에서 문제를 야기한다면, 이런 먼지를 제거하는 가장 유용한 방법은 진공청소기를 사용하는 것이다. 그렇지 않으면 공기압축기를 사용하는 것도 좋은 방법이다. 공기 중의 비산먼지를 배출시킬 수 있는 실외나 환기가 잘 되는 공간에서는 압축공기를 이용한다.

관공 내부에 있는 먼지를 완벽하게 제거한 상태에서 마감하는 것이 더 좋은 결과를 가져온다는 것이 논리적이긴 하지만 실제 그런 차이를 본 적은 없다.

접착제 얼룩

아무리 조심한다 해도 접착이 이루어지는 동안 재면으로 접착제가 묻어나올 수밖에 없다. 접합부를 클램프로 조일 때, 접착제가 흘러나오거나 아니면 손가락에 묻어 재면이 오염된다. 접착제는 재면을 덮어 착색제가 적절히 침투하거나, 마감제가 침투하는 것을 방해한다. 재면에서 접착제 얼룩은 모두 제거해야 한다. 그렇지 않으면 색상의 변이가 나타날 수 있다.

재면에 접착제가 오염되지 않도록 하는 몇 가지 팁이 있다.
- 접합부에 접착제를 너무 많이 주입하지 않는다. 판재의 측면과 측면을 접착하여 집성할 때는 접착제를 충분히 바른다. 이 경우에 접착제가 흘러나와야 충분히 도포했을 뿐만 아니라 클램프로 적절하게 조였음을 알 수 있다.
- 장부나 다월 구멍을 조금 더 깊게 파서 잉여 접착제가 흘러나오지 않고 거기에 고이도록 한다. 또한 숫장부와 다월의 끝에 경사를 주거나 장부 구멍과 다월 구멍 입구를 조금 넓게 해 준다 (그림 2-5).
- 작업 중 손에 접착제가 묻으면 닦아낼 수 있도록 젖은 천과 마른 천을 준비해 둔다. 젖은 천으로 손을 닦고 난 후

거스러미 제거

목재에 물이 닿으면 섬유가 부풀게 되는데, 목재가 다시 건조되면 거칠어지는 원인이 된다. 팽윤된 섬유는 거스러미(목모)라고도 불린다. 수분을 함유한 착색제나 마감제는 거스러미를 발생시킨다. 거스러미는 마감이나 착색과정에서 눈에 띄거나 재면에 거친 질감을 낸다. 또한 도장마감의 투명성과 심도를 감소시키기도 한다.

재면을 아무리 평활하게 샌딩했다고 해도 물이 묻으면 거스러미는 발생한다. 거스러미 발생을 막을 수 없기 때문에 가장 효과적인 방법은 착색이나 마감하기 전에 팽윤된 섬유를 제거하고 평활하게 다시 샌딩하는 것이다. 일단 제거하면 확연하게 재발생하는 경우는 드물다. 거스러미 제거(Dewhiskering)라는 용어 외에도 Sponging, Whiskering, Raising the grain이라고 하며, 이는 마감에서 거스러미 발생을 의미한다.

재면을 입도 150 또는 180번으로 샌딩한 후, 스펀지나 천에 마감이나 착색할 정도의 용량만큼 물을 적셔 발라준다. 금방 끝나는 작업이다.

밤새도록 목재를 마르게 둔다. 그런 다음 필요 이상으로 힘을 주지 말고 적당히 눌러 느슨한 거스러미를 샌딩하고, 직전에 사용했던 사포와 같은 입도 또는 한 단계 높은 사포를 사용한다. 솟아난 거스러미보다 더 많이 제거될 수도 있기 때문에 무딘(한 번 사용했던 것) 사포가 최적이다. 헌 사포가 없다면 새것을 반으로 나눠 서로 마찰시키면 즉석에서 쉽게 만들 수 있다.

가볍게 샌딩한다. 재면이 다시 평활하도록 샌딩하면 된다. 조금만 깊게 샌딩하면 연삭층이 거스러미가 발생한 팽윤된 목섬유층 아래로 내려가게 될 것이다. 재면이 젖게 되면 거스러미는 다시 발생한다(현실적으로 약간의 거스러미가 더 발생하긴 하지만 그 양은 극소량일 것이다). 항상 목리방향으로 샌딩한다.

바로 마른 천으로 닦아 재면이 축축해지지 않도록 한다.

이런 지침을 준수하더라도 가끔은 접착제가 묻을 수 있다. 제거할 접착제 얼룩을 찾는 데 효율적인 두 가지 방법을 설명하고자 한다.
- 물이나 미네랄 스피릿 같은 액체로 재면 전체를 적신다. 접착제가 없는 부분은 물이 많이 스며들고 접착제가 묻은 부분은 더 밝게 보인다(사진 2-4). 수분은 거스러미를 발생시킨다. 그러므로 가볍게 다시 샌딩할 필요가 있다.
- 접착작업 전에 접착제에 염료나 자외선 발색제(목공용품 판매점에서 구입가능)를 첨가한다. 염료는 명확히 보이기 때문에 재면으로부터 접착제를 완전히 제거할 수 있다. 자외선 발색제는 자외선에 노출되면 빛이 난다.

재면에 굳은 접착제의 제거: 재면에 묻은 접착제가 일단 굳으면 제거하는 방법은 두 가지밖에 없다. 긁거나 샌딩으로 제거하기, 그리고 녹이거나 부드럽게 해서 닦아내는 것이다.

기계적 제거: 개방된 곳이라면 스크래핑과 샌딩작업은 쉽다. 접합부 주위의 좁은 재면에서는 긁어내기보다는 끌로 깎아내듯 작업한다. 접착제가 묻어 오염된 부분을 제거한 다음 이미 사용한 같은 입도의 사포로 깨끗한 재면을 다시 샌딩한다. 이렇게 해야 고른 착색과 도장을 보장할 수 있다.

용제로 제거: 백색과 황색접착제는 물을 발라 연화시켜 닦아낼 수 있다. 온수가 더 효과적이고 식초를 첨가하면 더 효과적이다(산은 백색과 황색접착제를 연화시키는데, 식초는 약산의 일종이다).

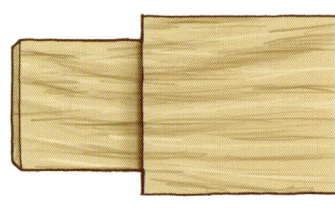
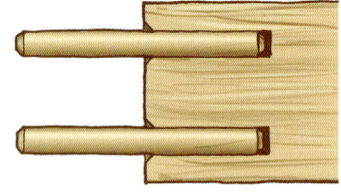

그림 2-5 잉여의 접착제 허용공간 만들기

사진 2-4 재면에 굳은 접착제는 발견하기가 쉽지 않다. 물이나 미네랄 스피릿으로 표면을 적셔보면 구별할 수 있다(판재 윗부분은 액체를 바르지 않았다). 접착제가 묻지 않은 재면은 액체를 더 많이 흡수하고 접착제가 묻은 부분은 더 밝게 보인다.

다양한 유기용제 또한 백색과 황색 접착제 연화에 효과적이다. 효과가 강한 순서부터 열거하면 톨루엔(톨우올), 자일렌(자일롤), 아세톤, 그리고 래커 희석제 순이다. 이런 용제는 수분처럼 거스러미를 발생시키지는 않으나, 접착제 제거를 위해서는 더 많이 긁어내야 한다.

어떤 액체를 사용하든 관공에서 접착제 제거를 위해서는 좀 더 문질러야 한다. 칫솔이 효과가 있지만, 부드러운 황동모 솔을 사용할 때도 있다. 관공의 접착제를 제거한 후, 거친 부위를 평활화하기 위해 재면을 전부 샌딩한다. 필요하다면 거친 사포를 사용해도 되지만, 착색과 도장이 균일하도록 나머지 부분에 사용한 동일한 입도의 사포로 마무리한다.

합성수지접착제, 순간접착제, 핫멜트 접착제와 같은 접착제들도 아세톤으로 연화하고 녹여낼 수 있다. 그러나 에폭시, 폴리우레탄, 플라스틱 수지(요소 포름알데히드) 접착제는 긁어내거나 샌딩으로 제거해야 한다.

착색 후 접착제 얼룩 제거하기

최선의 노력에도 불구하고, 착색이나 도장마감 후에 접착제 얼룩을 발견할 수도 있다 (사진 2-5). 이럴 때는 어떻게 해야 할까? 해결 방법은 착색하기 전에 발견한 것과 같다. 접착제를 모두 제거해야 하는데 여전히 두 가지 방법만이 존재한다. 기계적인 방법 또는 물이나 용매로 제거하는 방법 중에서 선택한다.

접착제 제거 후에 다시 착색할 필요가 있는데, 새로 한 착색이 기존 착색보다 더 연할 수도 있다. 그 이유는 재면에 남아 있는 착색제가 사포에 윤활유 작용을 해서 평삭이 덜 되었기 때문이다. 아무리 직전에 사용한 것과 동일한 규격의 입도를 사용했다고 해도 착색은 약간 덜 되는 것이 일반적이다.

이런 문제에 대한 간단한 해결 방법은 전체 부위(다리, 세로대, 레일, 상판까지도)에 착색을 추가로 하고 착색제가 축축할 때, 다시 샌딩하는 것이다. 그런 다음 잉여의 착색제를 제거한다. 습식-샌딩은 전체 부위에 고른 연마를 한다. 한 부분이 너무 밝으면 좀 더 거친 사포로 다시 습식-샌딩한다.

여전히 눈에 띄는 색상 차이가 있다면, 전체 부위를 모두 벗겨내고 다시 샌딩(모든 재색을 다 탈색하는 정도까지 필요한 것은 아니다)한 후에 그 위에 착색한다.

사진 2-5 재면에 접착제가 남아 있으면 착색과 마감제 침투를 방해하여 밝은 얼룩으로 나타난다.

> **팁** 백색과 황색접착제가 굳은 얼룩 위에 수성 안료 착색제를 바르면 착색제가 접착제를 용해하도록 둔다. 이런 착색제의 용제(글리콜 에테르)는 수분과 함께 접착제를 분해하여 천으로 닦아 내거나 솔질로 벗겨낼 수 있다. 접착제 얼룩 위에 착색제를 바르고 1분 정도 경과 후, 문지르거나 긁어내면 된다. 착색제로 축축하게 유지한다. 1분도 안 되어 착색이 묻어나는 것을 볼 수 있을 것이다(이런 현상은 다른 종류의 착색제에는 적용되지 않는다).

함몰, 손상과 구멍

아무리 주의해도 준비 또는 조립단계에서 재면에 함몰이나 손상을 줄 수 있고 메꿔야 할 마감못 구멍처럼 작은 구멍이 발견될 수도 있다.

함몰의 수증기처리

함몰이란 재면이 눌린 것이다. 섬유가 손상되지 않은 이상, 증기를 가하면 복원할 수 있다. 수증기는 섬유를 팽윤시켜 눌린 부분을 회복한다. 표면이 수평이면 함몰은 쉽게 복원된다. 눌린 부위에 물 몇 방울을 안약 주입기, 시약병 또는 주사기로 넣고 물이 스며들도록 둔다. 필요하다면 물을 더 첨가하고 증발시키기 위해 매우 뜨거운 물체를 물에 접촉한다(사진 2-6). 납땜인두, 다리미 끝부분, 불꽃에 가열한 쇠막대기(물에 접촉하기 전의 그을음은 모두 제거)등을 사용한다.

함몰의 수증기 처리 결과는 좋은 편이지만, 100% 효과적이지는 않다. 거스러미를 평활하게 샌딩하기 전에 완전히 마르게 두면 거의 보이지 않을 정도로 복원할 수 있다.

그러나 목재 구성세포가 절단되면 복원은 거의 불가능하다. 세포 절단은 손상으로 취급되어야 한다. 손상된 부위를 도려내고 유사한 목재 조각으로 채워 넣거나, 다른 물질로 채워 넣어야 한다.

목재 패치

만약 손상이 심한 경우, 목재 패치가 가장 효과적이다. 감추기 쉽고 상당히 영구적이기 때문이다(사진 2-7). 목재 패치는 재면의 틈새나 접합부가 꼭 맞지 않아 생긴 틈새를 메우는 데도 최적이다. 패치는 주변의 목리와 같은 방향으로 배치해야 수축과 팽윤이 유사해 훗날 갈라지거나 빠져나오지 않게 된다. 주변과 재색도 비슷해야 한다. 목재 퍼티와 같은 이물질은 부위가 큰 틈이나 갈라짐, 그리고 표면손상을 메울 때는 유연하지 않고 영구적이지 않다. 게다가 재색처럼 채색되지도 않는다.

목재로 표면손상을 메우는 원리는 나사못 구멍을 목재 뚜껑으로 감추는 것과 같다. 패치는 원형이나 각형 대신에 약간 길쭉하고 다이아몬드 형태일 때, 눈에 덜 띈다. 손

사진 2-6 함몰 부위를 복원하려면 수증기를 가해 원래대로 팽윤시켜야 한다. 함몰 부위를 물로 적신 다음 납땜인두, 옷 다리미 끝 또는 불꽃으로 가열시킨 뾰족한 쇠막대기를 접촉하여 증기를 발생시킨다.

상된 수종과 유사한 목리형태와 재색을 갖는 다른 목재조각으로부터 형태를 정하고 잘라낸다. 보수할 표면에 패치를 올려놓고 가장자리를 따라 재단선을 표시하고 끌로 자른다. 손상된 부위가 크다면, 정확히 일치하게 자르기 위해 라우터와 지그를 사용하는 것이 좋다(대안으로 투명지를 손상된 부위에 대고 본을 뜬 후 패치에 적용한다). 패치는 필요한 것보다 약간 두꺼운 것이 좋은데, 접착제를 발라 손상된 부위에 붙이면 좀 더 올라오기 때문이다. 접착제가 굳은 후, 끌이나 대패 또는 스크래퍼로 평삭한다.

재면 갈라짐이나 접합부 틈새를 메워 넣는 법은 간단하다. 같은 종류의 나무에서 얇은 목편이나 단판에서 정확한 두께로 잘라 틈에다 메워 넣으면 된다. 쉽게 삽입하기 위해 나무의 조각 길이 방향으로 약간 경사를 주는 것도 때로는 도움이 된다. 접착제가 경화되면 표면과 높이를 맞춰 평을 잡아 준다. 이런 종류의 수리는 보수된 부위가 눈에 띄지 않고 원래의 목재처럼 항구적으로 유지된다.

목재 퍼티

표면손상이나 갈라진 틈을 목재 패치로 땜질하는 것보다 목재 퍼티로 메우는 것이 훨씬 간단하다. 목재 퍼티는 작은 결점을 메우는 데도 상당히 효과적이다.

사진 2-7 동일 수종으로 목리 패턴이 유사한 것으로 갈라진 넓은 틈이나 표면손상을 때운다. 이런 패치들은 원목 색상의 목재 퍼티보다 더 감쪽같고 영구적이다(사진의 호두 판재 갈라진 틈과 표면손상에는 더욱 대비되도록 단풍나무로 때워져 있다).

> **팁** 특히 단단하게 함몰된 부위에는 물을 채우고 얇은 판지로 덮는다. 그런 다음 뜨거운 다리미를 올려놓는다. 이렇게 하면 수증기가 새지 않고 목재 속으로 들어가게 된다.
>
> 주의: 함몰 위에 젖은 천을 대고 뜨거운 다리미를 올려놓는 방법도 제시되지만, 필요한 손상 부위 이상으로 수증기에 노출되어 마감 시 문제를 일으키는 수분에 의한 손상을 초래할 수 있다.

목재 퍼티는 일종의 마감제, 접착제, 소석고(반죽)같은 바인더, 그리고 톱밥, 백색가루(탄산칼슘), 목분(매우 고운 톱밥) 같은 고형분이다. 바인더(결합제)는 경화되면서 고형분을 서로 엉키게 하여 패치가 된다. 깊이 들여다본 적은 없겠지만 대부분의 목재 퍼티는 마감제처럼 시장에서 구하기 쉽고 목분이나 백색가루가 증량제로 첨가되어 있을 뿐이다. 그렇기에 목재 퍼티는 착색이 어렵고, 일단 경화되면 도장 마감도 안 되는 편이다.

시중에서 구할 수 있는 목재 퍼티는 세 종류로서 니트로셀룰로오스 래커를 주원료로 한 것, 수용성 아크릴 마감제를 주원료로 한 것, 소석고를 주원료로 한 것 등이다(다음 장의 목재 퍼티 참조). 포장용기의 설명을 보면 어떤 종류인지 알 수 있다.

- 니트로셀룰로오스 기반 목재 퍼티는 아세톤이나 래커 희석제로 희석하거나 닦아낼 수 있다.
- 수용성 아크릴 기반 목재 퍼티는 경화되기 전까지는 물로 닦아낼 수 있다.
- 소석고 기반 목재 퍼티는 분말형태이다. 물에 개어 사용한다.

접착제에 톱밥을 섞어 목재 퍼티를 직접 만들어 사용할 수도 있다. 톱밥은 가능한 보수할 목재와 동일한 목재에서 취하고 접착제와 섞는다. 에폭시, 백색, 황색 접착제, 순간접착제 모두 잘 섞인다. 톱밥 최대량에 접착제는 최소량을 사용한다. 접착제를 너무 많이 첨가하면 주위의 목재보다 더 짙어진다.

어떤 목재 퍼티를 사용하더라도 같은 방식으로 메운다. 퍼티 칼(구멍이 작다면 무딘 드라이버도 가능)에 조금 묻혀 구멍이나 손상부위에 메워 넣는다. 깊이가 깊지 않다면 퍼티 칼로 표면을 직각 방향으로 문지르며 평활하게 한다. 퍼티 바른 부위를 주변보다 약간 더 높게 하여 건조에 따른 수축에도 단차가 생기지 않게 해야 한다. 퍼티는 공기에 노출되면 굳기 때문에 필요 이상으로 건드리지 말아야 한다. 대충해서는 안 된다. 퍼티용 바인더는 마감제, 접착제, 소석고 등으로 접촉하는 목재의 그 어떤 부분과도 결합하여 착색과 마감제 침투를 방해하고 얼룩으로 남는다.

> **팁** 손상 부위가 깊다면 퍼티를 여러 번 발라 표면과 편평하도록 해야 한다. 한 번에 두껍게 바르면 굳는 데 시간이 오래 걸리고 고르지 못한 경화 때문에 균열이 생길 수도 있다. 도포 사이에는 경화에 이르기까지 충분한 시간을 주어야 한다.

일단 퍼티가 굳으면 주변 목재층과 같도록 샌딩한다. 작업하는 재면의 평활도가 좋다면 평평한 블록으로 사포 뒤쪽을 받친다.

채색 목재 퍼티

주변에 맞추기 위해 목재 퍼티는 다음 두 가지 중 하나의 방법으로 채색할 수 있다.
- 반죽상태에서 채색
- 경화된 후 채색

퍼티에 색을 부여하기 위해서는 대부분의 페인트 매장이나 화방에서 구입할 수 있는 범용 색조 조색제(UTCs)를 사용한다. 범용 색조 조색제는 세 가지 형태의 기성 목재 퍼티뿐만 아니라 톱밥-접착제 혼합물인 자가 제작 퍼티에도 사용 가능하다. 원하는 색상으로 조색할 때는 착색과 도장 후의 재색에 맞추어야 하며 밝은 부분인 '바탕(배경)' 기준으로 한다. 나무 조각에 연습을 먼저 해 본다. 색상 판단 시 중요한 점은 젖어 있을 때 해야 한다는 것이다. 바로 그 단계가 도장이 된 후의 발현될 색상과 유사하기 때문이다. 착색과 퍼티가 마른 뒤의 색상은 정확하지 않다.

퍼티를 바르기 전에 채색하는 것이 더 수월하지만, 무색의 패치에 채색을 해도 좋은 결과를 얻을 수 있다. 퍼티 패치(유색 또는 중간색)를 주변 재면 색상에 맞도록 섞어 넣은 다음, 전 재면에 착색(1회만 하는 경우)과 첫 번째 마감(실러)을 한다. 이렇게 하면 의도하는 정확한 색상을 볼 수 있다(134쪽 '실러와 실러 바르기' 참조). 실러가 굳으면 배경 재색에 맞게 목리와 무늬를 그려 넣는다(목재처럼 보이도록 원목 색상의 패치에 목리를 그려 넣는 방법은 19장 '마감 보수하기' 참조). 표면손상 땜질에 어떤 종류의 퍼티를 사용하든지 땜질에 어떤 채색을 하든지 간에, 몇 년 지나면 구별이 될 것이다. 주변부는 땜질부와 달리 더 짙어지거나 밝아져서 차이가 확연히 구분될 것이다. 이런 문제를 일으키지 않는 유일한 해결 방법은 땜질하지 않는 것이다. 같은 재색을 유지하는 데 가장 효과적인 것은 동일 판재의 조각에서 취한 조각으로 땜질하는 것이다.

유색 퍼티와 왁스 크레용

작은 못 구멍이나 작은 표면 손상을 목재 퍼티로 메꾸는 것은 별로 효과가 없다(테이블 상판은 예외). 퍼티가 재면에 닿을 때마다 주변에 묻게 되어 지저분해지기 때문에 구멍 주변을 더럽게 만들 것이다. 일반적으로 실러(하도)를 올리거나 마감이 완료되기를 기다리는 것이 더 나을 것이다.

목재 퍼티

니트로셀룰로오스 기반	아크릴 기반	소석고 기반
건조가 빠르다. 아세톤이나 래커 희석제로 희석하고 닦아낸다.	굳기 전까지는 물로 닦아낸다. 아세톤, 톨루엔, 자일렌 또는 래커 희석제로 닦아낸다. 효과적으로 희석하기가 어렵다. 튜브 용기에 넣어 판매되기도 한다.	분말상으로 판매되며 물에 개어 사용한다. 일단 굳으면 용해되지 않는다.

실러를 칠한 후 유색 퍼티로 작은 구멍을 메운다. 유색 퍼티는 전통적인 화가용 퍼티(탄산칼슘을 아마인유로 개고 유색 안료를 첨가한 것)를 기성 제품으로 출시한 것이다. 대부분의 자재상에서 구입이 가능하다. 색상이 맞는 퍼티를 손가락에 소량 올려 구멍 안으로 밀어 넣는다. 재면의 잉여분을 헝겊이나 깨끗한 손가락으로 닦아낸다. 유성 유색 퍼티는 바니시, 셀락 또는 래커로 마감할 수 있다. 수성 유색 퍼티 위에는 어떤 마감을 해도 문제가 되지 않는다 (사진 2-8).

도장마감 후, 왁스 크레용으로 작은 구멍을 메운다. 목재에 맞는 색상의 크레용을 앞뒤로 문질러준다. 그런 다음 헝겊이나 깨끗한 손가락으로 잉여 부분을 문지른다 (사진 2-9).

사진 2-8 작은 구멍을 메우기 위해 유색 퍼티를 사용할 때는 착색(1회 하는 경우)과 하도를 해야 한다. 그런 다음 색상이 맞는 퍼티 소량을 손가락에 올리고 구멍 안으로 메워 넣는다. 헝겊이나 깨끗한 손가락으로 잉여의 양은 재면에서 닦아내고 다음 마감 단계를 계속한다.

사진 2-9 작은 구멍을 왁스 크레용으로 메우기 위해서는 색상이 맞는 크레용을 구멍이 채워질 때까지 앞뒤로 문지른다. 그런 다음 헝겊이나 깨끗한 손가락으로 잉여분을 닦아낸다.

메모 기성 유색 퍼티는 재색과 맞는 목재의 이름으로 구별하는데, 착색된 후의 색상을 의미하는 것은 아니다. 이런 퍼티는 착색을 원하지 않을 때 추가적인 채색 없이 사용할 때는 상관없지만, 색 자체가 변할 수도 있다.

3장 | 도장 용구

- 헝겊
- 연마 패드 만들기
- 붓
- 붓질하기
- 붓질에서 흔히 발생하는 문제점
- 분무총과 장비
- 전형적인 분무총 작동 방식
- 분무배기장치
- 분무에서 흔히 발생하는 문제점
- 에어로졸 분무 마감
- 공기압축기
- 분무총에서 흔히 발생하는 문제점

도장 마감에 사용하는 도구는 헝겊, 붓(솔), 분무총 세 가지 뿐이다. 헝겊에는 연마패드가 포함되어 있고 붓에는 페인트 패드가 포함되어 있으며 분무총에는 에어로졸(연무형)이 포함되어 있다. 이런 최소한의 공구 세트는 마감과 목공에 있어서 주요한 차이점이다. 목공에는 수많은 공구가 있고 새로운 제품이 시장에 계속해서 출시된다. 목공인들은 다양한 공구의 특성과 작동원리, 그리고 각 용도를 배우는 데 오랜 시간이 걸릴 것이다. 마감법은 아주 다양하다. 하지만 이 세 가지 도구로 할 수 있는 비법은 그리 많지 않다.

이런 마감 도구 중의 하나를 사용하는 유일한 목적은 손을 깨끗하게 유지하려는 것 외에도 액상 마감제를 용기에서 재면으로 옮겨 매끄럽고 수평이 되도록 바르는 것이다. 결국 마감제를 재면에 붓고 손으로 주변에 펴 바르는 것이다. 마감제가 단단하게 경화한 후, 편평하게 샌딩하고 광택제를 바르고 문지르면 상당히 괜찮은 결과를 얻을 수 있다(225쪽 사진 16-2 참조). 그러나 마감 시 처음부터 샌딩이 전혀 필요 없을 만큼, 가능한 샌딩을 최소화하도록 평활하고 수평을 이루어 도포한다면 작업이 훨씬 수월해질 것이다.

다음은 세 가지 기본 도구에 대해 알아야 할 사항이다.

헝겊

도장마감에 사용하는 헝겊(천)은 면으로 만들어야 한다. 폴리에스터와 다른 합성 천들은 흡수성이 크지 않아 제대로 기능하지 않는다. 대량으로 소비할 규모가 아니고, 특히 수성 마감제가 아니라면 저렴한 종이 타월로 헝겊을 대체할 수 있다. 수성 마감제용으로는 대형 할인점이나 마트에서 구입 가능한 종이제품인 스코트 래그(Scott Rag)를 사용한다. 이런 헝겊들은 젖어도 쉽게 찢어지지 않는다.

천을 접고 다른 헝겊으로 단단히 싸서 주름 없는 바닥면을 만들면, 프랑스 광택(French polishing)과 도막광택을 내는데 사용하는 연마 패드(Rubbing pad)를 만들 수 있다(147쪽 '프랑스 광택내기'와 16장 '마감 완성하기' 참조). 패드를 이용하면 어떤 크기의 표면에도 도막형성 마감을 할 수 있다. 유일한 제한은 마감제의 건조 속도이다. 연마 패드를 사용하면 천

연마 패드 만들기

❶ 침대 시트, 손수건 또는 거친 무명천 같이 깨끗하게 세탁되고 촘촘하게 직조되었으나 늘어지지 않는 작은 크기의 면직물을 펼쳐놓고 부드러운 면이나 양모 천을 가운데 놓는다. 주름이 가지 않도록 안감을 접는다. 큰 면적을 마감한다면 안쪽에 큰 천을 넣어 패드를 크게 만든다. 작은 면적에는 작은 천을 사용한다.

❷ 외부 천의 네 모서리를 한 지점까지 들어 올려 비틀어 준다.

❸ 외부 천이 내부 천 주위를 감싸서 팽팽하게 당겨지도록 모서리를 꼰다. 패드 바닥은 매끄럽고 주름이 없어야 한다.

사진 3-1 왼쪽부터 끌날 형, 천연모 붓, 끌날형 합성모 붓, 각형 합성모 붓, 폼 브러시, 페인트 패드.

뭉치나 접은 헝겊을 사용했을 때보다 자국이 덜 남는다. 또한 헝겊만을 사용했을 때보다 낭비가 덜하다.

내부에 사용하는 천은 면이나 양모, 투박한 무명천, 티셔츠 면, 스웨터 양모를 사용해도 된다. 외부용 천은 정교하게 직조된 무명천, 닳은 침대 시트, 오래된 손수건(내가 가장 선호하는 것)등을 사용하는데 너무 늘어나지 않는 것이 좋다. 앞쪽 사진 설명처럼 외부용 천을 안쪽 헝겊 뭉치에 단단히 감아 패드를 만든다. 외부를 간단하게 비틀어서 꽉 움켜쥐면 사용 시 패드 하단으로부터 주름이 생기지 않는다.

붓

붓은 가장 초기부터 사용한 도장용구 중 하나이다. 분무 장비의 인기가 늘어나면서 붓의 비중이 줄어들었으나 도장공이라면 최소한 붓 몇 개 정도 소장하는 것이 일반적이다.

붓 선택

좋은 결과를 기대한다면 좋은 품질의 붓이 필수적이다. 좋은 품질의 붓은 마감제를 더 많이 머금어(그래서 붓에 마감제를 자주 보충하지 않아도 됨) 질 낮은 붓보다 더 평활하게 바를 수 있다. 사용이 쉽고 더 오래 간다.

붓의 세 가지 종류에는 천연모, 합성모, 폼 브러시가 있다. 추가로 페인트 패드도 있는데, 붓과 같은 방식으로 사용하기 때문에 붓의 일종으로 간주한다 (사진 3-1).

천연모 또는 합성모 붓을 구성하는 털은 한쪽 부분이 **페룰(Ferrule)**이라 불리는 금속으로 싸인 곳에 에폭시로 접착되어 목재나 플라스틱 손잡이에 고정된다 (그림 3-1). 손잡이, 접착제, 페룰의 종류는 다양하며 털의 품질에 맞춰 조합된다. 붓은 항상 털의 품질로 평가된다. 좋은 털을 판단하는 세 가지 기준이 있다.

- 털이 끝모양으로 배열된다. 즉 정사각형 모양으로 잘려져 있지 않다.
- 붓의 털은 끝으로 갈수록 가늘어진다. 즉 페룰 쪽보다 반대로 갈수록 얇아진다.
- 털의 끝부분이 **여러 갈래로 나뉘어 있다.** 즉 여러 가닥의 섬유로 분지되어 있다.

끌날 형태(가운데 부분의 털이 편평한 가장자리보다 더 길다)의 붓은 정사각형 붓보다 더 평활한 도장에 적합하다. 정사각형 붓은 가격이 저렴하고 평활성이 중요하지 않은 착색제, 도막제거제 또는 탈색제 도포에 유용하다.

그림 3-1 털의 형태

가늘어지는 형태의 털은 일정한 형보다 성능이 좋다. 페룰 쪽 털의 두꺼운 부분은 강성을 부여하고, 끝부분의 가는 부분은 유연성과 부드러움을 제공한다. 부드러운 끝부분은 단단한 붓보다 붓 자국이 덜 난다(다양한 붓의 끝부분을 손으로 꺾어보면 부드러움의 차이를 알 수 있다).

분지형은 털 섬유의 수를 2~3배 증가시킨다. 그 결과 분지형 붓은 그렇지 않은 붓보다 더 많은 도포량과 평활함을 부여할 수 있다.

합성모와 천연모의 차이는 마치 머리카락과 플라스틱의 차이와 같다. 머리카락은 물속에서 부드러워지고 통제할 수 없지만, 플라스틱은 그렇지 않다. 그러므로 천연모 붓은 합성모 붓과 달리 수성 착색제와 수성 마감제의 도포에는 적당하지 않다. 두 가지 형태의 붓 모두 용제형 착색제와 용제형 마감제로는 성능이 우수하지만, 대부분의 도장공은 천연모 붓 사용을 선호한다.

천연모 붓은 동물 털로 제조한다. 용제형 마감제의 도포에 사용하는 최고의 붓들은 중국산 돼지 털로 만든다. 합성모 붓은 폴리에스터나 나일론 또는 두 가지 혼합으로 만든다. 폴리에스터는 강성을 주고 나일론은 유연성을 부여한다. 대부분의 도장에 사용하는 것은 2~3인치 폭에 털 길이 2~3인치 붓이다.

붓에는 다양한 형태와 품질이 있지만, 최상의 품질에 대한 합의된 기준은 없다. 보통 비싼 붓이 고품질이기는 하다. 고급 붓은 털이 분지되어 있고 끝부분이 부드럽고 털이 거의 빠지지 않는 끝날 형이다. 내 경험상 붓보다는 사용된 마감제가 더 영향을 미친다. 명성이 있는 마감제들은 사용한 붓의 종류보다 더 좋은 결과를 낸다.

폼 브러시(Foam brush)는 붓 자국을 최소화하지만, 붓질한 가장자리에는 마감제가 더 많이 남아 흔적을 남기는 경향이 있다. 밀도가 낮은 폼보다는 높은 폼이 좋다. 폼 브러시는 저렴하기에 사용 후 세척하기보다는 버리는 것이 낫다. 폼 브러시는 래커 희석제에 녹을 수 있고 종류에 따라서는 알코올에도 녹는 것이 있다. 즉 래커나 셀락은 사용 전에 시험해 보고 사용 여부를 결정해야 한다.

페인트 패드는 폼 백킹에 수천 개의 짧은 필라멘트가 붙어 있다. 편평한 플라스틱이나 금속 손잡이에 장착되어 편평한 표면에서만 유용하다는 것을 제외하고는 폼형 붓과 유

- **속설** 붓질은 느리게 해야 좋은 결과를 얻는다
- **사실** 전문적으로 하든 아니든, 늦게 한다고 제대로 하는 것은 아니다. 주택 도장을 위해 시간당 노임으로 도장공을 고용했는데 설명서처럼 페인트칠을 8초당 1 ft.의 속도로 한다면 어떤 느낌일까! 시방을 따르면서 가능한 빨리 작업한다.

- **속설** 첫 번째 붓질은 목리에 직각(폭)방향으로 하고 그다음으로 목리(길이)방향으로 하는 것이 좋다.
- **사실** 바니시처럼 경화가 늦은 마감제는 그렇게 해도 된다. 두께가 더 고른 도막을 얻을 수도 있겠지만, 아마도 큰 차이는 아닐 것이다.

붓질하기

붓으로 칠하는 마감에는 필수적인 단계가 있다. 목표는 가능한 평활하고 수평인 도막을 얻는 것이란 점을 기억하라.

1. 붓이 새것이라면 느슨한 털을 제거하기 위해 페룰을 손에 대고 친다. 사용 전에 씻어서 개시하면 더 좋다.
2. 작업에 충분한 마감제를 커피 캔이나 입구가 넓은 병과 같은 다른 용기에 담는다.
3. 반사광 아래에서 볼 수 있도록 작업을 배치한다. 이렇게 하면 결함 발생을 인지할 수 있어서 수정이 가능하다.
4. 발생한 먼지를 배출해 낼 수 있는 효율적인 분사실에서 작업한다면 압축공기나 솔로 도장 부위를 깨끗하게 한다. 그렇지 않으면 진공 또는 송진포를 사용한다(29쪽 '먼지 제거' 참조). 붓질하기 바로 직전에 깨끗한 손으로 표면을 닦아서 가라앉았을지도 모를 먼지를 제거한다.
5. 엄지와 집게로 손잡이 부분 페룰을 잡는다. 붓털 길이의 $1/3$에서 $1/2$이 잠기도록 붓을 마감제에 적신다.
6. 테이블 상판과 같이 크고 편평한 표면에서는 붓질할 면적의 중앙부에 마감제가 묻은 붓을 위치하고 앞뒤로 오가면서 마감제를 양 가장자리로 펼쳐 바른다. 붓 자국이 남지 않도록 목리 방향으로 붓질한다. 비행기가 이륙하는 것처럼 양 끝에서 붓을 들어 올리고, 착륙하듯 붓을 내려놓는다. 이렇게 하면 표면에 자국이 남지 않고 측면으로 흘려 내리는 것을 방지하는 데 도움이 된다. 매우 큰 표면에서는 몇 군데의 붓질 시작점을 두고 시작점에서 끝단까지 충분히 펴지도록 해야 한다. 목표는 한 번의 붓질로 한쪽 끝에서 다른 끝으로 얇은 도막을 형성시키는 것이다. 앞쪽이나 뒤쪽의 측면 한 곳에서 붓질을 시작할 수 있어야 한다. 마감제를 듬뿍 적신 붓이 지나가나 방금 도장된 면에 마감제가 떨어지지 않도록 마감제 용기를 배치하거나 잡고 있어야 한다.
7. 끝에서 끝으로 도포하면서 일정한 방향으로 붓질하고 기포를 없앤다. 솔을 수직으로 잡고 한쪽 끝에서 다른 끝으로 약간 중첩하여 붓질한다.
8. 매번 새로운 시작점에서는 직전 붓질의 몇 인치 앞에서 붓질을 시작하여 돌아오는 길에 마무리하고 나서 벗어난다. 중첩부위가 축축할 정도의 속도를 유지한다. 즉 중첩부가 두꺼워지지 않도록 직전의 붓질이 여전히 습할 때 다음 붓질이 행해져야 한다. 바니시보다 셸락과 수성 마감제의 붓질 속도가 빨라야 한다는 것을 분명히 기억해야 한다.
9. 수직면에서는 붓의 마감제 양을 줄여서 흘러내림과 처짐을 감소시켜야 한다. 용기의 모서리나 측면에 붓을 누르거나 톡톡 친다.

가능하다면 수평면에서와 같이 목리 방향으로 한쪽에서 다른 끝까지 한 번에 하는 붓질 거리를 늘린다. 반사광 하에서 흘러내림과 처짐을 확인하고 나타나기 시작하면 붓질로 제거한다.

10. 선삭재, 조각재, 몰딩류 그 외의 다른 불규칙한 재면에서는 붓에 적시는 마감제의 양을 줄여 과량으로 인한 흘러내리거나 고이는 현상을 방지해야 한다. 선삭재는 길이 방향보다는 둘레 쪽으로 붓질하는 것이 더 수월할 때가 많다.

붓질은 매우 직관적이다. 붓을 어떻게 잡고 어느 방향으로 움직이는지에 따라 다양한 결과가 도출된다(나도 그런 상황을 반복하여 경험하고 있다). 실수가 있더라도 쉽게 수정할 수 있다(44쪽 '붓질에서 흔히 발생하는 문제점' 참조). 중요한 것은 작업상황을 정확히 볼 수 있도록 반사광 하에서 붓질하는 것이다.

사한 용도로 사용한다. 대형으로 공급되어 많은 마감제를 머금을 수 있기 때문에 바닥재 전용으로 인기가 높다. 폼형 붓과 같이 페인트 패드는 래커에는 사용할 수 없으며, 셸락에는 사용 전에 테스트해 보아야 한다.

붓의 세척과 보관

붓은 사용한 다음 적절하게 세척하여 보관해야 한다. 그렇지 않으면 다음 도장작업에서 사용할 수 없게 된다. 마감제가 경화된 후 붓을 완전히 재사용할 수 있는 마감제는 셸락과 래커이다. 셸락 붓은 알코올에, 래커 붓은 래커 희석제에 담근다.

동일 마감제로 작업 당일 다시 하거나, 그다음 날 붓질할 예정이라면 붓을 적절한 희석제(오일이나 바니시는 미네랄 스피릿에, 셸락은 알코올에, 래커는 래커 희석제에, 수성 마감제는 물에)에 담가두어야 한다. 또한 붓을 비닐로 싸서 공기를 차단한다. 붓에 희석제를 부어 보관할 때는 손잡이 구멍(필요하다면 페룰 가까이에 구멍을 뚫는다)에 막대기를 끼워 붓이 용기 바닥에 닿지 않게 희석제 통에 걸어 둔다(사진 3-2). 용기를 플라스틱 뚜껑으로 덮어 희석제의 증발을 막는다. 붓 손잡이가 나오도록 뚜껑에 구멍을 뚫는다.

붓에서 마감제를 씻어 내는 것은 항상 동일한 마지막 단계를 포함하고 있다. 비누와 물로 씻은 붓을 원래 붓걸이에 걸어 놓거나, 털 부분을 종이로 싸서 말리고 깨끗이 보관한다(사진 3-3). 씻기 바로 전 단계는 세척하는 특정 마감제에 따라 다르다.

- 셸락의 세척은 가정용 암모니아와 물을 1:1로 혼합한 액이나 변성 알코올에 여러 번 헹구어 준다.
- 래커의 세척은 래커 희석제로 여러 번 헹구고 씻어낸다.
- 오일과 바니시 세척은 미네랄 스피릿에 여러 번 헹군 다음 기름기 있는 미네랄 스피릿을 래커 희석제로 헹군다.
- 수성 마감제는 물과 비누로 씻는다.

만약 붓을 용제형 마감제용으로만 사용한다면 털 위에 미네랄오일 같은, 경유 몇 방울을 발라 문지른다. 오일이 털을 부드럽게 할 것이다. 수성 마감제용 붓에는 오일을 세척제로 사용해서는 안 된다.

최선의 상태로 붓을 유지하는 일은 육체적 수고라기보

사진 3-2 붓을 세척하지 않고 적당량의 희석제 용기에 매달거나 비닐로 싸서 보관할 수 있다.

사진 3-3 붓을 세척한 후 원래의 포장지나 흡수성 종이로 감싸서 털이 통직한 상태로 깨끗하게 유지되도록 싸서 보관한다.

붓질에서 흔히 발생하는 문제점

붓질은 매우 직관적이지만 그럼에도 불구하고 문제가 발생할 수 있다. 다음은 가장 흔히 발생하는 문제들이다. 각 마감제에 따른 문제는 해당 마감제가 서술된 장을 참조한다.

문제점	원인과 해결
붓 자국	• 붓의 품질이 나쁨 - 좀 더 좋은 붓을 사용한다(40쪽 '붓 선택' 참조). • 마감제가 너무 진함 - 적절한 희석제로 희석한다. 마감제가 희석될수록 붓자국은 덜하다. 하지만 도막은 얇아진다. • 위의 원인 중 하나 - 표면을 평활하게 샌딩하고 원하는 광택을 낸다(16장 '마감 완성하기' 참조).
기포	• 기포는 붓이 표면 위를 미끄러지면서 발생하는 난류에 기인한다. 마감제가 너무 빨리 굳어 기포가 터질 시간이 없기 때문이다. - 시원한 작업실에서 작업한다, 기포 제거에는 좀 더 시간이 걸린다. - '뒤로 제치기'(붓을 거의 수직으로 잡고 뒤로 가볍게 붓질로 추가 도막을 도포 전에 기포를 터트린다. - 적절한 희석제 또는 지연제를 첨가해 건조를 늦춘다.
티끌	• 공기, 작업면, 마감제 또는 붓의 오염 - 먼지가 가라앉도록 놔두고 붓질하기 전에 점조성 천(송진포)이나 손으로 표면을 닦는다. 마감제를 거르고 붓은 적절한 희석제로 세척한다. • 마감제가 너무 늦게 굳음 - 속건성 마감제를 사용한다. • 위의 원인 중 하나 - 표면을 평활하게 샌딩후 원하는 광이 나도록 연마한다(16장 '마감 완성하기' 참조).
흘러내림과 처짐	• 너무 두껍게 도포함 - 흘러내림과 처짐이 굳기 전에 붓질한다. 필요하다면 용기 측면에 붓을 비벼서 과분의 마감제를 제거한다. 그런 다음 얇게 발라 준다. - 표면을 평활하도록 샌딩하고 원하는 광이 나도록 연마한다(16장 '마감 완성하기' 참조).
끌림 현상	• 이전 붓질한 도막의 경화가 너무 많이 된 것이 원인. 기존 칠이 굳기 전에 다음 붓질이 중첩되지 못한다. - 더울 경우 신속하게 작업하거나, 좀더 낮은 온도에서 해야 한다. - 희석제나 지연제를 첨가한다. - 건조가 느린 마감제 사용한다.

다 정신적 도전에 가깝다. 단지 5분 내지 10분밖에 걸리지 않는다. 붓을 씻는 것이 일상적인 원칙이어야 한다. 다시 사용할 때, 뻣뻣하고 강한 붓보다는 부드럽고 탄성적인 붓이 훨씬 기분 좋게 느껴질 것이다. 청결과 통직성을 유지하면 붓은 오랫동안 잘 사용할 수 있다. 분지형 붓은 닳았을 때만 새 제품으로 교체한다. 마모된 붓은 도막 제거용과 같이 덜 정밀한 작업에 사용한다.

분무총과 장비

분무총은 착색제, 페인트, 마감제 또는 다른 액상 물질을 미립자화라고 부르는 공정인, 고운 안개로 변화시켜 피도재 위로 내뿜는 기능을 한다(아래 '전형적인 분무총 작동 방식' 참조). 모든 분무총은 아주 진한 액체를 제외한 모든 것을 분사한다. 헝겊이나 붓과 비교하면 분무총은 액체를 더 빠르게 보내고 더 편평한 표면을 남기지만, 고가이고 과잉분무

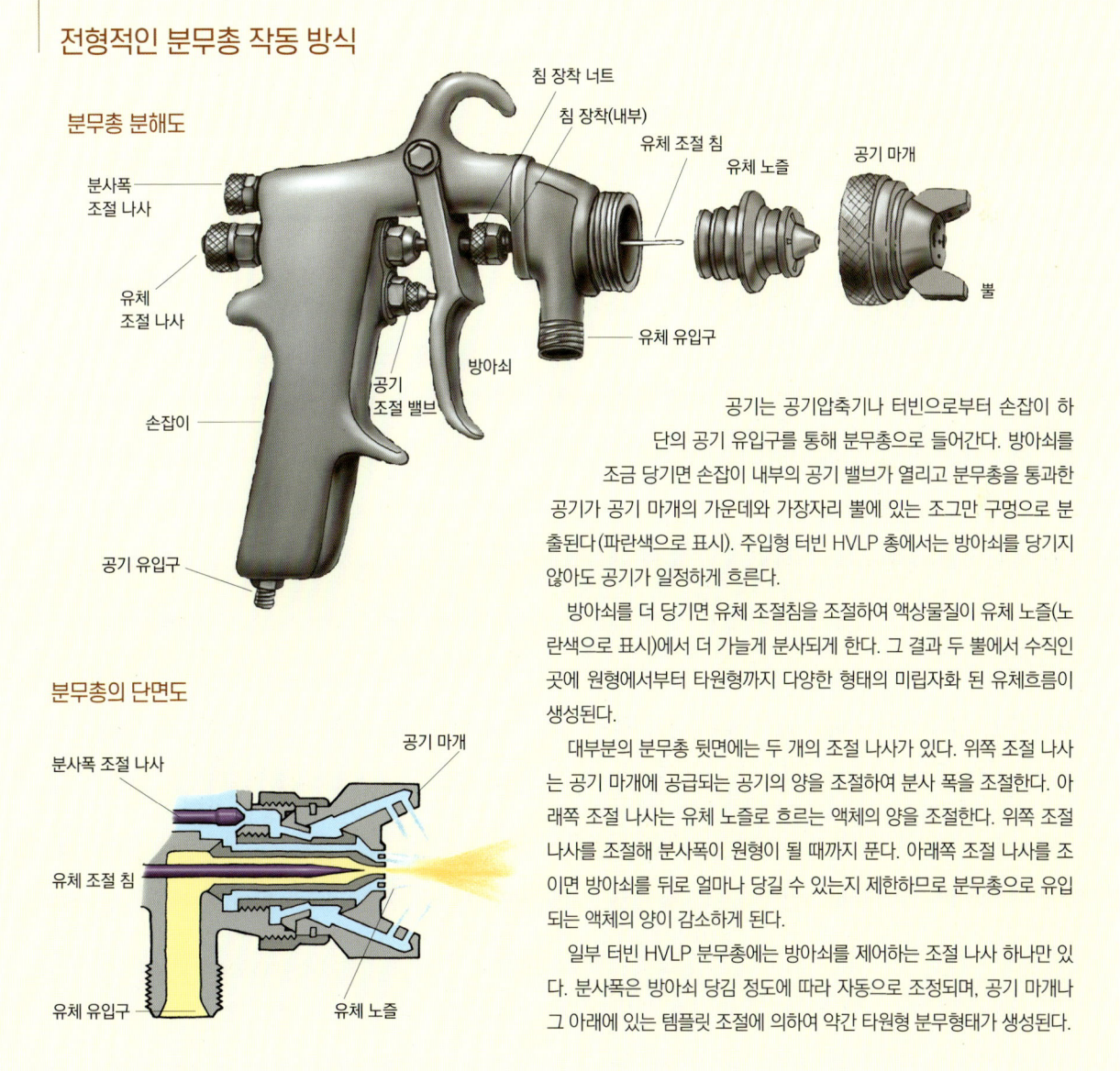

전형적인 분무총 작동 방식

공기는 공기압축기나 터빈으로부터 손잡이 하단의 공기 유입구를 통해 분무총으로 들어간다. 방아쇠를 조금 당기면 손잡이 내부의 공기 밸브가 열리고 분무총을 통과한 공기가 공기 마개의 가운데와 가장자리 뿔에 있는 조그만 구멍으로 분출된다(파란색으로 표시). 주입형 터빈 HVLP 총에서는 방아쇠를 당기지 않아도 공기가 일정하게 흐른다.

방아쇠를 더 당기면 유체 조절침을 조절하여 액상물질이 유체 노즐(노란색으로 표시)에서 더 가늘게 분사되게 한다. 그 결과 두 뿔에서 수직인 곳에 원형에서부터 타원형까지 다양한 형태의 미립자화 된 유체흐름이 생성된다.

대부분의 분무총 뒷면에는 두 개의 조절 나사가 있다. 위쪽 조절 나사는 공기 마개에 공급되는 공기의 양을 조절하여 분사 폭을 조절한다. 아래쪽 조절 나사는 유체 노즐로 흐르는 액체의 양을 조절한다. 위쪽 조절 나사를 조절해 분사폭이 원형이 될 때까지 푼다. 아래쪽 조절 나사를 조이면 방아쇠를 뒤로 얼마나 당길 수 있는지 제한하므로 분무총으로 유입되는 액체의 양이 감소하게 된다.

일부 터빈 HVLP 분무총에는 방아쇠를 제어하는 조절 나사 하나만 있다. 분사폭은 방아쇠 당김 정도에 따라 자동으로 조정되며, 공기 마개나 그 아래에 있는 템플릿 조절에 의하여 약간 타원형 분무형태가 생성된다.

3장 | 도장 용구 45

(목표를 빗나간 분무)와 튕겨 나오는 반사 때문에 낭비가 발생한다. 이런 잔여물은 작업자의 건강을 위해서, 그리고 피도재에 추가적으로 도포되는 것을 방지하기 위해 제거되어야 하며, 이를 위한 장비는 비용추가를 초래한다(47쪽 '분무배기 장치' 참조). 에어로졸로 대체함으로써 비용의 추가 없이 분무총의 많은 이점을 취할 수 있다. 에어로졸은 작은 프로젝트와 터치업에 이상적이다. 많은 마감제, 토너 그리고 다른 유용한 제품들은 에어로졸로 포장되어 있다(50쪽 '에어로졸 분무 마감' 참조).

분무총의 종류

분무총에는 다음 다섯 가지 종류가 있다.

- 재래식
- 터빈 HVLP(고용량, 저압)
- 공기압축 HVLP
- 무공기(유압)
- 공기보조 무공

재래식 분무총은 전형적인 고압 총(보통 35~45 psi)이며 압축공기로 구동되고 한 세기 동안 사용되었다(52쪽 '공기압축기' 참

흡상식 분무총

총 아래에 1 qt(946 cm³) 정도의 용기가 부착되어 있다. 공기 마개에서 나오는 압축공기는 유체 노즐 팁 바로 앞부분에 저압영역을 생성한다. 이런 과정으로 용기 안의 액상 물질을 유체이동 관으로 이동시키고 미립자화 되는 노즐 밖으로 분출한다.

재래식

원격 가압식 분무총

별도의 가압 용기에 부착된 호스를 통해 액상 물질이 유체 흡입구로 유입된다. 많은 양을 분무한다면 이 시스템이 최적이다.

재래식
공기압축 HVLP
터빈 HVLP

중력식 분무총

총의 상단에 장착된 쿼트 정도의 용기로부터 액체물질이 공급된다. 중력만으로 그 물질이 미립자화 되는 유체노즐로 흐르게 된다. 중력식 분무총은 뛰어난 균형과 효율(가압을 위해 용기에 공기를 주입할 필요가 없음)로 압력식 분무총을 대체하고 있다.

재래식
공기압축 HVLP

가압 흡상식 분무총

터빈 또는 공기압축 HVLP 시스템에만 적용된다. HVLP 시스템은 용기로부터 액상물질을 뽑아 올릴 수 있는 저압부를 생성하지 못하기 때문에 용기는 가압되어야 한다. 터빈이나 공기압축기에서 오는 공기의 일부를 분사총의 플라스틱 관을 통해 용기로 보냄으로써 이루어진다.

공기압축 HVLP
터빈 HVLP

그림 3-2 분무총의 구성

조). 액상물질은 그림 3-2에서 보는 바와 같이 흡입, 중력, 그리고 원격압력 등의 세 가지 방식 중 하나로 분무총에 공급된다. 재래식 분무총은 이제 거의 모두 HVLP 분무총으로 대체되었다.

터빈 HVLP는 1950년대에 도입된 기술이지만, 환경규제가 강화된 1980년대에 들어서 널리 도입되었다. 터빈 HVLP는 액체를 미립자화 하는데, 압축된 공기 대신 터빈 송풍기에서 공급되는 고용량 공기를 사용한다. 압력을 감소시킨 '부드러운' 분무로 기존 분무총의 고압에서 발생하는 반사로 인한 낭비가 적다. 더 많은 팬 또는 단계가 적용된 터빈은 단계가 낮은 것에 비해 5단 터빈에 135 cfm과 10 psi까지의 고압, 고용량을 공급한다 (110 cfm, 6 psi, 3단 터빈은 상도 마감제에 적절하고 가장 널리 사용되는 크기이다). 액상물질은 별도(원격)의 가압포트나 총 하부에 있는 가압 마개에서 분무총으로 공급된다 (그림 3-2).

공기압축 HVLP는 1980년대 후반에 도입된 기술로 총 몸체에서 압축된 공기가 고용량 저압력으로 변환된다. 터빈 HVLP와 마찬가지로 압축 HVLP도 부드럽게 분사되므로 반사로 인한 낭비가 매우 적다. 기술적 측면에서 HVLP 분무총은 기존 분무총보다 전송효율이 높다. 부드러운 분사 속도 때문에 액상 물질의 약 $2/3$가 분무된 표면에 부착된다. 기존의 분무총은 약 $1/3$만이 안착된다.

분무배기장치

전문적인 장비를 갖춘 매장과 공장에서는 상업적인 분무배기장치를 만들어 과량의 분무를 배출시킨다. 기본적으로 분무배기장치는 한쪽이 열려 있고 반대쪽에는 분출 팬이 있으며, 그 사이에는 과잉 분무를 잡는 필터가 있는 상자가 있다. 상업용 분무배기장치는 다음과 같은 특성이 있다.

- 화재예방을 위한 강철구조.
- 팬에 도달하기 전 과량 분무를 흡착하는 필터.
- 팬 직경보다 훨씬 더 큰 필터 영역을 통과한 공기를 균일하게 흡입해 수집하는 챔버.
- 분무되는 물체로부터 충분히 분무를 흡착할 수 있는 최소 100 ft^3/min. 공기 흐름을 만들 수 있는 충분한 크기의 팬.
- 마감제나 유증기의 연소 또는 폭발의 원인이 되는 불꽃을 제거하기 위한 '폭발방지' 팬과 모터.
- 피도재 주위의 공기흐름을 필터로 유도하는 '터널' 또는 작업실 내부가 되는 측벽과 천장.
- 분무되는 표면의 반사를 볼 수 있게 해주는 천장과 측면 조명.

상업용 분무배기장치는 제작을 주로 하는 대형 매장에는 필수적이지만 소규모 매장에서는 너무 크고 고가(최소 $3,000~5,000 정도)이며, 배출된 공기를 대체하기 위해 상당히 많은 가열 또는 냉방 공기가 필요하다. 집에서 추위, 바람, 벌레, 낙엽 등을 방지하고자 부정기적으로 분무총을 사용한다면 직접 분무배기장치 제작도 고려해 보는 것이 좋다.

자가 분무배기장치

분무배기장치가 있든 없든, 그 어떤 분무도장(뿜칠)을 집에서 하는 것은 집주인의 주택보험에 영향을 미칠 수 있다는 사실을 기억해야 한다. 다음은 HVLP 분사 시스템용 과잉분무 배출량과 공기부피에 적절한 안전하고도 저렴한 분무배기장치를 만드는 방법이다. 물론 아주 작은 공간만 차지할 것이다 (다음 쪽 그림 참조).

분무배기장치는 팬 벨트로 연결된 별도의 모터와 하나 이상의 환기 필터, 그리고 플라스틱 커튼으로 구성된다. 이런 설계는 용제 가스가 모터와 접촉하지 않고, 과잉분무가 팬 날개에 쌓이지 않도록 피도재 주위의 공기 흐름이 팬을 통과하도록 되어 있다.

팬은 '분당 세제곱 피트(cfm)' 단위로 측정되는, 이동하고자 하는 공기의 양에 따라 결정되며 과잉분무의 배기 증대와 교체 공기 공급 필요성 감소 사이의 절충점에서 선택한다. 즉 팬이 움직이면 움직일수록 배기는 많이 되지만 매장 반대쪽 창문을 더 자주 열어야 하므로 매장 내 열손실이 급격히 증가하게 된다. 일반적으로 팬이 크고 형상이 복잡할수록 더 많은 공기를 유동시킬 수 있다.

팬을 장착하기 위해서는 상자의 양쪽이 열렸을 때 깊이가 1 ft.가 되도록 합판이나 파티클보드로 제작해야 한다. 네 측면의 크기는 팬의 한쪽 끝과 환기 필터를 고정할 수 있도록 충분해야 하고, 모든 과잉분무 입자가 다른 쪽에 있는 팬에 도달하기 전에 잡을 수 있을 만큼 충분히 효율적이어야 한다.

팬 벨트가 지나가도록 상자 상단에 적당한 크기의 구멍을 뚫어

상업용 분무배기장치처럼 공기 이동에 효율적이지는 않겠지만, 자가 분무배기장치는 공간을 크게 차지하지 않으면서 가격도 저렴하다. 게다가 모든 구성품을 깨끗하게 유지하기만 하면 안전하다.

팬 구동에 적합한 마력의 모터를 외부에 장착한다. 1/4~1/2 HP 모터(1,725 rpm)가 대표적이다. 유성 마감제를 분무하는 데 사용하려면 폭발방지 모터가 최선이다. 수성 마감제만을 분무할 예정이라면 표준 TEFC(완전 밀폐, 팬 냉각식) 모터가 적절하다. 어느 것이든, 과잉분무 된 마감제가 쌓이지 않도록 모터는 상자 안에 밀폐되어야 한다.

밀폐된 팬이 들어있는 상자를 가능한 창문 바로 앞에 배치하고 상자 외부와 창문 개구부 사이의 공간을 밀봉한다. 그런 다음 창문 벽으로부터 6~8 ft. 떨어진 팬 한쪽 면이 있는 천장에 비닐 커튼을 설치한다. 만약 창문이 측벽 가까이 있으면 커튼 대신 분무실의 한쪽으로 사용할 수 있다. 분무 시 터널 안쪽에 서 있거나 바로 밖에 서 있을 수 있도록 커튼은 충분히 넓게 벌어져야 한다.

가장 좋은 커튼은 무겁고 내화성이 있으며 천장 트랙이 제공되는 '산업용 커튼 칸막이'다. 자동차 부품 판매점이나 그레인저스(Grainger's) 또는 고프 커튼 월(Goff's Curtain Walls)에서 구매할 수 있다. 비닐 시트 형태는 그 어떤 것을 사용해도 좋으나 너무 얇고 가벼우면 배기팬에 빨려 들어갈 수 있음을 유의해야 한다.

천장에 있는 트랙에 커튼을 장착하여 사용할 때는 당겨서 펼치고, 사용하지 않을 때는 접어서 한쪽으로 밀어 놓는다. 이렇게 하면 작업공간 손실은 거의 없게 된다.

조명의 경우, 가능한 창문 가까운 천장 장선 사이에 1~2개의 4 ft.짜리 형광등을 설치하고 조명과 천장 사이에 유리판을 끼워 과잉분무와 접촉되지 않도록 차폐한다(반사판은 천장 석고보드 가장자리에 고정해도 된다). 최상의 색상균형을 위해 풀스펙트럼(Full-spectrum) 전구를 사용한다.

분무실의 화재 위험을 예방하기 위해 청결을 유지하는 것이 필수적이다. 모든 작업 후 바닥을 닦고 필터 청소와 교환을 자주 실시한다. 커튼이나 팬 박스에 마감제가 묻으면 청소하거나 교체한다.

분무에서 흔히 발생하는 문제점

분무총을 작동하는 것은 라우터를 작동하는 것만큼 어렵지 않다. 그러나 라우터 사용과 마찬가지로 문제가 발생할 수 있다. 일반적인 것들을 여기에 나열한다. 각 마감제에 따른 문제와 해결방법은 해당 마감제가 서술된 장을 참조한다.

문제점	원인과 해결 방법

오렌지 껍질	• 부적당한 공기압
	  - 공기압을 높인다(압축공기를 사용하는 경우에만 가능).
	• 마감제가 너무 진함
	  - 마감제를 적절한 희석제로 희석한다. 터빈 HVLP 분무총에서 사용가능한 해결 방법이다.
	• 분무총을 너무 멀리 잡거나 너무 빨리 움직여서 완전히 습윤된 도포를 못함
	  - 더 가까이 가거나 더 천천히 움직인다. 반사된 빛으로 무슨 일이 일어나고 있는지 지켜본다.
	• 분무총을 너무 가깝게 잡거나 너무 느리게 움직여서 물결모양의 도막 형성
	  - 더 멀리 잡거나 더 빨리 움직인다. 반사광 하에서 무슨 일이 일어나고 있는지 확인한다.

건 분무	• 마감제가 너무 빨리 굳음
	  - 경화가 늦도록 적절한 지연제를 첨가한다.
	• 분무총을 표면에서 너무 멀리 잡고 있거나 너무 빨리 움직임
	  - 더 가까이 가고 더 천천히 움직이거나 지연제를 첨가한다.
	• 마감제가 굳은 후 과잉분무가 추가로 붙음
	  - 경화를 늦추기 위해 적절한 지연제 첨가하고, 배기 시스템 개선한다.

흘러내림과 처짐	• 너무 두껍게 분무함
	  - 얇게 분무한다.
	• 분무총을 너무 가까이 잡고 있거나 너무 느리게 움직임
	  - 반사된 광원 아래 발생하는 상황을 관찰하고 필요한 조정을 한다.
	• 피도재에 분무가 지났을 때, 방아쇠를 해제 하지 않음
	  - 손목을 꺾을 때 방아쇠를 해제한다.
	• 분사될 면과 분무총이 수직이 아니어서 분무형태의 짧은 끝에 더 많이 분무됨
	  - 항상 표면에 수직으로 분사한다.

미국 캘리포니아 법령에 따른 현지뿐만 아니라 다른 지역에서도 널리 수용되는 HVLP는, 분무총의 노즐에서 10 psi 이하의 미립자화된 공기로 정의된다. 그러나 많은 도장공은 더 점도가 높은 액상물질의 미립자화 증대를 위해 더 높은 psi에서 분무총을 사용한다. 총 위에 있는 중력식 공급용기나 별도의 가압포트 또는 총 아래에 붙어 있는 가압흡상식 용기에서 압축 HVLP 총으로 액상 물질이 공급된다 (그림 3-2).

일부 제조업체는 LVLP(낮은 부피, 낮은 압력)라는 분무총을 공급한다. 이런 분무총은 이동식 '팬케이크' 공기압축기라

속설 터빈에서 발생한 뜨거운 공기는 마감제를 가열하여 래커와 셸락의 백화를 감소시키거나 제거하고, 마감제를 더 잘 분출한다.

사실 뜨거운 공기는 마감제가 분무총 노즐에서 빠져나올 때까지 마감제와는 접촉하지 않는다. 그러므로 그 때 액체 가열효과를 주기에는 너무 늦다. 이를 확인하기 위해 컵이나 압력 용기에 약간의 냉수를 넣고 손에 뿌린다. 분무 총을 통과하는 공기가 아무리 뜨거워도 물안개는 여전히 시원하게 느껴질 것이다. 백화를 줄이고 분출을 개선하려면 분무 전에 마감제를 따뜻하게 하라. 마감제 용기를 따뜻한 물에 담가 데운다.

에어로졸 분무 마감 (연무형 분무 마감)

대부분의 인기 있는 마감제들은 유광에서 무광에 이르는 다양한 광택을 가진 에어로졸로 제공된다. 여기에는 폴리우레탄, 셸락, 래커, 수성과 전촉매 래커를 포함한다. 중도, 토너, 그리고 '블러시'(백색 워터링 도막 제거제) 같은 다른 유용한 제품들도 에어로졸로 포장된다.

에어로졸 마감제는 노즐의 작은 분출공으로 쉽게 분사되도록 희석되었다는 점을 제외하고는 분무총으로 분사하는 것과 동일하다. 보통 분무총으로 얻을 수 있는 도막 구조를 얻기 위해서는 적어도 2배 이상 도포해야 한다. 에어로졸 사용법은 분무총을 사용하는 방법과 동일하다(55쪽 '분무총 사용하기' 참조). 넓은 면적을 도장하려면, 손가락으로 쉽게 조절할 수 있는 엑세서리 방아쇠를 용기에 부착하여 사용한다.

에어로졸에 함유된 액체 마감제가 무엇이든, 용기 자체는 거의 동일하며 노즐(밸브와 구동기로 구성된), 노즐과 관으로 액체를 밀어내는 긴 대롱과 가스로 구성되어 있다.

1978년 이전에는 액체를 추진하기 위해 프레온가스(CFCs)를 사용하였지만, 오존층에 대한 부정적 효과 때문에 대부분 금지되었다. 오늘날 대부분의 에어로졸은 프로판, 이소부탄, n-부탄과 같은 액화석유가스(LPGs)를 함유하고 있다.

대부분의 에어로졸 노즐에는 원뿔 모양의 분무 형태를 생성하기 위해 누르는 간단한 원통형 구동기가 있다. 일부는 구동기 전면에 작은 직사각형 디스크가 있고 분무총처럼 수직 또는 수평 날개 형태로 분사하도록 조정할 수 있다. 플라이어로 디스크를 돌려 방향을 조절한다. 이런 에어로졸은 실린더 형태보다 더 고른 도장을 할 수 있다.

두 가지 형태 모두 사용하기 전에 용기를 흔들어야 한다. 용기에 안료나 평탄화제 같은 고형물질이 포함되어 있으면, 흔들 때 용기의 측면을 두드리는 소리가 들린다. 이런 볼들은 고체를 현탁액에 넣는 데 효과적이다.

만약 이런 소리가 들리지 않는다면 10~20초간 소리가 날 때까지 더 흔든다.

마감제 분무를 한 다음에는 긴 대롱과 밸브를 청소하여 마감제가 굳어 구멍이 막히지 않게 한다. 용기를 뒤집어 액체가 더 이상 나오지 않을 때까지 분무한다.

에어로졸 분무장치에는 두 가지 종류가 있다. 가장 일반적 형태(왼쪽)는 구동기를 누를 때 원뿔 모양의 패턴을 분사하는 것이다. 다른 형태는 플라이어로 작은 디스크를 회전시켜 방향을 제어하는 것으로 날개 형태로 분무한다. 이런 에어로졸 분무장치를 사용하면 미립자화가 잘 되고 더 균일하게 분무할 수 있다.

속설 HVLP 분무총은 수성 마감제 전용이다.

사실 HVLP는 단순히 용기에서 목재로 액체를 옮기는 기술이다. HVLP 분무총을 사용하면 거의 모든 액체를 분사할 수 있다.

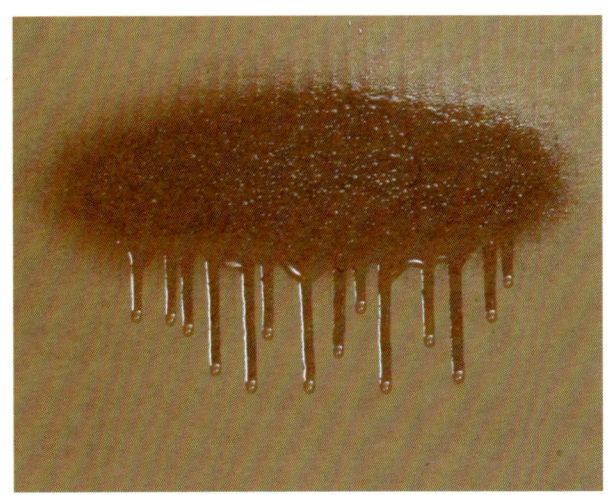

사진 3-4 공기압축기 구동식 분무총의 최적화를 위해서는 분사폭과 방아쇠 당김을 최대로 할 수 있도록 조절 나사를 열어야 한다. 약 10 psi의 낮은 공기압부터 시작해 갈색종이나 판지에 5 psi씩 공기압력을 증가시키면서 짧은 수평분사를 한다. 타원형 분사 형태의 폭과 처짐이 거의 같아지면 마감제 점도와 유체 노즐, 침, 공기 마개에 대한 분무총의 조절이 최적화 된 것이다.

불리는 작은 압축기에 사용할 수 있다. LVLP는 액상물질을 배출한다는 점을 제외하면 HVLP와 유사하다.

무공기 분무총(유압식 미립자화)은 매우 작은 분사 노즐 구멍으로 액상 물질을 최대 3,000 psi 압력으로 밀어내는 펌프로 구동한다. 매우 큰 부피의 액상 물질은 무공기 시스템으로 분무될 수 있으며 주로 주택 페인트 작업에 사용한다. 그러나 미립자화는 다른 시스템처럼 곱지 못해 오렌지 껍질 같은 하자가 많다(49쪽 '분무에서 흔히 발생하는 문제점' 참조). 그 결과 무공기 분무총은 정교한 목공품의 상도 분무에는 거의 사용하지 않는다.

공기보조 무공(Airless), **공기혼합 시스템**은 중압(800~1,000 psi) 펌프와 압축공기로 구동한다. 분무 형태의 약 80%는 유압 미립자화를 통해서 이루어지고 20%는 저압 공기 유입으로 달성된다. 이런 고가 시스템은 분무 품질의 손실 없이 생산 속도를 높이기 위한 대규모 매장과 생산업체에서 주로 사용한다.

분무총의 선택

분무 작업을 자주 하는 전문매장을 운영하지 않는 한, 전술한 세 가지 범주 내에서 분무총을 사용하게 될 것이다. 이런 분무 시스템은 가격부담이 없으나 유일한 단점은 분무하는 액상 물질의 용량이 크지 않다는 것이다. 작업의 규모가 크지 않다면, 그리 중요한 요인이 아니므로 이 시스템에 대한 논의를 집중하고자 한다.

새로운 분무총을 구입한다면, 터빈 HVLP와 공기압축 HVLP 중에서 하나를 선택한다. 이미 가지고 있거나 돈을 들일 생각이 아니라면 재래식 분무총을 사용할 이유는 없다. 적당한 크기의 공기압축기를 이미 보유하고 있거나 다른 공구에 사용할 공기압축기가 추가로 필요하다면, 공기압축 HVLP를 선택한다(다음 쪽의 '공기압축기' 참조). 공기압축기가 없거나 필요한 경우, 터빈 LVLP를 선택한다. 두 경우 모두 훌륭한 결과를 낸다. 대부분의 공구와 마찬가지로 더 큰 비용을 지불할수록 내구성과 성능에서 더 많은 것을 기대할 수 있다. 예를 들어 조절기 품질은 상당히 다를 수 있다.

분무총의 최적화

분무총에서 가능한 최대의 미립자화를 얻기 위해서는 분무하는 액체의 점도, 유체 침, 유체 노즐, 공기 마개 크기에 맞게 분무총을 조절할 필요가 있다. 예를 들어 적절한 미립자화를 위해서 진한 액체에는 더 많은 공기압이 필요하고, 큰 유체 조절 침과 노즐은 더 많은 공기압력이 필요하다(액체 흐름이 더 크거나 점성이 더 클수록 미립자화 하는 데 더 많은 공기압을 필요로 한다). 이런 절차에 따라 개별 분무총을 조절한다.

흡상식과 중력식 분무총. 압축공기 흡상식 또는 중력식 분무총을 조절하기 위해서는 조절 나사를 분사형태가 최대한 넓어질 때까지 반시계방향으로 돌린다(유체조절나사가 완전히 풀어지지 않도록 조심한다). 이렇게 하면 가장 넓은 분사 폭과 가능한 최대 깊이의 방아쇠 당김이 있어야 한다. 그런 다음 조절기의 공기압을 약 10 psi로 낮춘다. 휴대용 압축기(예를 들어 '팬케이크' 공기압축기 또는 바퀴달린 압축기)가 있다면 공기압축기에 psi 압력 조절기가 달려 있다. 대형 고정식 공기압

공기압축기

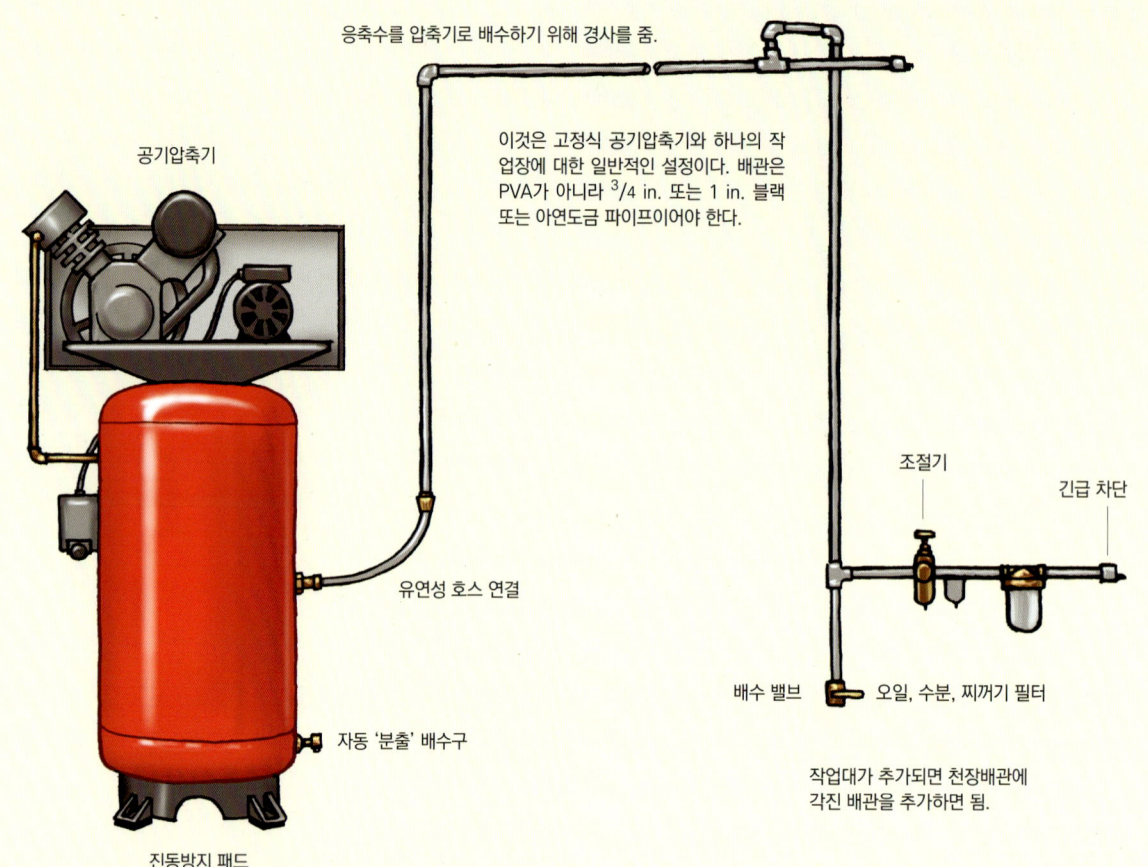

공기압축기에는 세 가지 유형이 있다. 격막식(자전거 펌프), 회전나사식(저장탱크 없이 일정한 공기흐름을 제공), 피스톤 왕복식이다. 세 번째 피스톤 왕복식이 거의 모든 가정과 소규모 매장 환경에서 사용되는 공기압축기다.

피스톤 왕복식 공기압축기는 대개 전기모터, 피스톤과 축이 있는 자동차엔진과 닮은 펌프, 그리고 저장탱크로 구성되어 있다. 저장탱크가 클수록 더 많은 공기를 저장할 수 있고 공기압축기 사용 중 펌프와 모터의 휴지기가 더 길어진다. 1단 공기압축기는 공기를 단 한 번 압축하며 일반적으로 125 psi까지 압축한다. 2단 공기압축기는 공기를 두 번 압축하는데, 첫 번째는 125 psi까지, 두 번째는 175 psi까지 압축한다.

균일한 압력은 대량의 공기를 저장탱크로 펌핑하여 생성된다. 부피는 '세제곱 피트(ft^3.)'로 측정하며 저장탱크에 분출되는 공기는 '분당 세제곱 피트(cfm)'로 측정한다. 부피와 압력이 함께 작용하기 때문에 분무총을 포함한 모든 공기 공구는 작업에서 최적의 효율성을 내는 부피와 압력에 대한 요구조건이 있다. 예를 들어 공기압축 HVLP 분무총은 3 psi에서 15 cfm이 요구되는 반면에 브레드 네일러는 90 psi에서 2.4 cfm이 요구된다.

필요에 맞는 공기압축기를 선택하는 데는 압축공기가 필요한 공구를 특정해야 한다. 가장 큰 요구에 맞게 충분한 공기를 공급하는 공기압축기를 선택한다. 압축공기를 사용하는 공구를 쓰는 작업자가 동시에 사용할 때는 인당 30% 더 많은 압축공기를 제공하는 공기압축기를 구입한다. 하지만 모든 공구를 항상 동시에 사용하는 것이 아니기에 1인당 압축공기량의 두 배 이하로 버틸 수 있다.

대부분의 가정과 작은 규모의 전문매장은 바퀴 달린 휴대용 공기압축기를 사용한다. 이런 공기압축기의 호스는 분무총에서 쉽게 분리할 수 있다. 고정식 공기압축기를 가지고 있다면 작업장별로 배관을 설치해야 한다. 일반적인 설정은 위 그림을 참조한다.

분무총에서 흔히 발생하는 문제점

분무총에서 일반적으로 발생하는 여섯 가지 문제 대한 설명, 원인과 해결 방법이다. 각 문제 원인과 해결 방법을 그 빈도에 따라 대략적으로 배열했다.

문제점	설명	원인과 해결 방법
분무총 앞쪽의 유체 노즐 끝에서 오일 누수 발생	유체 조절침이 제대로 장착되지 못함	• 방아쇠 바로 앞쪽에 위치한 패킹 고정 너트가 너무 빡빡하고 패킹이 침을 누르고 있음 　- 너트를 약간 풀어준다. • 조절침이 꽉 닫히지 않을 정도로 패킹이 마르고 딱딱해짐 　- 비실리콘 오일로 패킹에 기름칠 한다. • 유체 노즐 끝에 먼지, 페인트 또는 마감제가 묻어있어 바늘이 완전히 닫히지 못함 　- 유체노즐을 청소한다. • 유체 노즐 끝 또는 조절침이 마모되거나 손상되어 액체가 누수됨 　- 마모되거나 손상된 부속을 교체한다. • 방아쇠를 풀 때 유체 조절침을 닫는 스프링이 제대로 작동하지 않음 　- 스프링을 교체한다. • 유체 조절침이 유체 노즐에 비해 너무 크거나 작아서 제대로 안착하지 못함 　- 제대로 안착하도록 부속품을 교체한다.
방아쇠 앞 패킹 너트에서 유체 누수	조절침 주위 패킹이 밀봉되지 못함	• 조절침에 패킹을 압착할 정도로 패킹너트가 단단히 고정되지 못함 　- 패킹 너트를 단단히 고정한다. • 패킹이 닳았거나 너무 말라 있음 　- 비실리콘 오일로 패킹에 기름칠 한다. 그래도 누수가 안잡히면 패킹을 교체한다.
용기안에 페인트 또는 마감제 거품	용기 내로 공기 역류함	• 유체노즐이 너무 느슨함 　- 유체노즐을 조인다.
불규칙적인 분무	분출되는 액상물질을 대체할 공기가 용기 안으로 유입되지 못함	• 공기 유입구가 막힘 　- 공기 유입구를 청소한다.
	공기가 유체통로로 유입되면서 분사되는 액상물질과 혼합됨	• 용기가 너무 기울어짐 　- 용기를 더 수직으로 세우고 액상물질을 보충한다. • 컵이나 압축용기의 액상물질 양이 모자람 　- 액상물질을 더 보충한다. • 유체 조절침 패킹이 너무 느슨하거나 건조 　- 패킹 너트를 조이거나 비실리콘 오일로 기름칠 한다. • 유체 통로에 장애물이 있음 　- 제로 역세척을 시도하거나 철저히 세척함. 역류시키려면 공기 마개의 중앙 구멍을 손가락으로 막고 방아쇠를 당겼다 놓기를 여러번 반복한다. • 유체노즐이 느슨하거나 손상됨 　- 유체노즐을 단단히 조이거나 교체한다.

문제점	설명	원인과 해결 방법
분무형태가 위아래 또는 양옆의 차이	공기 또는 액상물질이 분무총에서 불균일하게 배출됨	• 공기 마개나 유체노즐에 장애물이 있음. 이를 확인하기 위해 공기 마개를 반 바퀴 돌린다. 손상된 패턴이 그대로 유지되면 유체노즐에 문제가 있고, 패턴이 반대이면 공기 마개 문제이다. - 문제를 일으키는 부속품을 청소한다. • 유체노즐 끝이 손상 - 유체노즐을 교체한다.
분무형태가 가운데 또는 가장자리에서 두꺼워짐	공기압이 액상물질의 점도에 적합하지 않음	• 공기압이 너무 높아서 분무형태가 갈라짐 - 공기압을 줄인다. • 공기압이 너무 낮아서 분무형태를 최대 폭까지 펼치지 못함 - 공기압을 올린다.

축기가 있다면 별도의 조절기를 구입하여 작업장에 설치해야 한다('공기압축기' 참조).

갈색종이나 판지 위에 수평으로 마감제를 짧게 분사한다(흰 종이보다 분무형태가 더 잘 나타난다). 그런 다음 조절기의 압력을 5 psi 높여 분사한다. 5 psi씩 증가하면서 처짐이 횡으로 나타나는 타원형 분무형태와 같아질 때까지 분사한다. 이때가 분무총이 최적 성능으로 조절된 지점이다. 공기압을 더 추가하면 반동과 낭비만 발생할 뿐, 미립자화를 개선시키지 못 한다(그림 3-4).

압력용기용 분무총. 별도의 압력용기가 있는 분무총은 필요 공기압력 외에도 총으로 가는 액상물질의 압력을 조절해야 하므로 추가 단계가 필요하다. 용기 압력을 설정하려면 분무총의 조절나사를 끝까지 여는 것에서 시작한다. 그런 다음 총의 모든 공기를 차단하고 압력용기가 압력을 받은 상태에서 방아쇠를 끝까지 당긴다. 액체 흐름이 아래쪽으로 둥근 호를 만들기 시작하기 전에 약 8~10 in. 총 밖으로 뿜어져 나오도록 압력용기의 압력을 설정한다(대개 10 psi 정도임). 그런 다음 총의 공기를 공급하고 위 설명처럼 조절한다. 만약 분무형태가 너무 건조하거나 분사폭이 너무 좁으면 용기의 압력을 높여 분무총을 재조정한다.

터빈 분무총. 터빈 분무총으로 공기압력을 제어할 수 없기 때문에 공기압축 분무총과 같은 방식으로 공기압력을 조절할 수 있다. 그 대신 액상물질의 점도를 조절해야 한다. 조절나사를 최대로 열어 갈색 종이나 판지에 짧게 뿌린 분무형태가 완전한 타원형이 아니라면 액체가 너무 진하므로 분무형태가 올바를 때까지 희석해야 한다.

만약 이런 분무총으로 좁은 표면에 분사하기 위해 분사폭을 줄이고자 한다면 위쪽의 분사폭 조절나사를 돌려야 한다. 용기 내의 마감제가 너무 많아 조절이 안 된다면, 그렇게 많이 방아쇠를 놓지 않아도 조절되도록 하단의 유체 조절나사를 돌려 양을 줄인다.

이렇게 해도 분무총의 최적화에는 영향을 미치지 않는다. 최적화된 분무총이 원하는 양만큼 재료를 분사하지 않을 경우, 이에 상응하는 조절침이 달린 더 큰 직경의 유체 노즐을 장착해 양을 늘릴 수 있다. 이는 곧 미립자화 해야

> **팁** 분무총을 분사하는 액체에 맞추는 대신, 더 이상 미립자화가 개선되지 않을 때까지 액체를 희석할 수 있다. 물론 이렇게 하는 것의 단점은 매회 마감의 고형분이 작기 때문에 목표로 하는 도막두께를 얻기 위해서는 더 많은 횟수의 도포가 필요하다는 점이다.

사진 3-5 ❶ 앞쪽을 기준으로 반 정도에서 시작해 평평한 표면에 분사한다. ❷ 그 다음 뒤쪽 모서리로 이동할 때 분무를 절반씩 겹치게 한다. ❸ 뒤쪽 모서리에서 반반씩 분사하며 마무리한다. 이렇게 하면 전체 표면을 고르게 도포할 수 있다.

하는 액상물질이 증가했기 때문에 분무총을 다시 최적화해야 하는 것을 의미한다.

분무총 사용하기

분무총을 사용하는 것은 어렵지 않지만, 중요한 작업에는 판지나 합판 조각에 약간의 연습을 하는 것이 좋다. 기본 원칙은 다음과 같다 (49쪽 '분무에서 흔히 발생하는 문제점', 53쪽 '분무총에서 흔히 발생하는 문제점' 참조).

- 분무작업 중인 재면의 반사를 보고 어떤 상황이 발생하는지 확인하기 위한 광원을 준비한다. 이런 반사가 없다면 눈을 가리고 분무하는 것이나 다름없다. 목표는 완전히 습윤한 코팅을 하는 것이지 처질 정도의 습윤 코팅을 하는 것이 아니다.
- 비산먼지를 완전히 배출할 수 있는 효율적인 분무배기장치가 설치되어 있다면, 솔이나 압축공기로 도장할 면을 청소한다. 또는 진공청소기나 송진포(점조성천)를 사용한다 (수성 마감제 마감일 경우, 물에 적신 천을 사용). 재면에 가라앉아 있는 먼지는 분무하기 바로 직전에 깨끗한 손

사진 3-6 의자와 같이 복잡한 표면에 분사할 때는 잘 보이지 않는 부분부터 시작한다. ❶ 의자를 뒤집어 놓고 다리 안쪽과 가로대의 안쪽과 아래쪽을 뿌린다. ❷ 의자를 똑바로 세우고 다리 바깥쪽, 가로대의 위쪽과 바깥쪽, 좌판측면을 마감한다. ❸ 마지막으로 좌판, 등받이, 팔걸이(있는 경우)를 분무한다.

> **팁** 피도재에 분사하기 전, 분무총을 눈높이로 들고 공기 중으로 분사하면 분무폭과 분무균일성을 확인할 수 있다. 폭과 균일성이 올바를 때까지 조절나사를 돌린다. 이렇게 몇 번 해보면 아주 정확한 조절이 가능하다.

으로 닦아낸다.
- 분무총의 분사형태를 넓은 면은 넓게, 좁은 면은 좁게 조정한다.
- 체계적인 분사계획을 세운다. 편평하고 수평인 표면에서는 측면을 수직으로 분사한 다음 45도 각도(일부는 측면, 일부는 상판)로 분사한다. 마지막으로 앞쪽 사진처럼 분무한다 (사진 3-5). 복잡한 대상일 경우, 잘 보이지 않는 부분(의자 다리와 가로대)을 먼저 뿌리고 가장 잘 보이는 부분(좌판과 등받이)을 나중에 분무한다 (사진 3-6).
- 가능하면 피도재에서 몇 인치 떨어진 곳에서 분무를 시작하고 위로 옮겨 분

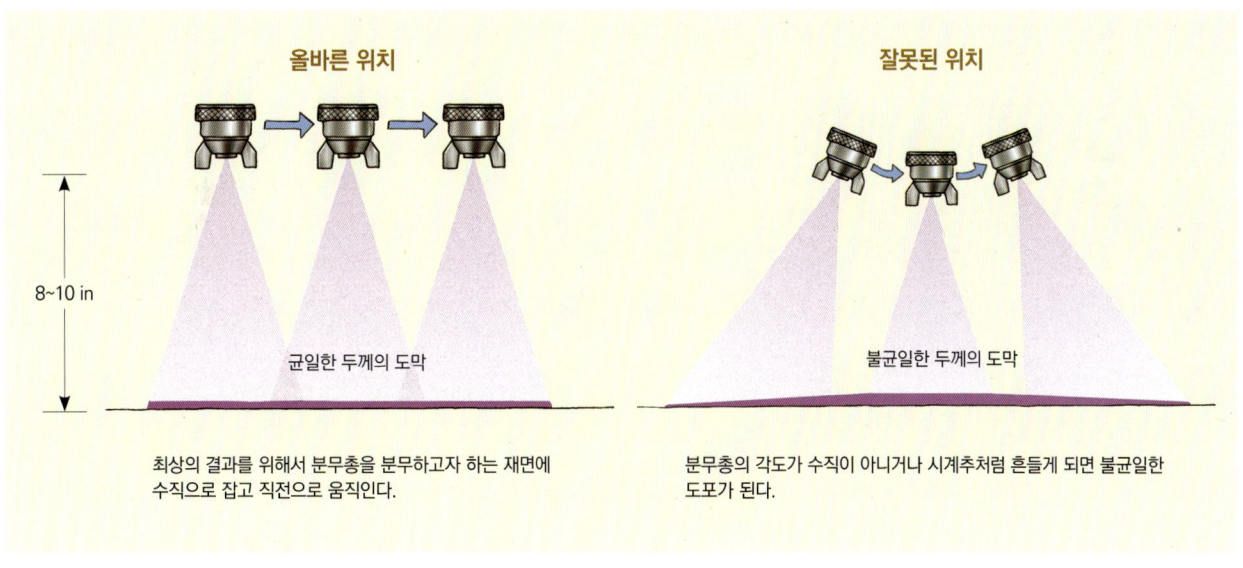

그림 3-5 적절한 분사

사한다. 반대쪽 끝을 몇 인치 지나 방아쇠를 풀 때까지 분무를 계속한다. 손에 쥐가 나는 것과 과잉분무를 방지하기 위해 각 분무 종료점에서 방아쇠를 해제(분무를 중지)하는 것이 최선이다.
- 의자 가로대처럼 표면이 연결된 곳을 분무할 때는 방아쇠를 당기거나 푸는 것 같이 손목 스냅으로 매회 분무를 시작하고 끝낸다.
- 피도재에서 보통 8~10 in.(한 뼘 정도) 정도의 일정한 거리를 유지하면서 분무총을 잡고 일정한 속도로 움직인다.
- 그림 3-5와 같이 표면에 수직으로 분사할 때 총을 흔들어서는 안 된다.

분무총의 청소와 보관

분무총을 철저히 청소하는 것은 매우 중요하다. 분무총 안에서 마감제가 굳으면 사용할 수 없게 되고 다시 깨끗하게 청소하기가 쉽지 않다. 다음 단계를 따른다.

1. 사용 당일 이후 또는 일정 기간 사용하지 않을 경우, 분무총에 용제를 뿌려 놓는다. 수성 마감제, 바니시, 한번 굳으면 제거 불가능하거나 매우 어려운 2액형 마감제에는 특히 중요하다. 래커는 분무총이나 용기에 상당 기간, 심지어 몇 주 동안 문제없이 놔둘 수 있다. 수성 마감제에는 물도 가능하지만, 모든 마감제에 사용할 수 있는 최적의 용제는 래커 희석제이다.
2. 공기 마개와 조절 침은 사용 후 당일 즉시 분리한다. 래커 희석제에 담그거나 세척 후 다시 조립한다.
3. 어떤 도장공은 유체 노즐을 탈거하여 청소하기도 한다. 작업을 마치고 당분간 분무총을 사용하지 않는다면 이는 특히 권장할 만한 일이다.
4. 컵과 같이 작은 용기를 사용할 경우는 개스킷을 포함해 용기를 깨끗이 청소한다. 압력용기로 마감제를 분무할 경우는 용기와 함께 호스도 깨끗이 청소한다. 적절한 희석제로 호스 관을 청소한다.
5. 세척 후 니들 패킹 너트에 오일을 한두 방울 떨어뜨려 윤활을 돕는 것도 좋다. 분무총 공급업체로부터 작은 윤활유 용기를 구입하거나, 미네랄오일을 사용해도 된다.

4장 목재 착색

- 착색제의 이해
- 착색제의 구성
- 착색제 길잡이
- 화학 착색제
- 목재 탈색
- 목재 흑단화 처리
- 아닐린 염료의 사용
- 색상 맞추기
- 염료와 퇴색저항
- 착색제 바르기
- 착색 전 워시코트 하기
- 워시코트제
- 마구리면 착색
- 착색에서 흔히 발생하는 문제점, 원인과 해결 방법

목재마감의 많은 단계 중에서 발생하는 대부분의 문제는 착색에서 기인한다. 얼룩, 줄무늬, 이색, 그리고 마감과 착색 간의 부조화 같은 문제로 인해 많은 목공인이 착색을 기피한다. '천연 재색'의 인기는 적어도 착색이 어렵다는 목공인의 인식에서 비롯했다고 나는 확신한다.

제대로 사용한다면, 착색은 문제 야기보다는 해결 방법이고 목재를 아름답게 하는 방법이다. 착색은 목재에 윤기, 깊이, 채색을 더해준다. 문제가 있는 부위를 감추고 판재 간의 이색을 줄여주며 동일 판재에서 심변재 차이를 줄여준다. 포플러나 연단풍처럼 저렴하고 관심을 끌지 못하는 수종을 고급스러운 호두나무나 마호가니처럼 보이게 할 수도 있다 (사진 4-1).

착색의 가장 중요한 품질은 색상이고, 이는 착색의 가장 중요한 목적이다. 착색제의 원료는 무엇이고 얼마나 빨리 건조되는지, 목재를 어떻게 착색하는지와 같은 다른 중요한 고려사항을 생각해 본 적이 있는가? 제조업체는 이런 정보를 세세하게 제공하지 않는다. 용기의 라벨을 읽어보면 '전문적인 결과'라는 문구를 제외하고는 소비자가 원하는 걸 거의 알려주지 않는다. 색상보다 착색의 차이를 무시할 경우, 원하지 않는 결과가 나타날 수 있다.

처음에는 어리석게 들리겠지만 착색은 톱과 같다. 즉, 선택의 여지가 많다. 원형으로 자르기 위해 테이블 톱을 선택하거나, 각도 절단을 위해 직소를 선택하는 일은 없을 것이다. 같은 의미에서 물결무늬 단풍나무의 무늬를 더 돋보이게 하고자 와이핑 착색제를 선택해서는 안 된다. 또한 소나무의 얼룩방지를 바라면서 염료착색제를 사용하는 실수를 해서는 안 될 것이다. 톱과 마찬가지로 최고의 착색제란 없다. 단지 다양한 종류가 있을 뿐이고 다른 누군가는 남들보다 나은 특별한 작업을 하고 있을 뿐이다.

목재는 다양하고 착색제도 나무마다 다르게 작용한다. 착색제를 선택할 때는 목재의 두 가지 보편적인 특성을 이해해야 한다.

첫 번째는 재색이다. 예를 들어, 동일한 착색제를 분홍벚나무나 밝은 단풍나무 또는 황자작나무, 갈색 호두나무에 사용해 보면 발색의 결과가 동일하지 않다는 것을 알 수 있다.

사진 4-1 착색은 가끔 좀 저렴하고 덜 흥미로운 목재를 목리로는 흉내내지 못 해도 색상으로는 호두나무와 마호가니같은 고급목재처럼 만드는 데 사용되기도 한다. 위 사진은 호두나무 색상으로 착색된 너도밤나무 프레임에 호두나무 단판이 마감된 판재가 끼워져 있다.

두 번째는 목재의 목리와 무늬이다. 목재에는 크게 네 가지 부류가 있다. 소나무, 전나무와 같은 침엽수재, 단풍나무, 자작나무, 벚나무와 같은 활엽수재 산공재, 호두나무와 마호가니 같은 활엽수재 반환공재, 그리고 참나무류, 느릅나무, 물푸레나무와 같은 활엽수재 환공재이다. 이런 개별 범주 내에서 탈색과 착색의 혼합으로 두 가지 목재를 성공적으로 어우러지게 할 수 있을 것이다. 하지만 각기 다른 범주의 목재를 어우러지게 하는 것은 무늬와 목리 차이로 인해 성공하기 어렵다. 목작업에서 목재를 선택할 때, 이런 제한점을 고려하는 것이 좋다.

목재의 수종 차이 외에도 착색은 소재(Solid wood)인지, 단판인지에 따라 달리 작용한다. 대개 소재원목은 더 진하게 착색되지만, 단판은 거의 그렇지 않다.

목재 착색 시 중요하게 고려할 점이 다수 있다. 착색제를 성공적으로 사용하려면 다양한 착색제와 목재가 어떻게 상호작용을 하는지 이해할 필요가 있다. 대부분의 착색을 실패하는 원인은 방법이 아니라 잘못된 선택에서 기인한다(84쪽 '착색에서 흔히 발생하는 문제점, 원인과 해결 방법' 참조).

착색제의 이해

착색제를 분류하는 방법에는 여러 가지가 있다. 각각의 성분, 특성 그리고 목재와의 작용을 이해하는 것은 착색의 결과를 예측하는 데 도움이 된다(61쪽 '착색제의 구성' 참조). 차이를 만드는 특성은 다음과 같다.

- **색소**: 안료인가 염료인가?
- **색소의 양**: 적은가 아니면 많은가?
- **바인더**: 오일, 바니시, 래커 또는 수성인가?
- **점도**: 액체인가 젤인가?

색소

착색용 색소는 안료와 염료 두 종류가 있다(사진 4-2). 안료는 천연 또는 합성의 토양입자를 곱게 갈아 만든 것이다. 염료는 액체에 녹는 화학성분이다. 용기 바닥에 가라앉는 것은 모두 안료이고, 안료가 가라앉은 후 액체 속에 남아 있는 모든 색소 성분은 염료이다(염료는 포화되었을 때만 가라앉는다). 안료와 염료의 다른 점, 특히 목재에 적용했을 때 나타나는 차이점은 다음과 같다.

- 안료는 착색했을 때, 초과량은 닦여 없어지고 흠집과 관

사진 4-2 제조업체는 자사의 제품에 어떤 유형의 색소가 첨가되었는지 거의 밝히지 않는다(마치 비밀인 것처럼). 예를 들어 물건이 햇빛을 많이 받는다면(햇빛은 안료보다 염료를 더 퇴색시킨다), 염료는 사용하지 않는 것이 좋다. 그러니 직접 시험해 보라. 우선 안료가 가라앉을 때까지 기다려야 한다. 그런 다음 착색제에 나무 젓개를 넣고 용기 바닥에서 색소를 긁어서 끈적한 게 묻어나는지 확인한다. 만약 긁어지고 나무 젓개 나머지 부분이 착색되지 않았다면 착색제는 안료만으로 구성된 것이다(왼쪽). 긁었을 때 아무것도 묻어나지 않고 나무 젓개가 착색되었다면 그 착색제는 염료만 포함된 것이다(가운데). 나무 젓개에 끈적한 게 묻어 나오고 나머지 부분도 착색이 된다면 그 착색제에는 안료와 염료가 모두 들어 있음을 의미한다(오른쪽).

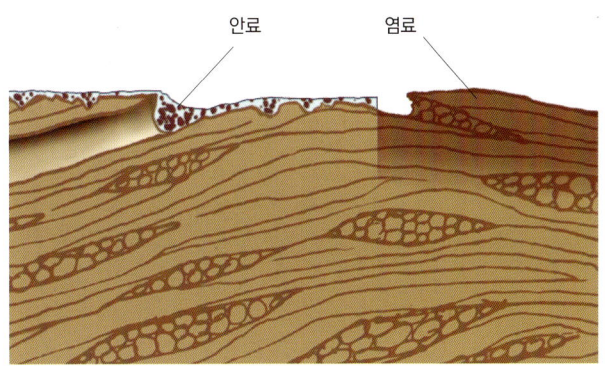

그림 4-1 안료는 관공, 흠집, 결점에 쌓이는데 이로 인해 그것을 더 부각시킨다. 염료는 목재 섬유를 물들이고 고른 색감을 보인다.

사진 4-3 안료 착색제(왼쪽)는 참나무의 조밀한 부위와 거친 목리(도관구) 부위 간 대비를 강조한다. 염료 착색제(오른쪽)는 조밀한 부위에도 착색되어 대비를 줄여준다.

공에 침전된다. 염료는 액체와 함께 어느 정도 균일하게 침투한다(그림 4-1, 사진 4-3).

- 안료가 많이 남게 되면 불투명도가 증가하는 반면, 과도한 염료는 투명하게 남는다(사진 4-4).
- 안료는 퇴색에 강하다. 염료는 강한 자외선에 노출되면 퇴색이 상당히 빠르고, 약한 자외선에 노출되면 약간 느려진다(77쪽 '염료와 퇴색저항' 참조).
- 안료는 안료입자를 목재에 부착하기 위해 항상 바인더

> **팁** 최종 샌딩의 입도에 따라 재면의 착색 정도는 어느 정도 영향을 받을 수 있다. 거친 입도는 안료가 장착될 더 큰 흠집을 만든다. 그러면 재면이 더 짙게 된다. 더 고운 입도의 샌딩으로 생긴 흠집에는 훨씬 적은 안료가 정착된다. 그러므로 더 밝게 된다(사진 2-3).

착색제의 구성

착색제의 종류는 색소 종류(안료 또는 염료), 색소량, 바인더(마감제), 그리고 점도에 따라 다양하다. 안료는 그 어떤 바인더와도 함께 사용 가능하다. 염료는 바인더가 필요 없지만 안료·염료 혼합 착색제에서는 필요하다. 염료와 바인더 각각에 해당하는 용제 또는 희석제가 있다.

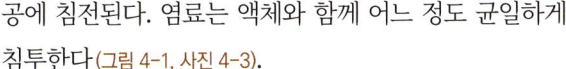

	안료				염료		
바인더	오일	바니시[1]	래커	수성	바인더 필요없음		
용제 / 희석제	미네랄 스피릿	미네랄 스피릿	래커 희석제 휘발성 석유정제물	물 글리콜 에테르 프로필렌 글리콜	물	알코올 아세톤	나프타 톨루엔 자일렌 테레빈유 래커 희석제
기타 형태	젤[2]	젤		젤	NGR[3]		

1. 오일·바니시 바인더와 혼합할 수 있다.
2. 젤 착색제는 색소와 바인더 그리고 칙소제(Thixotropic agent)를 혼합한 것으로 물리적으로 조작되지 않는 한, 잘 흐르지 않는다.
3. NGR(거스러미 방지) 착색제는 글리콜 에테르 용제에 용해된 금속착염(Pre-metalized) 염료이다. 물이나 알코올, 래커 희석제 또는 아세톤에 희석될 수 있다.

사진 4-4 염료의 투명성은 안료 착색제가 목재를 불투명하게 보이게 하는 것과 달리 재면의 일부분을 다른 부위보다 짙어지게 할 수 있다. 이 판재의 좌측부분에는 염료, 우측 부분에는 안료가 착색된 것이다. 위의 반쪽은 1회 착색이고, 잉여 부분은 닦아냈다. 아래의 반쪽은 수회 착색하였고, 잉여부분을 닦아내지 않은 것이다. 투명성을 유지하고 있는 염료를 주목하라. 염료의 이런 특성은 수종 간 이색, 동일 수종의 부위별 재색차이, 심변재 간 색상차이를 불투명도 증대 없이 어우러지게 해 준다.

사진 4-5 안료 착색제의 안료는 관공, 표면손상, 샌딩 흠집 등에 두껍게 남아 있어 주변 목재보다 훨씬 짙게 보인다. 이런 연유로 샌딩은 목리 방향으로 하는 것이 최선이다. 목리 방향 샌딩에서 생긴 흠집은 눈에 띄지 않지만 목리에 직각 방향으로 샌딩하면 두드러지게 나타난다.

사진 4-6 잉여의 안료 착색제를 닦아내지 않으면(오른쪽), 닦아낸 것(왼쪽)에 비해 목재 바탕이 묻히게 된다.

와 결합해야 한다. 염료는 바인더가 있어도 되고 없어도 된다. 착색제의 이름은 별로 도움이 안 된다(65쪽 '착색제 길잡이' 참조).

안료. 최근까지 모든 안료는 유럽과 미주 여러 지역에서 캐낸 곱게 갈린 유색의 흙이었다. 오늘날 대부분의 안료는 흙 같은 합성 유색 입자들이다. 안료는 불투명하기에 페인트 색소로 사용한다. 충분한 양의 안료 입자를 서로 적층하면 더 이상 목재 바탕은 보이지 않는다. 안료는 액체보다 무겁기 때문에 용기 바닥에 가라앉게 되므로 사용 전에 휘저어서 떠오르게 해야 한다. 상업적으로 공급되는 대부분의 착색제에는 안료가 포함되어 있다.

충분히 바른 후, 잉여의 양을 닦아내면 안료 색소들은 관공이나 흠집 같은 움푹한 곳에 부착되어 색을 입히게 된다. 공극이 클수록 적층이 많이 되어 더 짙어지며 불투명해진다. 이런 연유로 관공이나 재면손상 또는 샌딩 흠집이 클수록 안료 착색제에 의한 대비가 커지게 된다. 목리 방향으로 샌딩한 연삭 흠집에는 안료 부착이 목리와 잘 구분되지 않기 때문에 항상 목리 방향으로 샌딩해야 한다 (사진 4-5).

안료는 또한 재면에 일정 두께로 쌓여 착색될 수 있다. 잉여의 양을 닦아내지 않아야 가능한데, 이는 희석된 페인트로 재면을 불투명 도장하는 것과 같다. 재면에 얼마나 많은 안료를 남기는가에 따라 불투명 정도를 조절할 수 있다. 불투명 페인트 도장처럼 초과 안료를 제거하지 않으면 착색은 고르게 되겠지만 목재 문양은 묻히게 될 것이다 (사진 4-6).

염료는 커피, 차, 딸기, 호두껍질 같은 흔한 물질에서 발견되는 색소이다. 이외에도 통나무, 알카네트 뿌리, 달팽이 관, 기린혈*과 같은 천연물질도 한때 목재착색에 사용되었다(화학성분들도 사용되는데 66쪽 '화학 착색제', 67쪽 '목재 탈색', 73쪽 '목재 흑단화 처리' 참조). 현재는 훨씬 성능이 좋은 합성 아

* 용혈수 열매에서 채취한 수지

> **메모** 제너럴 피니시(General Finishes)의 염료착색제는 NGR 염료처럼 같은 금속착염 염료를 함유하고 있지만, 일단 굳으면 밝게 만들기 어려운 아크릴 바인더를 함유하고 있다는 점이 독특하다. 그래서 '염료 착색제'라는 라벨이 붙어 있긴 하지만 일반 염료착색제와는 다르다.

닐린 염료가 사용된다. 이런 염료들은 원유에서 유래(콜타르에서 최초 유래)되었고, 19세기 후반부터 섬유산업에 사용하고자 본격적으로 개발되었다. 천연 염료와는 달리 아닐린 염료는 색상의 제한이 없고 견뢰도(내변퇴색성)가 상당히 크다(77쪽 '염료와 퇴색저항' 참조).

섬유산업에서 아닐린 염료는 화학성분과 용도에 따라 분류된다. 목재 마감제 공급업체들은 염료를 가장 잘 녹이는 용제에 따라 분류한다. 목재용 마감제에 사용되는 염료에는 다음 네 가지가 있다.

- 물에 녹는 수용성 염료
- 알코올에 녹는 알코올용성 염료
- 나프타나 톨루엔, 자일렌 또한 테레빈유와 같은 강한 석유계 용제에 녹고 또한 래커 희석제에도 녹는 유용성 염료.
- 글리콜 에테르에 녹는 NGR 염료 (13장 '글리콜 에테르' 참조).

수용성, 알코올용성, 유용성 염료는 보통 분말로 판매된다. 이런 염료를 녹이는 용제는 구하기 쉽고 염료는 분말 형태라 운반과 보관이 용이하다. 반면에 NGR 염료는 액상으로 판매된다. 이런 염료는 <u>금속결합성</u>(Mmetal-complex) 또는 <u>금속착염 염료</u>라고도 불린다. 일단 글리콜 에테르에 용해되면 물이나, 알코올, 아세톤 또는 래커 희석제로 희석할 수 있다 (사진 4-7). 예외가 있을 수도 있지만, 액상으로 판매되면 농축되었든 아니든 그것은 NGR형 염료이다. 물론 NGR 염료를 물로 희석한다면 그것은 더 이상 '거스러미 방지'용이 아니다.

사진 4-7 목공인이 구입하는 염료는 녹는 용제에 따라 나눠진다. 왼쪽부터 수용성, 알코올용성, 유용성으로 대부분 분말형태로 판매된다. 맨 오른쪽 거스러미 방지 염료(글리콜 에테르에 용해되어 있는)는 액상으로 판매된다.

착색제 길잡이

여러 종류의 착색제가 어떻게 다른지 알아야 한다. 그러나 제조업체나 (목공 관련) 기고가 또는 일반인이 말하는 착색제의 명칭에 이런 차이점을 결부하는 것은 아주 별개의 일이다. 이는 혼돈을 부채질하는 요인이다. 다음의 설명으로 길잡이를 대신한다.

안료 착색제

모든 착색제는 안료를 함유하고 있지만 소위 '안료' 착색제 또한 염료를 함유하고 있다. 안료는 목재내부로 침투되지 못해 안료를 함유한 착색제는 목재에 부착되기 위해 항상 바인더가 필요하다.

염료 착색제

대부분 염료는 액체에 용해되어 목재 내부로 스며들기 때문에 바인더가 필요하지 않다. 염료는 때로 바인더 착색제(안료 포함 또는 불포함)에 포함되지만 이런 착색제를 염료 착색제라고 칭해서는 안 된다. 차라리 안료 착색제(부정확하지만), 와이핑 착색제, 오일 착색제(오일 스테인) 또는 수성 착색제라고 부르는 게 낫다.

와이핑 착색제(와이핑 스테인)

염료, 안료 모두 함유될 수 있으며 바른 후 잉여량을 닦아내는 데 느긋하도록 천천히 굳는 바인더(대개 오일, 바니시 또는 수성 마감제)가 함유되어 있다. 판매되는 거의 대부분의 기성 착색제는 와이핑 착색제이다.

오일 착색제(오일 스테인)

안료, 염료 또는 둘 다 첨가된 오일 바인더를 함유하고 있는 착색제.

수성 착색제

안료, 염료 또는 둘 다 첨가된 수성 바인더를 함유하는 착색제.

바니시 착색제

안료, 염료 또는 둘 다 첨가된 바니시 바인더를 함유하는 착색제.

래커 착색제

안료, 염료 또는 둘 다 첨가된 속건성 알키드 바니시, 래커 바인더를 함유하는 착색제. 이런 착색제는 매우 빨리 굳기 때문에 종종 분무하는 즉시 닦아야 한다 (옆 사람이 준비하고 있다가 곧장 닦아낸다).

젤 착색제

점도가 높은 착색제. 착색제가 흘러내리지 않고 재면에 남는다. 대부분 염료 없이 안료만 함유하고 있다.

거스러미 방지 착색제

염료를 글리콜 에테르에 녹인 것으로 아세톤으로 희석한다. 이런 착색제는 액상으로 공급되고 바인더는 함유하고 있지 않다. 건조가 빠르기 때문에 NGR 착색제는 거의 대부분 분무하고 마르도록 그냥 둔다.

화학 착색제

목재의 천연 성분과 반응해 발색하는 화학물질.

셰이딩 착색제

토너와 동일한 것으로 희석된 마감제에 안료 또는 염료가 첨가된 것이다. 차이점은 사용법이다. 셰이딩은 필요한 일정부분에만 도포되고, 토너는 표면 전체에 도포된다(15장 '고급 도색 방법' 참조). 일부 제조업체는 자사 안료 토너에 '셰이딩 착색제'라는 라벨을 붙이기도 한다.

> **주의!** 염소 표백제와 수산화나트륨(가성소다, 양잿물)을 섞으면 안 된다. 그러면 유해한 독성 가스가 발생한다.

- **수용성** 염료는 가구, 캐비닛, 목공품에 헝겊이나 붓으로 바를 때 가장 좋다. 용매로써 물은 매우 저렴하고 독성이 없으며, 다른 용매보다 '개방집결시간'이 훨씬 길기 때문에 염료를 바르고 잉여량을 모두 닦아낼 수 있는 시간이 상대적으로 길다.
- **알코올용성** 염료는 주로 보수용으로 사용된다. 셀락이나 패딩 래커(Padding lacquer)에 녹여 손상된 부위에 붓으로 바른다(19장 '마감 보수하기' 참조).
- **유용성** 염료는 주로 오일이나 바니시 기반 착색제에 색소로 사용된다. 이 염료들은 그 자체를 목재착색제로 사용하는 경우는 거의 없다.
- **NGR** 염료는 재면에 직접 뿌리고 그냥 두거나 마감제와 혼합하여 토닝할 때 사용하면 아주 좋다(15장 '토닝' 참조). 비농축 형태로 판매될 때는 많은 양의 아세톤을 함유하고 있어 상당한 독성이 있다. 환기가 잘 되는 공간에서 작업하여 안전을 확보해야 한다.

이런 염료의 작업특성은 바인더(오일, 바니시, 래커, 물 기반)를 포함하고 있는 착색제 염료와는 다르다. 바인더를 함유하고 있지 않기 때문에 조색을 쉽게 할 수 있다. 염료를 제거해 밝은색을 낼 수 있는데, 염료가 완전히 굳은 후에도 용제로 닦아 색을 밝게 할 수 있다. 매번 경화할 때마다 염료를 재용해 하고 더 많은 색조를 제거할 수 있다. 이는 바인더로 재면에 부착된 염료에서는 아주 최소한으로만 가능한 것이다(74쪽 '아닐린 염료의 사용' 참조).

화학 착색제

어떤 화학성분은 일부 수종과 반응하여 독특한 재색을 낸다. 아닐린 염료가 개발되기 전, 이런 화학물질은 천연 염료나 토양 안료 대신 착색제로 사용되었다. 그때 사용된 화학물질은 양잿물, 암모니아(암모니아 가스로 착색하는 과정을 훈연처리라 함), 중크롬산칼륨, 과망간산칼륨, 황산구리, 황산철, 질산 등이었다. 목재 마감에 관한 책을 많이 접해본 독자라면 위의 화학물질 중 몇 가지는 들어본 적이 있을 것이다.

이런 화학성분은 두 가지 심각한 문제를 야기한다.

- 사용하기에 위험하다. 피부에 닿으면 화상을 입는다. 일반적으로 건강에 해롭다.
- 제어하기 어렵다. 재색이 너무 짙게 되거나 잘못되면 모든 재면의 색상을 샌딩으로 제거해 다시 시작하는 것 외의 가능한 방법은 없다.

아닐린 염료는 화학착색으로 얻을 수 있는 그 어떤 재색도 가능하기 때문에 색상 선택에도 제한적인 화학성분을 사용하는 위험을 감수할 필요는 없다. 다만 한 가지 예외가 있다면 중크롬산칼륨은 상감 세공된 목재나 다양한 수종이 혼합된 목재의 발색에서 필요한 수종만 착색하는 데 유용하게 사용할 수 있다는 점이다.

중크롬산칼륨은 천연적으로 탄닌산을 함유하는 모든 목재를 진하게 한다. 이런 목재 수종은 마호가니, 호두나무, 참나무류, 벚나무 등이며 디자인적으로 바탕이 되는 짙은 부위로 사용되는 대표 수종이다. 중크롬산칼륨 용액을 바르면 꽝꽝나무, 회양목, 수자목 같이 밝은 재색에는 영향을 미치지 않고 바탕재만 더 짙게 할 수 있다.

중크롬산칼륨은 전문 마감제 매장과 화공약품상에서 구입할 수 있다(부록 '구입처' 참조). 원료를 물에 녹이고 아닐린 염료처럼 바른다. 적용할 제품에 바로 바르지 말고 자투리 목재에 시험적으로 발라 원하는 정도의 농도를 미리 확인한다. 원료를 녹일 때는 마스크를 쓰고 바를 때는 장갑을 낀다.

목재 탈색

착색으로 목재에 색을 입힐 수 있고 탈색으로 색을 뺄 수 있다. 탈색제로 흰색 외에도 재색을 밝게 할 수 있다. 그런 다음 통상적인 방법으로 도장할 수 있고 원하는 색상으로 착색할 수도 있다. 재색을 천연재색보다 더 밝게 하거나 원하는 착색에서 기존 재색의 영향을 덜 받도록 중화할 때 탈색한다. 재색이 다른 목재의 일반적인 착색을 위해 재색을 옅게 하는 데 사용할 수도 있다.

목재 탈색과정은 어렵지 않다. 중요한 건 적절한 탈색제를 사용하는 것이다. 목공에서 흔히 사용하는 탈색제는 세 가지가 있으며 각기 다른 용도로 사용한다.

- **2액형 탈색제**(수산화나트륨과 과산화수소)는 천연적인 재색을 제거하는 데 사용한다. 또한 물, 녹, 알칼리, 그리고 일부 염료로 인한 짙은 착색을 제거한다.
- **염소 표백제**는 재색에서 염료착색을 제거하고 물로 중화하지 않는 한 백색으로 탈색한다.
- **옥살산**은 천연재색의 변화 없이 물이나 녹, 알칼리에 기인한 착색을 제거한다(옥살산은 산화를 제거하지만, 재색을 약간 밝게 하여 본래의 색으로 되돌릴 수 있다).

재색을 밝게 하려면 2액형 탈색제를 사용한다. 염소 표백제를 5~10배 희석하여 천연재색에는 변화가 없고 염료 착색만 제거하는 데 사용한다. 옥살산은 천연재색에 영향을 주지 않고 짙은 착색(잉크보다 진한)만 제거하고자 할 때 사용한다.

세 가지 탈색제 모두 흔히 '목재 탈색제'(아래 사진)라는 라벨이 붙는다. 선택하는데 혼동할 수 있지만, 방법은 다음과 같다.

- 2액형 탈색제는 항상 별도의 용기에 담겨 판매되며, 보통 'A'와 'B'라는 라벨이 붙어 있다.
- 염소 표백제는 액상으로 판매되며, '차아염소산 나트륨'이라는 라벨이 붙는다. 가정용으로 판매되고 수영장용은 결정형태로 판매된다. 염소 표백제를 표면이 축축할 정도로 바르고 마르도록 둔다. 그런 다음 잔여 표백제를 제거하기 위해 물로 씻는다. 표백제 자체는 산도 알칼리도 아니기에 중화시킬 필요는 없다.
- 옥살산은 결정형태로만 판매된다.

목재를 탈색하기 위해 2액형 탈색제를 사용할 때는 다음 4단계를 따른다.

❶ 'A' 또는 '1' 라벨이 붙은 용기에서 유리나 플라스틱 용기에 화학물질을 따른다. 금속은 절대 사용하지 않는다, 탈색제 두 성분 모두 금속과 반응하게 될 것이다. 합성 붓이나 헝겊으로 화학물질을 젖은 상태로 재면에 도부한다. 탈색제를 바르지 않을 곳에 방울이 튀지 않도록 아래에서 위로 작업한다. 바른 부위가 모두 젖어 있는지 확인한다. 화학성분과 접촉하지 않도록 눈과 피부를 보호한다. 수산화나트륨(양잿물 또는 가성소다 불림)은 접촉 시 심한 화상을 입을 수 있다(접촉 시에는 주변의 물로 환부를 깨끗이 씻는다). 수산화나트륨은 목재를 심할 정도로 진하게 한다. 걱정할 필요는 없다. 다음 단계에서는 바뀌게 된다.

❷ 대개 과산화수소수인 'B' 또는 '2' 화학물질을 유리나 플라스틱 용기에 붓는다. 첫 번째 바른 화학물질이 마르기 전에 그 위에 두

목재 도장에 사용되는 탈색제는 2액형 탈색제(수산화나트륨과 과산화수소), 염소 표백제, 옥살산 등 3종이다. 2액형 탈색제는 천연재색을 제거한다. 염소 표백제는 염료를 제거하고 목재를 하얗게 탈색한다. 옥살산은 천연재색의 탈색 없이 물, 녹, 알칼리 오염을 제거한다.

번째 화학물질을 바른다(제조사가 순서를 바꿔 과산화수소를 'A' 용기에 넣고 수산화나트륨을 'B' 용기에 넣는 경우도 있다. 탈색에는 두 성분이 함께 반응하는 것이니 문제가 되지는 않는다). 별도의 붓 또는 두 번째 액을 바르기 전에 먼저 사용한 붓을 깨끗이 씻어서 사용한다. 두 화학물질이 반응하면 거품이 발생하는 것을 볼 수 있고 재색은 밝아진다. 밤새 마르게 둔다.

❸ 물에 희석한 식초와 같은 약산을 발라 남아있는 수산화나트륨의 알칼리성을 중화한다. 외부에서 작업한다면 대안으로 물로 대부분의 알칼리 성분을 씻어낸다. 밤새 마르도록 둔다.

❹ 고운 사포로 재면을 가볍게 샌딩하여 거스러미를 제거한다. 재면이 평활한 정도로만 샌딩한다. 그렇지 않으면 탈색되지 않은 부분까지 제거될 수도 있다

두 가지 화학물질을 섞어 한 번에 바르면 두 단계를 하나로 줄일 수 있다. 이렇게 하려면 혼합물을 빨리 도포해야 한다. 그렇지 않으면 효능이 없어질 수 있다(두 화학물질이 별도로 포장되는 이유가 여기 있다). 보통은 2액형 탈색제로 한 번 탈색하면 된다. 그러나 필요에 따라 재색을 더 밝게 하는 방법을 시도할 수도 있다.

- 목재를 두 번 탈색한다.
- 햇빛에 탈색한다(빛 자체는 약한 탈색제다).
- 첫 번째 도포가 축축한 상태에서 과산화수소를 바른다.
- 발라진 수산화나트륨/과산화수소가 축축한 상태에서 옥살산 용액을 도포한다.

사진 4-8 바인더를 함유하는 착색제보다 염료착색제의 색조와 발색을 조절하는 편이 훨씬 쉽다. 특히 W.D. Lockwood 염료 착색제 브랜드들이 그러하다. 1차로 칠한 염료를 잘 건조시키면 색 조절은 항상 성공적이다. 이 두 샘플 판재의 가운데 부분은 염료착색제 1회 도포로 착색되었다. 그런 다음 윗부분 좌측은 염료 용제(이 경우는 물)로 적신 천으로 반 정도 닦아 내었다. 판재 아래쪽은 다른 착색제를 추가로 바르고 여분을 닦아냄으로써 두 배 정도 짙게 하였다. 위쪽 우측은 황색 염료에 적신 천으로 닦아 붉은색을 주황색으로 변하게 하였다. 판재 아래쪽은 검은색 염료에 적신 천으로 닦아 붉은색을 갈색으로 바꾸었다. 각각의 경우, 바르기 전에 색상에 맞게 염료를 녹였거나 그 색에 염료를 섞은 것처럼 보인다.

사진 4-9 재면 전체에 착색제를 바르면서 심재색에 맞는 변재를 착색하는 데는 안료보다는 염료가 더 효과적이다. 중앙부를 지나는 큰 변재부를 호두나무색 염료로 착색하였다(오른쪽).

Watco사의 착색제 성분은?

왓코(Watco)와 데프트 대니시 오일(Deft Danish oil)의 호두나무색 착색은 엄밀히 말하면 안료지만 염료처럼 작용한 것이다. 주성분이 역청이나 길소나이트로 알려진 아스팔트는 대부분의 철물점에서 구입할 수 있는 지붕용 무섬유 타르이다. 미네랄 스피릿으로 희석하면 아스팔트는 우수한 호두나무 색상 착색제가 된다. 그렇지만 자체적으로 굳지 않기 때문에 왓코처럼 오일이나 바니시 바인더에 혼합하면 최고가 된다.

재색을 조절하는 데는 염료의 질이 중요하다. 불투명 없이 재색을 짙게 하거나(또는 강화하고), 다른 염료를 발라 재색을 바꾸거나, 너무 진하게 착색했다면 다시 밝게 할 수 있다(탈색에 대해서는 '목재 탈색' 참조). 그렇지만 모든 재색을 없애는 것은 상당히 많은 양의 샌딩이 필요하므로 매우 어렵다.

어떤 연유든 다양한 염료 브랜드(NGR을 제외한 수용성, 알코올용성, 유용성 중)에서 색상 내기 가장 좋은 것은 W.D. Lockwood 브랜드이다(사진 4-8). 이런 염료는 다양한 재색 톤으로 나와 있으며 사용하기 쉬워 중요한 색상조합이 가능하다. 다른 브랜드의 염료와 NGR 염료는 너무 어두우면 밝게 할 수 없기 때문에 밝은색에서 시작해 원하는 색상이 나올 때까지 바르는 횟수를 늘리는 것이 중요하다(76쪽 '색상 맞추기' 참조).

염료에서 중요한 또 다른 품질은 변심재 간 이색을 통합할 수 있는 능력이다. 물론 약한 염료보다 강한 고성능 염료가 더 효과적이다. 염료를 간단히 바르기만 하면 변재 색상이 심재 색상에 가까워져 전체 색상이 고르게 된다(사진 4-9).

염료와 마감제가 동일 희석제를 사용한다면 서로 혼합할 수 있다. 이런 특성은 기성 착색제의 색상을 '수정'하거나 도막 위에 염료를 칠해 고정하는 데 유용하다. 예를 들어 수용성 염료에 약 10% 수성 마감제를 첨가한 다음 색상에 영향 없이 염료착색 위에 수성 마감제를 붓으로 칠할 수 있다. 이렇게 하면 바인더를 함유한 모든 착색제처럼 건조 후에는 색을 조절하는 능력이 사라지는 단점이 있다.

안료·염료 혼합 착색제는 안료입자가 목재에 부착될 수 있도록 항상 바인더를 함유하고 있다. 염료는 안료 단독일 때보다 조밀한 부분을 더 잘 염색하기 때문에 많은 목공인이 이런 종류의 착색제를 선호한다. 이 착색제의 단점은 바인더 없는 염료와 동일하다. 직사광선과 형광빛에 퇴색된다(사진 4-10).

사진 4-10 안료 착색제(왼쪽)는 참나무의 큰 조재관공에 자리잡아 이 부분을 강조한다. 하지만 조밀한 만재에는 착색되지 않는다. 안료·염료 혼합 착색제(가운데) 또한 관공을 강조하지만 조만재 간 더 고르게 착색된다. 염료 착색제(오른쪽)는 그 어떤 착색제보다 조만재에 고르게 착색된다.

속설 재면에 착색제를 바르고 오래 두면 착색제가 더 깊게 침투하여 재색이 더 짙어진다.

사실 착색제를 바르고 오래 두면 재색이 짙어지는 것은 사실이다. 그렇지만 깊게 침투했기 때문이 아니라 착색제 희석제가 증발해 색소 대 액체 비율이 증가했기 때문이다. 더 짙은 농도의 색소는 더 짙은 색을 낸다.

사진 4-11 액체에 대한 색소(안료·염료) 비율은 재색을 얼마나 짙게 착색할 수 있는지 좌우한다. 왼쪽은 Pratt & Lambert 호두나무 착색제를, 오른쪽에는 Minwax 호두나무 착색제를 바른 것으로 안쪽은 각 1회 도포, 바깥쪽은 2회 도포 한 것이다(정 가운데는 착색하지 않은 곳). 둘 다 안료·염료 혼합 착색제이지만 각기 다른 색소 대 액체 비율을 적용했다. 이런 비율의 차이에 따른 결과를 쉽게 볼 수 있다.

색소의 양

액체에 대한 색소비율(안료 또는 염료)에 의한 차이점은 아주 명백하다. 색소가 많으면 더 짙은(강한) 재색을 내고 적으면 더 밝은(덜 강한) 재색을 낸다. 염료나 안료를 더 첨가함으로써 어떤 착색제에도 색소를 추가할 수 있다. 안료를 먼저 침전시키면 착색제에서 안료를 제거할 수 있다. 안료가 가라앉은 다음 액체를 따라내고 바인더로 대체하면 착색제에서 염료를 제거할 수 있다. 착색제를 옅게 하는 가장 효율적인 방법은 적절한 희석제로 간단히 희석하는 것이다 (사진 4-11).

적어도 목재에는 효과가 있는 착색제의 색소량을 조절하는 또 다른 방법이 있다. 여분을 닦아내기 전에 착색제를 더 오래 방치하는 것(착색제가 마르는 과정이 아닌 한)으로 목재에 더 짙게 착색된다. 착색제가 더 깊게 침투해서 그런 것은 아니다. 모든 착색제는 몇 초안에 최대 깊이에 도달한다. 그 까닭은 희석제가 착색제에서 증발하고 재면에 더 높은 농도의 색소를 남겼기 때문이다. 이는 마치 색소 대 액체 비율이 높은 것을 사용한 거나 다름없다.

바인더

바인더(결합제)는 안료 입자를 목재에 고정하는 접착제이다 (그림 4-2). 입자는 바인더가 없으면 액체가 증발했을 때 먼지처럼 털리거나 날릴 수 있다. 모든 바인더는 오일, 바니시, 래커 또는 수성의 일반적인 마감제, 네 가지 중 하나이다(셀락은 알코올용성 염료, NGR 염료 또는 범용 색조 조색제에 첨가해 착색제로 사용할 수 있지만, 상업적으로 가용되는 셀락 착색제는 없다).

필요하다면 바인더에 안료를 첨가하고 희석함으로써 자가 착색제를 만들 수 있다. 오일과 바니시에 오일과 일본 색소(Japan colorants)를 사용한다. 화가의 수성 아크릴 색소를 사용하거나, 산업용 색조 조색제(ITCs)를 래커와 함께 사용한다. 범용 색조 조색제(UTCs)는 어떤 마감제에도 사용할 수 있지만 오일과 바니시에 섞기 위해서는 조금 저어주어야 한다.

바인더 선택은 재면의 착색제 발색에는 큰 영향을 미치지 않는다. 오히려 바인더는 여분의 착색제를 닦아내는 데 걸리는 시간을 좌우한다. 오일 바인더는 경화가 늦지만 바니시와

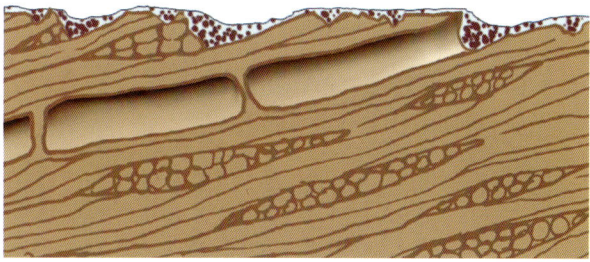

그림 4-2 바인더는 먼지 같은 안료 입자들을 서로 붙이고 목재에 부착한다. 바인더가 없으면 안료는 재면에서 부서지거나 날리게 된다.

수성 바인더는 적당히 빠른 편이다. 래커 바인더는 빠르게 건조된다. 일부 '래커' 착색제는 경화가 빠른 오일 알키드 바니시를 기반으로 한다. 이는 11장 '바니시'편에서 다룬다. 이런 착색제는 래커 착색제처럼 작동하고 마감제 업계에서는 흔히 래커 착색제로 언급되기 때문에 둘을 같은 것으로 취급하는 것이 좋다.

온도와 습도는 모든 착색제의 건조시간에 영향을 준다. 온도가 높을수록, 그리고 습도가 낮을수록 착색제는 빨리 마른다.

업체는 그들이 사용하는 바인더를 거의 밝히지 않지만, 용기에는 단서가 있다.

> **팁** 와이핑 착색제를 넓은 면적에 바르는 동안 닦아내기 전에 굳는 문제에 봉착할 수 있다. 여분을 닦아내기 전에 착색제가 부분적으로 마르면 줄무늬 얼룩이 생긴다. 해결 방법은 더 천천히 마르는 착색제로 변경하는 것이다. 넓은 면적으로부터 여분을 제거하고자 한다면 현재까지는 오일 바인더를 기반으로 하는 착색제가 가장 쉬운 선택이다. 다른 세 개의 바인더를 기반으로 하는 착색제들은 여분을 닦아내기에는 너무 빨리 마를 수 있다. 이런 착색제들은 여분을 그냥 두고자 할 경우나 빨리 다음 단계로 이동할 때 가장 훌륭한 선택이 된다.

사진 4-12 젤 착색제들은 점도가 높고 흐르지 않아서 재내로 침투하지 못한다. 이는 소나무처럼 천연 얼룩이 있는 목재의 착색에서는 장점이 될 수 있다.

오일이나 바니시를 바인더로 사용한 착색제들은 미네랄 스피릿(석유 증류분)을 희석제나 세척용제로 나열한다.

래커[또는 단유성 바니시(Short-oil varnish)] 바인더를 사용한 착색제들은 빠르게 증발하는 석유 증류분 또는 래커 희석제의 활성 용제를 희석제나 세척용제로 나열한다.

수성 바인더를 사용한 착색제들은 물을 희석제나 세척용제로 나열한다.

어떤 착색제는 보통보다 큰 바인더 대 착색제 비율로 되어 있다. 이런 착색제는 종종 착색제와 마감제 혼합제(예를 들어 Minwax Polyshade, '바니시' 착색제라고 불리는 착색제들)로 판매된다. 이런 착색제를 사용할 때는 재면 위에 남기는 것이 요점이기 때문에 여분을 닦아낼 필요는 없다. 이들은 목재를 탁하게 하며, 이색과 붓 자국 없이 사용하기는 매우 어렵다. 완화 효과에 대한 특별한 필요성이 없다면 추천하지 않는다.

점도

착색제의 점도는 다양하다. 대부분의 착색제는 액체이지만 어떤 것은 점도가 높아 보통 젤 상태로 판매된다. 이런 것들은 젤 바니시와 동일하지만, 색소를 함유하고 있다(176쪽 '젤 바니시' 참조). 대부분의 젤 착색제는 바니시 바인더에 안료를 첨가하여 제조한다. 몇몇은 염료를 사용하고, 어떤 것은 수성 바인더를 사용하기도 한다. 모든 젤 착색제는 흐르지 않는다는 특성이 있다. 어떤 것은 점도가 너무 높아 용기를 거꾸로 해도 흘러내리지 않는다 (사진 4-12). 젤 착색제는 흐름에 저항하는 칙소제로 만들기 때문에 기계적으로 작동하지 않는 한 흐르지 않는다. 케첩은 칙소제의 한 예이다. 케첩을 바르려면 용기를 흔들어 짜야 나오게 된다.

음식에 부으면 칼로 펼치기 전에는 올린 채로 그대로 있다. 마요네즈와 고무 벽 페인트는 또 다른 예이다.

젤 착색제는 지난 십수 년 동안에만 인기가 있었다. 아주 최근에는 발견하기조차 힘들어졌다. 제조업체는 그것의 장점을 이해하지 못했다. 바틀리(Bartley)는 젤 착색제의 초기 제조업자였다. 그 회사는 벚나무 가구 키트와 함께 벚나무 착색제를 공급했고 고객들도 만족한 듯 보였다. 바틀리는 그 착색제가 사용법이 쉬워서 인기가 있는 줄 알고 그 방식으로만 판촉하였다. 다른 회사들은 젤 착색제가 도막착색에 매우 효과적임을 이해하고 있었다(208쪽 '고급 도색 방법'

목재 흑단화 처리

목재 흑단화 처리(Ebonizing wood)란 화학처리로 재색을 흑단처럼 검게 만드는 것을 말한다. 가장 보편적인 흑단화 처리 화학물질은 식초에 며칠 담근 철[못, 스틸울(Steel wool, 강면)]이다. 책이나 기사를 통해 이 혼합물이 가장 좋은 흑단화 처리 물질로 추천받고 있음을 알 수 있다. 하지만 이미 1세기 전에 훨씬 더 효과적이고 사용하기 쉬운 흑색 아닐린 염료로 대체된 바 있다.

수용성, 알코올용성, 유용성 또는 NGR(거스러미 방지)의 모든 흑색 아닐린 염료를 사용할 수 있다. 그러나 흑색에도 여러 색조(어떤 것은 아주 푸른색을 띤다)가 있다는 것을 알아야 한다. 그러므로 선호하는 흑색을 선택한다. 수용성 염료에서는 문제가 있을 수도 있다. 참나무 조재 관공이나 다른 환공재의 큰 관공에는 효과적인 발색을 하지 못한다. 수용성 염료를 사용한다면 관공이 검게 염색되도록 염료 착색 후 (굳은 뒤), 흑색 와이핑 착색제를 발라야만 할 수도 있다. 염료 위에 바로 착색제를 바를 수도 있고 하도 위(도막착색처럼)에 바를 수도 있다.

때때로 여분을 닦아낸 후, 한 번의 도포로 충분할 정도의 농축된 염료도 있다. 하지만 그것도 보통은 수차례 도포해야 한다. 원하는 흑색이 발색될 때까지 매회 도포가 굳은 후 닦아내고 추가로 붓질하거나 분무한다. 또한 도포 후에 붓질하거나 분무하고 여분을 닦아내지 말고 그대로 남겨둘 수도 있다

흑색 염료가 목재 흑단화 처리에 잘 작용하는 것은 투명한 특성 때문이다. 재색을 완전히 흑색으로 만들지만, 바탕 무늬를 볼 수 있다. 흑단화 처리에 안료 착색제나 마감제(실제 페인트)를 사용할 수도 있지만, 착색이 아주 검지 못하고 페인트는 불투명 마감이 된다.

흑색염료는 목재 흑단화 처리에 가장 유용한 착색제이다. 위 사진은 대비가 현저한 단풍나무를 흑단화 처리한 것이다. 그러나 진짜 흑단과 유사하려면 목리가 비슷한 호두나무가 더 낫다.

참조). 그래서 그들은 비목질계 재료와 유리섬유 문짝에 목리효과 착색제로 마케팅을 시작했다.

1980년 후반에 젤 착색제가 유행했는데, 사용해 보니 단점이 많았다. 모든 것이 엉망이 되어 지우기가 쉽지 않았다. 게다가 착색을 하고 나면 붓이나 헝겊에 착색제가 너무 많이 남아서 낭비가 심했다. 결국 젤 착색제는 시장에서 더 이상 찾아보기 힘들어졌다.

하지만 머지않아 흐르지 않는 특성은 착색제의 불균일 흡수로 얼룩이 잘 생기는 목재에 이상적이라는 걸 알게 되었다. 젤 착색제는 흡수에 저항하는 대신에 재면에 그대로 머물러 목재의 불균일한 흡수성에도 불구하고 고른 발색을 한다(사진 4-13). 바틀리의 벚나무 가구 키트 구매자들이

사진 4-13 얼룩은 착색제가 다른 부위보다 목재 내로 더 깊이 침투한 것에 기인한다. 원래부터 밀도가 고르지 못한 목재에서 일반적으로 나타난다. 소나무(위쪽)와 전나무 같은 침엽수재, 벚나무, 자작나무, 단풍나무, 사시나무, 미루나무, 그리고 오리나무 같은 활엽수재 산공재에서 발생하는 경우가 있다.

그 착색제에 만족한 이유는 여기에 있었다. 얼룩이 지지 않기 때문에 보기 좋은 재면이 되었다.

그러므로 젤 착색제는 마감에서 발생하는 가장 심각한 문제로 벗겨내고 다시 해도 해결되지 않던 얼룩문제를 해결하는 간단한 해결 방법이 되었다. 얼룩은 소나무와 전나

아닐린 염료의 사용

수용성, 알코올용성, 그리고 유용성 염료 착색제는 대개 분말상태로 판매되므로 용매에 녹여야 한다. NGR(거스러미 방지) 염료 착색제는 이미 용액에 들어있다.

자가 염료 착색제 섞기

분말형 염료 착색제를 혼합할 때는 공급업체에서 권장하는 용제(또는 용제들)를 쓴다. 수용성 염료에는 물, 알코올용성 염료에는 변성알코올, 유용성 염료에는 나프타, 테레빈유, 톨루엔, 자일렌 또는 래커 희석제를 사용한다. 금속은 염료와 반응해 색상에 영향을 미칠 수 있기 때문에 항상 유리나 플라스틱 용기를 사용한다. 공급업체가 제안한 분말 대 용제 비율에 따라 섞어 공급업체가 제시한 색 강도에 맞춘다.

먼저 직접 염료를 섞는 것이 불편할 수도 있지만, 색상에 대한 더 큰 통제력을 갖게 될 것이다. 진한 것을 원하면 제시된 용법보다 염료 분말을 더 넣는다. 더 밝은색을 원하면, 염료 분말을 덜 넣거나 용제를 더 첨가한다. 분말상태일 때 조색을 할 수도 있지만, 대개는 녹은 후에 섞는 것이 좋다. 분말상 염색제의 색상은 그것이 녹았을 때와는 다른 것이 보통이다.

염료들이 같은 용제에 녹는 한, 브랜드와 상관없이 어떤 조합으로도 혼합할 수 있다. 한 브랜드 제품으로 일정양의 염료와 용제를 섞으면 언제나 동일 색상을 내야 한다. 그러나 작업 시 필요량보다 조금 여유 있게 혼합하는 것이 안전하다. 얼룩을 유발하는 불순물과 용해되지 않은 염료를 제거하기 위해 용해된 염료를 페인트 여과지나 단단하게 직조된 치즈 천으로 걸러내는 것이 좋다.

수용성 염료는 찬물보다 뜨거운 물에 더 빨리 녹을 수 있고, 더 많은 양을 녹일 수 있다. 하지만 염료는 어느 쪽이든 다 녹는다. 이들 염료는 고온 또는 저온 목재에도 착색할 수 있다. 그렇지만 가능한 색상 변이를 해결하기 위해 거의 동일한 온도로 모든 곳에 바르는 것이 현명하다. 수돗물에 함유된 미네랄 염이 색상에 영향을 줄 수 있으므로 증류수를 사용하는 것이 좋다. 하지만 내 경험상 수돗물이 문제가 된 적은 없었다.

> **주의** 특정 아닐린 염료, 특히 벤지딘을 함유한 염료는 방광암과 관련있다고 한다. 내가 알기로는 목공에 사용하는 염료 중 이런 물질이 포함되었거나 다른 발암물질이 포함된 것은 없지만, 그럼에도 불구하고 아닐린 염료를 다룰 때는 조심해야 한다. 최소량으로도 어떤 이들에게는 피부질환과 호흡기질환을 일으킬 수도 있다. 작업 시 방진마스크와 장갑을 끼고 염료분말이 비산되지 않도록 주의하며, 용해된 염료착색제를 다룰 때도 장갑을 낀다.

무 같은 침엽수재와 벚나무, 자작나무, 단풍나무, 사시나무, 미루나무, 그리고 오리나무 같은 활엽수재 산공재 수종에서 균질하지 못한 밀도에 기인하여 발생한다. 액상 착색제는 이런 목재들의 덜 조밀한 곳에 더 깊게 침투한다. 얼룩을 제거하기 위해서는 착색제가 침투한 곳보다 더 깊게 긁어내고 샌딩하거나 대패질해야 한다. 이는 상당한 노력을 기울여야 하지만 얼룩이 발생할 소지는 여전히 존재한다.

얼룩이 항상 나쁜 것은 아니다. 예를 들어 물결무늬와 새 눈무늬 단풍나무 착색에 의한 아름다움은 얼룩의 결과, 즉 기에 있다.

아닐린 염료 사용하기

사용할 목재의 자투리에 염료의 색상을 시험해 보는 것이 현명하다. 다른 착색제처럼 염료의 색상은 재면에서 축축할 때가 도장마감을 한 후에 얻을 수 있는 색상과 아주 유사하다.

다른 착색제처럼 아닐린 염료도 다음 두 가지 방법으로 바른다. 습한 상태로 바르고 마르기 전에 닦아 내거나 얇게 붓질 또는 분무하고 그냥 둔다. 원하는 색상이 나올 때까지 천천히 도포를 추가한다. 염료는 투명하다. 그러므로 재면의 불투명과 상관없이 계속할 수 있다(사진 4-4). 일반적으로 수용성 염료는 첫 번째 방법으로 하고, 훨씬 더 빨리 마르는 다른 염료들은 두 번째 방법으로 바르는 것이 가장 좋다.

대상이 작지 않다면 수용성 염료가 바르고 마르기 전에 닦아내는 데 시간적 여유가 있는 유일한 염료이다. 그렇지만 수용성 염료는 재면에 거스러미를 발생시켜 최상의 결과를 위해서는 먼저 거스러미를 제거해야 한다(31쪽 '거스러미 제거' 참조). 또한 실러로 거스러미를 매몰한 후 평활하게 샌딩하여 제거할 수도 있다.

다른 착색제와 마찬가지로 여분을 닦아내는 한 수용성 염료를 바를 때 목리 방향을 걱정할 필요는 없다. 종종 착색제를 붓으로 바르라는 시방도 있다. 나는 적신 천이나 스펀지 또는 분무총을 선호하는데 이들이 속도 면에서 빠르기 때문이다.

전체 부위를 한 번에 칠한다. 필요한 곳에 빨리 작업하고 굳기 전에 닦아낸다. 수직면의 아래에서 위로 작업하는 것이 좋다. 이런 방식으로 염료 착색제를 몇 방울 떨어뜨려도 얼룩이 되지는 않는다.

여분의 염료 그냥 두기

어떤 염료든 여분을 닦아내지 않고 바를 수 있으며, 원하는 횟수만큼 바를 수도 있다. 기존 염료 위에 새로 바르면 흡수되면서 염료 대 용제 비율이 높아지는 효과가 있다. 색상은 짙어지거나 첨가된 염료 종류 또는 염료 강도에 따라 발색이 이루어진다(사진 4-8).

재면에 염료를 분무하고 여분을 닦아내지 않을 거면 아주 많이 희석된 분무로 원하는 색상이 나올 때까지 점진적으로 도포하는 것이 좋다. NGR 염료 착색제가 상당히 희석된 용액으로 판매되는 이유가 바로 여기에 있다.

최종적으로 원하는 색상을 한 번에 칠해서 얻으려 하면 너무 짙어지기가 쉽다. 그렇게 한번 짙어지면 다시 밝게 조정하기가 어려울 수도 있다.

염료 착색제를 붓으로 바르는 기술은 고르게 바르는 것이다. 목리 방향으로 길게 붓질한다. 가장자리가 젖은 상태를 유지하고 젖어 있는 상태로 중첩되게 붓질한다. 염료는 평활하고 붓 자국이 나타나서는 안 된다.

염료 착색제가 마르면 끈적이다. 이때 천을 적절한 용제에 적셔 전체 표면을 닦아낸다. 그런 다음 마른 표면을 닦는다. 색상은 일부 제거되지만 남은 색은 균일하게 된다. 짙은 색을 원하면 염료를 더 바른다.

색상 조절 기술

염료 착색제가 안료 착색제에 비해 우수한 장점은 착색이 불투명해지지 않고 최종 색상을 조절할 수 있다는 것이다.

- 재색이 너무 짙으면 용제로 닦아내서 색상을 밝게 한다.
- 색상이 너무 밝으면 염료를 더 첨가한다.
- 색상이 잘못되었다면 정정할 수 있도록 다른 염료를 적용한다. 일반적으로 많이 사용하는 색상은 빨강, 초록, 파랑, 노랑, 그리고 흑색(백색염료는 없음)이다(76쪽 '색상 맞추기' 참조). 너무 진한 상태로 분무되지 않게 적당히 희석한다. 그렇게 해도 색이 너무 진하면, 염료용 용제로 닦아내 옅게 한다.
- 심재색과 변재색이 비슷하기를 원하거나 짙은 재색을 밝게 하려면, 먼저 전체 재면에 염료를 바른다. 건조된 후에 첫 번째로 바른 염료가 차이를 충분히 없애지 못했다면 더 밝은 부위에 두 번째 도포(다른 색상의 염료 또는 다른 강도의 염료)한다. 다른 재색을 맞추기 위한 이 기술은 염료를 분무하는 것이 가장 효과적이고, 붓이나 천으로도 충분히 가능하다. 재면에 하도 후 토너로 색상을 맞출 수도 있다(15장 '고급 도색 방법' 참조).

색상 맞추기

마감의 모든 단계 중에서 색상 맞추기가 가장 어렵고 설명하기도 까다롭다. 일반적인 규칙이 있는데 몇 가지 조언을 첨언하고자 한다. 그렇지만 무엇보다도 중요한 것은 역시 경험이다.

색상에 대한 일반적인 규칙

- 원색론을 배우는 것은 한 가지 측면에서만 이롭다. 노랑, 빨강, 파랑은 목재에 거의 사용하지 않는다. 목재 색은 대표적인 토양색인 암갈색, 적갈색, 황토색, 반다크 갈색과 유사한 갈색에 가깝지만, 목재 내부나 표면색이 무엇이든 간에 색상을 맞추기 위해 원색을 찾아야 한다.
- 녹색과 빨강은 보색 관계이다. 목재나 착색제에 차가운 느낌을 주려면 녹색을 첨가한다. 따뜻함을 주려면 빨간색을 더한다.
- 코도반 가죽색을 내기 위해서는 녹색보다는 차라리 약간의 파란색과 빨간색을 섞는다.
- 흑색은 모든 색상의 강성을 줄인다.
- 빨강과 노랑의 혼합인 오렌지색에 검은색을 더하면 갈색이 된다.
- 갈색은 목재 마감에서 가장 중요한 색이다. 갈색에다 검은색, 빨간색, 녹색, 파란색, 노란색을 첨가해 거의 모든 목재 착색제 색상을 얻을 수 있다. 흰색을 첨가하면 파스텔이 된다.
- 빛은 발색에 영향을 준다. 북광(North light)과 일광형광등은 녹색이나 파란색(차가움)을 더 많이 낸다. 백열전구(일반적인)는 빨간색(따뜻함)이 많이 나온다. 상당히 중립적인 광원인 형광등은 상당히 비싼 편이다. 약 3,500도의 캘빈 색온도를 갖고 있다(주광색은 약 6,300도 캘빈 색온도를 갖고 있으며, 백열전구는 약 2,500도 정도이다). 색

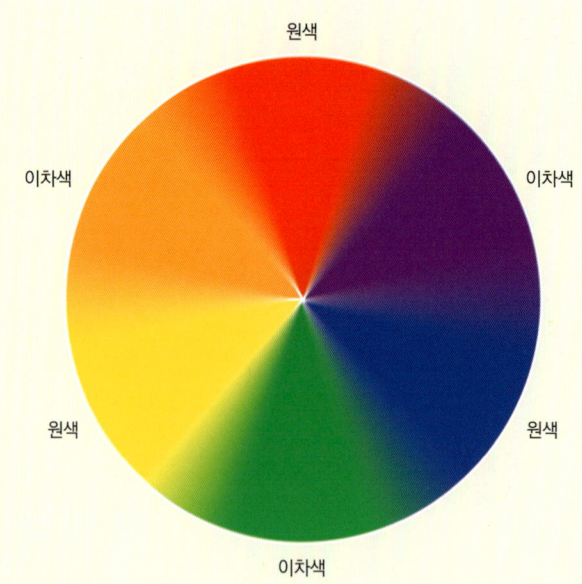

원색은 노란색, 빨간색, 파란색이다. 이차색은 주황색, 보라색 그리고 초록색이다. 원색의 반대쪽에 있는 각각의 이차색은 원색을 상쇄하는 의미의 보색이다. 재색이나 착색제에 약간의 붉은 색을 없애려면 녹색을 약간 첨가하면 된다. 재색에서 녹색 톤을 빼고 싶다면 붉은색을 조금 바르거나 첨가한다.

스펙트럼의 양 끝단인 주광빛 형광등과 더 따뜻한 백열전구를 섞을 수도 있다. 한 광원에서 완벽한 색상을 일치할 수 있고, 다른 광원에서는 불일치 할 수도 있다. 이는 광원에 따라 색소의 다른 측면이 나오기 때문이다. 가장 작업하기 좋은 빛은 하루 종일 일정하게 유지되는 북광이다. 그렇지만 어떤 인공 광원이 최고인지에 대한 일치된 견해는 없다.

- 작품이 위치할 곳의 광원을 안다면 동일 광원에서 색상을 맞춘다.

실질적인 추가 고려사항

- 항상 재색을 고려한다. 재색은 착색이 발색하는 데 영향을 미친다. 할 수 있다면 착색하고자 하는 동일 재료의 자투리 목재에 테스트해 본다.
- 재색과 착색은 시간의 경과에 따라 변하는데 대개 약간 탈색되거나 산화한다. 수종에 따라, 안료와 염료의 종류에 따라, 착색하는 방법과 착색제 비율에 따라 각기 다르게 변한다. 그러므로 색상 맞추기도 일시적인 성과일 수 있다.
- 색상을 맞추기 위해 혼합할 때는 소량의 색소로 시작하고(예를 들면 아주 소량의 흑색도 오래 갈 수 있다) 원하는 색상을 얻을 때까지 계속한다.
- 항상 원색보다는 색소를 혼합하여 사용하기 때문에, 항상 작업하는 색소들의 재고를 알고 있다면 기술을 더 빠르게 발전시키게 되고 색소 조합에 익숙해진다. 항상 동일 시스템(물·염료, 오일·안료 등) 내에서 작업해야 한다.
- 원색이나 원색끼리 혼합해 색상을 맞추는 것으로 시작하지 말고, 색상이 비슷한 기성 착색제로 시작하거나 유사한 토분 색상으로 시작한다. 그러고 나서 노랑, 빨강, 파랑, 녹색, 검정 또는 흰(파스텔 색상을 위해) 색소로 색상을 조절한다. 희석해 색을 더 밝게 하고, 2회 도포로 짙은 색상을 낸다. 노랑을 섞어 좀 더 밝게 하고, 검정을 첨가하여 밝기를 줄인다.

염료와 퇴색저항

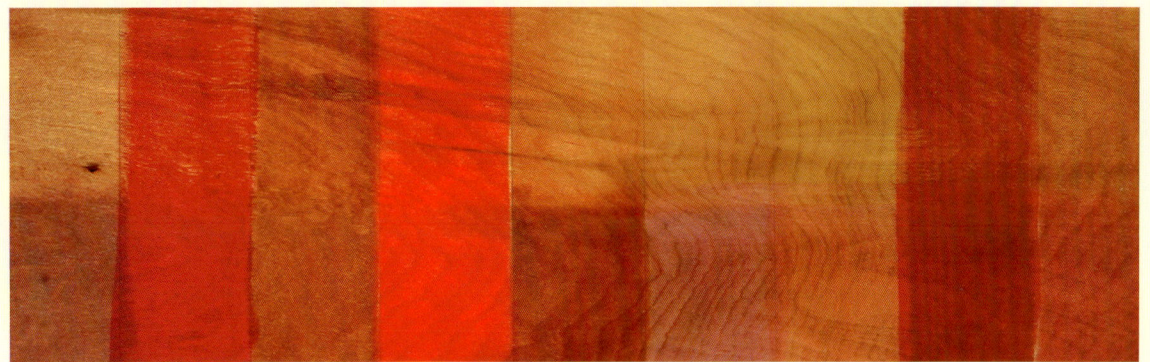

동절기 몇 달 동안을 판재의 반을 신문지로 덮어 서향 창에 세워서 보관했다. NGR과 수용성을 포함한 여러 염료로 착색한 것이었다. 비록 종류 간 차이가 있긴 했지만 분명한 점은 그 어떤 것도 완벽한 것은 없으며 중요한 건 창가에 두어서도 안 된다는 것이다.

내광견뢰도라 부르는 퇴색저항성 문제는 제조업체의 주장으로 인해 혼란만 가중되고 있다. 일부에서는 아닐린 염료의 내광성에 대하여 심각한 문제가 있음을 제기하고 있다. 내광성은 상대적이라는 걸 인식해야 한다.

일부 개별 염료나, 어떤 종류의 염료는 다른 것보다 내광성이 낮고 모든 염료가 직사광선(몇 주 이내에 현저하게)에 바르게 퇴색된다. 염료 간 내광성 차이는 내광성이 우수한 안료와 비교했을 때 의미가 없다.

직사광선에 노출될 목재에 착색을 한다면, 비록 실내나 형광등이 비치는 사무실 환경이라 할지라도 염료를 사용하는 것은 피해야 한다. 반면에 창가에서 멀리 떨어져 있고 형광등 아래가 아니라면 염료는 오랫동안 색상을 잘 유지한다.

만약 도장된 가구, 캐비닛 또는 목공품이 백열전구 조명 아래 일반적인 실내 조건에 설치된다면, 선택할 염료의 종류를 걱정할 필요는 없다. 각자 자기 색깔을 잘 유지할 것이다. 이때는 작업성, 비용, 냄새와 같은 다른 품질로 선택해도 무방하다.

불균일한 침투의 결과이다. 혹무늬 역시 얼룩의 결과이고 호두나무의 얼룩도 호평을 받는다. 이런 목재에 젤 착색제를 바르는 경우는 거의 없을 것이다. 주로 액상 착색제를 사용하는데, 사실은 염료 착색제가 가장 '합당'할 것이다. 적절한 착색제를 선택하는 것이 최종 결과에 얼마나 중요한지 보여주는 것으로 이보다 더 좋은 예는 없다 (사진 4-14).

착색제 바르기

프로젝트에서 가장 좋은 착색제를 선택하는 것은 결과를 위해서 절대적이지만, 착색제를 칠하는 방법도 큰 차이를 만들 수 있다. 기본적으로 두 가지 방법이 있다.

- 축축한 착색제를 바르고 굳기 전에 여분을 닦아내기
- 착색제를 바르고 그냥 두기

분무총을 사용하지 않는다면 첫 번째 방법이 최선이다. 목재가 적절하게 준비되었고 천연 얼룩이 없다면 항상 고르게 착색할 수 있다. 착색제를 바르기 위해 분무총을 사용한다면 둘 중 하나를 성공적으로 사용할 수 있다.

착색제를 바르고 여분을 닦아 낼 때, 중요한 것은 착색제가 닦아내기 어려울 만큼 굳을 때까지 걸리는 시간이다. 특히 래커 착색제와 용매 기반 염료 착색제 같은 속경화성 착색제는 예외적으로 빨리 마른다. 큰 부위에 이 중 하나를 바르고 여분을 닦아내야 한다면 착색제를 바른 즉시 닦아낼 수 있는 보조작업자가 있어야 한다. 만약 착색제가 이미 말라서 얼룩이 되면 착색제를 발라 닦아 내거나 착색제

속설 착색제는 항상 목리 방향으로 바르고 닦아내야 한다.

사실 여분의 착색제를 모두 닦아내기만 한다면, 착색제 도포 방향은 문제가 되지 않는다(나의 경우는 착색제를 적신 천으로 재면의 모든 방향으로 재빠르게 작업하는 편이다). 닦아내는 방향도 역시 문제가 되지 않는다. 마지막으로 착색제를 바를 때만 목리 방향으로 하는 것이 중요하다. 그렇게 하면 무작위로 작업한 이전의 것들도 덜 눈에 띄게 된다.

사진 4-14 젤 착색제는 침투하지 않기 때문에 소나무에 잘 맞으므로 맨 위 왼쪽에서 보는 바와 같이 고른 색상을 낸다. 침투성 액상 착색제는 소나무의 불규칙한 밀도를 강조해 아래 왼쪽 사진처럼 얼룩이 생기게 된다. 새눈무늬 단풍나무와 같은 무늬에 젤 착색제를 바르면 불규칙성이 가려지게 된다(위 오른쪽). 액상 착색제(아래 오른쪽)는 불규칙성을 강조해 얼룩 발생과 동일하지만, '무늬'를 돋보이게 한다.

희석제를 발라 액상으로 되돌려야 한다. 그런 다음 여분을 빠르게 닦아 낸다(사진 4-15).

착색제를 바르는 데 있어 주된 관심사는 발색을 균일하게 하는 것이다. 붓질로도 균일한 색상이 나올 수 있지만(안료보다는 염료가 더 수월하다), 분무총이 더 효과적이다. 어떤 방법이든 중첩 흔적이나 줄무늬가 남지 않도록 충분히 희석된 적절한 착색제를 얇게 바르는 것이 중요하다. 착색제를 희석할수록(희석제를 더 첨가할수록), 색상이 고르게 된다. 원하는 색상을 얻기 위해서는 여러 번 발라야 할 수도 있다(사진 4-16, 사진 4-17).

착색 전 워시코트 하기

워시코트제는 착색제를 바르기 전에 재면에 직접 바르는 희석된 마감제이다(80쪽 '워시코트제' 참조). 워시코트는 착색제가 목재로 침투하는 것을 제한하지만 재면의 관공을 완전히 메꾸지는 않아 착색제를 바르고 닦아내도 일부의 착색제는 표면에 남아 있게 한다. 워시코트와 실러코트를 구분하는 쉬운 방법은 완전히 닦아내더라도 색이 남아 있는지 확인하는 것이다. 만약 남아 있다면 워시코트이다. 깨끗한 천으로 닦아서 완전히 제거된다면 실러코트이다(134쪽 '실러와 실러 바르기' 참조).

사진 4-15 속건성의 바니시, 래커, 그리고 수성 착색제들은 때때로 마르기 전에 닦아내기가 어려울 수 있다. 이 때문에 목재 자체보다는 착색제가 얼룩의 원인이 될 수도 있다. 이런 경험이 있다면 착색제나 착색제 희석제를 더 바르고 여분을 빠르게 제거한다. 이런 작업을 또 해야 한다면 건조가 느린 착색제를 선택하는 것을 권장한다.

사진 4-17 착색제는 마르면 옅어진다. 이는 충분히 진한 착색제를 바르지 않았다고 생각하게 할 수 있다. 그러나 위 사진과 같이 마감을 하면 색상이 되살아난다. 굳기 전의 착색제 색상이 마감한 색상과 거의 유사한 색상이다.

사진 4-16 랩 마크(Lap mark)는 이미 마른 착색제 위에 붓질하여 두 겹이 된 것에 기인한다. '가장자리가 젖은 상태'를 유지한 채 중첩되게 붓질하면 방지할 수 있다. 랩 마크는 색이 진하고 중첩이 고르지 못하면 뿜칠에서도 발생할 수 있다. 랩 마크가 발생하지 않도록 착색제를 충분히 희석하는 것이 좋다.

사진 4-18 이 소나무 판재와 같이 천연적으로 얼룩이 생기는 목재는 얼룩을 방지하기 위해 워시코트를 한다. 그러면 더 밝게 발색이 된다. 그 이유는 착색제가 덜 흡수되기 때문이다.

워시코트제

워시코트제는 장식공정을 보다 효율적으로 제어하기 위해 착색제 아래나 도막착색층 사이에 바르는 아주 얇은 마감제에 붙이는 명칭이다(15장 '고급 도색 방법' 참조). 워시코트제는 일반적으로 캐비닛과 가구제작업계에서 많이 사용한다.

대부분의 경우, 워시코트제는 약 10~12% 고형분으로 희석한 비닐실러, 샌딩실러 마감제이다(126쪽 '고형분 함량과 도막 두께' 참조). 이런 고형분량을 얻으려면 다음과 같이 희석한다.

- 셸락은 1-파운드 컷이 되도록 변성 알코올로 희석한다.
- 래커는 래커 희석제를 같은 양으로 희석한다.
- 바니시는 미네랄 스피릿 2에 마감제 1의 비율로 희석한다.
- 수성 마감제는 마감제 2에 물 1의 비율로 희석한다(부드럽게 흐르지 않으면 셸락을 워시코트로 사용한다).
- 전촉매 래커(Precatalyzed lacquer)는 래커와 희석제를 2:1의 비율로 희석한다.

워시코트를 하는 이유는 매우 얇은 도막을 얻기 위해서이다. 만약 분무하거나 두껍게 붓질하는 경향이 있다면 더 희석된 워시코트제를 사용해야 한다. 5~6% 고형분 함량까지 만들기 위해 희석제를 두 배로 늘려야 한다. 몇 %로 하는 것이 적절한지 찾기 위해 자투리 목재에 각기 다른 함량으로 시험해 볼 필요가 있다. 여러분은 아마도 워시코트 한 후 위에 발라지는 색이 아래로 통과하지 않는 한도 내에서 워시코트가 매우 얇기를 원할 것이다.

워시코트 작용은 다음과 같다.
- 얼룩이 생길 소지가 있는 재면을 부분적으로 밀봉하여 고른 착색이 되게 한다(78쪽 '착색 전 워시코트 하기' 참조).
- 사포로 쉽게 제거할 수 있도록 목섬유를 단단하게 한다. 이런 과정은 마구리면의 고른 착색에 특히 유용하다(82쪽 '마구리면 착색' 참조).
- 목재 메꿈제를 쉽게 닦아내거나 조작할 수 있도록 매끄러운 표면을 만든다(7장 '눈메꿈' 참조)
반죽형 목재 메꿈제와 도막착색제의 결합을 개선한다(7장 '눈메꿈', 209쪽 '도막착색' 참조).
- 직전에 발라진 착색에 덧칠하는 착색제가 서로 섞이거나 얼룩이 발생하지 않도록 기존 착색제 위에 막을 형성한다.
- 각 분리된 단계의 다단 착색이지만 최소의 적층으로 마감 깊이를 개선한다.

워시코트가 일단 마르면 샌딩 여부를 결정해야 한다. 목섬유를 강직하게 하고자 했다면 당연히 샌딩할 것이다. 또한 워시코트 위에 도막착색을 예정하거나 여분을 닦아낸 곳에 더 많은 도막착색제가 잔류하기를 원한다면 샌딩한다. 그렇지만 표면 흠집이 있다고 샌딩할 필요는 없다. 그런 곳의 샌딩은 위험하고 이런 부위는 대개 약간 거칠다. 반죽형 목재 메꿈제도 샌딩하지 않는다. 메꿈제가 건조되면 남은 두꺼운 흔적만을 없애기 위해서 가볍게 샌딩한다.

워시코트의 주된 용도는 얼룩이 잘 생기는 목재에서 얼룩이 생기지 않도록 하는 것이다. 워시코트는 발색을 제한하기 때문에 문제가 없는 참나무, 마호가니, 호두나무와 같은 목재에 사용하는 것은 그리 좋은 생각이 아니다 (사진 4-18).

얼룩을 방지하기 위해 워시코트 할 때는 적절한 도포방법과 고형분을 얻기 위해 몇 가지 시험이 필요하다. 프로젝트 규모가 있거나 생산 쪽이라면 잠재적인 얼룩을 다루기 위해 이 시험을 시도해 볼 만한 가치가 있다. 착색하기 전에 넓은 면적에 워시코트 하는 것이 효율적이다. 그러나 소규모나 중간 규모의 프로젝트에 착색할 거라면 젤 착색제를 사용하는 것이 더 나을 수도 있다.

목재 컨디셔너

일반 소비자들이 선호하는 워시코트제는 목재 컨디셔너(Wood conditioner)이다. 대부분 2배의 미네랄 스피릿으로 희석된 바니시이다. 자가로도 만들 수 있다. 일부 제품은 수성이다 (사진 4-19). 수성 마감제의 복잡성 때문에 효과적인 대체품을 만들기가 쉽지 않다 (13장 '수성 마감제' 참조).

불행히도 가장 널리 사용되는 목재 컨디셔너 브랜드조차도 라벨의 설명이 부정확하여 사용 시 문제가 될 소지가 충분히 있다 (사진 4-20). 모든 워시코트와 마찬가지로 착색제를 바르기 전에 얇은 컨디셔너 도막이 충분히 건조되어야 한다. 그렇지 않으면 착색제가 도막과 섞여 희석되면서 얼룩은 덜 생기지만 제거되지 않게 된다. 바니시 기반 목재 컨디셔너는 착색제를 바르기 전 하룻밤 건조하는 것이 최적이다. 따뜻한 날씨에는 6~8시간 정도면 충분히 마른다. 그러나 제조업체가 권장하듯 '2시간 이내'는 결코 적당하게 마를 수 있는 시간이 아니다. 수성 목재 컨디셔너 역시 라벨에 적힌 권장시간 30분이 아닌, 온도와 습도에 따라 한두 시간은 필요하다.

목재 마감이 왜 그리 이해하기 힘든지에 대한 명확한 설명은 없다. 목재 컨디셔너는 마감 유일의 심각한 문제인 얼룩을 해결하기 위해 출시된 제품인데, 주요 제조업체들은 제대로 작동하지 않은 지침을 제공한다. 마찬가지로 다른 제품군인 젤 착색제도 용기에 제대로 된 설명을 기술한 업체를 아직 본 적이 없다.

사진 4-19 많은 회사가 워시코트제를 제조하여 판매한다. 대부분 2배의 미네랄 스피릿에 희석된 바니시이다(왼쪽). 희석된 수성 마감제도 있다(오른쪽). 불행히도 이 훌륭한 착색 보조제 사용법은 늘 부정확해서 원하지 않는 얼룩을 발생할 때가 많다.

사진 4-20 목재 컨디셔너는 바니시나 수성 마감제로 제조한 일종이 워시코트제이다. 모든 워시코트와 마찬가지로 효력을 내기 전에 완전히 건조되어 있어야 한다. 바니시 기반 목재 컨디셔너를 이 소나무 판재 양쪽에 발랐다. 그런 후 용기의 사용법에 따라 왼쪽에 '2시간 이내' 건조 후 착색제를 발랐다. 오른쪽은 착색제를 바르기 전 하룻밤 동안 건조했다. 오른쪽은 괜찮은데 왼쪽은 얼룩이 많이 발생했다.

마구리면 착색

마구리면(횡단면)은 샌딩이 잘 된 종단면보다 늘 더 짙게 착색된다. 마구리면이 착색제를 더 많이 흡수하기 때문인데, 여러 원인 중의 하나일 뿐이다. 무엇보다 더 중요한 요인은 마구리면을 충분히 샌딩하지 않았다는 것이다. 횡단면은 절삭면이 여전히 거칠기 때문에 여분을 닦아낼 때, 더 많이 잔류하게 된다. 이는 큰 관공으로 더 많은 착색제가 남게 되는 참나무의 거친 목리에서 일어나는 현상과 유사하다. 횡단면이 종단면 재면과 유사한 색상을 갖도록 하는 분명한 해결 방법은 샌딩을 더 잘하는 것이다 (사진 4-21).

하지만 이는 더 많은 작업을 필요로 하고 때론 힘든 공정인데, 특히 복잡한 조각면은 샌딩으로 인해 섬세함이 사라질 수도 있다. 횡단면을 종단면과 거의 유사하게 착색하는 방법에는 다음 두 가지가 있다.

- 착색제를 분무하고 그대로 둔다. 즉 잉여분을 닦아내지 않는다.
- 마구리면에 워시코트를 해 관공을 막고 섬유를 단단하게 해서 부드럽게 샌딩할 수 있게 한다.

두 가지 방법 모두 캐비닛과 가구업종에서는 널리 사용되고 있지만 제대로 하려면 연습이 좀 필요하다. 착색제를 잘 분무하려면 희석하고 여러 번 분무하는 것이 좋다. 마구리면에 워시코트를 하려면 희석된 마감제를 단독으로 천이나 붓으로 바른 다음, 샌딩하기 전에 완전히 말려야 한다. 마감제 대신 희석된 백색 또는 황색접착제를 발라도 되고, 백색이나 황색 접착제보다 샌딩이 더 쉬운 기성 접착 사이즈제(Glue size)를 사용해도 된다.

얼룩이 있는 횡단면과 종단면에 워시코트제를 붓질하거나 분무한다. 그런 다음 마구리면을 부드럽게 샌딩한다 (사진 4-22).

사진 4-21 횡단면이 종단면보다 더 짙게 착색되는 주된 원인은 속설처럼 착색제가 더 깊게 침투하는 원인 때문이 아니다. 이는 부적절한 샌딩 때문이다. 횡절은 거친 재단면을 생성하고 착색제 여분을 닦아낼 때, 더 많이 잔류하는 결과를 초래한다. 오른쪽은 참나무인데 횡단면을 종단면과 같이 샌딩했다. 왼쪽은 횡단면이 완벽하게 평활하도록 종단면보다 더 많이 샌딩했다(종단면에 사용한 것과 같은 입도의 사포를 사용하였고 더 고운 입도를 사용하지는 않았다). 그런 다음 판재를 착색했다.

속설 젤 착색제는 얼룩이 많은 목재에 고른 착색을 할 때 사용하듯이 마구리면의 고른 착색을 위해 사용할 수 있다.

사실 불행히도 그렇지 않다. 마구리면에 있는 대부분의 짙은 착색은 깊은 침투에 의한 것이 아니라 잉여분을 닦아 낸 후에도 거친 부위에 더 많이 남아 있는 착색제 때문이다. 마구리면은 착색제 잉여분을 깨끗하게 닦아낼 수 있도록 평활하게 샌딩해야 한다.

사진 4-22 돌출된 자작나무 판재의 윗부분을 워시코트 했고 마구리면은 평활하도록 샌딩했다. 아래쪽은 워시코트를 적용하지 않고서 상하 모두 착색제를 발랐다. 워시코트는 종단면 재면에 얼룩이 발생하는 것을 방지한다. 마구리면에 워시코트와 샌딩을 적용한 착색은 종단면 재면의 색상처럼 고른 착색을 가져왔다.

착색에서 흔히 발생하는 문제점, 원인과 해결 방법

문제점	원인과 해결 방법

착색이 용기에 적힌 색상이 아님	• 용기에 표기된 색상은 제조업체가 해석한 것이며, 실제 색상은 다양하다.
	  프로젝트에 적용하기 전 동일소재 자투리 목재에 테스트해 미리 확인한다.
	  - 적절한 용제나 래커 희석제로 가능한 많은 색상을 제거한다.
	    그런 다음 원하는 결과를 얻을 수 있는 색상으로 재 착색한다.

착색이 사전에 인지 못했던 빨래판 같은 절삭흔적과 찢겨진 부분 강조	• 착색제는 이런 가공흔적에 불규칙하게 스며듦.
	  착색제를 바르기 전에 긁어내거나 대패질 또는 샌딩했어야 했다.
	  - 다시 샌딩하고 재 착색함. 재 착색하기 전에 모든 색을 제거할 필요는 없다.

매장 샘플과 다른 색상이 발색	• 매장에서 샘플로 사용한 목재는 착색하고자 하는 것과 동일 수종은 커녕, 동일 개체, 동일 부위가 아님.
	  한 판재도 부위에 따라 목리형태, 밀도, 나무갗, 색상 등이 다르며, 착색 발현색과 전체적인 외관에 영향을 미친다.
	  - 원하는 색상이 발현되도록 착색제의 색상을 조정한다(아래 해법 참조).
	    가능한 안료 또는 염료를 첨가하거나 적절한 희석제를 첨가하여 색상을 조정한다.
	• 매장 샘플을 만든 이(또는 기계)와 다른 방법으로 착색제를 발랐을 수 있다.
	  다른 입도의 사포로 샌딩했거나 필요 시간보다 더 오래 또는 더 짧게 두었을 수도 있다.
	  - 색상을 짙게 하려면, 다시 착색하고 여분을 모두 닦아내지 않는다.
	    바인더가 함유된 착색제를 옅게 하려면, 착색제가 마르기 전에 적절한 희석제로 닦아 내거나
	    페인트나 바니시 제거제로 벗겨낸다. 바인더를 함유하지 않은 착색제라면 적절한 용제로 닦아 낸다.
	    그런 다음 얇게 수회 바르고 여분을 닦아 내지 않음으로써 원하는 짙기로 착색한다.

동일 가구나 캐비닛 세트의 문과 서랍 또는 다른 구성품에 이색 발생	• 목재 조각마다 발색이 다른 주된 이유는 목재 자체가 재색, 나무갗, 밀도, 목리형태가 다르기 때문이다.
	  - 소재 자체가 이색이라면 바로 위 해결 방법을 따라 한다. 문제가 서로 다른 목리와 질감에 의한 것이라면,
	    만족할 만한 해결 방법은 아니지만 불투명 마감에다 가짜 무늬를 그려 넣는 것 외에는 대안이 없다.
	• 착색제 역시 원목과 단판에서 다르게 발색.
	  - 더 밝은 구성품의 색상을 짙은 부분과 일치하도록 조정함.
	    또한 더 균일한 발색을 위해 착색제 아래 워시코트를 적용한다.

마구리면이 짙게 착색	• 절삭결과로 마구리면은 대개 거칠다.
	  그러므로 여분을 닦아내도 잔류량이 많음(사진 4-21, 사진 4-22).
	  - 착색제를 바르기 전 마구리면을 더 샌딩한다.
	    섬유를 단단히 해서 샌딩이 더 잘되도록 마구리면에 워시코트를 하거나 착색제를 분무 후 그냥 둔다.

와이핑 착색제의 두 번째 칠에도 재색이 짙어지지 않음	• 첫 번째 바른 착색제가 두 번째 바른 착색제가 모두 닦여 나갈 정도로 재면을 밀봉함 - 착색제를 더 바르고 닦지 말 것. 재색의 불투명도가 더 높아질 수 있다.

문제점	원인과 해결 방법
착색 재면에 얼룩 발생	• 불규칙한 착색제 침투 원인인 목재밀도는 변이가 있다(사진 4-13). 　- 착색제가 침투한 곳보다 더 깊이 샌딩해야 얼룩을 제거할 수 있다. 재면에 도막착색, 셰이딩 또는 토닝으로 얼룩을 감출 수 있다. 이 문제를 피하려면 젤 착색제나 워시코트를 사용한다. • 재면에 접착제가 남아 있어 균일 침투를 방해. 착색제 아래 엷은 얼룩이 보임. 이런 문제는 접합부 주위에서 흔하다(사진 2-5). 　- 접착제를 긁어내거나 샌딩함. 재착색. 착색제가 아직 마르지 않은 상태에서 모든 얼룩 주위에 목재와 얼룩을 샌딩해 색차를 줄인다. • 도막 제거한 재면에 원래 도막이 일부 존재. 그 도막이 재면을 막아 착색제의 고른 침투를 방해. 그 부위는 색상도 변하지 않는다. 　- 모두 제거하고 재 착색. 그 전에 모든 색을 제거할 필요없다. • 첫 번째 착색제가 충분히 젖지 않았거나 닦아내기 전에 충분히 침투하지 않은 상태. 래커, 수성 착색제에서 자주 발생. 재면에 밀도 차이가 아닌 짙은 부위와 밝은 부위의 얼룩이 나타난다. 　- 재빨리 착색제를 한 번 더 바르고 닦아내기 전에 좀 더 오래 둔다. 이 방법으로도 제거되지 않으면 착색제를 벗겨내고 다시 착색. 모든 색을 제거할 필요는 없고, 고르게만 한다. • 너무 빨리 마르는 착색제를 사용, 한 번에 너무 큰 면적에 착색제를 바르거나 착색제를 충분히 빨리 닦아내지 못함(사진 4-15). 　- 다른 착색제나 착색제 희석제를 재빨리 바르고 닦아 낸다. 이 방법이 효과가 없다면 착색제를 제거하기 위해 페인트나 바니시 제거제를 사용할 수도 있다.
착색제를 전체 재면에 바른 후 염료 착색이 더 진하게 나타남	• 염료 착색제가 먼저 재면에 접촉되어 나머지 착색제보다 더 깊이 목재 속으로 침투되었다. 　- 착색제를 더 바르고 얼룩 깊이만큼 충분히 침투하도록 젖은 상태로 오래 둠. 얼룩들은 없어진다. 이런 일이 일어나지 않도록 이미 착색된 재면 하부부터 착색이 되지 않은 재면까지 작업한다.
마감이 일부 색상을 들어 올려 줄무늬로 나타나거나 착색제가 도막에 스며들어 일부 관공 위에서 작은 반점이 생김	• 착색제에 있는 바인더를 용해하거나 염료를 액상으로 되돌리는 용제(주로 래커 희석제나 물)가 마감제에 포함되어 있다. 　- 도막을 벗겨내고 재 착색한다. 　- 마감하기 전에 셸락을 방어막으로 칠하거나 서로 간섭되지 않는 마감제를 사용한다.
착색제 건조가 안됨	• 코코볼로, 로즈우드, 티크와 같이 기름기가 많은 수종. 재내 기름기는 유성 또는 바니시 기반 착색제의 경화를 방해한다. 　- 나프타, 아세톤, 래커 희석제 등으로 착색 일부를 닦아 낸 다음 용제가 휘발된 바로 직후 재 착색한다. 착색제가 굳도록 표면의 오일에서 용제를 제거해야 한다. • 재면에 오일을 너무 두껍게 바름. 오일은 특히 두껍게 발랐을 때 경화하는데 오래 걸린다. 　- 착색제를 더 오래 굳히거나, 스틸울이나 미네랄 스피릿, 나프타, 래커 희석제로 여분을 제거한다. 페인트, 바니시 제거제로 여분의 착색제를 제거한 다음 재 착색하고 여분을 닦아 낸다.
착색제를 바른 후 재면이 거칠거나 거스러미 발생	• 착색제에 물이 있다(알코올, NGR 염료 착색제도 거스러미가 약간 발생할 수 있음). 　- 입도 320번 또는 더 고운 사포로 거스러미를 가볍게 샌딩해 제거한다. 너무 강하게 샌딩하면 전체를 다시 착색하고 여분을 닦아 내야 한다. 　- 실러를 발라 거스러미를 고화시키고 난 다음 평활하게 샌딩한다.

문제점	원인과 해결 방법
착색제 발색이 충분히 진하지 않음	• 안료와 바인더 비율, 염료와 바인더 비율 또는 염료와 용제비율이 충분히 높지 않거나 목재가 너무 조밀하여 착색제가 많이 적층되지 못함 - 착색제를 가능한 고르게 다시 바르고 여분을 모두 닦아내지 않는다. 안료 착색제를 사용하면 불투명도가 약간 올라갈 수 있다.
도장마감 후 착색이 줄무늬로 보임	• 여분의 착색제를 모두 닦아 내지 않았거나 녹지 않은 착색제 띠에 붓질함 - 도막을 벗겨내 착색제 줄무늬도 없앰. 착색제 줄무늬가 남지 않도록 조심하면서 다시 착색하고, 셸락 하도를 한 다음 마감한다.
마감하니 착색이 짙어지고 더 눈에 띰	• 착색제가 마르면 색상이 옅어진다. 그 위에 마감하면 다시 짙어진다(사진 4-17). - 착색이 너무 진하다면 마감제를 벗겨내고 착색제도 일부 제거해야 한다. 젖은 상태의 착색제는 마감한 후의 색상과 유사하다. 착색제가 일단 굳으면, 미네랄 스피릿이나 알코올 같은 흔적이 안 남는 액상으로 적셔보면 마감후의 색상을 미리 알 수 있다.
착색제 위에 바른 도막에 백탁이 생김	• 착색제가 완전히 경화되지 않음. 래커에서 흔히 발생하고 두껍게 발라진 관공에서 많이 나타남. 착색제에서 희석제가 완전히 증발하기 전에 래커를 바른 것이 원인이다. - 재면에 래커 희석제를 뿌려본다. 이렇게 해도 문제가 해결되지 않으면 벗겨내고 다시 해야 한다. 습하거나 추운 날에는 착색제가 충분히 굳도록 많은 시간을 주어야 한다.
수용성 염료가 환공재의 목리에 착색되지 않음	• 물의 큰 표면장력으로 인해 목리 속으로 침투가 안 된다. - 와이핑 착색제를 덧바르고 여분을 닦아내고, 염료색을 잘 유지하려면 재면을 실러나 워시코트 한 후 와이핑 착색제를 바른다.

5장
오일 마감제

- 옛 목공인들과 아마인유
- 오일과 오일·바니시 마감제 바르기
- 오일 마감제와 침투
- 오일의 이해
- 식품 안전에 대한 오해
- 바니시의 이해
- 알맞은 오일 찾기
- 오일 마감제의 블리딩
- 오일 마감제의 구분
- 유지관리와 보수
- 오일 마감제 안내

1989년 말 쯤, 나는 당시 <우드 워크> 잡지의 편집장 제프 그리프로부터 동유(Tung oil)에 관한 기사를 써 달라는 요청을 받았다. '별거 아니겠지'라는 생각에서 흔쾌히 수락했지만, 현실을 몰라도 너무 몰랐다. 라벨의 오기와 잘못된 주장을 해결하기 위해 시작한 실험은 3개월을 넘겨서야 끝이 났다. 이 과제를 마친 후 나는 대부분의 라벨에 '동유'라고 쓴 제품들이 동유가 아니란 사실을 알게 되었다. 그것은 용량의 반 정도를 미네랄 스피릿(페인트 희석제)으로 희석한 바니시였다(현재도 그렇다).

차이는 상당히 크다. 동유는 부드럽게 경화한다. 그러므로 매번 칠할 때마다 여분을 모두 닦아내야 한다. 진짜 동유 마감제는 너무 얇어서 재면보호 기능이 약하다. 희석된 바니시는 굳으면 단단해지므로 도막이 형성되어 재면보호 기능이 우수하다. 많이 희석되고 얇은 탓에 재면에서 닦아내기 수월했기에 나는 이 마감제에 와이핑 바니시라는 이름을 붙였다.

또한 Waterlox, Seal-a-Cell, Val-Oil, ProFin과 같은 애매모호한 명칭의 마감제는 대개 미네랄 스피릿으로 희석한 바니시였다. '대니시 오일(Danish Oil)', '앤티크 오일(Antique Oil)', '말루프 마감제(Maloof Finish)', 그리고 '동유'라고 라벨이 붙은 몇몇 마감제들은 아마인유(때로는 동유)와 바니시의 혼합물이었다. 분명한 이유로 나는 이들 마감제를 오일·바니시 혼합물(Oil·Varnish Blend)이라는 이름을 붙였다.

'오일' 마감제라는 명칭에 상당한 혼동이 있다는 것을 부정할 사람은 없을 것이다. 많은 목공인이 실제로 바니시(니스)를 칠하면서 오일을 사용한다고 생각했다. 많은 이들이 아마인유와 바니시를 섞은 것보다 훨씬 더 특별한 마감제를 사용한다고 생각했을 것이다. 대체 어쩌다 목공에서 사용하는 마감제에 관해서 이처럼 부정확한 소통의 서글픈 혼란에 빠지게 된 걸까?

이런 혼란은 오일 마감과 관련된 낭만적 오해와 초기 목공인이 다른 것보다 이 재료를 더 선호했다는 잘못된 정보에서 비롯되었다. 잡지와 광고를 통한 판촉이 재내에서 보호성이 좋을 거라는 근거 없는 오해로 과장된 채 자리매김하게 되었다. 그리고 제조업체는 이런 소비자의 통념을 이용하여 뭔가 특별한 것을 구입했다고 오해할 수 있는 제품 라벨을 붙이는 상황에 이르렀다.

옛 목공인들과 아마인유

마감제로서 오일을 사용한 합리적인 추론 중 하나는 18세기 공예가들이 마감에 오일을 사용했고, 특히 아마인유(Linseed oil)를 중요하게 생각했을 것이다. 목공을 많이 해 본 사람이라면 선조들의 목공기술에 경의를 표할 것이다. 과거 목공기술자들의 기술이 훌륭했다고 인정한다면 도장 분야에서도 뛰어난 기술을 축적했을 거라는 추측은 전혀 무리가 아니다. 그러므로 그들이 마감제로 아마인유를 사용했다면 아마인유의 뛰어난 마감효과 때문에 선택했으리라는 확신으로 고정되었을 것이다.

우리 이전 세대들은 뛰어난 도장기술자였다는 견해를 목공 관련 책과 잡지 기사에서 심심찮게 찾아볼 수 있다. 만약 누군가 일주일 동안 하루에 한 번, 한 달 동안 일주일에 한 번, 일 년 동안 한 달에 한 번, 그 후에는 해마다 한 번씩 아마인유를 바르고 닦아냈던 그들의 관행을 똑같이 따라 하고 있다면 오늘날 개발된 그 어떤 마감제보다 아름답고 내구성 있는 마감이 가능하다고 확언할 수 있을 것이다. 이는 모두 잘못된 속설이다.

- 옛 목공인들이 아마인유를 훌륭한 마감제라고 생각했다는 것은 오해이다. 물론 그들이 아마인유를 사용한 건 사실이다. 구하기 쉽고 저렴했다. 그렇지만 옛 가구 제작자의 회계장부나 또는 현존하는 기록 중에 아마인유가 좋은 마감제로 여겼다는 증거는 어디에도 없다. 반대로 18세기

속설 오일 마감제를 재면에서 문질러 넣으면 더 많이 침투된다.

사실 마찰은 마감제를 따뜻하게 한다. 마감제가 따뜻해지면 경화가 빨라진다. 마감제 경화가 빨라지면 관공은 더 빨리 막혀 추가 침투를 방해한다. 차이를 측정하기는 쉽지 않지만, 마감제를 문지르면 실제로 침투는 감소한다.

도시에서 제작된 대부분의 가구는 왁스, 스피릿 바니시(셀락처럼 알코올에 수지를 녹여 만든) 또는 오일 바니시(오늘날 바니시와 유사한)로 마감되었다.

- 이전 세대가 아마인유를 사용할 때 엄청난 노력을 기울였다는 것은 오해이다. 아마인유를 목재 속에 문질러 넣는 것은 효과가 전혀 없으며 옛 가구공들이 고객의 가정에 매주, 매달 또는 매년 방문해서 마감제로 가구를 문질렀으리라는 상상 또한 터무니없는 일이다. 옛 가구 제작자의 회계장부에서 목재 관공을 메우기 위해 아마인유에 부석이나 벽돌 먼지를 혼합하여 문질렀다는 기록은 일부

오일과 오일·바니시 마감제 바르기

오일과 오일·바니시 혼합 마감제는 바르기가 아주 쉽다. 대부분의 경우, 재면에 바르고 난 다음 여분을 닦아내기만 하면 된다. 상세한 설명을 더 추가하고자 한다.

1. **재면준비**: 마감할 목재는 톱자국을 제거하고 입도 180 또는 220번 사포로 샌딩한다. 테이블 상판에서는 사용 중에 물을 엎질렀을 때 거스러미가 발생하지 않도록 '거스러미 제거'를 실시한다. 거스러미 제거는 수년 간의 습도변화로 원래 평활했던 재면이 거칠게 느껴지는 결솟음을 또한 감소시킨다(31쪽 '거스러미 제거' 참조).
2. **재면청소**: 샌딩 먼지를 붓이나 기름 먹인 천, 진공 또는 압축공기로 제거한다.
3. **초벌 칠하기**: 마감제를 재면에 붓는다. 천, 붓 또는 분무총으로 목재를 마감제에 담그거나 마감제를 붓고 헝겊으로 주위에 펴 바른다. 마감제를 재면 위에 젖은 채로 몇 분 동안 둔다. 마른 곳이 나타나면 마감제를 더 바른다. 끈적끈적해지기 전에 여분을 모두 닦아낸다.
4. **경화 전에 블리딩(용출) 제거하기**: 마감제가 관공 밖으로 흘러나오면 더 이상 나오지 않을 때까지 매시간 닦아 낸다(97쪽 '오일 마감제의 블리딩' 참조).
5. **추가 칠하기**: 초벌칠이 경화하도록 밤새 둔다. 입도 280번이나 더 고운 사포로 남아 있는 거친 부분을 평활하게 샌딩한다(초벌칠을 평활화하는 데는 사포가 스틸울보다 효과적이다). 먼지를 제거하고 다음 칠을 한다. 두 번째 칠이 축축한 상태에서 샌딩하면서 두 단계를 결합할 수 있다. 재면을 닦고 말린다. 그런 다음 칠 사이에 최소한 하루 정도의 건조 시간을 확보하면서 원하는 횟수만큼 도포한다. 그렇지만 서너 번 이상 바를 필요는 없다.
6. **최종 마무리 칠하기**: 아주 평활한 재면을 얻기 위해 매우 고운 입도로 샌딩(종종 권장되는 바와 같이)하는 대신 매우 고운 입도(예를 들어 600번)의 사포로 칠 사이에 샌딩한다. 이는 작업량을 줄이는 동시에 같은 결과를 얻을 수 있다. 더 나은 결과를 위해 재면이 오일로 인해 축축할 때 샌딩하고 여분을 닦아낸다. 오일이 사포에 윤활작용을 해 매끄러운 표면을 만든다.

> **주의** 오일 묻은 천을 무더기로 쌓아 놓으면 안 된다. 경화 반응을 일으키는 산소 흡수는 부산물을 발열시킨다. 그런 천이 쌓이면 열이 배출되지 않아 자연 발화가 일어날 수 있다. 항상 펼치거나 쓰레기통 가장자리에 겹치지 않게 걸쳐 놓는다. 헝겊이 완전히 마르면 안전하게 쓰레기통에 버려야 한다. 여러 사람이 작업할 경우, 천을 버릴 수 있는 별도의 용기나 물이 채워진 용기가 있어야 한다. 그런 다음 운송하거나 태워서 폐기한다.

속설 오일과 톱밥으로 관공을 메우면 거울 같은 마감을 할 수 있다.

사실 이런 관념은 톱밥과 오일 반죽으로 재면이 젖은 상태에서 샌딩하면 관공을 채운다는 아이디어에 기초하고 있다. 현실적으로 재면에서 여분을 닦아낼 때, 대부분의 기름기 먹은 톱밥이 닦여지는 것은 피할 수 없다. 그러므로 이는 매우 비효율적인 눈메꿈 방식이다. 만약 꼭 해야 한다면 반죽형 목재 메꿈제를 사용하는 것이 더 나은 방법이다. 그러나 오일 마감의 진정한 미는 관공의 섬세한 표현이다. 그런데 관공을 일부라도 충전하면 이는 사라지게 된다. 눈메꿈된 마감을 원한다면 셸락, 래커, 바니시 또는 수성 마감제와 같은 도막형성 마감제를 사용하는 것이 좋다. 그럴 경우 재면 보호 효과도 부가적으로 얻을 수 있다.

있다. 그러나 18세기의 누군가가 홀로 오일을 문질렀다는 참고기록을 발견하기 전에 20세기는 도래했다(20세기 저술가들은 이를 어떻게 알았을까?).

- 과거에 아마인유를 어떻게 마감했던 내구성이 좋은 마감제라는 것은 헛된 믿음이다. 아마인유 마감은 열이나 오염 또는 마모에 대항하기에 너무 얇고 부드럽다. 또한 아마인유를 어떻게 바르든 몇 번을 바르든 간에, 물과 수증기가 빠르게 침투한다.
- 현대 기준으로 보면 18세기와 19세기 목공인들이 마감 숙련공이었다는 것도 오해이다. 전해지는 옛 가구업자들의 회계장부에 따르면 그들은 목재 마감에 대해서는 최소한의 관심만 기울인 것으로 짐작된다. 매우 정교한 목재 마감은 20세기 공예품에서나 찾아볼 수 있다.

그러므로 과거 목공인들이 때때로 오일을 마감제로 사용했다는 일부 기록이 우리가 오일을 사용해야 하는 근거일 수는 없다. 그들은 더 나은 마감제를 구할 수 없었기에 아마인유를 사용했을 뿐이다. 오늘날 우리는 거의 모든 면에서 훨씬 우수한 마감제 제품군을 보유하고 있다.

오일 마감제와 침투

오일 마감제를 보통 침투 마감제라 일컫는데, 단순히 침투하기 때문이 아니라(모든 마감제가 침투한다), 재면 위에 적층되어 충분히 경화하는 마감제들과 구분하기 위해 붙인 명칭이다. 하지만 '침투'라는 용어 사용으로 인해 오일 마감제는 종종 목재 내부를 보호하는 것처럼 마케팅된다. 이들은 재면에 도막을 형성하여 목재표면을 보호하는 셸락, 래커, 바니시 또는 수성 마감제 같은 도막형성 마감제들과 대조된다. 침투 마감제가 목재 내부를 보호한다는 주장의 타당성을 평가하려면 침투가 어떻게 일어나고 목재 보호에 어떤 가치가 있는지(또는 없는지) 이해해야 한다.

액체는 살아있는 입목에서 물과 양분이 이동하는 것과 같은 방식인 모세관 작용으로 목재에 침투한다. 액체가 목재 표면, 측면 또는 하부에 있든 차이가 없다. 액체는 재면에 접촉하면 목재 통로를 통해 움직인다.

깊은 침투를 하는 비결은 재면을 한동안 습윤 상태로 유지하는 것이다. 1/2인치 오일 마감제가 들어있는 병에 통직 목리의 목재조각을 넣으면 마감제가 흡수 관통하여 표면으로 나오게 된다. 다만 마감제가 재내에서 굳어 더 이상의 침투를 방해하거나 병 안에서 굳어지거나, 증발(물처럼)하면 침투는 중지된다 (사진 5-1).

어쨌든 침투가 되면 어떤 효과가 있을까? 거의 없다. 목재 한 조각을 아마인유 마감제로 그 속을 완전히 채울 수 있지만, 손상으로부터 재면 보호는 거의 기대할 수 없다. 거친 물체는 표면을 손상시킬 것이고, 표면이 오염되고, 마감제가 아무 기능도 하지 않는 것처럼 물이 재내로 스며들 것이다. 목재에 마감제를 채움으로써 얻을 수 있는 유일한 이점은 수분교환에 의한 수축과 팽윤으로부터 목재가 안정화되는 것이다. 재내의 모든 공극을 경화되는 마감제로 채운다면 목재는 가소화된다. 그러나 표면을 보호할 마감제를 찾는다면 침투의 양은 의미가 없다.

속설 '끓인 아마인유(Boiled linseed oil)'는 원료인 아마인유를 끓인 것이다.

사실 끓인 아마인유는 끓인 것이 아니라 원료 아마인유에 금속 건조제를 첨가한 것이다. 초기에는 납 건조제가 잘 용해되도록 아마인유 원유를 적절하게 가열하였다. 오늘날은 가열하지 않아도 되는 액상 건조제를 주로 사용한다. 그렇지만 여전히 '끓인 아마인유'라는 라벨이 붙어 있다.

오일의 이해

오일은 식물, 견과류, 생선, 그리고 석유에서 추출한 천연 물질이다. 아마인유와 동유 같은 일부 오일은 경화되는데, 공기 중의 산소와 결합하여 액상에서 부드러운 고체로 변한다. 경화되는 오일은 마감제로 사용할 수 있다. 그 외 광유(미네랄오일), 올리브유, 자동차 오일 같은 다른 오일은 산소를 흡수하지 않아 경화되지 않는다. 고체로 변하지 않기 때문에 마감제로서의 효과는 없다. 호두기름, 콩기름, 홍화유는 반건성유로 아주 느리게 굳기는 하지만 단단하지 못하다. 이들은 마감제로서의 효과가 아주 조금밖에 없다.

마감제로 사용되는 오일에는 공통적인 특성이 있다. 다른 마감제와 비교하여 천천히 경화되고 여러 번 바르면 저광(유광이 아닌)으로 굳는다. 굳으면 부드러워지는데 매번 바른 후, 여분을 닦아내지 않으면 효과가 없다. 도막형성 마감제처럼 재면에 두껍고 단단한 보호 도막을 만들 수 없다(89쪽 '오일과 오일·바니시 마감제 바르기' 참조). 아마인유와 동유 용기 뚜껑에 묻어서 굳은 오일을 손톱으로 눌러 보면 다른 마감제에 비해 얼마나 약한지 확인할 수 있다.

아마인유

아마인유(Linseed oil)는 아마 씨에서 추출한다. 이 오일은 원유상태에서 굳는 데 몇 주 또는 몇 달이 걸리기 때문에 마감제로 사용할 수 없다. 그래서 빨리 굳도록 금속 건조제가 첨가된다. 이런 건조제는 보통 코발트염, 망간염 또는 아연염 등이다. 산소 공급을 빠르게 하는 촉매역할을 해 마감제 경화를 촉진한다(한때 납을 건조제로 사용하였으나 인체에 유해하여 더 이상 사용하지 않는다). 건조제를 첨가한 아마인유를 '끓인 아마인유'라 부르는데 여분을 닦아내면 굳는 데 하루 정도 걸린다. 아주 늦게 경화하는 오일을 원하지 않는 한 순수 아마인유 원액을 사용할 이유는 없다(92쪽 '식품 안전에 대한 오해' 참조).

마감제 중에 왁스를 제외하면 아마인유가 표면보호에 가장 취약하다. 부드럽고 얇은 마감이라 표면손상에 의미 있는 보호막을 제공하지 못한다. 수분 또한 쉽게 통과한다. 물은 아마인유를 관통하여 순식간에 스며든다(사진 5-2). 기체상태의 수분이 사라지듯 아마인유 마감면을 통과할 것이다.

사실 아마인유를 기반으로 한 옛날 페인트들은 수분이 쉽게 관통할 수 있기 때문에 나름의 기능성으로 인정된다. 이 페인트들은 습기가 페인트 도막에 물방울로 맺히지 않고 집 벽을 통해 밖으로 나갈 수 있게 해 주었다. 현대의 알키드 기반 페인트는 수분교환에 뛰어난 차단막 기능이 있

사진 5-1 느린 경화는 일부 마감제가 더 깊게 침투할 수 있게 하는 특성이다. 아마인유와 동유는 가장 느리게 경화하는 오일이라 가장 깊이 침투한다. 모세관 작용 현상으로 이 용기의 참나무는 아마인유가 관통하여 표면까지 올라와 있다.

사진 5-2 재면에 아마인유를 몇 번 바르거나 어떻게 칠하든 간에, 중앙부에서 보듯이 수분은 아주 짧은 시간에 경화된 마감제를 관통하여 재내에 스며든다.

- **속설** '동유'라는 마감제 용어에는 구성분에 동유가 함유되어 있다는 뜻이다.
- **사실** 반드시 그렇지는 않다. 동유로 판매되는 대부분의 와이핑 바니시에는 동유가 들어있지 않다. 라벨 표기는 진실과 거리가 멀 수 있다. 동유가 포함되어 있어도 이런 마감제들은 여전히 바니시 또는 바니시와 동유 혼합제품이지 동유가 아니다.

어 결로가 쉽게 발생한다. 이런 연유로 수성 라텍스 페인트를 외장용으로 권장한다. 라텍스 페인트는 아마인유 기반 페인트와 마찬가지로 '호흡'을 한다.

동유

동유(Tung oil)는 중국 원산 유동나무의 열매에서 추출된다. 동유는 중국에서 수 세기 동안 사용되어 왔지만, 서양에는 19세기 말이 되어서야 소개되었다. 유동나무는 현재 남미와 미국의 걸프 해안을 따라 재배되고 있다. 동유는 내

식품 안전에 대한 오해

목재 마감에 대한 목공인의 잘못된 믿음들이 많이 있다. 그중에서도 금속 건조제가 포함된 오일과 바니시 마감제로 마감한 것을 아이가 삼키거나 씹으면 위험하다는 것보다 더 뿌리깊은 오해는 없을 것이다. 목공 전문 잡지는 이런 오해를 더욱 퍼뜨려 안전상 대안으로 순수 아마인유, 동유, 반경화성 호두유, 셀락(천연수지) 또는 '샐러드 볼 마감제'라는 라벨이 붙은 제품들을 권장해 왔다.

샐러드 볼 마감제를 판매하는 회사는 이런 오해 덕분에 번창했다. 그렇지만 다음 사실을 고려해 봐야 한다. 샐러드 볼 마감제는 바니시이다! 사실 와이핑 바니시이다. 더구나 바니시는 금속 건조제가 포함되어 있을 때만이 적당한 속도로 경화된다. 그런 건조제 중에서 선택할 수 있는 것은 몇 개 안 되는데, 모든 오일 마감제와 바니시는 샐러드 볼 마감제와 기본적으로 동일한 건조제를 사용한다. 따라서 목공 잡지마다 그러한 문제의 해결인양 식품 안전성을 내세워 광고 또는 마케팅하는 바로 그 마감제가 실은 목공인 사이에서 기피하는 오일과 바니시와 같은 건조제를 함유하고 있다는 점에서 그들의 책임은 면할 길 없다.

사실 모든 마감제는 마감제가 완전히 경화된 후에 먹거나 씹어도 안전하다. 경험적으로 경화 기간은 30일 정도이다. 따뜻한 조건에서는 더 빨리 경화된다. 모든 용제기반 마감제는 냄새를 맡아서 경화의 여부를 판단할 수 있다. 만약 냄새가 있다면 아직 완전히 경화되지 않은 것이다. 전혀 냄새가 나지 않아야 그 제품은 음식이나 입에 닿아도 안전하다.

금속 건조제 안전 문제는 납에서 시작하고 납으로 끝난다. 납은 많은 건강문제, 특히 어린이에게 정신지체를 일으키는 것으로 알려져 있다. 수 세기 동안 납은 성능이 매우 우수하여 오일과 바니시에 기본적인 건조제로 사용되었다. 같은 이유로 납은 많은 안료에도 사용되었다. 그러나 안료와 건조제에 포함된 납 사이에는 두 가지 큰 차이가 있다.

안료에 첨가된 납은 부피기준으로 50%나 첨가되고 이런 안료는 바삭바삭하다. 그러므로 아이들이 페인트(납은 단맛이 나기 때문에)를 씹게 되면 아주 많은 독성 납에 노출된다. 오일과 바니시 경우에는 아주 미량(0.5% 이하)의 납 건조제가 첨가되어 마감제 가교결합 내에 연결되어 있다. 그러므로 도막표면을 핥아도 노출은 거의 없을 것이다. 1970년대에 안료에 납을 첨가하는 것이 금지되었고 동시에 오일과 바니시에도 건조제로 첨가되는 것이 금지되었다. 그러므로 이제는 노출이 0인 것이다.

금속 건조제가 음식이나 입에 접촉할 때 문제가 되지 않는다는 것을 더 자세히 증명하기 위해 다음 사항을 고려한다.

- 정부가 제품의 모든 위해성 또는 독성 영향을 나열하도록 요구하는 물질안전보건자료(MSDS)는 오일이나 바니시 마감제, 그리고 그 어떤 마감제에 대해서도 식품이나 어린이 입에 닿지 않도록 경고한 바가 없다.
- 미국 식품의약국(FDA)은 도장이 적절하게 된 이상, 즉 마감제가 경화된 후에는 식품접촉에 안전한 모든 일반 금속건조제를 나열하고 있다(FDA는 일부 제조업체의 주장처럼 마감제를 '승인'하지 않는다. 성분을 승인하고 마감제가 적절하게 경화되는지 시험법을 규정한다).
- 어른과 아이를 불문하고 그 누구도 경화된 도막과 접촉하여 중독되었다는 얘기는 들어본 적이 없다. 만약 누군가 중독되었다면 분명 뉴스가 되었을 것이다!

이제 이런 오해를 종식시키고 마감제를 선택하는 데 있어 더 타당한 다른 기준을 사용해야 한다.

수성이 좋은 오일 중 하나라서 아마인유보다 고가이지만 페인트 또는 코팅업계에서 확고한 위치를 점하고 있다. 많은 고급 바니시가 동유로 만들어진다. 하지만 동유 그 자체로는 마감제로 많이 사용되지 않는다.

동유는 대여섯 번 칠하면 상당한 내수성을 발휘한다. 그렇지만 너무 부드럽고 얇아 손상이나 수분 교환에는 취약하고 멋진 외관을 유지하기도 어려운 마감제이다. 처음 서너 번 칠하면 평평하지만 얼룩져 보이고 거친 촉감이 있다. 매 칠할 때마다 샌딩하면서 대여섯 번은 칠해야 고르고 저광을 낸다. 그러나 도막은 여전히 아마인유 마감에 비해 매끄럽지 못하다.

게다가 동유는 매우 늦게 경화-순수 아마인유보다는 상당히 빠르게 경화되지만 끓인 아마인유 보다는 여전히 느린-되므로 칠 사이에 며칠씩 기다려야 한다. 이런 점들이 동유를 비효율적인 마감제로 취급하는 이유이다.

무산소 중합오일

앞에서 설명한 바와 같이, 아마인유와 동유는 산소를 흡수하여 천천히 경화된다. 500°F(260°C)의 무산소(진공상태) 조건에서 먼저 가열함으로써 경화는 상당히 가속될 수 있다. 이런 공정을 행한 적어도 두 가지 제품이 바로 Sutherland and Wells 무산소 중합 동유 그리고 Tru-Oil이다. Tru-Oil은 총 개머리판 마감제로 널리 사용된다. 이런 제품들은 아마인유나 동유보다는 바니시와 비슷한 작용을 한다.

진공상태에서 동유와 아마인유를 가열하면 완전한 산화과정을 거치지 않고 가교결합이 형성된다. 오일의 이런 변화는 산소에 노출되었을 때, 경화를 빠르게 완성(바니시보다 빨리)하여 오일이 단단하고 광택이 나게 한다. 그러므로 일반 아마인유와 동유에 비해 재면에 더 두껍게 적층될 수 있다.

이런 오일에도 이름이 있다. 종종 'Heat-bodied'라 칭하는데, 산소가 있는 조건에서 가열하여 진하게 되었음을 의미하는 애매한 용어이다. 목공인 사이에서는 '중합화된' 오일이란 라벨로 유통되기 때문에 중합오일이라고 부르는 것이 더 합리적이다. 이런 맥락에서 중합화란 그저 가교결합을 의미하고 이런 오일은 구입 전에 부분적으로 가교결합이 형성된 것이므로 적절한 명칭으로 보인다. 그렇지만 '중합화'라는 용어에는 유의할 필요가 있다. 이는 소비자들에게 뭔가 특별한 걸 구매한 것으로 오해하게 하는 제조업체의 마케팅 용어로 자주 사용된다.

가구와 같이 넓은 면적을 마감할 때, 중합오일을 사용하면 두 가지 문제에 직면한다. 오일이 빠르게 경화하기 때문에 오일을 바르고 굳기 전에 여분을 닦아내기 어려울 수 있다(바니시처럼 두껍게 바르면 안 된다). 두꺼우면 도막에 미세한 균열이 발생할 수 있다. 그러나 총 개머리판과 같이 작은 물건에는 중합오일은 탁월한 효과를 발휘한다.

바니시의 이해

와이핑 바니시와 오일·바니시 혼합물을 이해하기 위해서는 바니시와 오일의 차이점을 이해해야 한다(바니시는 11장 '바니시' 편에서 더 자세하게 다룬다).

바니시는 천연 또는 합성수지에 한 종류 이상의 오일을 가열 혼합하여 제조한다. 이때 사용되는 오일에는 아마인유, 동유, 경화를 위해 개조된 콩기름과 홍화유 같은 반건성유가 포함된다. 과거에는 천연수지를 사용했으나 지금은 합성 알키드, 페놀, 그리고 폴리우레탄 수지를 쓴다.

오일과 수지를 혼합하여 가열하면 화학적으로는 완전히 새로운 물질인 바니시가 형성된다(그림 5-1). 비록 바니시가 오일로 만들기는 하지만 대부분의 제조업체들이 '오일'이라 부르는 것은 빵을 '이스트'라 부르는 것처럼 우스꽝스러운 것이다(빵은 밀가루와 이스트를 화학적으로 혼합하여 제조한다). 바니시는 오일보다 상당히 빨리 경화된다. 또한 경화되면 광택(무광이나 저광으로 만들기 위해 소광제를 첨가하지 않는 한)이 난다. 또한 굳으면 단단해진다(바니시나 와이핑 바니시 용기에 묻은 걸 다시 눌러 보라).

가장 중요한 것은 경도이다. 이렇게 하면 재면에 비교적 두꺼운 도막으로 바니시를 바를 수 있다. 바니시가 도막을 형성하면 심한 손상이 발생한 경우 외에는 수분이나 오염으로부터 훌륭한 방어막을 형성한다.

> **메모** 오일과 바니시에 사용하는 희석제를 구별해 주로 '미네랄 스피릿' 또는 '마감제 희석제'라고 하지만, 대부분의 제조업체는 '석유 증류분'이라는 용어를 사용한다. 어떤 이는 '지방족 탄화수소'라는 기술 용어를 사용하기도 하는데, 뭔가 특별한 걸 사용한다는 인상을 주기 위한 것이다.

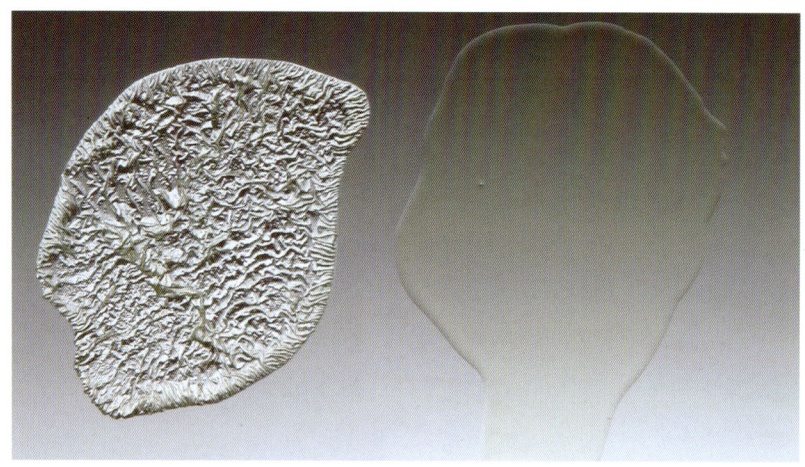

사진 5-3 동유라고 판매되는 동유와 희석된 바니시는 완전히 다른 제품이다. 동유(왼쪽)는 부드럽게 경화하고, 여분을 닦아내지 않으면 경화되어 주름이 잡힌다. 희석된 바니시(오른쪽)는 단단하고 매끄럽게 경화하므로 표면을 더 보호할 수 있다.

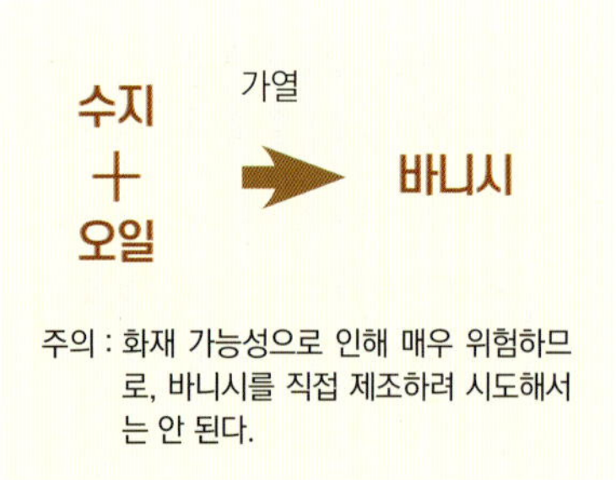

그림 5-1 바니시는 건성유나 변형된 반건성유에 단단한 수지를 혼합하여 제조한다. 더 빠르고 단단하게 경화하며, 오일을 단독 사용한 것보다는 광택이 나는 물질이 만들어진다.

주의: 화재 가능성으로 인해 매우 위험하므로, 바니시를 직접 제조하려 시도해서는 안 된다.

가열할 필요 없음
오일 + 바니쉬 → 오일·바니시 혼합물

그림 5-2 오일과 바니시는 혼합되어 각각의 고유 특성을 보유한 새로운 마감제가 된다. 혼합하는 데 가열할 필요는 없다.

오일로 판매되는 와이핑 바니시

와이핑 바니시(폴리우레탄 바니시 포함)는 미네랄 스피릿으로 충분히 희석하여 재면에서 닦아 내기 쉽다. 희석제의 양은 다를 수 있다. 대부분의 기성 제품은 희석제와 바니시를 1:1로 섞지만 이렇게 엷은 게 필요한 경우는 드물다(173쪽 '와이핑 바니시' 참조). 와이핑 바니시는 여분을 닦아낸다는 점에서 오일 마감제 바르기와 같은 방식으로 바른다(89쪽 '오일과 오일·바니시 마감제 바르기' 참조). 그렇지 않으면 여분을 남기는 순수 바니시처럼 바를 수 있다. 물론 완전히 굳기 전에 여분의 일부만 제거할 수도 있다.

와이핑 바니시는 '와이핑 바니시'라는 라벨이 붙어 있지 않다는 것을 명심해야 한다. 그런 품명으로 구입할 수 없다. '동유(Tung oil)'라고 잘못 부착되어 있거나 고유 명칭으로 라벨이 붙어 있다. 와이핑 바니시를 구입하기 위한 세 가지 방법이 있다.

- 와이핑 바니시는 희석된 채로 포장되므로 라벨에 '석유 증류분' 또는 '미네랄 스피릿'('지방족 탄화수소'라고 적힌 걸 본 적도 있다)이라 명기되어 있다. 동유는 희석되어 판매되지 않으므로 석유 증류분이라 표기하는 경우는 없다.
- 와이핑 바니시는 물처럼 엷고 바니시 냄새가 난다. 동유는 진하고(끓인 아마인유 또는 순수 바니시처럼) 냄새로 식별 가능하며 독특하고 향기롭다.
- 와이핑 바니시를 용기 뚜껑이나 유리 같은 비공극성 표면에 바르면 웅덩이 같은 흔적을 남기면서 1~2일 후에 단단하고 매끄럽게 경화된다. 동유를 발라 생긴 흔적은 경화하는 데 몇 주 또는 심지어 몇 달이 소요되며 주름이 생기고 부드러워진다 (사진 5-3).

오일·바니시 혼합물

오일과 바니시(폴리우레탄 바니시 포함)는 호환되므로 혼합할 수 있다. 이 제품은 몇몇 개별적 특성을 가진다 (그림 5-2). 혼합물의 오일성분은 광택을 감소시키고 마감제를 서서히 경화시킨다. 시간적 여유가 많기 때문에 바르는 것은 쉽다 (89쪽 '오일과 오일·바니시 마감제 바르기' 참조). 그렇지만 오일은 마감제를 부드럽게 경화(다시 말하지만 오일·바니시 용기에 묻은 걸 시험해 본다) 시킨다. 이는 오일·바니시 혼합물로 더 보호에 적합한 두께로 만들 수 없음을 의미한다. 혼합물의 바니시 성분은 마감제를 더욱 내수성 있고 단단하며 광택 나게 한다.

예상한 바와 같이, 사용되는 오일이나 바니시 종류와 오일과 바니시 혼합비율은 보통 감지하기에는 미묘하지만 차이를 만든다. 판매점에서 구입한 기성 혼합제품은 사용된 오일과 바니시 종류, 그리고 혼합비율을 전혀 알려 주지 않기 때문에 자가로 제조할 수도 있다. 다음의 일반화는 혼합비율을 결정하는 데 도움이 된다.

- 바니시 대 오일의 비율이 높을수록 내스크래치성, 내수성, 내오염성이 좋아지고 광택도 높다. 그러나 바니시의 함량이 너무 높으면 사용 용이성이 떨어진다. 예를 들어 바니시 90%에 오일 10% 비율은 바니시 단독과 매우 비슷하다. 그냥 더 부드럽게 굳을 것이다. 반반씩 혼합하는 것에서 시작하여 비율 변화를 시도해 본다.
- 혼합에서 아마인유 대신 동유를 사용하면 내수성이 더 큰 마감제가 된다. 그렇지만 동유 함량이 높을수록 고른 저광을 위해서는 더 많은 횟수로 발라야 한다.
- 우리가 사용하는 다양한 바니시의 품질에 차이가 많지만, 도막이 얇으면 그 차이를 구분하기 어렵다. 바니시 선택은 그리 중요하지 않다.

> **팁** 어떤 바니시든 헝겊으로 쉽게 펴 바를 수 있을 때까지 자신만의 와이핑 바니시를 만들기 위해 희석할 수 있다. 그렇지만 그 결과, 비용절감은 되겠지만 효과는 기성 와이핑 바니시보다 덜 효과적일 수도 있다.

- 모든 혼합물은 미네랄 스피릿(또는 테레빈유)으로 희석할 수 있다. 그렇게 하면 넓은 면적에 오일·바니시 혼합물을 쉽게 펴 바를 수 있다. 그렇지만 도막이 얇아 1회 도포로 재면을 모두 밀봉하지는 못한다. 또한 블리딩 가능성은 증가한다 (97쪽 '오일 마감제의 블리딩 참조).

알맞은 오일 찾기

제조업체들은 위에서 거론한 네 가지 마감제 형태, 진짜 동유, 중합오일, 와이핑 바니시, 그리고 오일·바니시 혼합물에 모두 '동유'라는 명칭을 사용한다. 이들은 또한 대니시 오일(Danish Oil), 앤티크 오일(Antique Oil), 벨비트 오일(Velvit Oil), 프로핀(Profin), 워터록스(Waterlox), 그리고 실어셀(Seal-A-Cell)과 같은 전혀 관련 없는 이름도 사용한다. 대부분 이 중에서 하나를 구입하면 어떤 종류인지 알 길이 없다. 뭐가 뭔지 정확히 알 필요가 있다.

순수오일-아마인유와 동유-은 냄새가 독특하다. 이 중 하나의 냄새를 맡아보면 항상 구분할 수 있다. 둘 다 견과류 냄새가 난다. 동유가 자극적인 아마인유보다 더 달콤한 냄새가 난다. 이 오일들은 희석제와 함께 판매되지 않기 때문에 석유 증류분 같은 희석제가 용기에 표기되지 않는다.

와이핑 바니시, 오일·바니시 혼합물, 그리고 중합오일은 미네랄 스피릿 함량이 높기 때문에 그 냄새가 난다. 그러므로 냄새로는 구별이 어렵다. 빨리 굳는 중합오일을 제외하고 더 쉽게 구별하는 방법은 없는 것 같다. 와이핑 바니시와 오일·바니시 혼합물을 구분하는 세 가지 지표가 있다.

속설 제조업체가 수년 동안 주장했듯이 왓코 대니시 오일(Watco Danish Oil)을 바르면 재면을 25% 더 단단하게 한다.

사실 그 제품은 그 어떤 가구 마감제보다 훨씬 더 약하게 경화되기 때문에 무슨 근거로 이런 주장이 제기되었는지는 모르겠다. 어떻게 부드럽게 경화되는 마감제가 재면을 더 단단하게 만들 수 있을까?

속설 왓코 대니시 오일과 워터록스 오리지날은 같은 형태의 마감제인데, 차이점은 수지 함량이다.

사실 왓코와 워터록스 마감제는 서로 약간 다르다. 왓코는 오일과 바니시의 혼합물이고, 굳었을 때 단단하지 않다. 매번 칠할 때마다 여분을 모두 닦아내야 하고 그렇지 않으면 고무 같은 도막이 된다. 워터록스는 오일과 수지를 혼합한 바니시이므로 단단하게 굳고 원하는 두께로 올릴 수 있다.

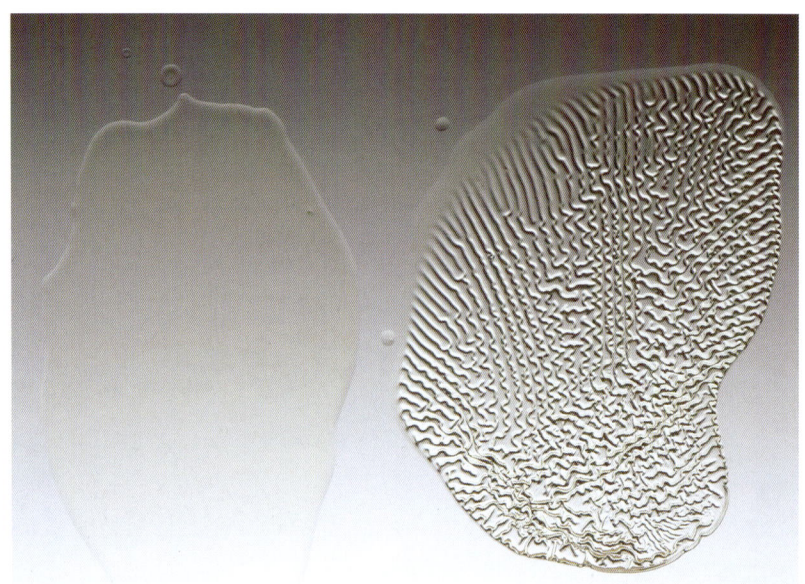

사진 5-4 와이핑 바니시인지 오일·바니시 혼합물인지 용기에 묻은 걸로 구분할 수 있다. 묻은 게 없다면 유리나 비다공성 면에 발라 1~2일 경화시켜 구분한다. 평활하고 단단하게 굳으면 와이핑 바니시이다(왼쪽). 부드럽고 주름이 지면 오일·바니시 혼합물이다(오른쪽). 순수 아마인유와 동유 또한 경화되면 부드럽고 주름이 생기지만 경화시간이 수 일에서 수 주 정도 걸린다.

- 마감제가 얼마나 빨리 경화하는가의 여부. 오일·바니시 혼합물은 늦게 경화한다. 바니시와 오일 혼합비율에 따라 끈적끈적해지는 데 1시간 이상이 걸린다. 와이핑 바니시는 20분 이내에 끈끈해진다 (시간은 온도에 따라 달라진다).
- 경화되었을 때 마감제가 단단한가의 여부. 와이핑 바니시는 단단하고 오일·바니시 혼합물은 부드럽다.
- 마감제가 경화되면 심한 주름이 생기는가의 여부(사진 5-4). 오일(10% 이상)이 함유된 마감제는 두껍게 발라 경화되면 주름이 생긴다. 와이핑 바니시는 도막이 아주 두껍지 않다면 주름이 잡히지 않는다 (98쪽 '오일 또는 와이핑 바니시 마감제 선택하기' 참조).

또 다른 혼돈, 티크 오일

오일 마감제에 대한 혼돈은 순수오일, 중합오일, 오일·바니시 혼합물, 그리고 와이핑 바니시에서 끝나지 않는다. 몇몇 제조업자들은 각각의 수종에 각기 다른 '오일 제품'을 마케팅한다. 나는 덴마크의 한 가구매장에서 이 마케팅 전략의 가장 터무니없는 사례를 목격했다. 그곳은 매장에서 제작하는 모든 목재 가구에 맞는 2온스 병에 든 티크 오일, 로즈우드 오일, 호두 오일, 참나무 오일, 자작 오일, 물푸레 오일을 판매하고 있었다. 고객들은 각자의 공방에서 취급하는 개별 수종에 따라 적합한 오일만 사용하도록 수련되었다.

티크 오일은 미국에서도, 특히 목선 업계와 스칸디나비아 가구를 구입하는 사람들에게 가장 큰 혼돈을 주고 있다. 어떤 마감제인지 알기 위해 16가지 브랜드 제품을 구입해서 테스트하여 잡지 <Popular Woodworking Magazine> (2015년 2월)에 기고한 바 있다. 광유(Mineral oil), 그리고 광유와 왁스 혼합제품이 있는데, 둘 다 경화되지 않는다. 경화되는 아마인유, 동유, 오일·바니시 혼합물, 와이핑 바니시들도 있다. 거기 어딘가에 틀림없이 수성 마감제도 있을 것이다. 자외선 차단에 대한 주장은 과장된 것인데, 와이핑 바니시만이 자외선 흡수제가 효과적일 수 있도록 두껍게 바를 수 있다 (300쪽 '자외선으로부터 보호' 참조). 티크처럼 유분이 많은 수종에 적합하도록 오일에 추가로 첨가되는 것은 결단코 있을 수 없다.

티크, 로즈우드, 코코볼로, 그리고 흑단 같은 기름기 있는

오일 마감제의 블리딩

오일 마감제는 가끔 관공에서 용출되어 관공 개구부 주위에 미세한 웅덩이를 형성한다(아래 사진). 이런 상태에서 경화가 일어나면 반짝이는 딱지가 형성되는데 제거하기가 어렵다. 이런 딱지는 갈아내거나 벗겨내서 제거해야 하는데 둘 중 어느 것도 주변의 마감을 제거하지 않고서는 할 수 없다. 그러므로 블리딩이 굳도록 방치하면 심각한 문제가 된다.

블리딩은 환공재에서 주로 발생하며, 온도가 올라가서 마감제가 팽창하는 것이 원인이다. 목재가 마감제보다 더 따뜻할 때 생긴다. 피도재인 목재가 발라진 마감제보다 더 따뜻할 때 또는 격렬한 문지르기로 목재가 데워졌을 때, 마감한 목재를 따뜻한 장소, 특히 빛이 쬐는 곳으로 이동했을 때 발생한다. 블리딩은 초벌이나 재벌이 굳어 관공이 밀봉되었을 때는 더 이상 발생하지 않는다. 오일·바니시 혼합물의 블리딩이 가장 심한데, 아마도 희석제가 첨가되어 있고 이들이 천연적으로 경화를 늦추기 때문이다. 반대로 와이핑 바니시를 예로 들면 희석제가 포함되어 있기는 하나 경화가 빠르기 때문에 양상이 다르다.

딱지가 생기지 않게 하려면, 블리딩이 굳기 전에 닦아내야 한다. 블리딩이 멎을 때까지 한 시간에 한 번 마른 천으로 재면을 닦는다. 내 경우는 보통 마감제 초벌칠은 아침 일찍 시작하는데, 그렇게 하면 일을 마칠 때까지 블리딩을 닦아 낼 시간적 여유가 있다.

굳은 딱지를 처리하는 두 가지 방법이 있다.

- 미세한 스틸울이나 합성 스틸울(스카치 브라이트)로 문질러 딱지가 안 보이게 한다. 이런 방법은 단풍나무와 호두나무 같은 중-소형 관공을 지니는 수종에 잘 작동한다. 하지만 참나무 같은 환공재는 대형 관공에서 반짝이는 것을 모두 제거하는 것은 거의 불가능하다. 만약 연마 후의 결과가 만족스럽다면 갈아낸 것을 대체할 마감제를 다시 바른다(두 단계를 결합하려면 재면에 더 많은 마감제를 바르고 축축한 상태에서 스틸울로 문질러준다). 관공이 밀봉되어 있다면, 더 이상의 블리딩은 없다.
- 사포나 페인트, 바니시 제거제로 딱지를 제거한다. 이는 마감을 처음부터 다시 해야 함을 의미한다.

오일 마감제가 관공에서 블리딩 되면 재면에 굳어서 딱지를 형성한다. 모든 블리딩은 굳기 전에 닦아내야 한다. 그렇지 않으면 딱지를 갈아내거나 마감을 벗기고 다시 발라야 한다.

목재들은 오일과 바니시 경화를 억제하는 천연 유분(불건성유)이 있어 마감에 문제를 일으킨다(이 유분은 래커, 수성 마감제와 같은 다른 마감제들이 재면과 결합하는 것을 방해할 수도 있다). 오일 마감제에는 목재 유분에 기인한 문제를 피할 수 있는 어떤 성분도 없기 때문에 나프타, 아세톤 또는 래커 희석제 같이 빠르게 증발하는 용매로 마감제를 바르기 직전에 재면을 닦아내는 것이 최선이다. 이렇게 하면 재면에서 유분을 일시적으로 제거하게 된다. 재빨리 바르면, 재면으로 상당한 유분이 다시 나오기 전에 잘 결합되고 경화될 것이다.

> **팁** 오일이나 오일·바니시 혼합물을 충분히 닦아내지 않아 끈적끈적하게 경화되면, 미네랄 스피릿, 나프타 또는 동일 마감제로 윤활된 고운 스틸울로 문지른다. 더 심한 경우에는 래커 희석제를 사용한다. 그런 다음 마감제를 더 바르고 여분을 닦아낸다.

오일 또는 와이핑 바니시 마감제 선택하기

마감제를 다음 기준(사용 용이성, 보호기능, 내구성 그리고 색상)으로 선택한다(100쪽 '오일 마감제 안내' 참조).

- **사용 용이성**: 순수 아마인유, 동유, 그리고 오일·바니시 혼합물은 경화시간이 느리기 때문에 사용하기 매우 쉽다. 동유는 아마인유보다 더 어려운데 매번 바를 때마다 샌딩하면서 수회 도포하기 때문이다. 와이핑 바니시는 상대적으로 빠르게 경화하고 중합오일은 더 빠르다. 그러므로 이런 마감제를 넓은 면적에 한 번에 바르는 것은 더 어렵다.
- **보호기능**: 바니시나 중합오일은 순수오일이나 오일·바니시 혼합물보다 재면에 더 두꺼운 도막을 형성할 수 있어 보호기능이 좋다. 동유는 아마인유보다 수분손상에 대한 보호기능이 더 우수하다.
- **내구성**: 단단하게 경화되는 와이핑 바니시와 중합오일은 순수오일 마감제보다 내구성이 더 좋다. 즉 손상에 더 강하다.
- **색상**: 순수 아마인유와 동유는 노란색(실제 오렌지색)이 강한 편이다. 아마인유는 동유보다 더 노란색을 띤다. 목재에 따뜻함을 배가하고 싶다면 이들 마감제는 현명한 선택이다. 오일·바니시 혼합물도 혼합에 사용된 오일과 바니시에 비율에 따라 노란색이 돌기도 한다. 와이핑 바니시와 중합오일은 색상이 거의 없는 편이다(사진 5-5).

대부분의 프로젝트에서 오일·바니시 혼합물과 와이핑 바니시가 최선의 선택이다. 오일·바니시 혼합물은 굳으면 저광을 내지만 와이핑 바니시는 제조자가

오일 마감제의 구분

	순수 또는 끓인 아마인유	동유	중합오일	오일·바니시 혼합물	와이핑 바니시
라벨은 항상 정확히 기술되어 있다.	예	예	예	아니오	아니오
라벨에 석유 증류분(미네랄 스피릿) 성분 표시 유무	아니오	아니오	예	예[1]	예
드라이어로 말리면 얇은 막이 끈적해짐	아니오	아니오	예	아니오	예
용기뚜껑이나 유리판에 바르면 부드럽게 경화되면서 주름이 생긴다.	예	예	아니오	예[2]	아니오
용기뚜껑이나 유리판에 바르면 매끈하게 경화되면서 단단해진다.	아니오	아니오	예	아니오	예

1. 말루프 마감제는 예외. 미네랄 스피릿이 함유되어 있지 않음.
2. 오일·바니시 혼합물은 아마인유나 동유보다 더 단단하게 경화되고 주름도 덜 생김

사진 5-5 위의 각 판재는 '오일'로 라벨이 부착되어 유통되는 마감제로 각 3회씩 발라 마감한 것이다. 위로부터 아마인유, 동유, 중합오일, 와이핑 바니시, 그리고 오일·바니시 혼합물이다. 각자 상당히 다른 색상과 광택을 낸다.

소광제(광택제거제)를 첨가하지 않는 한 굳으면 유광을 낸다. 소광제를 섞으면 사용하기 전에 저어야 하고 소광제가 효과적이도록 얇은 도막을 남겨야 한다(128쪽 '소광제로 광택 조절하기' 참조). 와이핑 바니시는 도막을 형성할 수 있기 때문에 보호성능과 내구성이 더 좋다.

유지관리와 보수

왁스와 비누를 제외하고 얇게 바르고 닦아내는 오일 마감제는 다른 마감제보다 유지가 더 중요하다. 조금만 마모되어도 공간이 비어서 맨 나무가 수분에 노출된다. 얇은 마감을 유지하는 최선의 방법은 건조해 보이거나 마모가 생길 때마다 반복적으로 도포하는 것이다. 재 도포는 원래의 마감제로 할 수 있고, 원래의 마감이 완전히 경화되었다면 다른 제품으로 해도 무방하다. 이렇게 함으로써 외관이 변할 수도 있지만, 오일 마감제 위에 와이핑 바니시를 바를 수도 있고, 와이핑 바니시 위에 오일을 바를 수도 있다 (사진 5-6).

다른 마감제와 마찬가지로 오일 마감은 반죽형 왁스로 유지관리 할 수 있다. 반죽형 왁스는 무미한 재면에 광택을 주고 표면을 미끄럽게 하여 미세 손상을 줄인다. 그렇지만 왁스를 사용했을 때는 다른 마감제를 바르기 전에 나프타나 미네랄 스피릿으로 제거해야 한다. 그렇지 않으면 마감제가 부드럽게 굳거나 얼룩이 발생한다.

목공인들은 흔히 보수가 쉽다는 것을 오일 마감제의 주된 장점으로 든다. 얇은 도막을 보수하는 것은 오히려 그것이 얇기 때문에 정확하게 보수할 수 있다. 표면에서 오일 마감제를 닦아낼 때는 표면의 미세한 손상으로 침투하여 짙게 된다. 스크래치가 심하지 않은 한, 새로운 도포로 감출 수 있다. 그렇지만 사라지게 할 수는 없다. 이는 마감제의 효과가 주변 색상과 어우러진 것이다. 모든 마감이 얇기만 하다면 동등하게 효과적으로 보수될 수 있다.

오일 마감에서 수리하기 어려운 문제들은 물번짐과 이색이다. 물이 번지면 대개 결솟음이 발생하여 시각적으로 주변과 다른 목재질감이 나타난다. 물번짐이 발생한 곳에 마감제를 바르는 것으로 물번짐 흔적을 제거하기 어렵다. 표

오일 마감제 안내

	아마인유 원액	끓인 아마인유	순수 동유	중합오일	오일·바니시 혼합물	와이핑 바니시[5]
보호기능[1]	나쁨	나쁨	5회 미만에서는 나쁨	도막이 제대로 구성되면 잠재적으로 최우수	중간	도막이 제대로 구성되면 잠재적으로 최우수
광택	저광	저광	5회 미만에서는 무광	유광	저광	소광제가 첨가되지 않으면 유광
적용성	매우 쉬움	매우 쉬움	매우 쉬움	작은 면적은 쉬움	매우 쉬움	쉬움
비용	낮음	낮음	중간	높음	중간	중간
색상[2]	짙음	짙음	중간	밝음	중간	밝음
침투성[3]	깊음	깊음	깊음	중간	깊음	중간
경화[4]	부드럽고 아주 느림 (몇 주 또는 몇 달) -저광	부드럽다. 여분을 닦고 하룻밤 정도 - 저광	끓인 아마인유보다 부드럽고 느림 - 저광	와이핑 바니시보다 단단하고 빠름 - 유광	일반적으로 부드럽고 매우 늦지만 오일과 바니시 혼합비율에 따라 변이가 있음 - 저광	단단하고 상당히 빠름. 수회 도포하면 대개 유광
비고	특별히 아주 느린 경화가 필요한 경우가 아니면 아마인유 원액을 마감제로 사용하지 않음	항상 여분을 닦아내야 한다. 그렇지 않으면 끈적끈적한 마감이 됨	멋진 저광을 내려면 매회 샌딩하면서 5회 이상 도포	미네랄 스피릿으로 희석하지 않고 너무 두껍게 바르면 도막에 균열 발생	항상 여분을 닦아내야 한다. 그렇지 않으면 끈적끈적한 마감이 됨	습윤 상태일 때 더 올리면 원하는 두께까지 마감층을 구성할 수 있음

1. 수분유동에 따른 보호성능을 나타냄.
2. 목재에 마감된 마감제의 상대적인 색상 정도(짙기 정도)를 나타냄.
3. 표면에 충분히 발랐을 때 마감제가 얼마나 침투하는지를 나타냄.
4. 경도, 경화속도, 광택을 나타냄.
5. 오일이 아니지만 시중에서는 오일로 거래한다.

순수 아마인유 원액	끓인 아마인유	순수 동유

중합 오일	오일·바니시 혼합물

와이핑 바니시

5장 | 오일 마감제

속설	오일 마감제는 레몬 오일로 유지관리 해야 한다.
사실	레몬 오일은 레몬향이 첨가된 미네랄 스피릿 용제로 수명이 아주 짧은 유지관리 제품이다. 먼지를 닦아내고 칙칙한 표면에 일시적인 광택을 부여하고, 몇 시간 안에 증발할 때까지 긁힘을 줄여주는 가구 광택제이다. 신선한 레몬향이 성능을 과대포장하고 있다.

면을 헝겊이나 스틸울로 문지르거나 입도 400 또는 600번의 사포로 가볍게 샌딩하는 것이 도움이 되고 그 후 마감제를 바른다(마감제가 아직 축축할 때 문지르거나 샌딩한 후 여분을 닦아낸다). 이렇게 해도 물번짐 흔적을 제거할 수 없으면 광택이 비슷해질 때까지 마감제를 더 바른다.

이색은 목재에 열을 가하거나 착색제를 엎질러 발생할 수 있으며 고색(목재 자체의 색이 변한 것) 또는 원래 착색을 제거할 때 생긴다. 열변색은 그 부위를 모두 샌딩하여 제거한다. 착색제를 엎질러 발생한 얼룩은 옥살산이나 가정용 표백제로 탈색하여 제거할 수 있다(67쪽 '목재 탈색' 참조). 때때로 착색이나 탈색으로 고재색상을 낼 수 있다. 원래의 재색도 성공적으로 대체할 수 있다. 하지만 모든 문제를 완벽하게 보수한다는 것은 쉽지 않다는 사실을 명심해야 한다.

팁	마감제를 바른 후, 목재 한 부위가 나머지 부분보다 색상이 엷으면 용제로 알코올이나 래커 희석제를 사용한 염료착색제로 짙게 할 수 있다(4장 '목재 착색' 참조). 용제·염료 용액은 이어서 바를 마감제를 도포하고 닦아낼 때, 색상이 지워지지 않도록 충분히 마감제를 붙잡는 역할을 한다.

사진 5-6 래커는 재면을 약간 더 짙게 한다(왼쪽). 끓인 아마인유는 짙은 주황색을 더 한다(오른쪽). 가운데 부분은 마감제를 바르지 않은 곳이다. 이런 특성은 줄무늬 마호가니 같은 많은 수종에 풍부하고 도 깊은 색상을 부여하는 장점이 된다. 이처럼 래커를 도장한 목재에 도막형성 마감제를 상도로 올렸을 때 특히 그렇다. 아마인유를 발랐을 경우 상도를 하려면 적어도 일주일 이상은 경화해야 한다.

6장 왁스 마감제

- 마감제로 왁스 사용하기
- 다른 마감제와의 호환성
- 나만의 반죽형 왁스 만들기
- 반죽형 왁스 바르기

속설	반죽형 왁스의 가격은 어느 정도 제품의 품질과 관련이 있다.
사실	사실이 아니다. 전형적인 16 oz. 반죽형 왁스의 판매가격은 4~20 달러 정도이다. 동일 재면의 인접 부위에 두 가지 제품을 발라 얻은 결과로부터 과연 확연한 품질 차이를 볼 수 있을지 의심스럽다. 물론 왁스의 색상은 평가대상이 아니라고 가정하고 말이다

수 세기 동안 목재의 일차적인 마감과 다른 도료의 광택제로 왁스를 사용하였다. 오늘날 마감제로서 왁스는 내구성이 좋은 오일 또는 도막형성 도료로 거의 대부분 대체되었다. 연마제로 왁스를 사용하는 것에 대해서는 18장 '마감 관리하기'를 참조하면 된다.

왁스는 세 가지 천연물질-동물, 식물, 광물-에서 유래되며 어떤 왁스는 합성물질이다. 모든 왁스는 실온에서 고체이다. 용매에 녹여 반죽형(때때로 액상)을 만든다(106쪽 '나만의 반죽형 왁스 만들기' 참조). 전통적으로 테레빈유가 당시에 사용 가능한 유일한 용제여서 그것을 사용했고, 오늘날에는 석유 증류 용제를 흔히 사용한다(176쪽 '테레빈유와 석유 증류분 용제' 참조).

상당히 최근까지 밀랍이 사용 가능한 유일한 왁스였기 때문에 주로 밀랍을 사용하였다. 아직 많은 상업용 기성제품과 자가 제작 반죽형 왁스는 여전히 밀랍을 사용한다. 그렇지만 요즘은 천연이나 합성 왁스가 여러 종류가 있고 업체는 그것을 혼합하기도 한다. 왁스는 가격, 색상. 그리고 내미끄럼성(바닥재용)을 고려하여 선택한다. 그렇지만 개별 왁스는 경도, 광택, 녹는점이 다르기 때문에 이런 특성을 고려하여 혼합해야 한다.

경도, 광택, 녹는점은 다음과 관련이 있다. 왁스는 녹는점이 높을수록 광택과 경도가 더 좋다. 제조업체는 품질은 비슷하고 가격이 저렴한 합성왁스를 주로 사용한다. 다음은 일반적으로 많이 친숙한 천연 왁스의 몇 가지 예이다.

- 밀랍(벌집에서 채취한)은 약 140~150°F(60~66°C)에서 녹는데, 중간 정도로 부드럽고 중간 정도의 광택을 낸다. 마감제나 연마제로 사용하기 쉽다.
- 파라핀 왁스(석유에서 정제한)는 약 130°F(54°C)에서 녹고 밀랍보다 부드럽고 광택은 더 낮다. 전통적으로 푸줏간용 도마에는 파라핀을 발랐지만, 단독으로 마감제나 연마제로 사용된 적은 거의 없다.
- 카나우바 왁스(브라질 야자수 잎에서 추출)는 약 180°F(82°C)에서 녹고 매우 단단하며 밀랍보다 더 광택을 낸다. 단독으로 사용하면 벗겨내기가 매우 어렵다.

카나우바처럼 매우 단단한 왁스를 사용하기 위해 제조업체는 파라핀과 같이 부드러운 왁스와 혼합한다. 혼합하면 녹는점이 내려가고 경도와 광택이 감소한다. 대부분의 반죽-왁스 혼합제품은 순수한 밀랍과 마찬가지로 140~150°F(60~66°C) 범위에서 녹는다. 그러므로 거의 대부분의 반죽형 왁스는 같은 경도와 광택을 갖는다. 만약 차이가 있다면 그것은 아마도 사용한 반죽형 왁스가 아니라 왁스를 칠한 표면의 차이 때문일 것이다(3~4 종류의 반죽형 왁스를 인접 표면에 발라보고 현저한 차이가 있는지 확인한다).

주요 반죽형 왁스 제조업체는 천연 밀랍을 단독으로 사용하거나 다른 왁스와 혼합하여 사용하는 경우는 거의 없다. 밀랍은 비싸다. 또한 밀랍은 거칠어 잘 펼쳐진다. 순수한 밀랍 광택제는 전통적으로 사용해 온 왁스라는 신비로움을 이용하는 작은 회사들이 주로 제조한다.

속설	밀랍은 과거의 목공인들이 사용했기 때문에 대단한 마감제임에 틀림없다.
사실	옛 목공인들은 아마인유를 사용한 것과 같은 이유로 밀랍을 사용했다. 밀랍이 수입된 수지보다 구하기 쉽고 저렴했기 때문이다.

유통되는 왁스 중에 유일한 중요 차이점은 여분의 왁스를 닦아내기 전에 기다려야 하는 시간이다. 대기시간은 고체 왁스를 반죽형이나 액상으로 만드는 데 사용한 용제의 증발속도에 달려 있다. 존슨과 브리왁스 같은 몇몇 반죽형 왁스는 빨리 증발하는 용제를 함유하고 있다. 민 왁스 같은 다른 제품들은 천천히 증발하는 용제가 포함되어 있다. 용제가 증발하면 왁스는 다시 고체가 된다.

왁스는 굳도록 더 오래 둘수록 문지르기가 더 어려워진다. 닦아내기 전에 넓은 면적에 바르고 싶다면 더 느리게 휘발되는 용제를 함유한 왁스를 선택해야 한다. 불행히도 시행착오를 통해 최선의 반죽형 왁스를 찾아야 한다. 제조업체에서 유용한 건조정보를 제공하는 경우는 거의 없다.

몇몇 반죽형 왁스는 색상이 있는 제품으로 판매된다. 왁스의 색소는 안료나 염료이다(4장 '목재 착색' 참조). 광택 시 긁힘이나 미세한 손상을 착색하거나 마감하는 과정에서 목재를 착색하는 데 유색 반죽형 왁스를 사용할 수 있다.

마감제로 왁스 사용하기

어떤 면에서 왁스는 오일과 오일·바니시 혼합물과 같다. 바르기가 쉽고 저광이며 부드럽게 건조된다(107쪽 '반죽형 왁스 바르기' 참조). 그러나 왁스 마감제는 아마인유에 비해 보호성능이 떨어진다. 사실 왁스는 모든 마감제 중에서 보호성능이 가장 약하다. 재면에 거의 마감되지 않은 것이나 마찬가지다.

왁스는 열, 수분 또는 용제에 큰 방어막을 제공하지 못한다. 왁스는 녹는점이 150°F(66℃) 정도로 낮아 뜨거운 물체로부터 손상을 보호하지 못한다. 왁스는 부드러워 여분을 모두 닦아내야 하므로 왁스 마감은 수분에 효과적인 방어막이 될 만큼 충분한 두께를 형성하지 못한다(그렇지만 판재의 마구리면에 바르는 두꺼운 왁스 코팅은 훌륭한 방어막이 된다). 가구용 액상 연마제를 포함한 대부분의 용제는 접촉 시 왁스를 녹인다.

왁스 마감은 긁힘이나 홈집과 같은 마찰 손상을 감소시키는 것이 유일한 보호 작용이다. 왁스는 재면을 미끄럽게 하므로 비스듬한 타격이 파고들기보다는 미끄러지게 하는 경향이 있다. 그러나 긁힘과 홈집을 감소시키는 것이 왁스를 기본 마감제로 사용하는 적절한 이유는 아니다. 내긁힘성만 필요한 곳에 사용되는 목재에 왁스만 마감하면 금방 더러워진다. 오염성분이 부드러운 왁스 내부로 침투해 더러워진 왁스는 보수가 되지 않는다. 깨끗이 하려면 오염된 것을 모두 벗겨내야 하고 샌딩해야 하는 수도 있다.

단독 마감제로 왁스를 사용하는 유일한 이유는 재색을 원래대로 유지하면서 약간의 광택을 주기 위해서이다. 왁스는 다른 마감제처럼 재색을 짙게 하지 않으며, 색소가 첨가되지 않는 한 다른 색을 내지 않는다. 왁스마감은 조각품, 장식품 또는 선삭공예품 같이 손을 많이 타지 않는 제품의 마감에 매우 효율적이다. 작품을 만든 작가로서 미적인 요소로 왁스를 선택할 수도 있다. 왁스 마감은 마감을 전혀 안 한 것보다 먼지를 쉽게 털어낼 수 있다는 점에서 더 나은 마감이다(가구 광택제나 젖은 헝겊이 아니라 먼지떨이만으로도 가능).

셸락이나 오일 또는 다른 마감제를 1~2회 바르고 그 위에 왁스 마감제를 바르라는 지침을 본 적이 있을 것이다. 왁스만 바른 것보다는 내구성이 뛰어난 마감법이라 할 수 있다. 하지만 재면에 다른 마감제를 하도로 바르고 그 위에 왁스를 바르는 것은 왁스마감이라 할 수 없다. 다른 마감제 위에 광택제로 왁스가 발라진 것으로, 이는 다른 마감이다. 이때의 왁스는 다른 마감제에 사용되는 훌륭한 광택제라 할 수 있다(18장 '마감 관리하기' 참조).

다른 마감제와의 호환성

왁스를 아마인유. 아마인유와 바니시 혼합물 내지 광유(미네랄 오일)와 같은 다른 마감제와 혼합하라는 제안이 있다. 이들 마감제와 왁스를 섞을 수는 있지만, 일반적으로 좋은 생각은 아니다. 이 혼합물 마감제는 왁스가 없는 것보다 더 부드러워질 것이다. 많은 경우, 마감이 너무 약해서 만질 때마다 번져 얼룩이 질 수 있다.

어떤 마감제 위에도 왁스를 칠할 수 있지만, 왁스 위에

나만의 반죽형 왁스 만들기

기성 반죽형 왁스는 자가 제조하는 그 어떤 것보다 좋다. 그러나 단지 재미삼아 특정한 색상이나 광택을 내는 자신만의 왁스를 시도해 보고 싶을 수 있다. 방법은 다음과 같다.

❶ 왁스나 왁스 혼합물을 잘게 부수어 용기에 넣는다.
❷ 왁스 1 lb. 대 용제 1/2 pt. 비율로 미네랄 스피릿, 나프타 또는 테레빈유를 첨가한다.
❸ 뜨거운 물이 담긴 그릇에 용기를 넣고 왁스와 용제가 섞이도록 중탕하고 필요하면 저어준다. 온수 그릇을 열원에 올려 뜨거운 상태를 유지할 수 있다. 왁스와 용제가 담긴 용기를 불꽃이나 버너 위에 직접 올려놓아서는 안 된다. 불이 붙을 수 있다.
❹ 왁스가 식으면 여름철 버터 농도가 될 것이다. 진하게 하고 싶으면 왁스를 더 넣고 가열하고, 더 옅게 하려면 용제를 더 넣고 가열한다.
❺ 녹은 왁스에 로튼스톤(트리폴리석), 색소(오일, 일본 안료, 톨루엔이나 나프타에 우선 용해시킨 유용성 안료)를 첨가하여 긁힘을 잘 안 보이도록 하거나 독특하고 고풍스러운 질감을 낸다.

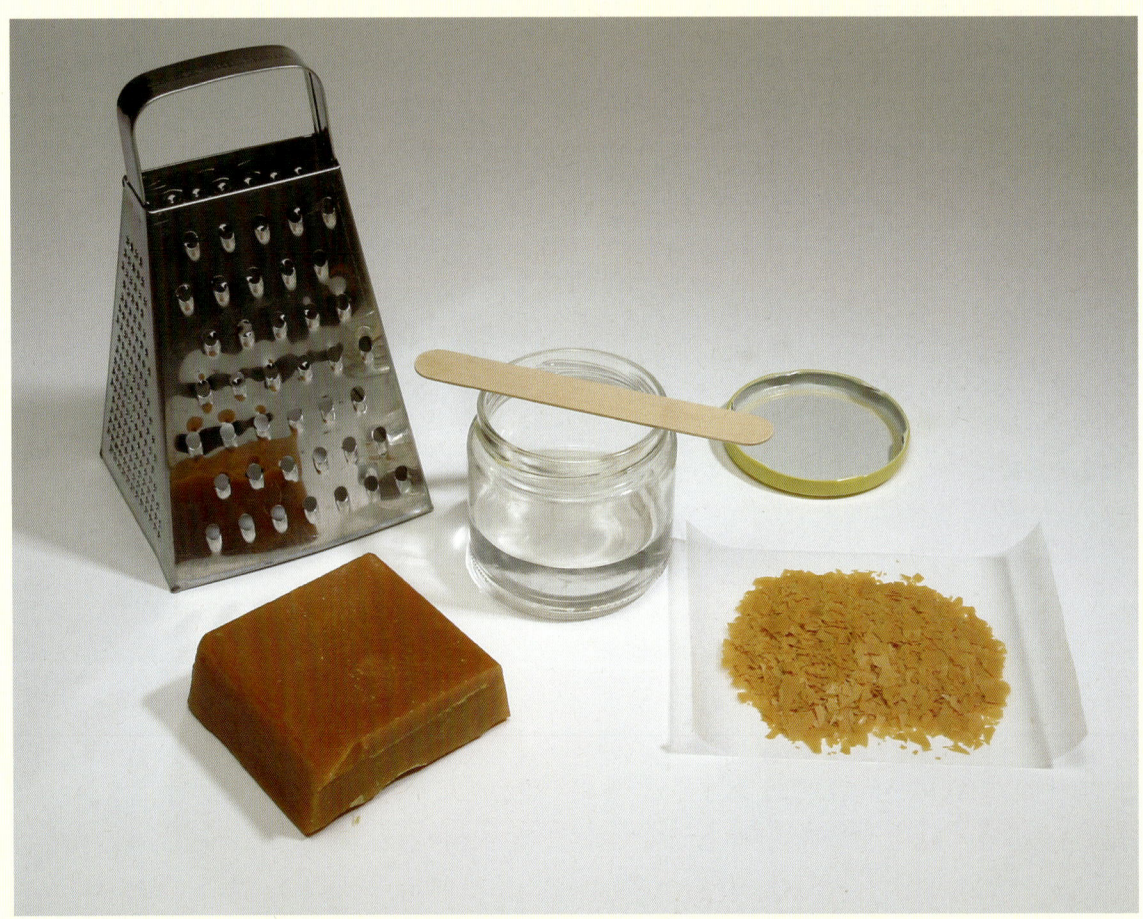

고형 왁스나 왁스 결합물을 테레빈유 내지 석유증류 용매(미네랄 스피릿, 나프타, 톨루엔 등)에 녹여 자신만의 반죽형 왁스를 만들 수 있다. 가열하면 녹는 속도가 빨라지지만, 용기는 열원 위에 직접 올려놓지 말고 물에 담가 중탕한다. 만약 왁스가 왼쪽의 밀랍처럼 벽돌 형태라면 갈아서 용기에 넣는다. 만약 오른쪽 카나우바 왁스처럼 조각이면 그냥 용매에 넣기만 하면 된다.

반죽형 왁스 바르기

반죽형 왁스는 내구성이나 보호성능이 좋지 않기 때문에 가구용 마감제로는 더 이상 사용하지 않는다. 그렇지만 다른 마감제 위에 광택제로는 사용한다(18장 '마감 관리하기' 참조). 다음은 광택제나 마감제로 반죽형 왁스를 사용하는 방법이다.

반죽형 왁스를 쉽게 바르는 방법은 부드러운 천 가운데에 왁스 덩어리에 넣고 싸서 마감면 위에 문질러 왁스가 천에서 스며 나오게 하는 것이다.

> **팁** 만약 반죽형 왁스를 다른 마감제 위에 광택제로 사용하면서 동시에 광택이 거의 없고 평활하게 마감하기를 원한다면 스틸울로 왁스를 바른다. 긁힘이 잘 안 보이도록 목리 방향으로 문지른다.

① 재면이나 마감면이 깨끗한지 확인한다.
② 가로세로 각 6 in.인 부드러운 면보 가운데에 반죽형 왁스 덩어리를 놓고 싼다.
③ 반죽형 왁스가 재면으로 스며들도록 천을 문지른다. 어쨌든 여분은 모두 제거한다. 왁스를 천으로 싸는 것은 재면에 묻어나는 양을 조절하기 위해서이다. 적게 묻을수록 제거하는 양도 줄어든다. 왁스가 단단하면 왁스가 따뜻하고 부드러워질 때까지 손에 쥐고 치댄다.
④ 대부분의 용제가 증발하도록 둔다(광택은 유광에서 무광으로 변한다). 반죽형 왁스에 사용하는 용제와 온도에 따라 증발시간은 달라진다. 증발 정도가 감으로 느껴질 때까지 한 번에 한군데씩 좁은 면적을 작업한다.
⑤ 부드럽고 깨끗한 면보로 여분을 닦아낸다. 광택만을 기준으로 한다면 여분 제거는 수월할 것이다. 너무 오랜 시간이 경과하면 왁스가 녹아 제거될 수 있도록 충분한 열[150°F(66°C) 이상]을 내기 위해 강하게 문질러야 한다. 반면에 너무 일찍 제거하면 왁스를 너무 많이 제거하게 된다.
⑥ 여분의 왁스를 제거하고 광을 내기 위해 전동 버퍼 또는 양모 패드가 장착된 드릴을 사용할 수 있다.

> **팁** 왁스가 너무 단단하게 굳어 제거하기 어렵다면 반죽형 왁스를 더 발라 원래 왁스를 부드럽게 한 후, 굳기 전에 여분을 제거한다. 아니면 나프타 또는 미네랄 스피릿에 적신 헝겊으로 전부 또는 거의 대부분을 닦아낸 후에 다시 바른다.

> **주의!** 왁스 제거를 원하지 않는다면 반죽형 왁스 위에 액상 가구 광택제를 바르면 안 된다. 가구 광택제에 포함된 유성 용제는 반죽형 왁스를 녹일 정도로 강하므로 헝겊으로 마감면을 닦으면 얼룩이 지면서 제거된다.

❻ 여분의 왁스를 제거하지 않으면 마감면에 왁스 자국이 남는다.

만약 양모패드가 여분을 제거하지 못하고 오염이 계속 된다면 패드에 찌꺼기가 너무 많이 끼인 것이다. 패드로 왁스를 더 이상 제거하지 못해 그냥 여기저기 옮겨 놓고만 있는 것이다). 헝겊으로 더 많은 왁스를 제거한 다음 깨끗한 양모 패드로 다시 제거한다. 왁스를 주변에 펴 바르는 것이 아니라 여분을 제거해야만 한다. 손가락으로 문질러 제거가 여전히 가능하다면 여분의 왁스가 완전히 제거되지 못한 것이다.

❼ 바를 때마다 적어도 몇 시간 기다리면서 최소한 한 번 이상 바른다면 더 좋은 결과를 얻을 수 있을 것이다. 두 번째 바르는 왁스로 왁스층을 더 두껍게 만드는 것이 아니라 첫 번째 바른 후에도 여전히 남아 있는 미세한 부분을 채우는 것이다. 처음에는 표면이 밋밋했다면, 두 번째 도포에 의한 개선은 매우 현저하다.

❽ 왁스 마감 또는 광택을 유지하기 위해서는 깃털 먼지제거기나 부드러운 천으로 자주 먼지를 털어준다. 왁스 광택제(다른 마감제 위) 위에 천을 덮고 물을 살짝 적시면 먼지를 흡착하는 데 도움이 된다. 물에 적신 샤무아 가죽도 사용할 수 있다. 만약 표면 광택이 죽기 시작하면 부드럽고 마른 천으로 문지르면 광택이 되살아난다. 그래도 광택이 돌아오지 않으면 반죽형 왁스를 다시 바른다. 왁스는 증발하지 않기 때문에 여러 달이나 수년 동안 사용하지 않은 테이블 상판에 왁스를 다시 바를 필요는 없다.

❾ 왁스칠을 여러 번 한 후에 왁스를 손가락으로 제거할 수 있다면 각각의 왁스칠을 할 때마다 여분의 왁스를 완전히 제거하지 않은 것이다. 새 왁스를 바르고 여분을 닦아 내거나 나프타나 미네랄 스피릿으로 왁스와 남아있는 광택의 전부 또는 거의 대부분을 제거한다.

❿ 더 부드러운 목재는 왁스를 더 많이 흡수하기 때문에 더 단단한 목재보다 마감하기 어렵다. 광택이 나면서 고르게 될 때까지 왁스를 계속 올릴 수 있고, 열로 왁스를 녹여 관공 안으로 더 밀어 넣을 수 있다. 이렇게 하면 더 빨리 할 수 있다. 헤어드라이어, 열풍기 또는 유사한 열원으로 온도를 150℉(66℃) 이상으로 올려 왁스를 녹인다. 다만 너무 뜨거워 재면이 타지 않도록 주의해야 한다.

⓫ 선삭재에 왁스를 바른다면 카나우바 왁스(Hut and Liberon사 제품)로 만든 왁스 막대로 선반에서 바로 작업할 수 있다. 선반의 회전으로 왁스가 녹을 수 있는 충분한 열이 발생하므로 왁스 막대를 재면에 눌러 바로 바른다.

아무 마감제를 칠해서는 안 된다. 오일 원액, 오일·바니시 혼합물, 그리고 셀락만 왁스 위에 바를 수 있다. 오일과 오일·바니시 혼합물은 왁스를 녹여 위에 설명한 것처럼 혼합물을 만든다. 셀락은 원래 왁스가 함유되어 있어서 재면의 왁스 대부분을 제거한다면 잘 결합할 것이다 (18세기에 만들어진 대부분의 가구는 원래 왁스로 마감하였는데, 19세기에 들어와 셀락으로 그 위에 마감되었다). 왁스 위에 수성 도료를 바르면 주름이 발생할 수 있다. 래커, 바니시, 그리고 폴리우레탄은 더 부드럽게 경화되고 더 오래 걸린다. 모든 경우, 왁스는 마감제와 목재와의 결합을 약화시키거나 하도 도료와의 결합을 약화시킨다.

> **메모** 흔한 선삭재 마감제인 Shellawax와 Crystal Coat는 셀락과 왁스의 호환성을 활용한 것으로 두 가지를 섞어 셀락 단독 사용보다 좀 더 부드럽고 저광을 내는 마감제가 된다.

7장 눈메꿈

- 마감제로 눈메꿈 하기
- 반죽형 목재 메꿈제로 눈메꿈 하기
- 마감제와 반죽형 목재 메꿈제 비교
- 유성과 수성 목재 메꿈제 비교
- 유성 반죽형 목재 메꿈제를 사용할 때 흔히 발생하는 문제점
- 유성 반죽형 목재 메꿈제 사용하기
- 수성 반죽형 목재 메꿈제 사용하기

사진 7-1 위 사진 왼쪽부터 오른쪽 방향으로 마호가니 관공을 눈메꿈 하지 않은 재면, 부분적으로 한 재면, 완전히 눈메꿈한 재면의 각기 다른 효과를 보여준다.

모든 활엽수재는 관공의 크기와 분포에 따른 천연 질감을 가지고 있다. 단풍나무와 벚나무 같은 수종들은 관공이 작고 고르게 분포하기 때문에 평활하고 고른 질감은 나타낸다.* 호두나무나 마호가니 같은 또 다른 목재는 상당히 큰 관공이 일정 경향을 띠고 분포하기 때문에 거칠면서도 고른 질감을 낸다.** 참나무나 물푸레나무 정목은 불균질 목조직(거칠고 부드러운 것이 교대로 반복)이 보이는데, 봄철에 자란 부위의 관공이 여름철에 자란 부위의 관공보다 훨씬 커 그 크기가 다르기 때문이다.*** 목조직은 재면 마감을 했을 때 어떤 외관을 보일지 좌우한다. 예를 들어 단풍나무와 참나무의 목조직은 확연히 달라 재면에 불투명 도장을 하고 인위적인 목리, 즉 재면에 목리와 문양을 가짜로 그려 넣지 않는 한 서로의 구분은 명확할 수밖에 없다.

비록 이 목재를 저 목재와 비슷하게 만들지는 못해도 도막형성 마감제처럼 어떤 마감제로 마감하느냐에 따라, 목재 질감에 영향을 줄 수 있다. 마감제를 얇게 바른다면 마감된 목재는 마감되지 않은 목재와 유사한 질감을 나타낼 것이다. 마감과정에서 관공을 일부 또는 전부 메꾸면 마감 재면의 외관을 크게 바꿀 수 있다. 관공을 모두 메우면 반사광에서 표면의 어떤 흠집도 보이지 않기 때문에 거울과도 같은 광택마감이 된다. 이런 고상한 효과를 고가 테이블 상판에서 볼 수 있는데, 그렇다고 고가의 장비나 재료를 필요로 하는 것은 아니다 (사진 7-1).

관공을 완전히 또는 일부만 충전하는 일반적인 방법에

- • 산공재에 관한 설명이다.
- •• 반환공재에 관한 설명이다.
- ••• 환공재 정목에 관한 설명이다.

속설 참나무, 물푸레나무, 마호가니, 호두나무처럼 큰 관공을 지니는 수종은 반드시 눈메꿈 해야 한다.

사실 꼭 그럴 필요는 없다. 이는 전적으로 미적 측면이다. 20세기 초, 일부 성행하던 마감양식 중에는 환공재의 눈메꿈이 필수적이었다. 이런 마감방식이 계속 반복되면 목재 마감 전체의 규칙인 양 곡해되기도 한다.

는 마감제 그리고 반죽형 메꿈제를 사용하는 방식, 두 가지가 있다. 관공이 작은 목재(산공재)를 마감제로 충전하는 것은 빠르고 문제 발생이 거의 없다. 환공재의 큰 관공을 반죽형 메꿈제로 메우는 것은 빠르고 관공 안에서 메꿈제가 덜 수축한다는 점에서 더 안정적이고 마감제 낭비도 적다. 또한 반죽형 목재 메꿈제는 다양한 효과를 줄 수 있다(114쪽 '마감제와 반죽형 목재 메꿈제 비교' 참조).

마감제로 눈메꿈 하기

마감제로 관공을 메우기 위해서는 마감제를 여러 번 바른 후, 관공 안의 메꿈제가 수평이 될 때까지 샌딩한다(그림 7-1). 재면에 층을 이루도록 단단하게 굳는 것이라면 어떤 마감제도 가능하다. 셸락, 래커, 바니시, 수성도료, 그리고 모든 2액형 도료도 메꿈제로 사용할 수 있다. 샌딩 실러나 촉매형 샌딩 실러(Catalyzed sanding sealer)도 마찬가지이다.

여러 번 바른 다음 한 번에 깎아 내거나 표면이 아주 평평해질 때까지 매번 바를 때마다 약간씩 깎아 낼 수도 있다. 여러 번 바른 것을 한 번에 깎아 내는 것이 효율적이다. 그러나 만약 매번 바를 때 조금씩 깎으면 샌딩과 동시에 다른 결점들을 제거할 수 있다. 어느 것이든 마감면을 훼손하지 않고 재면 아래로 파고들지 않도록 유의해야 한다. 재면이 착색되었을 때 특히 조심해야 한다. 마감면을 손상하면, 특히 문제가 발생한 곳이 많다면 수리할 손상부위를 일일이 찾기가 쉽지 않다. 이 경우 모두 벗겨내고 새로 마감해야 한다. 작업 경험이 없다면 중요한 프로젝트에 착수하기 전 자투리 목재에 시험적으로 연습하기를 권장한다.

팁 바니시나 래커, 샌딩하기 쉬운 샌딩 실러를 메꿈제로 사용할 시에 목재 표면 손상을 줄이기 위해 마감제를 먼저 바른다. 그런 다음 샌딩 실러를 바르고 마감제 저항이 느껴질 때까지 다시 샌딩한다. 이렇게 하면 도막을 상당히 약화시키는 샌딩 실러는 관공에만 남고 재면에는 더 이상 남지 않게 된다(134쪽 '실러와 실러 바르기' 참조).

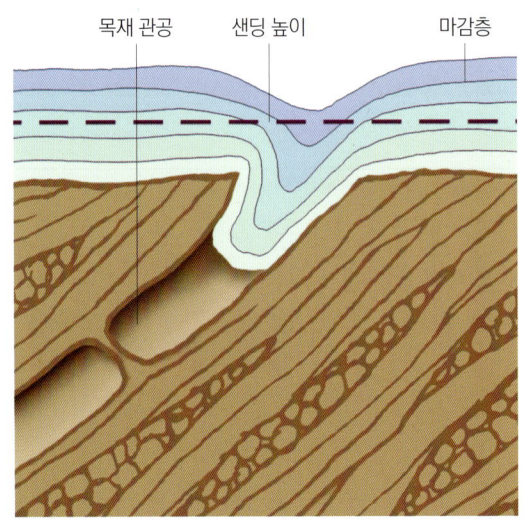

그림 7-1 마감제로 눈메꿈 할 때는 움푹 파인 관공을 메워 목재 표면보다 높아지도록 충분히 바른다. 그런 다음 메운 흔적이 사라질 때까지 마감층을 다시 샌딩한다.

마감층을 연마하기 위해 사포 사용하기

많은 도장공이 마감층을 연마하는 데 사포를 사용한다(스크래퍼를 사용할 수도 있지만 표면손상의 위험이 더 클 수 있다). 매번 칠할 때마다 샌딩하려면 윤활제가 재내로 스며들지 않는 첫 몇 회는 스테아르산(건식 윤활제) 사포로 샌딩한다. 몇 번 더 바른 후 습·건식(검은색) 방수사포에 액상 윤활제를 사용하면 효율이 증대된다. 다음은 방법에 대한 몇 가지 제안사항들이다.

- 입도 220~320번 사포로 시작한다(30쪽 '사포' 참조).
- 평활한 면에서 마감층을 균일하게 연마하기 위하여 편평한 코르크, 펠트 또는 고무 블록을 받쳐 사용한다.
- 윤활제로 오일을 사용한다면 샌딩이 쉽도록 미네랄 스피릿을 첨가한다. 윤활제로 물을 사용한다면 사포에 엉키는 것을 방지하는 거스러미 제거액 같은 순한 비누를 첨가한다. 나는 대부분의 경우 오일과 미네랄 스피릿 사용을 선호한다.
- 윤활제와 원형샌더를 같이 사용한다면 전동식보다는 공압식이 더 안전하다.
- 플라스틱 접착제 도포판(스프래더)으로 표면의 슬러지를 제거하면서 진행상황을 확인한다. 유광 마감제(가장 적절함)를 바르면 샌딩이 충분하지 않은 곳은 관공에 광택반점이 나타나 쉽게 구별할 수 있다 (사진 7-2).
- 마감면의 평탄도가 만족할 만한 정도라면 거친 입도에 의한 스크래치를 제거하기 위해 더 고운 입도로 샌딩한다. 원하는 광택이 날 때까지 점점 더 고운 입도로 진행한 후 스틸울이나 연마제로 변경한다(16장 '마감 완성하기' 참조).

반죽형 목재 메꿈제로 눈메꿈 하기

눈메꿈제(관공 충전제), 목리 메꿈제라고도 불리는 반죽형 메꿈제는 충전물질, 바인더 그리고 색소로 구성된다. 실질적인 메꿈제가 되는 충전물질은 실리카, 탄산칼슘, 점토 또는 중공구체(실리카로 만든 미세하고 속이 빈 유리구슬 알갱이)이다. 메꿈제를 재면에 부착하는 바인더는 오일이나 바니시(흔히 유성이라고 하는) 또는 수성 마감제이다. 색소로는 안료를 사용한다. 염료는 쉽게 탈색되어 주변 재색보다 관공이 밝게 보이기 때문에 반죽형 메꿈제에서는 좋은 선택이 아니다.

반죽형 메꿈제는 큰 못구멍이나 표면손상 부위를 메우는 상당히 진한 목재 퍼티와는 다르다. 그러나 물로 희석해

사진 7-2 마감면을 다시 샌딩한 것을 빨리 확인하기 위해서는 플라스틱 접착제 도포판으로 재면의 슬러지를 깨끗이 닦아낸다. 충분히 샌딩하지 않았다면 관공의 움푹 파인 부분이 여전히 눈에 띄는데, 광택마감을 했다면 특히 더 명확할 것이다.

서 반죽형 메꿈제로 사용 가능한 수성 퍼티 기성제품이 시장에 출시되어 있다.

제조업체로부터 목재색의 반죽형 메꿈제를 구입할 수도 있고 색소가 없는(소위 '중간색'이라 하는) 것을 사서 직접 조색할 수도 있다. 유성 반죽형 메꿈제는 일단 경화되면 착색이 안 되므로 바르기 전에 원하는 색상으로 만들어야 한다. 수성 반죽형 메꿈제는 착색이 잘 되는 편이라 바른 후에도 여전히 착색할 수 있다(착색하고자 하는 색상이 메꿈제에 제대로 적용되는지 동일 시편으로 확인한다).

반죽형 메꿈제의 조색에는 두 가지 방법이 있다. 호환되는 착색제를 첨가(유성 메꿈제에는 유성 착색제를, 수성 메꿈제에는 수성 착색제를)하거나 농축색소를 첨가한다. 착색제 지속시간을 제어할 수 없기 때문에 농축 착색제를 첨가하는 것이 좋다. 이는 착색제에 함유된 희석제 성분 때문이다. 유성 메꿈제에는 기름에 분쇄한 색소나 일본 색소(Japan colorants)를 사용한다. 수성 메꿈제에는 범용 색조 조색제(UTCs) 또는 회화용 아크릴 색소를 사용한다.

반죽형 메꿈제는 재면에 바로 바르거나 하도를 칠한 재면에 바를 수 있다 (그림 7-2). 색조 메꿈제를 재면에 직접 바르면 메꿈제는 관공을 메우고 착색까지 하게 된다. 하도가 칠해진 재면위에 색조 메꿈제를 바르면 메꿈제는 관공만 채색하게 된다 (사진 7-3). 어떤 경우든, 첫 번째 바르고 두 번째 바르기 전에 완전히 건조되기를 기다린 후에 두 번째 바르는 것이 더 좋은 효과를 낸다.

반죽형 목재 메꿈제의 종류

메꿈제 바인더에 따라 유성 또는 수성으로 구분한다 (사진 7-4). 유성 메꿈제는 한 세기 동안 보편적으로 사용해 왔다. 수성 메꿈제는 근래 10~20년 동안만 사용되었다. 유성 메꿈제는 작업시간이 더 길기 때문에 바르기가 더 쉽지만, 그 위에 도료를 바르면 문제가 많이 발생한다(116쪽 '유성 반죽형 목재 메꿈제를 사용할 때 흔히 발생하는 문제점' 참조). 수성 메꿈제는 너무 빨리 마르기 때문에 바르는 것이 더 어렵긴 해도 그 위에 도료를 마감할 때 발생하는 문제는 거의 없다 (115쪽 '유성과 수성 목재 메꿈제 비교' 참조).

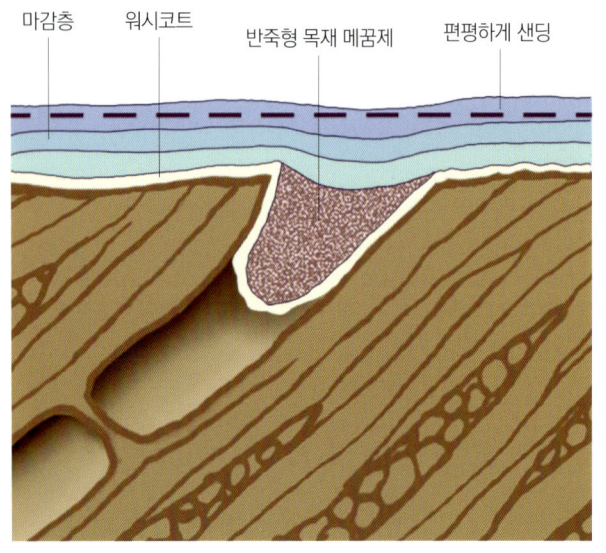

그림 7-2 반죽형 목재 메꿈제로 관공을 메우기 위해서는 메꿈제를 바르고 관공 속으로 밀어 넣는데, 워시코트 위에 바르거나(좋은 예), 재면에 직접 바르고 너무 단단해지기 전에 여분을 닦아낸다. 그런 다음 사포로 거울처럼 편평하게 샌딩하고 마감제를 바른다.

마감제와 반죽형 목재 메꿈제 비교

마감제로 눈메꿈할 때의 장점	반죽형 메꿈제로 눈메꿈할 때의 장점
적용상 문제가 거의 없음	관공 내에서 수축을 많이 하지 않아 몇 달이 지나도 흔적이 거의 없음
단풍나무와 벚나무 같은 산공재 충전이 빠름	참나무나 마호가니처럼 환공재를 빠르게 충전
착색 여부와 관계없이 관공의 색이 재색과 매우 비슷하게 유지하는 데 사용	관공의 장식효과(재색 또는 착색된 재색과 확연히 구별되는 색상)
	재색에 심도 부여(재색이나 착색된 재색보다 약간 짙은 색으로 충전)
	재료 낭비가 적음(마감제와 사포)

사진 7-3 반죽형 목재 메꿈제를 바르기 전에 워시코트 작업의 여부는 일차적으로 관공의 색을 원래 또는 착색된 목재의 재색과 같은 색으로 할지, 아니면 다른 색으로 할지에 달려있다. 유색 반죽형 메꿈제를 재면에 직접 바르면 관공을 눈메꿈 하고 재면에 착색된다(왼쪽). 워시코트 한 재면 위에 반죽형 메꿈제를 바르면 메꿈제를 관공 안에만 밀어 넣어 착색된다(오른쪽).

유성과 수성 목재 메꿈제 비교

유성 반죽형 메꿈제로 눈메꿈할 때의 장점	수성 반죽형 메꿈제로 눈메꿈할 때의 장점
여분 제거가 아주 쉬움	상도를 바르기 전에 기다리는 시간이 짧음
관공 채색을 제어하기 더 좋음	마른 후 착색할 수 있음
대부분의 경우 심도가 더 좋음	후 공정으로 어떤 마감을 해도 무방
	어떤 마감제 위에 발라도 문제 발생이 거의 없음

메모 관공을 메우는 데는 반죽형 목재 메꿈제 외에도 다른 방법도 가능하다. 니트로셀룰로오스와 소석고 기반 목재 퍼티, 파리석고, 산성 촉매 실러, 폴리에스터, 그리고 높은 고형분 함량의 마감제가 그러하다. 래커 지연제로 니트로셀룰로오스 퍼티의 경화를 늦출 수 있고, 석고와 파리석고는 식초로 지연시킬 수 있다. 이들은 착색제와 호환이 잘 안되므로 사용 전에 개별적으로 조색해야 한다. 산 촉매 실러와 폴리에스터는 고형분 함량이 높아 샌딩이 쉽다.

유성 반죽형 목재 메꿈제를 사용할 때 흔히 발생하는 문제점

유성 반죽형 메꿈제는 바르기 쉽지만 이후의 마감에서 문제가 발생할 수 있다.

문제점	원인과 해결 방법
마감제가 주름지고 잘 건조되지 않음	• 메꿈제가 완전히 굳지 않은 상태에서 마감제를 발라서 메꿈제의 오일이 마감제에 스며듦. - 마감제와 메꿈제를 벗겨내고 다시 시작해야 한다.
래커가 메꿈제를 부풀려 관공에서 밀려 나옴	• 래커를 너무 축축하게 바름. 래커에 함유된 래커희석제는 페인트 제거제가 오일 페인트를 팽창시켜 물집이 되듯이 같은 방식으로 바니시와 오일을 공격함. - 표면을 평활하게 샌딩한다. 관공 안에 있던 메꿈제 일부가 제거될 수 있다. 재충전하거나 추가로 마감제를 더 바르고 다시 샌딩한다. - 마감제를 벗겨내고 다시 바른다.
마감제를 발랐을 때, 관공 안의 메꿈제가 회색으로 변색됨	• 보통 얇은 도장과 래커 희석제에서 주로 일어나는데 원인은 완전히 알려지지 않았지만 메꿈제에 남아있는 희석제가 래커를 녹이는 것으로 추정한다. - 도막착색으로 가리거나 그렇지 않으면 모두 벗겨내고 다시 마감해야 한다.
마감면이 충격을 받으면 분리됨	• 재면과의 부착이 약함 - 벗겨내고 다시 마감함. 반죽형 목재 메꿈제를 바르기 전에 워시코트를 함. 재면에 남아있는 워시코트 잔유물에 마감제가 결합한다. - 수성 마감제를 바른다면 바르기 전에 충분히 오래 굳도록 둔다.

유성 반죽형 목재 메꿈제가 가장 흔하게 사용되는데, 눈메꿈하는 고급 가구에서 용제기반 도료가 수성도료보다 훨씬 더 많이 사용되기 때문이다(118쪽 '유성 반죽형 목재 메꿈제 사용하기' 참조). 이런 메꿈제는 바니시에 대한 아마인유 비율에 따라 건조시간이 달라진다. 아마인유 함량이 높을수록 여분의 메꿈제를 제거하는 시간에 여유가 있다. 물론 아마인유 함량이 높다는 것은 다른 마감제를 바르기 전에 더 오래 기다려야 한다는 것을 의미한다(오일과 바니시의 차이점에 대한 상세한 설명은 5장 '오일 마감제' 참조).

제조업체는 자사의 메꿈제 건조시간에 대한 정보를 거의 제공하지 않으며, 경화는 날씨 영향을 많이 받는다. 그러므로 반죽형 목재 메꿈제의 작업특성을 미리 알기는 어렵다. 다양한 제품을 사용해 보면서 그 특성을 알아내야 한다. 만약 메꿈제가 너무 빨리 굳으면 끓인 아마인유를 조금 섞어 시간을 늦출 수 있다. 1 qt.의 메꿈제에 1 티스푼 정도 첨가하는 것으로 시작해 본다. 메꿈제가 너무 늦게 굳으면, 일본 건조제를 첨가하여 가속할 수 있다. 1 qt. 메꿈제에 몇 방울을 첨가하는 것에서 시작하여 점차 양을 늘려 본다. 그렇지만 원하는 작업 특성에 관한 정보를 주는 메꿈제를 선택하는 것이 언제나 최선이다. 제조업체의 제품구성성분을 임의로 변조하면 문제가 발생할 수 있다.

일부 도장공은 메꿈제와 착색제 겸용으로 유색 반죽형 메꿈제를 사용하여 작업공정을 줄인다. 하지만 유성 메꿈제에서는 적용이 불가능하다. 이 경우 워시코트라 불리는 초벌의 얇은 도막 위에 메꿈제를 바르는 것이 최선이다(80쪽 '워시코트제' 참조). 완전한 실러(하도)가 아닌 워시코트를 하는 이유는 관공 가장자리를 모나게 하여 닦아내는 과정에서 덜 제거되도록 함이다(그림 7-3). 눈메꿈하기 전에 워시코팅을 해야 하는 주요한 여섯 가지 이유는 다음과 같다.

사진 7-4 반죽형 목재 메꿈제는 두 가지 종류가 있다. 나프타나 미네랄 스피릿으로 희석하고 세척하는 오일·바니시 바인더를 사용한 것(왼쪽), 물로 하는 수성 바인더를 사용한 것(오른쪽)이 있다.

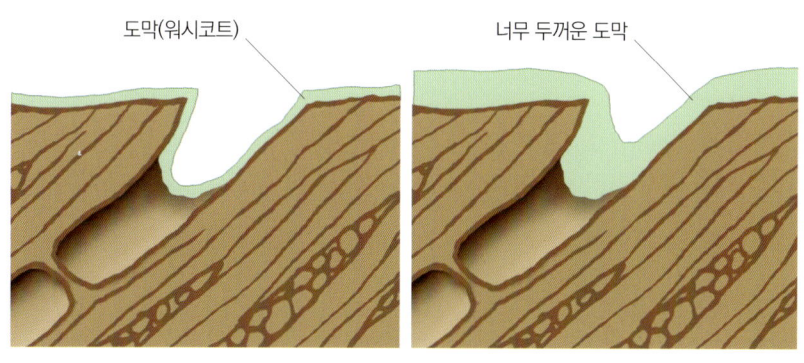

그림 7-3 첫 번째 하도 위에 메꿈제를 바를 때는 관공 상부의 가장자리가 예리하게 남도록 워시코트가 아주 얇아야 한다(왼쪽). 그러면 여분 제거 시 관공 내부에 많이 남게 된다. 만약 관공에 도막이 두껍게 남아 있으면 여분을 닦아낼 때 관공내부로부터 메꿈제를 너무 많이 제거하게 된다.

1. 외관을 더 다양하게 할 수 있다. 한 가지 형태와 한 가지 색상(예를 들어 염료착색제 같은)으로 목재 착색하고 관공은 다른 색상(안료 메꿈제)으로 착색 메꿈을 할 수 있다.
2. 워시코트는 쿠션을 제공하여 마른 후의 제거되지 않은 메꿈제 얼룩을 샌딩할 때, 착색을 제거할 위험성이 줄어든다.
3. 관공에 있는 메꿈제를 제외한 모든 유색 메꿈제를 제거해야 하므로 큰 면적을 작은 부분들로 중첩하지 않고 단번에 충전할 수 있다.
4. 워시코트는 평활하고 단단한 재면을 만들어 여분의 메꿈제를 닦아내는 것이 수월하다.
5. 예를 들어 메꿈제가 너무 굳어 닦아내기 어려운 문제가 발생하면 속에 있는 착색제 색상에 영향 없이 나프타나 미네랄 스피릿으로 메꿈제를 제거할 수 있다.
6. 재면에 더 잘 부착시킬 수 있다. 재면에 기름기로 남아 있는 반죽형 메꿈제보다 마감제가 워시코트에 더 잘 결합된다.

유성 반죽형 메꿈제의 희석에는 미네랄 스피릿과 나프타 두 가지 일반적인 용제가 사용된다(테레빈유를 사용할 수도 있지만, 미네랄 스피릿보다 장점이 없고 더 비쌈). 미네랄 스피릿은 나프타보다 증발이 더 늦어 넓은 면적을 충전하고 더 많은 작

유성 반죽형 목재 메꿈제 사용하기

유성 반죽형 메꿈제가 가장 많이 사용되지만, 일부 목공인과 도장공은 스스로 겪은 시행착오나 주변에서 전해들은 문제점으로 인해 사용을 기피하기도 한다. 그러나 적용이 그리 복잡하지 않으며, 희석제로 굳은 메꿈제를 단시간에 제거하거나 쉽게 연화할 수도 있다. 유성 반죽형 메꿈제를 바르는 기본단계에 대해 설명해 본다.

유성 반죽형 메꿈제를 가장 효율적으로 바르는 법은 붓으로 바르거나 묽게 분무하는 것으로 재면에 일정한 두께로 해야 한다. 희석제로 인해 재면에는 일시에 '물방울 터짐' 현상이 일어나게 되므로 여분을 닦아내는 이상적인 순간이 있다. 메꿈제로부터 대부분의 희석제를 증발시켜 관공 안에서 덜 수축되게 해야 한다.

❶ 원하면 착색제를 바르고 워시코트를 한다(80쪽 '워시코트제' 참조). 이 워시코트는 샌딩하지 않고 그냥 둔다.

❷ 원하는 색상을 얻기 위해 필요하다면 메꿈제에 오일 내지 일본 안료 색소를 첨가한다. 메꿈제를 잘 저은 후, 사용하는 동안에도 계속 저어준다.

❸ 메꿈제는 용기에서 꺼내 바로 사용할 수 있지만 희석한 것이 바르기에 수월하다. 작업시간이 길면 미네랄 스피릿을 사용하고, 짧으면 나프타를 사용한다. 메꿈제를 그대로 두면 진해져서 바를 때 관공 안으로 문질러 밀어 넣어야 한다. 그냥 천으로 문지르거나 플라스틱 접착제 도포판 또는 압착기로 해도 된다. 메꿈제를 물처럼 희석하면 관공 안으로 흘러서 잘 들어간다. 넓은 면적을 바를 때도 물처럼 희석하면 작업이 쉽고 낭비도 적다.

❹ 천이나, 솔 또는 분무총으로 메꿈제를 재면에 도포한다(저가 또는 오래된 붓, 전용 분무총). 만약 메꿈제가 진하면 바른 즉시 문지르거나 누르면서 관공 안으로 밀어 넣는다. 메꿈제가 엷으면 재면에 고른 두께로 붓질하거나 분무한다(위 사진 참조).

❺ 메꿈제의 광택이 사라지는 지점까지 희석제를 증발시킨다. 온도, 공기 순환 그리고 사용된 희석제의 종류에 따라 시간이 달라지지만 그리 길지는 않다. 부드럽고 촉촉한 잔유물이 남아 있어야 한다.

❻ 올 굵은 삼베 같은 거친 헝겊(면직물도 가능)을 **폭 방향**으로 문질러 **여분**의 메꿈제를 제거한다. 천에는 재면에 스크래치를 낼 수 있는 입자나 먼지가 없어야 한다. 관공에서 묻어 나오는 메꿈제 양을 줄이기 위해 폭 방향(목리 직교방향)으로 문지른다(119쪽 사진 참조).

❼ 선삭재, 조각재, 그리고 내부 모서리는 뾰족한 다월로 여분을 제거한다.

❽ 재면이 깨끗해졌을 때, 부드러운 면 보자기로 목리 방향으로 가볍게 닦아 남아있는 줄무늬 잔사를 제거한다.

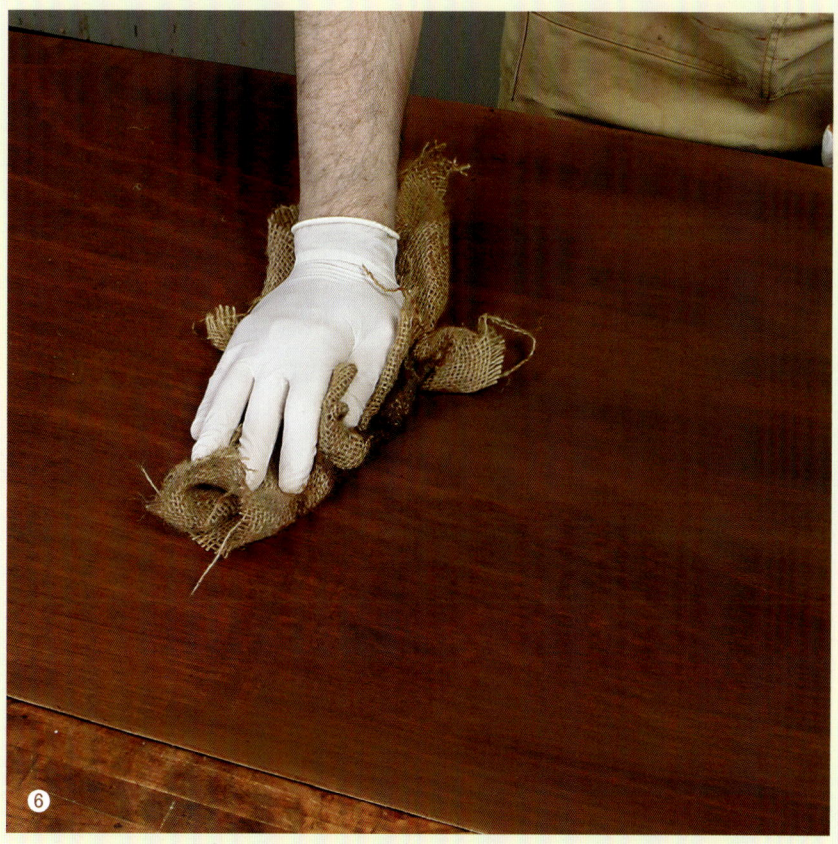

희석제가 충분히 증발하여 반죽형 목재 메꿈제가 광택을 잃으면 삼베 같은 거친 천으로 목리 직교방향으로 문질러 여분을 닦아낸다.

주의 ! 모든 메꿈제를 닦아내기 전에 굳을 수 있는 넓은 면적에는 반죽형 메꿈제를 발라서는 안 된다.
닦아내는 작업은 모든 것이 순조로울 때도 힘든 일이다. 워시코트를 한 상태에서 좁은 면적으로 중첩해 순차적으로 하는 것이 좋다. 메꿈제가 굳기 시작하면 미네랄 스피릿이나 나프타를 적신 천으로 닦아 부드럽게 만든다.

❾ 계속하기 전에 메꿈제를 적어도 하룻밤은 굳힌다. 날씨가 차거나 습하면 더 오래 경화시킨다.

❿ 마호가니와 참나무 같이 관공이 큰 목재는 **재벌 충전**하면 더 편평한 눈메꿈이 된다. 첫 번째 바른 메꿈제가 하루 밤 정도 경화된 다음 두 번째 메꿈제를 바른다. 원한다면 중간단계에서 워시코트를 해도 된다.

⓫ 320번이나 그 이상 고운 입도의 사포나 적갈색 내지 회색 합성 연마패드로 남는 줄무늬가 없는지 확인하면서 재면을 목리 직교방향으로 가볍게 샌딩한다. 워시코트를 하지 않고 메꿈제로 목재를 착색한 경우는 매우 조심해야 한다. 착색된 곳이 쉽게 제거될 수 있다. 만약 그렇게 되었다면 원래 착색제를 다시 바르고 즉시 닦아낸 다음 작업을 지속하기 전 마르게 둔다. 이색이 생긴다면 모두 벗겨내고 다시 시작한다.

⓬ 반죽형 메꿈제 위에 래커 희석제로 희석한 도료를 사용한다면 래커 희석제가 메꿈제를 팽창시켜 메꿈제가 관공 밖으로 밀려 나오거나, 래커 희석제에 의한 바늘구멍 발생을 감소시키기 위한 다음 두 가지 절차 중의 하나를 따른다.

- 첫 번째 래커 도장 전에 셀락 워시코트를 한다. 그런 다음 래커를 두껍게 도포하기 전에 얇은 도포를 수회 실시한다. 셀락은 래커 희석제가 반죽형 메꿈제로 스며드는 속도를 늦춘다.
- 완전히 젖은 도포를 분무하기 전에 안개처럼 고운 도포를 몇 회 분무한다. 고운 도포는 메꿈제에 스며들지 않고 팽창시키지도 않는다.

⓭ 충전한 목재에 마감제를 바를 때는 재면에 약간의 구멍이 여전히 존재함을 알 수 있을 것이다. 이는 여분을 닦아낼 때 메꿈제가 닦여 나오는 것과 수축현상에서 기인하며 피할 수 없는 현상이다. 완벽히 편평한 재면을 얻으려면 충전을 완료하기 위해 마감을 다시 샌딩해야 한다(112쪽 '마감제로 눈메꿈 하기' 참조).

수성 반죽형 목재 메꿈제 사용하기

수성 반죽형 메꿈제의 특징은 매우 빨리 마른다는 것이다. 메꿈제를 물로 희석해서 사용해도 되고, 용기에서 따라 바로 사용할 수도 있는데 그러면 여분에 닦아내는 시간이 거의 없게 된다(제조업체가 제공하는 적절한 희석제나 프로필렌글리콜 지연제를 첨가하면 작업시간을 늘릴 수 있다). 수성 메꿈제는 유성 메꿈제와 같은 방법으로 착색제와 워시코트 위에 바르거나 재면에 직접 바르고 마른 후, 그 위에 착색할 수도 있다. 두 방법 중 나는 첫 번째를 선호한다. 실제 적용분야는 모두 동일하다.

❶ 원하는 색상을 얻기 위해서 필요하다면 범용 색조 조색제(UTC) 또는 아크릴-안료 색소를 첨가한다. 메꿈제를 젓는다. 사용하는 동안 계속 저어준다.

❷ 메꿈제를 용기에서 꺼내 바로 사용하거나 물 내지 프로필렌글리콜로 희석한다.

❸ 메꿈제를 재면에 몇 방울 바르고 플라스틱 접착제 도포판이나 고무 롤러로 펴 바른다(오른쪽 사진). 메꿈제를 펴 바를 때는 관공 안으로 밀어 넣으면서 펴 바른다. 그런 다음 굳기 전에 여분을 빨리 제거한다. 방향에 상관없이 제거해도 되지만, 바른 자리로 즉시 돌아가 남은 줄무늬가 일렬이 되도록 목리 방향으로 제거한다. 이러한 방식으로 메꿈제를 도포하면 넓은 면적을 빠르게 바를 수 있으나 한 번에 작은 부위로 하는 것이 최선이다. 펴 바르는 도구에 메꿈제가 달라붙어 굳으면 표면에 긁힘이 생길 수 있으니 제거해야 한다.

❹ 메꿈제를 바른 다음 할 수 있는 한, 여분을 많이 닦아내고 삼베 천으로 목리 직교방향으로 문지른다. 만약 제거 못한 여분이 꽤 많다면 물에 적신 천으로 닦아 메꿈제를 부드럽게 만들어야 한다. 이런 과정에서 관공 안으로부터 메꿈제가 일부 제거되면 메꿈제를 더 바른다.

❺ 한두 시간 정도 메꿈제가 마르도록 둔다. 날씨가 습하거나 지연제를 첨가했다면 시간이 더 걸릴 수 있다.

❻ 중간 입도(150에서 220번) 사포를 손으로 받치거나 원형 샌더에 장착해 재면에 굳은 메꿈제를 갈아낸다. 메꿈제가 석고가루처럼 갈려야 한다. 동력 샌더를 사용하여 착색이나 워시코트된 재면을 샌딩한다면 관통하지 않도록 주의해야 한다. 중간색 또는 유색 메꿈제를 사용한 경우, 제거하지 않으면 재면이 지저분해지기 때문에 여분을 모두 제거해야 한다. 재면 또는 워시코트 면이 나올 때까지 샌딩한다. 투명 메꿈제를 사용했다면 여분을 모두 갈아낼 필요가 없고 평활한 수평면까지만 갈아내면 된다.

❼ 먼지를 제거하고 수평도가 더 좋아지는 두 번째 메꿈제를 바르거나 그렇지 않으면 마감제를 바른다. 충전된 면에 색상을 추가하기 위해 착색할 수도 있다.

❽ 충전된 재면 위에 마감제를 바를 때 재면에 여전히 구멍이 남아 있음을 알 수 있을 것이다. 이는 메꿈제의 수축에 기인하거나 여분을 닦아내면서 관공 안의 메꿈제가 일부 제거되었기 때문이다. 실질적인 해결 방법은 없으므로 완벽한 수평 표면을 얻기 위해서는 충전을 완료하도록 마감을 다시 샌딩해야 한다(112쪽 '마감제로 눈메꿈 하기' 참조).

업시간이 필요할 때 사용한다. 증발을 기다리지 않아도 되는 좁은 면적에는 나프타를 사용한다. 중간을 원한다면 두 가지를 섞을 수도 있다. 희석제 선택은 반죽형 목재 메꿈제의 최종 경화시간에는 영향을 주지 않고 메꿈제가 너무 딱딱해 제거할 수 없을 때까지의 시간에만 영향을 미친다.

메꿈제에 원하는 양만큼 희석제를 첨가할 수 있다. 총량이 작업품질을 좌우한다. 희석제를 첨가하지 않거나 소량만 첨가하면 메꿈제는 진하게 되고 목재 관공 안으로 문지르거나 밀어 넣어야 한다. 그런 메꿈제는 빠르게 건조하여 굳으므로 동시에 좁은 면적에만 작업이 가능하다. 만약 메꿈제가 닦아내기 어려울 정도로 건조되면 희석제로 닦아 부드럽게 만든다.

메꿈제가 물처럼 옅게 되도록 희석제를 너무 많이 첨가하면 재면에 붓질하거나 분무할 수 있다. 두께를 균일하게 유지한다면 용제가 재면에서 고르게 증발하여 여분을 닦아낼 이상적인 순간을 제공한다(너무 단단하지 않아 관공내부에서 수축이 거의 없는 한도 내에서 메꿈제로부터 희석제가 가능한 한 많이 증발하게 두는 것이 중요하다). 이런 연유로 나는 유성 반죽형 목재 메꿈제를 더 선호하는데, 이는 가구산업계와 대부분의 대형 매장에서도 사용하는 방법이다.

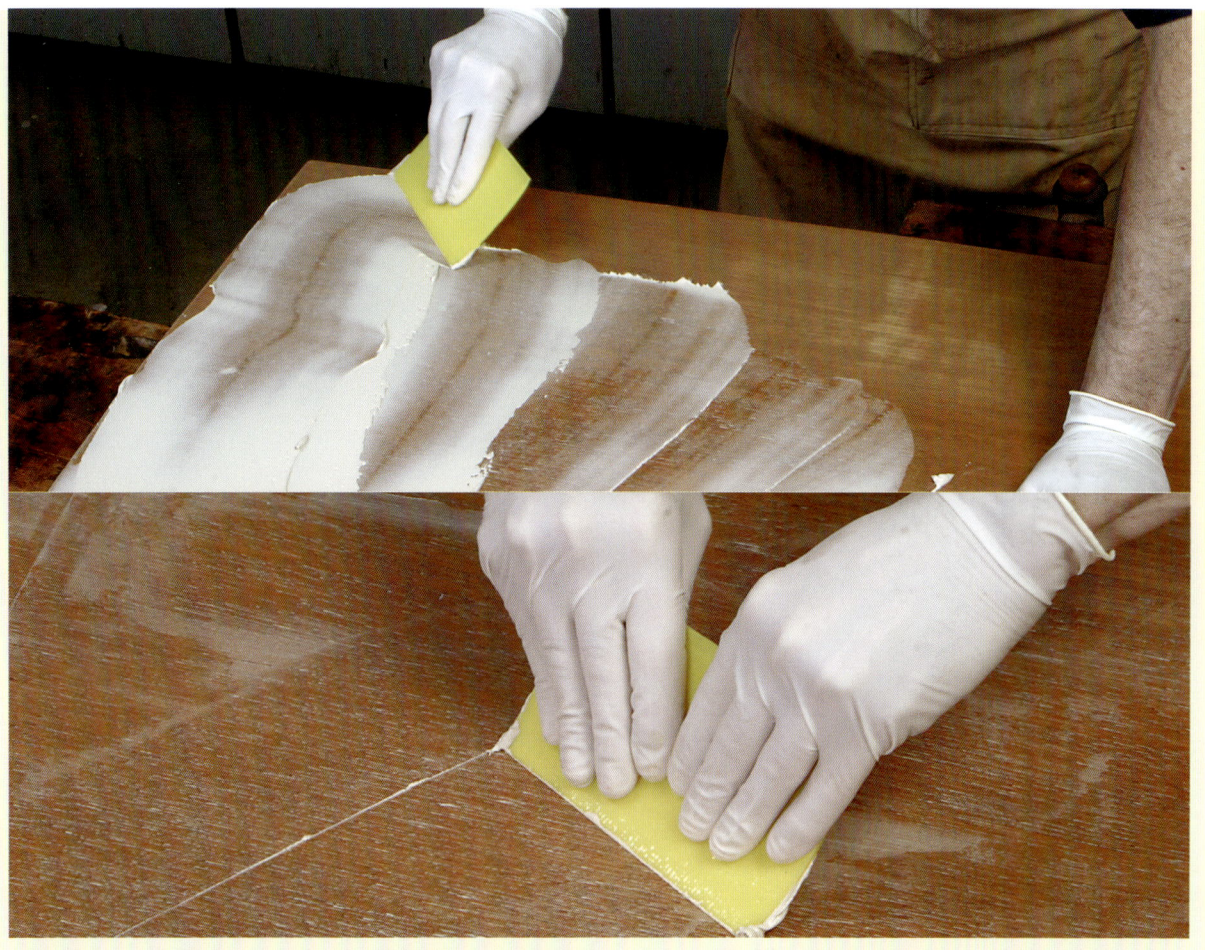

수성 반죽형 메꿈제는 매우 빠르게 건조되므로 즉시 여분을 제거해야 한다. 플라스틱 조각으로 메꿈제를 펴 바르면서 관공 안으로 밀어 넣는다(위). 그런 다음, 플라스틱 조각을 약간 세워서 더 강하게 누르면서 재면에서 여분을 제거한다(아래).

수성 반죽형 목재 메꿈제는 빨리 건조되므로 적용과정과 마감을 바르기 전 대기시간에 영향을 준다. 사실 대기시간이 짧다는 것은 아마도 수성 메꿈제를 사용하는 것의 주된 이점일 것이다. 또한 마감하는 동안 문제가 거의 없다는 것도 장점이다.

넓은 면에 메꿈제를 붓으로 펴 바르거나 분무한 후에 여분을 삼베나 면보로 닦아내는 대부분의 유성 메꿈제와는 달리, 수성 메꿈제는 희석하지 않고 재면에 붓고 플라스틱 조각이나 롤러로 펴 바른다. 펴면서 관공 안으로 밀어 넣고 여분을 즉시 닦아낸다. 그런 다음 삼베로 닦는데, 이때는 메꿈제가 이미 단단하게 굳은 다음이다(120쪽 '수성 반죽형 목재 메꿈제 바르기' 참조).

메꿈제가 빨리 마르고 샌딩이 쉽고, 착색이 잘 되기 때문에 재면에 직접 바르는 것이 가능하다. 그 후 가능한 많은 양의 여분을 제거한 다음, 잘 마른 후 잔유물을 갈아낸다.

평활하게 샌딩한 다음, 재면과 관공 안에 남은 메꿈제에 착색을 할 수 있다. 다양한 기성 메꿈제들은 호환성이 다르기 때문에 기대에 맞게 착색되는지 나무 조각에 먼저 시험해 보는 것이 좋다.

수성 메꿈제도 유성 메꿈제처럼 착색과 워시코트 위에

사진 7-5 이 4종의 단판은 각기 다른 제품과 방법으로 충전한 마호가니 외관을 보여준다. 동일한 마호가니 단판에서 샘플 4종을 채취하여 수용성 염료 착색제로 모두 착색하였다. **단판❶**: 착색제 위에 래커 워시코트를 한 후에 호두나무 색상 유성 반죽형 메꿈제로 눈메꿈하고 래커 상도를 마감하였다. **단판❷**: 착색제 위에 수성 워시코트를 한 후에 호두나무 색상 수성 반죽형 목재 메꿈제로 눈메꿈하고 수성 마감제 상도를 하였다. **단판❸**: 수성 반죽형 목재 메꿈제로 먼저 충전하고 착색한 후에 수성 마감제 상도를 하였다. **단판❹**: 착색제 위에 셸락 워시코트를 한 후에 투명한 수성 반죽형 메꿈제로 충전하였다. 그런 다음 수성 마감제로 상도하였다. 심도가 깊고 색감이 풍부한 외관은 유성 반죽형 메꿈제와 래커에서 얻을 수 있었다(**단판❶**). 수성 기반의 마감에서는 투명 메꿈제(**단판❹**)가 '중성' 메꿈제로 마감된 것들(**단판❷❸**)보다 상당히 풍부한 색감과 깊이를 보였다.

바를 수 있다. 그렇지만 메꿈제를 직접 재면에 먼저 바른 후에 착색제를 나중에 바르는 도장공도 많다. 어느 방법이 더 나은지 자투리 목재 조각에 시험해 보고 결정한다(**사진 7-5**).

유성 메꿈제와 마찬가지로 닦아내기에 너무 굳은 메꿈제 여분은 부드럽게 하여 제거할 수 있다. 수성 메꿈제에는 수성 메꿈제에 적신 천을 사용한다. 관공에서 너무 많은 메꿈제를 제거했다면 메꿈제를 더 바른다.

시중에 유통되는 대부분의 수성 반죽형 메꿈제는 '중성', 즉 연한 황갈색이나 연한 황백색을 띠고 있다. 일부는 색소가 포함되어 있지만 짙은 재색의 목재나 짙게 착색된 목재에는 맞지 않는다. 이런 메꿈제에는 안료를 더 첨가하거나 마른 후 착색을 해야 한다. 몇 종류 안 되지만 투명 메꿈제가 있는데, 유성 메꿈제로 얻을 수 있는 정도의 풍부한 선명도를 제공한다. 그 외에도 또 다른 훌륭한 품질도 가지고 있다. 투명이기 때문에 여분을 닦아낼 필요가 없다. 수평이 되도록 평활하게 샌딩하면 된다. 그런 다음 하고자 하는 마감을 적용한다.

8장 도막형성 마감제 입문

- 제품명의 오해?
- 마감제 이해하기
- 고형분 함량과 도막 두께
- 마감제의 경화 방식
- 소광제로 광택 조절하기
- 마감제의 경화법
- 증발형·반응형·복합형 마감제 비교
- 마감제 분류
- 실러와 실러 바르기
- 용제와 희석제
- 다양한 마감제용 용제와 희석제
- 마감제 호환성
- 도막형성 마감제의 미래

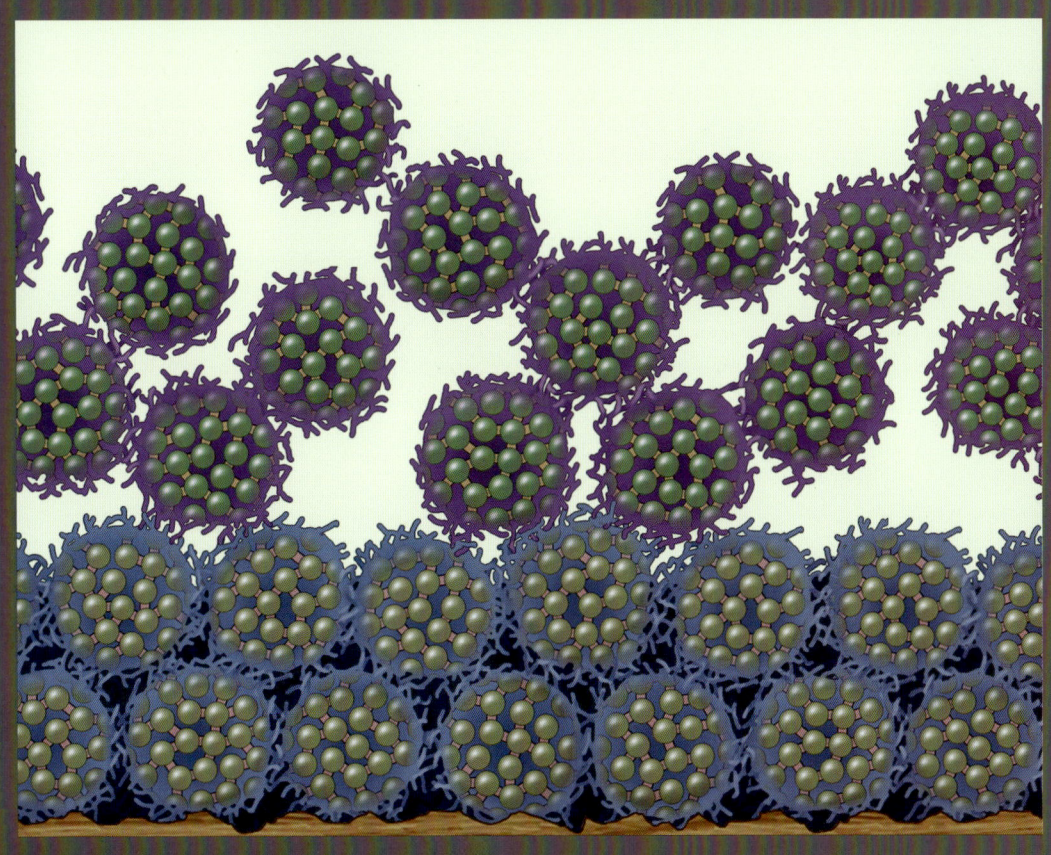

마감제는 그 목적에 따라 '침투'와 '도막형성' 두 가지 그룹으로 나눌 수 있다. 모든 마감제는 스며들기 때문에 침투 마감제에 대한 더 나은 명칭으로 '도막을 형성하지 않는'이 타당하겠지만, 그룹으로 분류할 경우 '침투'가 일반적으로 사용된다. 침투 마감제는 순수 오일과 단단하게 굳지 않는 마감제로 매번 칠할 때마다 여분을 닦아내지 않으면 끈끈해진다(5장 '오일 마감제' 참조). 도막형성 마감제는 단단하게 굳어 원하는 두께로 도막을 형성할 수 있다. 목공에 주로 사용되는 다섯 가지 유형의 도막형성 마감제가 있다('제품명의 오해?' 참조). 이런 마감제는 다음 장에서 다루어본다.

- 셸락
- 래커
- 바니시(유성과 바니시의 일종인 폴리우레탄 포함)
- 2액형(촉매, 2액형 폴리우레탄, 에폭시 등)
- 수성 마감제

도막형성 마감제는 보호막 두께로 인해 침투 마감제보다 재면보호가 잘 된다. 마감제가 두꺼울수록 내스크래치성, 내수성이 더 좋다. 물론 도막이 너무 두꺼우면 재면 아래에서 수축과 팽윤에 의한 응력이 발생하여 할렬이 발생할 수도 있기 때문에 도막두께에는 실질적으로 한계가 있다(마감제의 두께를 측정하는 방법에 관해서는 126쪽 '고형분 함량과 도막두께' 참조).

도막형성 마감은 침투 마감보다 더 많은 장식 가능성을 제공한다. 샌드위치 만드는 방식으로 도막을 층층이 쌓는다. 도막의 첫 번째 층은 하도(Sealer coat)라 부른다. 목재 관공을 덮거나 바탕을 덮는다(134쪽 '실러와 실러 바르기' 참조). 상도(Topcoats)라 불리는 후속 마감은 도막 두께를 늘리고 장식적 색상을 부여하고 원하는 경우 광택을 올리거나 제거한다.

도막에 여러 가지 방식으로 장식적 색상을 부여할 수 있다(그림 8-1).
- 마감제에 색상을 추가해 전체 면을 칠하면 토닝(Toning)이라 하고, 일부만 칠하면 셰이딩(Shading)이라 한다.
- 마감제 도포 사이에 색상을 첨가한 마감제를 도포하면

제품명의 오해?

도막형성 마감제는 여러 명칭으로 혼재한다. 셸락, 래커, 바니시 및 수성은 다양한 이름으로 불린다.

- **셸락**은 오일 바니시(Oil-varnish)와 구분해서 '스피릿-바니시(Spirit-varnish)'라고 불렸고 지금도 그렇게 불리고 있다. 셸락은 래커가 증발로 경화되는 마감제를 나타내는 용어로 쓰이거나 락깍지벌레(Lac bug) 기원을 언급할 때는 래커로 인식된다. 예를 들어 패딩 래커(Padding lacquer)는 프랑스 광택에 사용하기 위해 유성용제가 포함된 셸락을 부르는 명칭이다(19장 '마감 보수하기' 참조).
- **래커**는 바니시가 경화되어 단단한, 유광의 투명한 마감제를 의미하는 용어로 사용한다.
- **바니시**는 중국, 한국, 일본 등의 옻나무에서 채취한 반응 경화형 수지인 옻칠을 '래커'라고 부르기도 한다. 바니시를 열로 단단하게 구워 식품용 통조림 내부 코팅용으로 사용할 때 바니시를 래커라고 부르기도 한다(현재는 수성이 주로 사용되고 여전히 '래커'와 '바니시'로 불린다).
- **수성**은 마케팅 측면에서 '래커' 또는 '바니시'라고도 불린다. 이는 새로운 형태의 마감제를 친숙하게 만든다. 수성은 일부 폴리우레탄 수지가 일반적인 아크릴 수지와 혼합된 경우에도 같은 이유로 '폴리우레탄'이라 불린다.

이렇게 명칭이 다양해서 도막형성 마감제에 혼란이 생긴다. 목공 잡지 또는 주변에서 테이블을 바니시로 마감했다는 얘기를 듣는다면, 증발형 마감제(셸락 또는 래커), 반응형 마감제(바니시 또는 전환형 바니시), 복합형 마감제(수성) 중의 하나를 의미할 수 있다.

이 책에서는 페인트 매장에서 주로 사용하는 각종 마감제와 가장 연관성이 큰 명칭을 사용한다. 마케팅 담당자가 부르는 래커, 바니시 또는 폴리우레탄 같은 용어는 서로 구분이 되지 않고 혼돈만 주기에 피하고자 한다. 모든 수성 마감제는 옛부터 고유 명칭으로 구분되던 다른 어떤 마감제보다 훨씬 더 공통점이 많다.

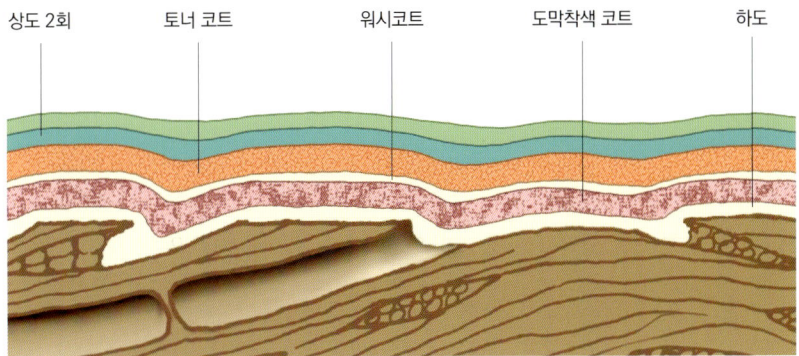

그림 8-1 도막형성 마감제는 층으로 구성된다. 첫 번째 층은 하도(그 아래 착색제를 바를 수도 있음)이다. 마지막 층은 상도로 구성되어 있다. 상도와 하도 사이에 색상을 넣을 수 있다. 도막 층 사이에 착색층이 있으면 '도막착색'이라 부른다. 색상이 도막층에 있고 재면 전체에 도포되어 있다면 '토닝'이라 한다. 색상이 도막 층에 있고 재면 일부에만 적용되면 '셰이딩'이라 한다. 착색층은 보통 마감제의 얇은 코팅인 '워시코트'로 분리가 된다. 다층 마감은 이러한 층 구성이 모두 포함될 수 있다.

도막착색(Glazing)이라 한다(15장 '고급 도색 방법' 참조).
- 마감제의 광택 조절은 상도를 연마제로 문질러 광택을 조절(16장 '마감 완성하기' 참조)하거나 소광제·광택제거제(Flatting agent)가 함유된 마감제를 사용하여 조절할 수 있다(128쪽 '소광제로 광택 조절하기' 참조).

> **메모** 엄밀히 말하면 '건조'와 '경화'는 액체가 고체로 변하는 다른 방식을 기술하는 용어이다. 건조는 용제가 증발하는 것을 말한다. 증발형 마감제는 용제가 완전히 증발해 고체로 변하기 때문에 '건조'된다. 경화는 화학변화를 의미한다. 반응형 마감제는 산소나 촉매에 의해 유발되는 화학 반응으로 인해 고체로 변하기 때문에 '경화'된다. 복합형 마감제(수성)는 건조와 경화 두 가지 모두 일어난다(입자 간 건조 그리고 경화 – 또는 전 경화 – 입자 내). 가능한 고체로 변환되는 기술에는 정확한 용어를 사용하고자 한다. 그렇지만 다층 마감이나 수성 마감제처럼 구분이 불가능한 경우에는 '경화'라는 용어를 사용한다.

마감제 이해하기

목공인이 마감에서 직면하는 가장 큰 문제 중 하나는 모든 선택의 이유를 이해해야 한다는 것이다. 마감제가 서로 어떻게 다른지 알아야 현명하게 선택할 수 있다(14장 '마감제 선택하기' 참조).

첫 번째 열쇠는 수지에 달려 있다. 모든 도막형성 마감제는 수지로 제조되고, 그것이 바로 마감제가 경화되면 남게 되는 단단한 부분이다. 목재 마감제에 사용되는 일반적인 수지는 알키드, 아크릴, 멜라민, 폴리우레탄이다. 폴리우레탄이 가장 범용적이며, 매우 견고하고 내구성이 크다고 알려져 있다. 따라서 폴리우레탄으로 제조된 마감제는 매우 단단하며 내구성이 크다고 할 수 있다. 이는 일정 부분 사실이지만 때로는 폴리우레탄 수지로 만드는 마감제 사용을 숙고해 볼 필요가 있다.

- 유성 폴리우레탄
- 수성 폴리우레탄
- 폴리우레탄 래커
- 2액형 폴리우레탄

> **팁** 도막형성 마감제는 붓질이나 분무하기 전에 체로 거르는 것이 좋다. 새것을 개봉한 용기에도 먼지나 부분적으로 응고된 주름 덩어리가 들어 있을 수 있다. 페인트 매장이나 마감제 공급업체에서 구입할 수 있는 저렴하고 사용하기 쉬운 페인트 거름망을 사용한다. 아니면 촘촘히 직조된 치즈 거르는 천을 사용해도 된다.

고형분 함량과 도막 두께

대부분의 목공인과 마감공은 마감제의 두께를 '코트'로 표현한다. 마감관련 "3회 코트를 했다."라는 이야기를 종종 듣는다. 문제는 한 사람이 도포한 마감제 코트의 종류가 다른 사람이 도포한 다른 유형의 마감제 코트와 크게 차이가 날 수 있다는 점이다.

마감제마다 고형분 함량(증발하는 희석제에 상대적인 고형물질의 양으로 대부분 수지)이 다르고 사람들이 말하는 '코트'라는 얇은 마감의 정도가 제각기 다르다. 어떤 이는 마감제를 붓으로 두껍게 바르는가 하면, 얇게 바르기도 한다. 누구는 한 번 분무한 것을 코트라고 부르고, 누구는 한번 바르고 그 위에 덧바른 완전히 젖은 두 번의 도포를 코트라고 한다.

도막 두께를 표현하는 정확한 방법은 마감제를 도포하고 도막이 젖은 상태에서 도막두께를 '젖은 도막층(mil) 두께 측정기' 즉, '밀(mil) 측정기'로 재는 것이다(1 mil은 1/1000 in.로 0.001 in.이며 0.0254mm이다). 그런 다음 젖은 도막 두께에 고형분 함량을 곱해 건조 후의 도막 두께를 계산하는 것이다(첨가한 희석제도 고려한다).

젖은 도막 두께를 측정하기 위해서는 위 사진에서 보듯이 밀 측정기를 붓으로 칠하거나 분무한 직후의 도막 위에 올려놓는다(이 작업은 나무 조각에 한다). 도막의 두께는 마감층에 자국을 남기는 가장 높은 번호의 '밀치(mil tooth)'와 같다.

대략적인 젖은 도막 두께를 파악하면 해당 마감제의 건조 마감 두께를 계산할 수 있다. 그렇게 하려면 사용한 마감제의 고형분 함량을 찾아야 한다(오른쪽 표 참조). 제조업체는 원료 혼합 시 측정한 투입 원료 무게인 중량단위의 고형분 함량을 제공한다. 부피는 중량기준보다 20% 정도 적지만 좀 더 정확한 값을 구하려면 제조사에 요구하거나 제품관련 MSDS(물질안전자료)에서 부피를 계산해야 한다(이 또한 제조사에 직접 요구해야 하지만, 오늘날 대부분의 웹사이트에 MSDS를 공지해 놓고 있다).

MSDS에서 '휘발성 물질 백분율'을 찾는다. 이것이 마감제에서 모두 증발하는 것이다. 이 값을 100에서 빼면 부피기준 고형분 함량이 된다. 증발하지 않는 모든 것은 고형분이다.

이제 그 값에 젖은 도막 두께를 곱한다. 예를 들어 부피기준 35% 고형분 함량을 갖는 후촉매 래커 1회 코트의 밀 두께가 4 mil

> **팁** 도막의 외관은 도막 두께를 측정하는 데 사용될 수 있다. 건조한 외관은 일반적으로 2 mil 이하이다. 평활한 젖은 외관은 약 4 mil이다. 주름이나 물결 외관은 6 mil 이상이다.

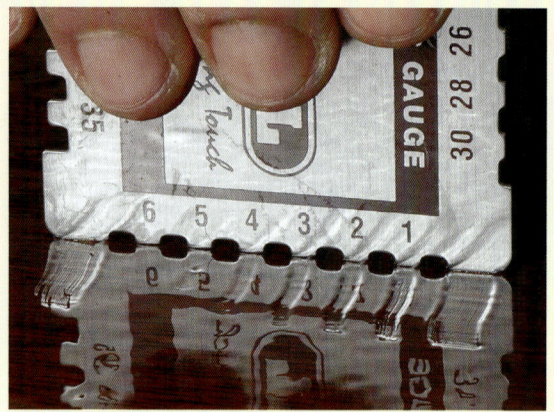

1회 코트의 건조 도막 두께를 측정하기 위해서는 분무나 붓질 바로 직후의 젖는 마감면에 밀 측정기를 올려놓는다. 자국을 남기는 가장 높은 번호의 톱니가 젖은 도막 두께이다. 이 값에 마감제의 부피기준 고형분 함량을 곱해 건조 도막 두께를 구한다. 희석제를 첨가했다면 그것도 고려해야 한다. 위 사진에서 마감된 젖은 도막의 두께는 5 mil이다. 측정기를 약간 끌어 표시가 좀 더 잘 보이도록 하였는데, 끄는 것이 꼭 필요한 것은 아니다.

이면 건조 도막두께는 4 x 0.35 = 1.4 mil이 된다. 약 4 mil의 총 건조 도막두께가 되려면 3회 도포해야 할 것이다. 일반적으로 마감제의 총 건조 도막두께가 얇게 보이는 2.5~5 mil 사이를 원하는 경우가 많다.

희석제를 첨가한 경우에 대한 예는 다음과 같다. 20% 고형분 함량을 갖는 니트로셀룰로오스 래커를 10% 희석하여 4 mil 젖은 도막두께로 분무했다면 4 x (0.2 − 0.02) = 0.72 mil이 된다. 4 mil 두께의 건조 도막 두께로 하려면 5~6회 도포해야 한다.

마감제 종류	부피기준 대략적인 고형분 함량(%)
셀락 (1-파운드 컷)	9
셀락 (2-파운드 컷)	16
셀락 (3-파운드 컷)	22
래커	20
바니시	30
수성	30
전 촉매 래커	30
후 촉매 래커	35
전환형 바니시	35
2액형 폴리우레탄	50
폴리에스터	90
에폭시 수지	100
UV-경화형	100

위에서 두 가지 이상을 사용해 봤다면 서로 매우 다르다는 것을 알 것이다. 유성 폴리우레탄은 매우 천천히 경화되어 보호성이 뛰어나고 내구성이 큰 도막을 형성한다. 수성 폴리우레탄은 상당히 빠르게 경화하고 거스러미가 발생하며, 액체나 열, 용제 또는 화학물질에 대한 내구성이 거의 없다. 폴리우레탄 래커는 매우 빠르게 경화되므로 분무해야 한다. 단단한 도막을 형성하여 수성 폴리우레탄보다 내구성이 뛰어나지만, 유성 폴리우레탄보다는 내구성이 약하다. 2액형 폴리우레탄은 또한 아주 빠르게 경화되고 내구성이 매우 크지만, 손상시키거나 보수, 벗겨내기가 매우 어렵다.

다른 수지의 경우, 해당 수지가 포함된 마감제의 주요특성을 설명하기에는 부족한 면이 있다. 마감제에 사용된 수지에 대해 아는 것이나 수지에 대해 일반적으로 아는 것으로는 마감제의 일부만 이해하는 것이 된다. 더 유용한 것은 경화되는 방식에 따라 도막형성 마감제를 분류하는 것이다.

마감제의 경화 방식

모든 마감제는 다음 중 하나의 방법으로 경화된다. 용제의 증발(증발형 마감제)에 의한 것, 용제가 증발한 후에 마감제 내의 화학반응(반응형 마감제)에 의한 것, 두 가지가 함께 일어나는 것으로 용제증발과 화학반응(복합형 마감제)에 의한 것이다(130쪽 '마감제의 경화법', 132쪽 '증발형·반응형·복합형 마감제 비교' 참조).

경화 방식을 쉽게 구별할 수 있는 방법이 있다. 셀락과 래커를 포함하는 증발형 마감제는 물그릇에 담긴 스파게티 면과 같다. 바니시와 2액형 마감제를 포함하는 반응형 마감제는 조립식 장난감(Tinker toys)과 같다. 수성 마감제로 구성된 복합형 마감제는 용제로 코팅하고 함께 압착시킨 축구공과 같다(133쪽 '마감제 분류' 참조). 순서대로 다뤄 보기로 한다.

증발형 마감제

증발형 마감제에는 셀락과 래커가 있다. 미세 구조로 보면 스파게티를 닮은 길고 끈적끈적한 분자로 구성되어 있다. 용제 내에서 이 분자들은 물그릇에 스파게티 면이 들어있는 것처럼 떠다닌다. 용제가 증발하면서 분자들은 엉키고 (물이 줄어든 스파게티처럼) 용제(스파게티에서 물처럼)가 다 날아가면 굳어서 고체가 된다(그림 8-2).

굳은 스파게티 면을 젖은 손가락으로 만지면, 면이 끈적거릴 것이다. 딱딱하게 굳은 스파게티 면 뭉치를 물에 담가두면 가닥이 분리되어 물에 뜨는 상태로 돌아갈 것이다. 래커 희석제에 굳은 래커가 닿거나 알코올에 굳은 셀락이 닿으면 같은 현상이 발생하고, 건조된 래커를 래커 희석제에 넣거나 건조된 셀락을 알코올에 넣어도 마찬가지이다. 처음에 도막은 부드러워지고 끈적거린다. 그런 다음 녹아서 액체상태로 되돌아간다(왁스 또한 증발형 마감제이지만 결코 굳

용액 상태

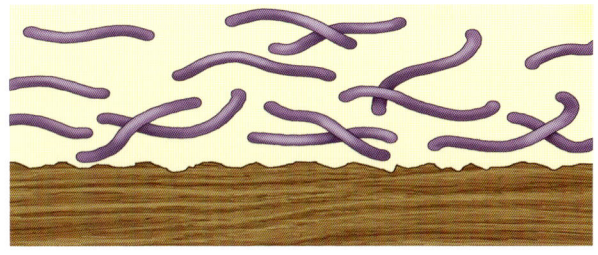

도막이 형성된 상태

다시 용액으로 돌아감

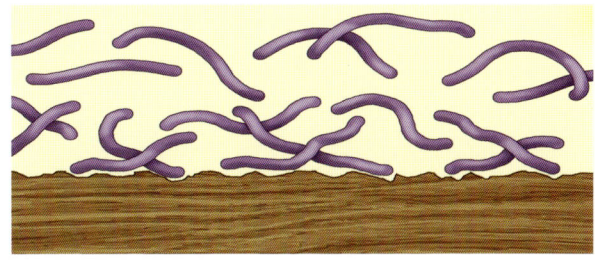

그림 8-2 증발형 마감제는 용제 증발 시에 서로 결합하는 긴 스파게티 같은 분자로 구성되어 있다. 용제가 다시 들어오면 분자가 분리되고 마감제가 다시 액체 형태로 돌아간다.

소광제로 광택 조절하기

소광제(광택제거제)는 대개 실리카로 무광 마감제 또는 착색제 용기에 가라앉아 있는 고형물질이다. 마감제를 저어 재면에 바르면 소광제는 빛을 무작위로 산란시켜 광택을 감소시킨다. 마감제에 소광제를 많이 첨가할수록 광택은 줄어든다(오른쪽 사진).

셀락을 제외한 모든 도막형성 마감제는 소광제가 함유된 제품으로 시장에 공급된다. 이러한 기성 마감제는 업체가 첨가한 소광제 첨가량에 따라 반광, 저광, 무광(Eggshell), 연마무광, 무광(Matte), 플랫 무광(Flat), 데드 플랫(Dead flat)무광 등으로 라벨에 표기된다. 불행히도 이 용어는 주관적이고 부정확하기 때문에 한 업체의 저광은 다른 업체의 저광과는 다른 광택을 낼 수 있다. 1~100의 숫자(100은 완전광택)로 표기되는 더 정확한 숫자 표기 시스템이 있지만, 일부 업체만 사용하고 있다.

소광제를 별도로 마련해(일반적으로 반죽형 소광제로 판매), 마감제에 섞어 자신만의 광택을 만들 수 있다. 또 다른 방법은 동일 마감제의 다른 광택을 혼합해 사용하는 것이다. 또한 소광제가 가라앉아 있는 용기에 마감제를 따르고, 유광과 무광으로 분리한 후, 섞어서 원하는 광택을 내기도 한다.

사용하는 소광제의 종류에 따라 입자는 도막 내에서 완전 투명이거나 거의 투명이다. 광택은 도막의 표면에 놓인 입자들에 의해 좌우된다. 젖은 도막이 건조하면서 수축하면 이 입자들은 윗부분으로 팽팽하게 당겨져 무광효과를 내는 미세하게 거친 표면이 만들어진다(오른쪽 모식도). 바르는 과정에서 젖은 광택에서 무광으로의 변화는 단시간에 일어나며, 이를 지켜보면 매우 명백하게 변하는 걸 알 수 있다.

무광효과는 경화된 도막 속에 있는 입자에 의해서가 아니라 거친 표면에 의해 만들어지므로 마지막 상도가 광택을 좌우한다. 저광을 2회로 마감 후에 유광 마감을 1회 하면 도막은 유광이 된다. 마찬가지로 유광을 2회 마감 후에 저광 1회 마감을 하면 도막은 저광을 낸다(오른쪽 아래 사진). 유광은 무광 표면을 고운 연마제로 문지르기만 해도 낼 수 있다. 사실 무광표면에 행해지는 연마는 광택을 한 방향 또는 다른 방향으로 바꾼다. 예를 들어 오랫동안 사용한 무광마감한 테이블 상판 모서리 부분은 마모로 인해 광택이 나는 경우를 흔히 볼 수 있다.

대부분의 무광 마감은 유광 마감보다 긁힘이 더 쉽게 나타난다. 이는 거친 물체가 미세 거칢을 편편하게 하는 게 상대적으로 쉽기 때문이다. 일부 제조업체는 평활화에 저항하는 왁스 코팅 무광입자를 사용하지만 이러한 정보를 제공하는 업체를 아직 본적이 없다.

> **메모** '뭉쳐진' 소광제는 도막에서 흰색 얼룩이 될 수 있다. 뭉침은 소광제 입자가 용기 밑바닥에 붙어 있거나 용기 뚜껑주변에 말라붙어서 생긴다. 뭉침이 발생하면 효과적으로 분리하거나 거를 수 없다. 새 제품을 사용해야 한다.

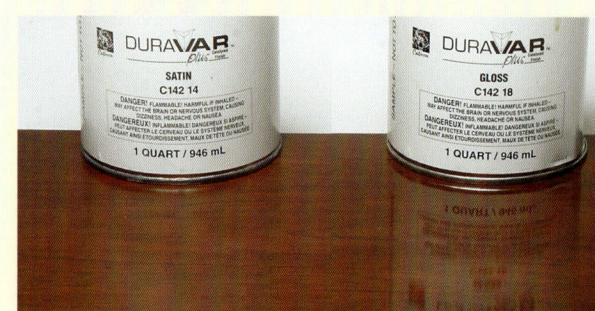

유광마감은 빛과 물체를 명확하게 반사한다(오른쪽). 무광마감(저광, 무광 등)은 소광제로 형성된 미세하게 거칠어진 표면 때문에 빛이 산란되어 흐릿한 이미지가 생성된다(왼쪽).

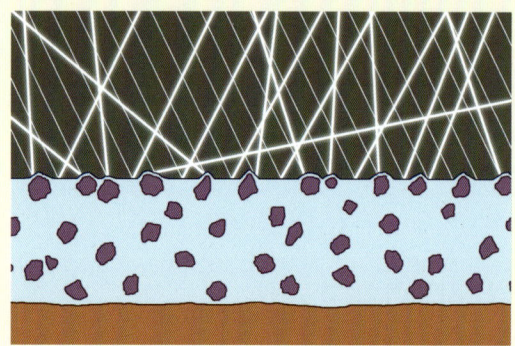

소광제는 빛을 산란시켜 광택을 감소시킨다. 마감제가 건조되면 수축하여 소광제 입자를 도막표면으로 팽팽하게 당기게 된다. 그래서 미세한 돌기들이 빛을 산란시킨다. 소광제를 많이 첨가할수록 돌기들이 조밀해져 광택이 더 낮아진다. 대부분의 무광인 마감제는 도막내부가 완전히 투명하다. 어떤 제조업체는 도막을 약간 흐리게 만드는 소광제를 사용한다. 저광 2회 도막 후에 유광 마감한 상태와 유광 2~3회 마감한 도막과 비교하는 것으로 투명도 시험을 할 수 있다.

광택을 내는 상도 마감을 보여주는 사진이다. 하도는 전혀 또는 거의 영향을 주지 않는다. 이를 보여주기 위해 이 판재의 왼쪽 절반을 저광 2회 마감한 후, 그 절반에 유광 1회 마감을 하였다. 비교를 위해 오른쪽 절반에는 유광 2회 마감한 후에 그 절반에 저광 1회 마감을 했다. 3회 마감이 된 부분의 첫 2회 마감은 광택에 아무런 영향을 미치지 않았다.

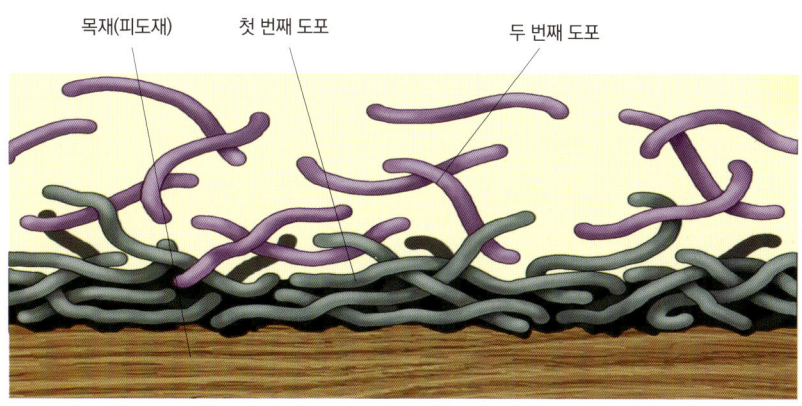

그림 8-3 기존의 건조 도막 위에 증발형 마감제를 도포하면 새 마감제의 용제가 하도를 부분적으로 녹이고 분자들을 엉키게 하여 더 두꺼운 층을 만든다.

> **메모** 셸락과 래커 두 가지 증발형 마감제를 서로 겹쳐 바르면 결합이 잘 된다. 하지만 동종만큼 잘 되는 것은 아니다. 셸락에 함유된 알코올은 래커 분자들이 엉키도록 래커를 연화한다. 셸락 마감 위에 래커를 발라도 동일하게 일어난다. 그렇지만 다른 마감제를 바르기 전에 '기계적' 결합을 만들기 위해 표면을 고운 스틸울이나 사포로 갈아 거칠게 만드는 것이 늘 최선이다.

지 않으므로 적층할 수 없다). 이런 경화과정에서 다음을 알 수 있다.

- 셸락과 래커의 건조시간은 전적으로 용제가 얼마나 빨리 증발하는가에 달려있다. 건조 시간을 조절하려면 더 빨리 또는 더 늦게 증발하는 용제를 사용한다.
- 기존 도막 위에 증발형 마감제를 1회 도포하면 새로운 마감제가 기존 마감제 내부로 녹아들어 더 두꺼운 도막을 형성한다 (그림 8-3). 이 경우 새 마감을 지저분하지 않게 깨끗이 닦아낼 수는 없다. 건조하기 전에 만질 수도 없고 재면까지 깊게 들어가는 흔적을 남길 수도 있다.
- 직전의 도포가 제각기 굳도록 기다리지 않고 바로 그 위에 증발형 마감제를 분무할 수 있다. 이런 과정의 유일한 단점은 하도의 용제가 도막 위로 흘러나오기 때문에 도막이 완전히 마를 때까지 더 오래 기다려야 한다는 것이다.
- 끈적끈적한 분자들은 화학결합 없이 단순히 얽혀 있기 때문에, 마모, 열, 용제와 화학물질에 쉽게 분리(손상)된다. 긍정적인 측면으로 증발형 마감제는 고른 광택을 내는 연마가 쉽고 손상부위에 다양한 마감제를 용융하거나 용해하여 감쪽같이 보수할 수 있다.
- 서로 엉킨 마감제 분자들로 형성된 미세 간극으로 작은 물 분자가 스며들 수 있어 증발형 마감제는 내수성이 크지 않다 (하지만 셸락은 예외라는 증거가 일부 있다).

반응형 마감제

2액형 마감제와 바니시는 모두 반응형 마감제이다. 이들은 조립형 장난감(Tinker toys) 세트의 블록을 닮은 작은 분자들로 구성되어 있다. 이런 분자들은 마감제 용기 안에서 희석제 내부에 떠있다. 희석제가 증발하면 분자들은 근접하여 산소(바니시 경우), 촉매, 활성제, 가교결합제 또는 경화제(2액형 마감제인 경우)의 도움으로 결합된다. 이런 결합은 가교결합 또는 중합반응이라 한다 (그림 8-4).

경화된 바니시와 2액형 마감제는 분자 규모로 보면 거대한 조립형 장난감 네트워크 같다. 경화된 도막에 그 어떤 희석제(용제 포함)가 접촉되어도 문제가 발생하지 않는다. 경화된 도막을 용매에 담그면 부풀기는 하지만 어떤 용제도 용해하지는 못한다 (아마인유와 동유 또한 반응형 마감제이지만 충분히 단단하게 경화되지 않기 때문에 두꺼운 도막을 만들 수 없다). 이런 경화방법을 통해 다음을 알 수 있다.

- 바니시와 2액형 마감제의 경화시간은 희석제의 증발속도가 아니라 가교결합의 속도에 달려있다. 다만 가교결합이 시작되기 전에 증발은 잘 일어나야 한다.
- 반응형 마감제의 도막은 서로 녹아들지 않는다. 그러므로 좋은 결합을 얻기 위해서는 바니시끼리는 며칠 또는 몇 주 이내에 여러 번 도포해야 하고, 2액형 마감제는 더 짧은 시간 내에 도포해야 한다. 아니면 새로 바르는 마감제가 홈에 맞물려 기계적 결합을 할 수 있도록 기존 도

마감제의 경화법

경화의 세가지 유형(증발형, 반응형, 복합형)을 이해하면 거의 모든 마감제를 훨씬 더 효과적으로 제어할 수 있다. 염료와 탈색제를 제외한 모든 마감제는 이 세 가지 방법 중 하나로 경화된다. 일반적으로 용기에 표기된 용제, 희석제, 그리고 세척제로부터 경화 형태를 쉽게 알 수 있다.

증발형

용제는 알코올, 아세톤, 래커 희석제

- 셸락
- 래커
- 래커 바인더를 사용한 속건 착색제
- 아세톤이나 래커 희석제로 희석하는 목재 퍼티
- 왁스
  (용제는 미네랄 스피릿이나 테레빈유)

반응형

희석제는 '석유 증류분' 또는 '지방족 탄화수소'라고도 불리는 미네랄 스피릿

- 아마인유와 동유
- 오일·바니시 혼합물
- 와이핑 바니시
- 젤 바니시
- 바니시(폴리우레탄 포함)
- 미네랄 스피릿으로 희석하는 와이핑 착색제
- 미네랄 스피릿으로 희석하는 일체형 착색제, 실러
- 미네랄 스피릿으로 희석하는 반죽형 목재 메꿈제
- 미네랄 스피릿으로 희석하는 도막착색제
- 2액형 마감제(희석제는 다양함)

복합형

용제는 글리콜 에테르-희석제는 물

- 수성 마감제
- 물로 지우는 와이핑 착색제
- 물로 희석하는 일체형 착색제, 실러
- 물로 지우는 목재 퍼티
- 물로 지우는 반죽형 목재 메꿈제
- 물로 지우는 도막 착색제

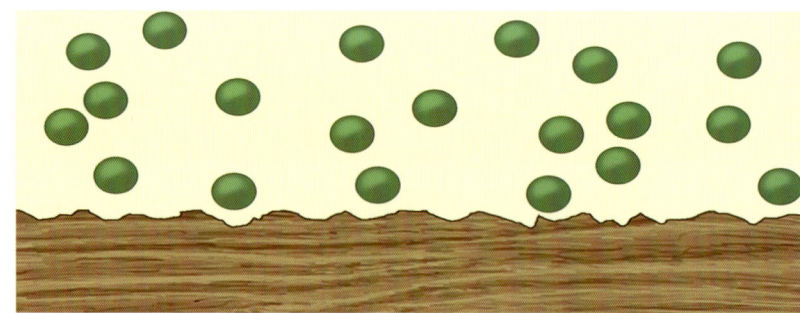

용액상태

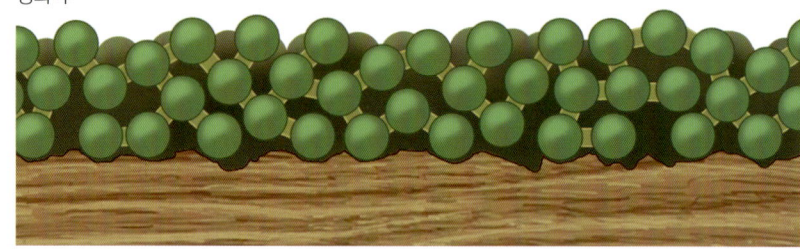

경화 후

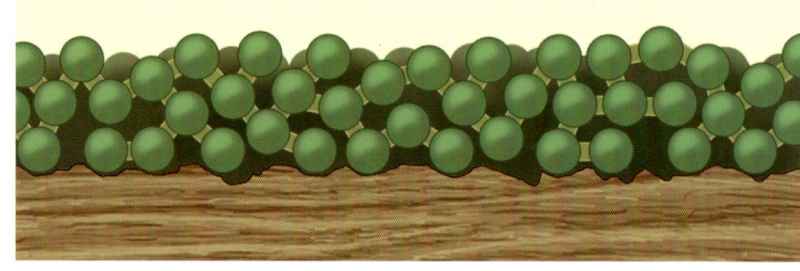

희석제 재투입

그림 8-4 반응형 마감제는 굳을 때 가교결합이 된다. 화학적으로 수지 분자들이 분자규모의 조립형 장난감 세트의 네트워크처럼 서로 결합한다. 희석제를 다시 투입한다고 해도 이러한 결합을 깰 수는 없다.

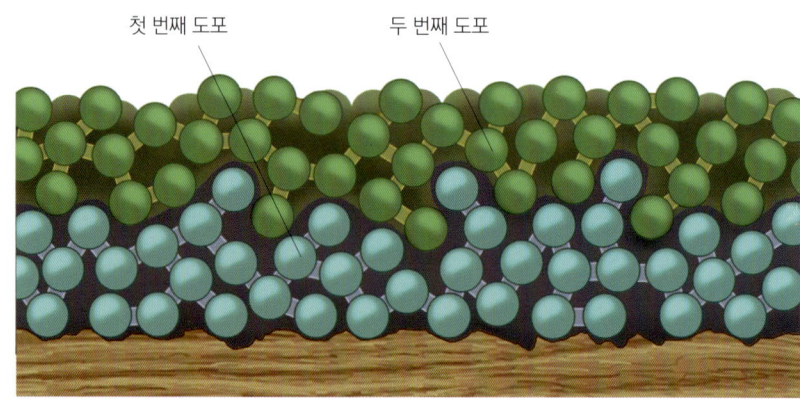

그림 8-5 반응형 마감제는 이전에 도포한 마감제가 완전히 굳었을 때에는 각 도포 간 화학적 결합은 일어나지 않는다. 두 도포가 결합하려면 사포나 스틸울로 아래 도막에 스크래치를 만들어 새로운 도포와 기계적으로 결합할 수 있게 해야 한다..

용액상태

경화 후

알코올이나 래커 희석제에 접촉했을 때(물에 의해서는 발생하지 않음)

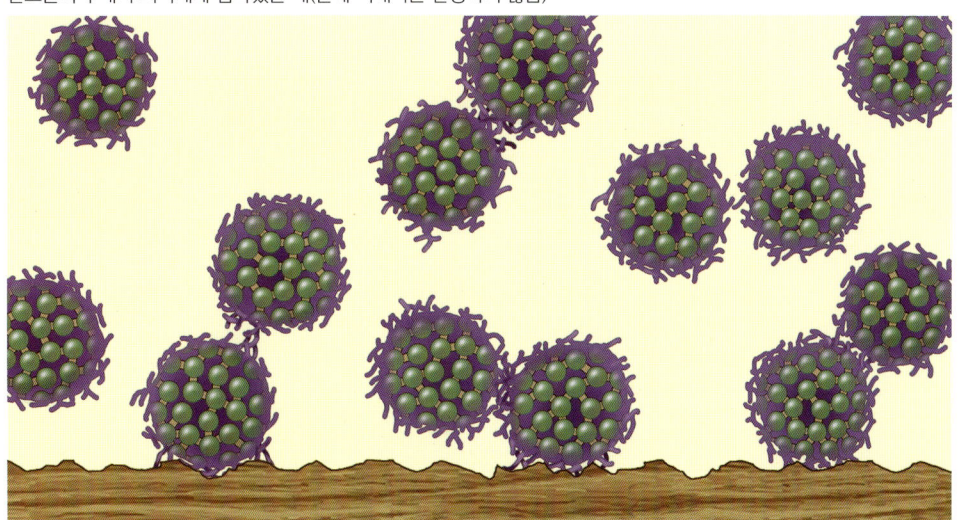

그림 8-6 복합형 마감제는 물이 증발하면 함께 적층되는 경화된 반응형 마감제 방울로 구성되어 있다. 수분 증발 후에 글리콜 에테르 용제가 방울의 외부 표면을 연화하여 끈적거리게 만든다. 용제마저 증발하면 방울이 달라붙어 단단한 도막이 형성된다. 경화된 마감제가 알코올이나 래커 희석제 같은 용제에 다시 접촉되면 방울은 끈끈해진 다음 액화된다.

그림 8-7 최근 마감한 도막에 복합형 마감제를 도포하면 새 마감제에 함유된 소량의 용제가 기존 도막에 있는 방울 표면을 연화하여 두 도막이 서로 잘 붙게 만든다. 표면보다 더 깊게 존재하는 도막을 연화할 정도로 용제가 많이 있을 필요는 없다.

증발형·반응형·복합형 마감제 비교

마감제 경화방식은 그 마감제에 대한 많은 정보를 준다. 다음은 각 형태별 개요를 설명한 것이다.

형태	증발형 (셸락과 래커)	반응형 (바니시와 2액형 마감제)	복합형 (수성 마감제)
경화는 전적으로 용제의 증발속도에 달려있음	예	아니오	예
도포가 서로를 용해시킴	예	아니오	부분적으로 예
먼저 칠한 도장이 굳기 전에 도포해 적층함	예	아니오	아니오
손상이 어려움	아니오	예	내스크래치성은 강하지만 열이나 용제에는 쉽게 손상됨
물과 수증기 저항성이 매우 큼	아니오	예	아니오

막에 흠집을 내야 한다. 새로 바른 도막층에 들어있는 먼지나 털을 제거하기를 원한다면 아래 도막의 손상을 걱정할 필요 없이 제거할 수 있다. 빨리 발견했다면 희석제로 닦아서 제거할 수도 있다. 그러나 도막 한 층을 통과해 그 아래까지 샌딩하거나 문지르면 중첩지점에 윤곽선이 보인다 (16장 사진 16-6).

- 증발형 마감제와는 달리 반응형 마감제의 매회 도포는 다음 도포 전에 경화되어야 한다. 그렇지 않으면 기존 도막에 주름이 생길 수 있다.
- 가교결합은 내스크래치성, 내열성, 내용제성, 내화학성이 큰 도막을 만든다. 거친 물체가 스크래치를 만들려면 분자를 분리해야 한다. 이런 마감제를 부풀게 하려면 고열이 필요하다. 기존 마감제를 제거하려면 염화 메틸렌 같은 아주 강한 용제가 있어야 한다. 그 외에도 반응형 마감제는 연마로 고른 광택을 내기가 어렵고 보수할 부분의 구별이 쉽지 않아 수리가 어렵다.
- 분자 가교결합으로 형성된 매우 밀집한 네트워크로 인해 반응형 마감제는 특히 수분 침투에 대한 방어가 뛰어나다.

복합형 마감제

수성 마감제는 유일한 복합형 마감제로 내부 고형물질을 플라스틱 덮개로 감싼 미세 축구공 같은 방울(라텍스)로 구성되어 있다. 내측은 가교결합 된 반응형 마감제가 들어 있다. 방울들은 매우 천천히 증발하는 용제 혼합물과 물에 분산되어 있다. 물이 먼저 증발한 후, 용제가 방울 외부를 부드럽게 한다(용제가 플라스틱 축구공의 외부 껍질을 연화하는 것과 마찬가지로). 용제가 증발할 때 방울들은 끈적거리고 서로 달라붙는다. 백색, 황색 접착제도 이와 같은 방식으로 건조된다.

경화된 수성 마감제에 물을 묻혀도 어떤 부정적인 일이 발생하지 않는다. 하지만 강한 용제에 접촉되면 부드러워지고 끈끈해진다. 용제가 방울들을 분리하고 끈적끈적한 상태로 되돌린다. 어떤 이들은 수성 마감제를 반응형 또는 증발형으로 분류하지만, 이는 혼란을 줄 수 있다. 사실 수성 마감제는 개별적으로 그런 특성을 모두 가지고 있으며 주요한 특성은 다음과 같다.

- 수성 마감제는 건조특성에서 증발형 마감제와 유사하다. 건조는 용제의 증발 속도에 좌우된다. 수성 마감제의 건조 속도는 늦게 증발하는 용제를 첨가하여 늦출 수 있다. 그렇지만 일단 마감이 되면 열을 제외하고는 속도를 높일 수는 없다 (모든 마감제는 가열하면 경화가 빨라진다).
- 상도는 하도 용해에 거의 영향을 미치지 않으며 서로 며칠 또는 몇 주 이내에 도포하면 적절한 결합을 충분히 할 수 있다 (그림 8-7). 용해는 증발형 마감제처럼 도막층을 더 두껍게 만들 수 있을 정도로 충분하지 못하다. 도포 간 시간이 많이 경과했다면, 기존 마감에 흠집을 내서 새로 바르는 마감제와 맞물려 기계적인 결합이 일어나도록 해야 한다. 도포 간 간격이 길수록 도막을 연마하면 도막 중첩부에 선이 보일 가능성이 더 높아진다.
- 도포 간 서로 용해되지 않기 때문에 다음 도포를 위해서 직전의 것은 단단하게 건조해야 한다. 부분적으로 건조된 하도 위에 상도를 도포해서는 안 된다. 덜 굳으면 문제가 발생한다.
- 각 방울 내부의 가교결합은 내스크래치성이 매우 강한 표면을 만들지만 방울들의 증발형 결합은 수성 마감제를 열과 용제, 그리고 화학물질에 의한 손상에 취약하게 만든다. 증발형과 반응형의 경화특성 복합은 수성 마감제가 반응형 마감제보다 연마로 고른 광을 내기 쉽고 보수가 용이하지만 증발형인 마감제보다 더 어렵게 한다.

마감제 분류

그룹	마감제	경화 형태
도막 형성형	셸락	증발형
	래커	증발형
	바니시(폴리우레탄 포함)	반응형
	2액형 마감제 (촉매래커, 전환형 바니시, 2액형 폴리우레탄, 폴리에스터, 에폭시, UV 경화형)	반응형
	수성	복합형
침투형	오일 또는 오일·바니시 혼합물	반응형

실러와 실러 바르기

많은 이들이 하도용으로 마감제보다 특별한 실러로 해야 한다고 생각한다. 이는 틀린 것이다. 모든 마감제의 첫 번째 도포는 실러(하도)가 된다. 재면에 침투되고 경화되어 관공을 막는다(오른쪽 그림). 그다음 번 도포를 포함하여 그다음에 칠해지는 액상 물질은 경화된 첫 번째 도포를 관통하지 못한다. 그러므로 모든 마감제는 실러가 될 수 있다. 다음의 효과를 내는 별도의 '실러'가 존재한다.

- 초벌 도포의 샌딩을 쉽게 함.
- 거스러미 발생을 줄임.
- 목재에 있는 오일, 수지, 왁스 또는 악취를 가두는 '밀봉'.
- 일부 2액형 마감제의 응용범위를 넓힘.

샌딩을 쉽게

초벌칠은 늘 거칠기에 첫 번째 도포를 샌딩하는 것이 좋다. 샌딩으로 평활하게 만들면 추가 도포도 평활하게 되므로 더 나은 최종 결과를 낸다. 그렇지만 바니시나 래커는 샌딩하기 어렵기 때문에 바니시와 래커에 미네랄 비누(Mineral soap, 스테아르산염 아연)를 첨가한 샌딩 실러(Sanding sealer, 샌딩 하도)가 공급된다. 미네랄 비누는 샌딩할 때(위 사진) 바니시나 래커를 분말화하여 사포입자 사이에 끼지 않게 해 준다. 샌딩 실러는 샌딩이 어렵지 않은 폴리우레탄, 셀락 또는 전촉매 래커에는 제공되지 않고, 수성 마감제에도 거의 공급되지 않는다.

샌딩 실러 역할에 대한 혼란은 정확치 않은 라벨과 잘못된 마케팅으로 인해 더욱 커져가고 있다.

- 일부 샌딩 실러는 단순히 '실러(Sealer)'라고 표기되어 **반드시** 마감 아래에 도포해야 한다고 생각할 수 있다.
- 어떤 마감제는 '셀프 하도(Self sealing)'로 마케팅되어, 그 외의 마감제는 별도의 샌딩 실러가 필요하다고 오해할 수 있다(셀프 하도제는 단지 샌딩이 그저 용이하다는 의미).

샌딩 실러는 다음과 같은 단점이 있다.

내구성이 떨어진다. 미네랄 비누는 내수성을 감소시키고, 특히 두껍게 발랐을 때 큰 충격을 받으면 바스러져 흰색으로 변한다(135쪽 사진). 한 번만 도포하는 것이 최선이다. 사실 넓은 면적을 작업하는 것이 아니라면 절대 사용하지 않는 것이 더 좋다. 이 경우 수월한 샌딩은 필연적으로 내구성 희생을 야기한다. 샌딩 실러는 작업 속도 향상 도구로 생각해야 한다.

샌딩 실러는 바니시와 래커 샌딩 시, 가루가 되어 사포에 찌꺼기가 끼는 것을 줄여준다.

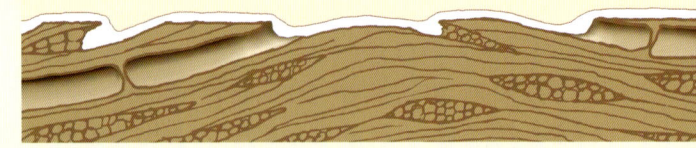

모든 마감제의 초벌칠은 관공을 메워 밀봉하게 된다. 이 경우 별도의 하도를 할 필요는 없다.

속설 샌딩 실러는 도막 부착에 더 나은 기반을 제공한다.

사실 사실은 그 반대이다. 샌딩 실러에 포함된 미네랄 비누는 도막이 재면에 결합하는 것을 약화시킨다. 이러한 속설은 샌딩 실러의 역할과 프라이머 역할을 혼동하기 때문에 발생한다. 페인트는 안료를 많이 함유하고 있어 결과적으로 안료입자 서로 간의 결합과 다공질 목재와의 부착에 바인더가 부족하게 된다. 프라이머에는 색소가 덜 함유되어 있기 때문에 결과적으로 바인더 함량이 높아 재면과 잘 부착된다. 투명한 마감제는 모두 바인더이다. 그들 자체가 재면과 완벽하게 잘 결합한다.

샌딩 실러를 두껍게 도포하고 뭉툭한 물체로 치면 약해지면서 바스러진다. 그 위에 상도로 마감되어도 같은 현상이 발생하며, 손상된 부위는 유색 마감제를 채워 넣어야만 보수할 수 있다(19장 '마감 보수하기' 참조). 전체 샌딩이 아닌 쉬운 샌딩 이상의 과도한 샌딩 실러를 도포해서는 안 된다. 대부분의 경우 한 번의 도포만으로 충분하다.

거스러미 감소

몇몇 수성 마감제는 알칼리성이 상당히 강하고(암모니아 냄새를 맡을 수 있음), 알칼리수는 pH 중성인 물보다 거스러미 발생이 더 심하다. 그러므로 제조업체는 때때로 거스러미 발생을 줄이기 위해 더 산성인 수성 실러를 공급한다. 그렇지만 알칼리가 없으면 실러는 내구성이 떨어져 그러한 종류는 내구성 희생이 필연적이다.

불행히도 제조업체는 간혹 이 제품들을 '샌딩 실러'라고 라벨에 표기하지만 샌딩하기 쉽지 않다. 기성 샌딩 실러와 마찬가지로 작업 속도 향상을 위한 도구로 여겨야 한다.

목재에 있는 문제들을 밀봉하기

가구나 목공품을 재도장한다면 피시 아이(Fish eye)나 건조불량 또는 결합 약화의 원인이 되는 재내 오일(주로 가구연마제에 기인한 실리콘 오일)이나 왁스를 만나게 된다. 연기나 암모니아 같은 고약한 악취가 날 수도 있다. 이런 상황에서 셀락을 사용하면 문제를 막을 수 있다(여기서 막는다는 의미는 도장마감의 의미가 아니라 문제 차단의 의미이고 색상 단계를 다른 것과 분리하는 것을 뜻함).

목재에서 초벌칠 할 때, 결합이나 건조 문제를 일으키는 수지가 많은 소나무 옹이를 다뤄야만 할 수도 있다. 이때는 셀락이 가장 우수한 하도제이다.

셀락은 흔히 모든 상황에서 대단한 실러로 여겨지며 마감제보다는 실러(하도제)로 더 여긴다. 이는 참 불행한 일이다. 목재 내에 문제를 일으키는 무언가가 없다면 셀락을 다른 마감제의 하도제로 사용할 이유가 없다. 초벌칠 위에 마감제를 더 도포할 때면 언제나 약한 결합과 주름, 부풀어 오름 등의 위험이 존재한다. 셀락 위에 내구성과 보호성이 더 좋은 마감제를 도포하면 전체 도막의 내구성과 보호성은 약화될 수도 있다. 만약 셀락을 사용해야 한다면 탈랍 셀락, 즉 왁스를 제거한 셀락을 사용하는 것이 좋다. 그러면 결합력이 상당히 좋아질 것이다(9장 '셀락' 참조).

응용범위 넓히기

2액형 촉매 래커와 전환형 바니시는 종종 마감제 도포시간이 매우 제한적인 경우가 많다(12장 '2액형 마감제' 참조). 충전, 착색, 그리고 도막착색 단계를 포함하면 이 한계를 초과할 수 있다. 이러한 경우는 재면에 비닐 실러를 바른 후 비닐 실러와 착색 단계 사이에 워시코트를 적용한다(80쪽 '워시코트제' 참조). 그 위에 최종적으로 2액형 마감제를 바른다.

비닐 실러는 내수성과 화학결합 특성을 개선하기 위해 니트로셀룰로오스 래커에 비닐 수지가 첨가된 것이다. 많은 도장공이 비닐 실러가 마감제 자체로 만든 하도제보다 저렴하고 내수성 저하가 없다는 이유로 시간에 쫓기지 않고 목재 하도를 할 수 있는 비닐 실러를 사용한다.

비닐 실러의 단점은 샌딩이 어렵다는 것이다. 이를 극복하기 위해서 일부 제조업체들은 샌딩 실러와 같이 미네랄 비누를 첨가한다. 샌딩 실러처럼 이 비누들은 전체 도막의 내수성을 감소시킨다. 선택만이 남는다. 샌딩을 쉽게 할 것인가 아니면 내구성을 더욱 강화할 것인가.

> **주의!** 폴리우레탄은 미네랄 비누나 왁스가 함유된 셀락과 잘 결합하지 않기에 폴리우레탄 마감층 아래에 별도의 샌딩 실러나 왁스 함유 셀락을 사용해서는 안 된다.

- 각 방울 내부의 가교결합 된 수지는 수증기 침투에 강하게 저항하지만, 방울 사이 증발형 결합은 증발형 마감제처럼 수증기를 통과시킨다(수성 마감제에 안료가 첨가된 라텍스 페인트는 '숨쉬는' 능력, 즉 수증기를 통과시키는 능력으로 평가된다).

용제와 희석제

내가 도장마감을 처음 배울 무렵 어떤 마감제에 어떤 용제를 사용해야 하는지 사수에게 물어본 적이 있다. 그는 직감적으로만 알고 있을 뿐 설명하지 못했다. 나는 내가 알지 못하는 뭔가 있다고 생각을 했다. 쉽게 설명한다는 건 어려운 일이므로 어떤 마감제에 어떤 용제가 맞는지 알기만 하면 된다('다양한 마감제용 용제와 희석제' 참조).

그렇더라도 용제와 희석제의 차이는 알아야 한다. 용제는 경화된 마감제를 녹인다(137쪽 '마감제 호환성' 참조). 희석제는 액체를 옅게 한다. 한 물질이 어떤 마감제에는 용제가 될 수 있고 다른 것에는 희석제가 될 수 있으며, 동일 마감제에 희석제와 용제 둘 다 될 수도 있다. 다음과 같이 분류한다.

- 미네랄 스피릿, 나프타, 테레빈유는 왁스에는 용제이고 왁스나 오일, 바니시에는 희석제이다. 그들은 고체 왁스를 녹이지만 굳은 오일이나 바니시는 녹이지 않는다. 다른 마감제도 녹이지 않기에 가구용 광택제나 세척제에 사용된다(176쪽 '테레빈유와 석유 증류분 용제' 참조).
- 알코올은 셀락에는 희석제이자 용제이고 래커와 수성 마감제에는 약한 용제와 부분적인 희석제이다. 알코올은 래커와 수성 마감제에 손상을 일으키지만 녹이지는 않는다. 알코올은 반응형 마감제에 손상을 주지 않는다(144쪽 '알코올' 참조).
- 래커 희석제는 래커에 희석제이자 용제이고 촉매 래커에는 희석제이다. 또한 셀락과 수성 마감제에는 용제이다. 래커 희석제는 반응형 마감제를 연화시키고 때때로 부풀게 하지만 녹이지는 못한다(159쪽 '래커 희석제' 참조).
- 글리콜 에테르는 수성 마감제에는 용매이자 희석제이다. 또한 셀락에는 용제이고, 래커에는 희석제이다. 글리콜

> **메모** 용제 사용이 건강에 미치는 부정적인 영향에 관한 정보가 최근 몇 년간 증가하였다. 하지만 마감제를 바를 수 있게 작용하는 것이 바로 용제이고 문제를 해결하기 위해 도료에 첨가하는 것도 용제이다. 용제는 비록 수성 마감제라 해도 필수적이다. 용제를 자주 사용하는 경우, 최선의 방법은 건강상 문제가 없도록 확실한 환기와 더불어 방독면으로 자신을 보호하는 것이다.

다양한 마감제용 용제와 희석제

용제와 희석제라는 용어를 혼동하여 사용하기도 하지만 서로 다른 의미를 가지고 있다. 용제는 경화된 도막(또는 다른 고체물질)을 녹인다. 희석제는 꼭 필요한 것은 아니지만 용액을 희석시킨다. 도료에서는 같은 물질이 용제와 희석제로 동시에 사용되기도 한다. 즉 경화된 도막을 녹이고 액상 도료를 희석하기도 한다.

물질	용제 대상 물질	희석제 대상 물질
미네랄 스피릿, 나프타, 테레빈유	왁스	왁스, 오일, 바니시
톨루엔, 자일렌	왁스 (수성접착제와 백색, 황색 접착제를 녹임)	왁스, 오일, 바니시, 개량 바니시
알코올	셀락, 래커(부분적으로)	셀락, 래커, 수성
래커 희석제	셀락, 래커, 수성	래커, 셀락(패딩 래커), 효소 래커
글리콜 에테르	셀락, 래커, 수성	수성
물		수성

에테르는 반응형 마감제에 손상을 줄 수 있다(196쪽 '글리콜 에테르' 참조).
- 물은 수성 마감제에 희석제이다.

이런 액체는 제각기 염료 착색제 중 하나에 대해서는 용제임을 명심해야 한다. 물과 글리콜 에테르는 수용성 염료를 녹인다. 알코올은 알코올용성 염료를 녹인다. 미네랄 스피릿, 나프타, 테레빈유, 그리고 래커 희석제는 유용성 염료를 녹인다(4장 '목재 착색' 참조).

마감된 마감제의 식별

각기 다른 용제가 각기 다른 마감제에 반응하는 현상은 오래된 도막을 식별하는 데 활용할 수 있다. 방법은 다음과 같다.

1. 잘 보이지 않는 곳에 알코올 몇 방울을 떨어뜨린다. 몇 초 이내에 도막이 부드럽고 끈끈해지면 그 마감제는 셀락이다. 그렇지 않다면 셀락이 아니다.
2. 래커 희석제 몇 방울을 떨어뜨린다. 몇 초 이내에 도막이 부드럽고 끈끈해지면 그 마감제는 셀락, 래커 또는 수성

마감제 호환성

아래 두 가지만 이해하면 모든 마감제는 경화된 모든 마감제 위에 도포할 수 있다. 알아야 할 점은 다음과 같다.
- 도포한 하도 표면이 깨끗하고 약간 거칠어야 한다.
- 바르고자 하는 마감제의 희석제가 래커 희석제라면 아주 얇게 분무해야 한다. 아니면 하도를 보호할 수 있는 층을 도포해야 한다.
또한 추가 요인도 있다. 두꺼운 한 층의 도막은 다른 두꺼운 도막층보다 수축과 팽창이 다를 수 있다. 이는 특정 시점에서 층 분리의 원인이 될 수 있다. 그러나 온도변이가 심하지 않다면 분리는 결코 일어나지 않는다. 이런 연유로 도막 위에 도장하는 것을 피할 필요는 없다.

깨끗하고 약간 거칠게

도장마감에서 이 규칙보다 중요한 것은 없다. 투명상도든 불투명 페인트든 완전히 경화된 도막은 모두 새로운 도막이 잘 부착되도록 약간 거칠면서 깨끗해야 한다. 표면에는 기름기나 왁스 또는 기타 이물질이 없어야 한다. 그렇지 않으면 새로운 도막의 결합은 약해지게 된다. 표면은 약간 거칠어야 하는데 이는 미세 거칠을 의미한다. 그렇지 않으면 도막이 결합될 때 상·하도 도막이 서로 잡을 게 없어진다. 이러한 형태의 결합을 기계적 결합이라 하는데, 동일한 마감제를 약간의 시차를 두고 마감했을 때 서로 화학적으로 반응하는 화학적 결합과는 대조적이다.

오염물에는 두 가지가 있는데 수용성과 유용성으로 세척제 역시 두 가지가 존재한다. 수용성 오염물은 비누와 물로 닦아내고, 유용성 오염물은 석유 증류분 용제로 씻는다(176쪽 '테레빈유와 석유 증류분 용제' 참조). 대부분의 경우, 두 가지 모두 한 용액으로 씻어낼 수 있는데 가정용 암모니아와 물을 섞은 용액 또는 인산삼나트륨(TSP)과 물을 섞은 용액으로 제거하면 된다.

표면을 약간 거칠게 하는 방법은 스틸울, 사포 또는 합성연마패드(스카치 브라이트)로 문질러 만든다. 물론 마감면을 연마하면 오염물도 제거하여 한 번에 두 가지 목적을 달성할 수 있다. 가정용 암모니아와 물 혼합액, TSP 용액은 세정 기능에 더해 약간 거친 면도 만들어주므로 이중 하나의 용액으로도 두 가지 목적을 달성할 수 있다.

희석제의 영향

도장할 마감제의 희석제를 고려하는 것이 중요하다. 대부분의 희석제는 완전히 경화된 도막에 접촉되었을 때 문제가 되지 않는다. 그렇지만 래커 희석제와 래커 희석제의 활성 용제들은 여러 경로로 대부분의 마감제를 공격하고 충분히 젖은 상태로 바르면 부풀거나 주름이 지게 된다(159쪽 '래커 희석제' 참조). 오래된 래커를 포함해 완전히 경화된 마감제 위에 래커 희석제로 희석한 마감제를 바르면 항상 어느 정도 위험이 동반한다는 걸 숙지하면서 다음 둘 중에 하나는 반드시 따라야 한다.
- 어느 정도 도막이 형성될 때까지 처음에는 안개같이 옅게 분무한다. 그런 다음 안개같이 고운 도포를 녹이고 평활한 표면을 만들기 위해 중간 정도의 젖은 도포를 분무한다.
- 기존 도막과 새 도막 사이에 보호 차단막으로는 셀락을 바른다. 그러나 보호 차단막이 있다고 해도 래커 희석제로 희석한 완전히 젖은 마감제는 관통해서 녹일 수 있으므로 도포해서는 안 된다. 래커 희석제를 함유한 마감제를 붓으로 칠하는 것은 젖은 상태로 바르기에 매우 위험하다.

마감제 중 하나이다. 이미 셸락은 확인되었으니 둘 중 하나인데, 1990년 이전에는 수성이 귀했으니, 마감년도가 마감제 판단의 중요한 단서가 될 수 있다.
3. 래커와 수성 마감제를 더 정확히 구별하기 위해서 톨루엔이나 자일렌 몇 방울을 떨어뜨린다. 도막이 끈끈해지면 그것은 래커가 아니라 수성 마감제들이다.
4. 이런 용제가 도막에 영향을 미치지 않으면 그것은 반응형 마감제이다. 정확히 어느 것이라 특정할 수는 없지만 그들 간에는 차이가 거의 없다.

도막형성 마감제의 미래

1980년대 후반부터 마감제 제조의 추세는 대기 중으로 방출되는 용제 사용량을 줄이는 것이었다. 이를 수행하기 위해 두 가지의 방법이 동시적으로 수행되고 있다.
- 마감제에 함유된 용제 함량을 줄이고 있다.
- 적은 공기압으로 마감제를 미립화하는 분무총이 고압 분무총을 대체하고 있다.

용제함량 줄이기

미국 캘리포니아를 비롯한 수많은 주에서 통과된 대기오염 관련 법률이 강화됨에 따라 도료 제조업체들은 도료 마감제 내의 용제 함량을 줄이고 있다. 게다가 많은 공장과 대형 유통점은 래커에서 용제함량은 낮추고 고형분 함량은 높인 도료 또는 상당히 낮은 용제함량을 가진 수성도료로 전환하고 있다. 몇몇 제조업체들은 UV 경화도료나 용제가 함유되지 않은 분말 도료를 사용하기 시작했다 (12장 '2액형 마감제', 13장 '수성 마감제' 참조).

다양한 도료제품에 대한 최대 용제 함량을 설정하는 지역 또는 주 법안은 수많은 제조업체로 하여금 희석하지 말라고 용기에 명시하도록 유도하였다. 이는 많은 도장공이 너무 두껍게 도포하는 나쁜 결과를 초래했기 때문에 불행한 일이 아닐 수 없다. 용기에 어떻게 설명되든지 간에 모든 마감제는 희석할 수 있다. 유일한 제한은 해당 지역의 VOCs(휘발성 유기화합물)관련 법률이며 많은 양의 도료를 사용하지 않는 한, 적용대상이 아니다.

미래에 도료의 제조 관련 어떤 변화가 있을지 예측하고자 한다면 로스엔젤레스 주변을 망라하는 남부 해안 대기질 관리지구(SCAQMD)의 활동을 살펴보는 것이 도움이 된다. 미국 내에서 가장 엄격한 대기질 관련법을 통과시켰고 다른 지역들도 이를 따르는 추세에 있다.

이 글을 쓰는 중에도 피닉스, 솔트레이크 시, 그리고 중서부와 북동부 대부분의 주에서 여러 가지 규제법안을 도입하기 시작했다. 도료 제조업체는 다음 세 가지 중 하나 이상을 준수한다.
- 규정에 맞지 않는 용제를 대체하여 합법적인 용제를 모든 곳에 공급한다(제조업체는 각 지역에 각기 다른 제품을 공급하는 것을 좋아하지 않음).
- 완전히 새로운 제품을 공급한다.
- 규정을 위반하는 엄격한 지역에서는 판매를 중단한다.

제조업체는 휘발성 유기화합물이지만, 규제에서 제외된 몇몇 용제의 도움을 받아왔다. 그 근거로 이런 용제는 반응성이 매우 낮아 대기 오염이 훨씬 작기 때문이다. 가장 흔한 제외 용제는 아세톤이다. 만약 대형할인점이나 페인트 매장에서 정기적인 쇼핑을 한다면 많이 사용하지 않던 아세톤이 널리 보급되고 있다는 것을 알게 될 것이다.

아세톤이 많은 도료제품에 사용되지만, 특히 래커에 많이 첨가된다. 가격이 저렴하긴 하지만 아세톤은 너무 빨리 증발되어 도료를 성공적으로 분무하기 위해서는 속도를 늦추는 '연장(Tail)' 용제를 추가해야 한다는 문제가 있다. 그럴더라도 그에 따른 분무 기술도 변경해야 할 처지에 있을 수도 있다. VOC 준수 래커는 275 VOCs 같이 기술된 라벨로 구분이 된다. 이는 27.5%는 비면제 휘발성 유기화합

속설 어떤 마감제는 희석해서는 안 된다.

사실 모든 마감제는 희석할 수 있다. 일부 용기에 표기된 희석에 관한 경고는 해당 국가나 지역의 VOCs 관련 법률을 준수하도록 명기되어 있다. 마감제를 대량으로 사용하지 않는 한, 이러한 법률에 적용받는 일은 흔치 않을 것이다.

물(VOCs), 나머지는 주로 아세톤 같은 면제 화합물이라는 의미이다.

특히 바니시와 폴리우레탄에 있어, 내가 본 또 다른 면제 VOC는 파라클로로벤조트리플루오르화물, 즉 PCBTF이다. 이 용제는 아주 고가이기 때문에 제조업체는 자사 도료에 사용할 수 있는 대안 제품을 찾고자 노력 중이다.

전기차와 풍력, 태양열처럼 대기오염을 일으키지 않는 방식으로 전기를 생산하도록 장려하는 법안으로 정책의 방향이 옮겨가듯이 마감제 역시 변화를 계속할 것이다.

공기압 감소

더불어 더욱 엄격한 대기 오염방지법으로 인해 몇몇 새로운 미립화 기술이 기존의 고압 분무총을 대체하고 있다. 목공인에게 익숙한 이 기술은 고용량 저압(HVLP) 기술이다. 또 다른 기술은 공기 없는 공기 조력(Air assisted airless) 또는 공기혼합 기술로 전문적인 매장과 공장에서 더 많이 사용되고 있다. 부드러운 분무생성에 필수적인 반사와 용제 손실 모두 줄이고 있다(3장 '도장용구' 참조).

9장 | 셸락

- 셸락이란?
- 셸락의 장단점
- 셸락의 범주
- 알코올
- 오늘날 셸락의 용도
- 프랑스 광택내기
- 셸락의 분무와 붓질
- 셸락 마감에서 흔히 발생하는 문제점
- 패딩 래커

셸락은 목재 마감제 중에서 가장 흥미로운 마감제이다. 또한 매우 긴 역사를 갖고 있다. 1820년대부터 1920년대에 이르기까지 근 100년 간 유럽과 미국에서 제작된 거의 모든 가구와 목공품에 셸락을 사용했다. 그 이후 니트로셀룰로오스 래커가 개발되고 유통되면서부터 미국 가구산업에서 셸락을 대체하게 되었다. 그렇지만 셸락은 유럽에서 전문 도장공에 의해, 미국에서는 아마추어 목공인들에 의해 19세기 중반까지 광범위하게 사용되었다. 그 무렵 분무총이 널리 보급되어 도장공은 현장에서 목제품을 마감하였고, 유럽 가구산업은 래커로 전환되었다.

아마추어 시장에서 셸락은 단계적으로 사라져갔다.

- 1960년대 초반, 폴리우레탄이 널리 보급되기 시작했고 시장의 일부를 점유했다. 사람들은 더 좋은 내구성을 원했다.
- 1960년대 후반, 미네랄 스피릿으로 희석된 바니시가 동유로 마케팅되면서 시장을 더욱 잠식해 나갔다 (173쪽 '와이핑 바니시' 참조).
- 1970년대 중반, 와코 대니시 오일은 급성장하는 아마추어 목공시장에서 큰 부분을 차지했다.

1980년대까지만 해도 목재 마감제로 셸락을 언급하는 사람은 아무도 없었다. 하지만 셸락은 아마추어 시장에서 또 다른 기회를 얻을 수 있었다. 1990년대 초, 수성 마감제가 가용되었고 아마추어 목공 동호인들은 냄새나고 오염물질을 더 배출하는 바니시와 래커를 대체할 목적으로 시험삼아 이 마감제를 사용하기 시작했다. 그러나 수성 마감제는 적용하기가 쉽지 않았고 목재 외관을 보기 좋게 하지도 못했다. 이러 연유로 셸락의 시장 잠식 기회가 생겼다.

그러나 그때까지 미국에는 하나의 회사가 거의 대부분의 셸락을 공급하고 있었는데, 이 업체는 마감제 시장에서 셸락을 하도제로 인식하게끔 하는 오류를 범했다. 업체는 이런 영업방식이 잘못되었음을 발견했지만 결국엔 셸락을 실질적인 마감제로 자리매김하는 데 실패했다. 셸락이 마감제 시장에서 기회를 잡기위해 반드시 필요한 저광 버전을 내놓지 못했고, 결국 설 자리를 잃고 말았다.

셸락이란?

셸락은 곤충인 랙깍지벌레가 분비하는 천연수지이며 남아시아 인도에서 주로 자생하는 특정 나무에 붙어 있다 ('랙'은 '10만'을 뜻하며 가지 하나에 붙어 있는 곤충의 수를 말한다. 1 lb. 셸락을 만드는 데 약 150만 마리의 랙깍지벌레가 필요하다). 수지는 입목의 잔가지와 굵은 가지에서 긁어모은다. 그런 다음 녹여서 가지 부스러기, 벌레 조각, 그리고 다른 이물질을 걸러서 제거한다. 얇게 편 큰 박판을 만든 다음

> **주의!** 셸락을 금속 용기에 보관해서는 안 된다. 셸락은 산성이라 금속에 반응하므로 짙어진다. 셸락 공급업체는 셸락이 금속과 직접 접촉하는 것을 막기 위해 용기 내부에 코팅을 한다.

속설 셸락은 시간의 경과에 따라 짙어져 거의 흑색으로 변한다.

사실 셸락이 오래된다고 짙어지지 않는다. 가끔 바니시와 혼동하는데 바니시는 오래되면 짙어지고, 어떤 것은 상당히 심한 편이다.

셸락의 장단점

장점
- 오일, 왁스, 수지 위에서 결합이 잘 이뤄지고 악취를 잘 밀봉한다.
- 실리콘에 아주 우수한 보호막이 된다.
- 변성 알코올 용제는 다른 용제보다 호흡기에 덜 해롭고, 냄새가 덜 지독하다.
- 탈랍 제품은 아주 우수한 투명도와 심도를 갖는다.
- 호박 제품은 짙은 재면에 따뜻함을 준다.
- 훌륭한 연마 특성

단점
- 내열성, 내수성, 내용제성, 내화학성이 약하다.
- 내마모성은 중간 정도다.
- 가사용 시간이 짧다.

사진 9-1 많은 종류의 셀락이 조각형태로 공급된다. 셀락조각은 변성 알코올에 녹여 사용한다. 왼쪽부터 금발색(탈랍), 오렌지색, 단추형, 석류석색, 홍옥자색(탈랍).

> **팁** 셀락은 유광으로만 사용할 수 있다. 광택을 줄이려면 연마제를 바르고 #0000 스틸울로 문지르거나 소광제를 첨가한다.(128쪽 '소광제로 광택 조절하기' 참조). 셀락 전용으로 판매되는 소광제는 반죽형으로 www.woodfinishingsupplies.com.에서 구입이 가능하다. 아니면 래커용 소광제를 첨가한다.

사진 9-2 미국의 한 회사는 기성형태로 혼합된 셀락을 공급하고 있다. 3종 유형(왼쪽부터)은 하도용, 호박색, 투명이다. 호박색과 투명은 왁스를 함유하고 있으며 보관수명이 제한되어 있다. 하도용은 탈랍되어 있고 보관 수명이 좀 더 길다.

에 조각(Flake)으로 부수어 전 세계로 운송된다.

조각 형태인 셀락을 구입하여 변성 알코올에 직접 녹이거나, 이미 녹여 용기에 포장한 셀락 기성제품을 구입할 수 있다 (사진 9-1, 사진 9-2).

셀락의 범주

천연 셀락 수지는 짙은 오렌지색이고 약 5%의 왁스를 함유하고 있다. 셀락은 원래 색, 탈색된 것, 왁스가 함유된 것 또는 탈랍 제품으로 액체 상태와 고체 조각 상태 등 다양한 유형으로 구입할 수 있다.

셀락의 색상

액상으로 판매되는 셀락은 오렌지색(호박색)이거나, 탈색(투명) 제품 중 하나이다. 조각 셀락은 '홍옥자색(Ruby red)'에서 옅은 노란색을 띠는 '금발색'까지 다양한 색상으로 판매된다. 짙은 재색과 짙은 착색을 띤 목재에는 따뜻함을 더하기 위해 짙은 색상을 사용할 수 있다. 투명 셀락은 많은 색상의 추가를 원치 않는 밝은 재색이나 탈색된 목재에 사용하는 것이 좋다. 오렌지색은 고대로부터 셀락의 본래 가치를 부여한 붉은 염료의 유산이다. 수지로부터 염료를 분리하여 섬유 염색에 사용하였다. 오렌지 셀락은 천연염료 토너이다 (15장 '고급 도색 방법' 참조). 원하는 색상으로 셀락을 조색하기 위해 자신만의 알코올성 염료를 첨가해도 된다. 약한 색을 유지하는 한, 줄무늬 얼룩 없이 토너를 붓으로 칠할 수 있다. 그렇지 않다면 분무하는 것이 좋다.

셀락에 함유된 왁스

대부분의 셀락은 여전히 천연 왁스를 함유하고 있다. 이런 왁스는 용기 바닥에 가라앉는다 (사진 9-3). 용기에 든 호박색 셀락을 저으면 밝은색의 왁스가 떠오르는데, 마감하면 흐릿한 도막이 된다. 왁스는 투명한 셀락을 흰색으로 보이게 하며 이런 연유로 전통적인 명칭인 '백색' 셀락이 유래하게 되었다.

왁스는 재면 위에 마감된 셀락의 투명도를 약간 감소시킨다. 또한 내수성도 떨어지고 셀락 위에 반응형, 복합 마감제형(바니시, 2액형 마감제 또는 수성 마감제)를 바르면 양호한 결합을 방해한다. 하도용 기성 탈랍 투명 셀락을 구입할 수 있고, 도막의 부분착색을 위한 조각 형태의 탈랍 셀락을 구입할 수 있다. 또한 모든 셀락에서 왁스를 가라앉힌 후에 투명한 부분을 따르거나 흡입관으로 분리해 왁스를 제거(탈랍)할 수 있다 (거르는 것은 효과가 적음). 셀락이 옅을수록 왁스는 더 빨리 가라앉는다. 왁스는 잘 섞이기 때문에 탈랍된 셀락을 따를 때는 매우 조심해야 한다. 유리병에서 작업하면 그 과정을 보면서 할 수 있다.

사진 9-3 셀락은 제조사에서 제거하지 않는 한, 약 5%의 왁스를 함유하고 있다. 이 왁스는 용기에 가라앉아 있다.

속설 굳지 않아 끈끈해진 셀락 위에 신선한 셀락(또는 다른 마감제)을 도포하면 문제를 해결할 수 있다.

사실 그렇게 하면 문제를 해결한 것처럼 보일지는 몰라도 더 큰 문제를 야기할 수 있다. 부드러운 하도로 인해 신선한 상도에는 할렬이 더 빨리 나타나기 시작할 것이다. 오래된 도장규칙 중 하나는 "부드러운 하도 위에 단단한 상도를 올리지 마라"이다.

액상과 조각형 셸락

셸락은 직접 액체로 녹이는 고체 조각 형태나 액상으로 구입할 수 있다. 액체 셸락은 '2-파운드', '3-파운드', '4-파운드', '컷'으로 판매된다. 컷은 1 gal.(갤런)의 알코올에 녹아 있는 셸락 조각 양을 나타내는 측정 용어이다. 컷의 숫자가 클수록 용액의 농도가 진하고 고형분 함량이 높다. 예를 들어 '4-파운드 컷' 1 qt.(쿼트)에서 얻을 수 있는 셸락은 '2-파운드 컷' 1 qt.에서 얻을 수 있는 양보다 2배 많다(126쪽 '고형분 함량과 도막두께' 참조).

페인트 매장에서 주로 판매되는 것은 3-파운드 컷 셸락인데, 이는 1 gal.의 알코올에 3-파운드의 셸락이 녹아있는 것이다. 하도용은 2-파운드 컷이다. 용기에서 덜어 바로 사용할 수도 있고 원하는 만큼 희석할 수도 있다. 간혹 셸락 희석제로 판매되는 변성 알코올을 희석에 사용한다(아래 '알코올' 참조).

액체상태 기성 셸락을 구입하는 것의 문제점은 거의 신선하지 않다는 것이다. 셸락은 가사시간이 있다. 셸락 조각이 알코올에 녹는 순간부터 수지는 내수성과 견고하게 건조되는 능력을 잃기 시작한다. 한동안은 건조가 더뎌지다가 종국에는 전혀 건조되지 않고 재면에 끈끈하게 남는다.

이런 과정은 매우 느리다 - 매일 측정할 수 없고 수명이 다했다고 정확하게 판단할 수 있는 기준점도 없다. 열화는 고온에서 가속된다. 셸락을 차갑게 보관하면 몇 년이 지나도 여전히 단단하게 굳는다. 그렇지만 건조는 확실히 더딜 것이다. 도장공은 6개월 이상 된 셸락을 확인 없이는 사용하지 않는다(하도용인 '실코트'는 가사기간이 좀 더 길며, 마감용으로도 사용할 수 있다).

셸락의 신선도를 판단하기 위해 유리나 플라스틱 적층판과 같은 무공층의 매끈한 면 위에 소량을 붓는다. 그 후 거의 수직으로 세우고 셸락이 균일한 두께로 흘러내리게 한다 (사진 9-4). 약 15분 후, 흘러내린 가운데 부분의 편평한 곳을 눌렀을 때 지문이 남지 않아야 한다.

각 알코올에 용해된 후 투명 조각 셸락은 오렌지 조각 셸락보다 가사용 시간이 짧다. 표백으로 셸락을 탈색한 것은 열화를 빠르게 하는 원인이 된다. 단단하게 잘 건조되는지 투명 셸락을 더 부지런히 점검해야 한다. 오렌지 셸락과는 달리 탈색한 셸락은 액상뿐만 아니라 조각 형에서도 열화가 빠르다(셸락이 매우 뜨거운 조건에서 저장되거나 유통되면 이런 현상이 더 빠르게 일어난다). 오래된 탈색 셸락은 녹이기 어렵고 그 용액은 단단하게 굳지 않을 수 있다. 셸락을 발랐는데 단단

알코올

흔히 사용하는 알코올에는 세 종류가 있다.
- 메탄올(메틸 또는 목재 알코올)
- 에탄올(에틸 또는 곡물 알코올)
- 이소프로판올(이소프로필 또는 연마 알코올)

거의 순수한 형태인 이들 알코올은 모두 셸락을 녹인다. 하지만 메탄올은 상당히 독하고, 에탄올은 주류세 때문에 매우 고가이며, 이소프로판올은 좋은 용제라고 하기엔 물을 너무 많이 함유하고 있다. 셸락에 사용되는 최적의 알코올은 주류세 없이 판매될 수 있도록 독성 있는 에탄올인 변성 알코올로 셸락 희석제로도 판매된다. 변성 알코올의 장점은 다음과 같다.
- 가격이 저렴하다.
- 과하게 흡입하거나 마시지만 않으면 인체에 해롭지 않다.
- 메탄올보다는 증발이 약간 느리지만 그만큼 더 붓으로 셸락을 바를 시간을 준다.

셸락에 약간의 프로필이나 부틸알코올 또는 래커 지연제로 건조 속도를 늦출 수 있다. 래커 지연제는 역한 냄새를 유발한다.

속설 어떤 알코올은 다른 것보다 셸락을 더 잘 녹인다.

사실 메틸, 에틸, 프로필, 부틸 알코올은 셸락을 완전히 용해한다. 그보다 더 나은 것도 없고 차이도 없다. 이 네 가지 알코올의 차이점은 증발속도인데, 메틸이 가장 빠르고 부틸이 가장 느리다.

사진 9-4 셀락의 신선도를 시험하기 위해 유리같이 매끈한 면 위에 셀락을 몇 방울 떨어뜨리고 수직으로 세워 아래로 흐르게 한다. 약 15분 후 흘러내린 가운데 부위를 눌렀을 때 지문이 남지 않아야 한다.

하게 굳지 않는다면 알코올 또는 페인트와 바니시 제거제로 닦아내고 신선한 새 셀락으로 다시 마감해야 한다.

최고의 신선도와 최상의 작업성과를 보장하기 위해 고형 셀락 조각에서 자른 자신만의 셀락을 녹이고 수개월 이내에 사용한다. 방법은 다음과 같다.

1. 금속성이 아닌 용기에 원하는 파운드 컷으로 만들기 위해 셀락 조각과 알코올을 정량 비율로 혼합한다 (사진 9-5). 우선 2-파운드 컷부터 시작해 볼 것을 권장한다. 다음의 비율, 1/4 pt.(파인트) 셀락 조각이 들어있는 쿼트 용량 병에 1 pt. 변성 알코올을 섞는다. 그러면 대충 감이 올 것이다. 그런 다음 더 진한 것으로 시도해 본다.
2. 그 후 몇 시간 동안 조각이 병 밑바닥에 가라앉지 않도록 혼합액을 자주 젓는다 (사진 9-6).
3. 젓지 않을 때는 공기 중의 수분이 알코올에 흡수되지 않도록 용기에 뚜껑을 덮어 둔다.
4. 조각이 완전히 녹으면 페인트 거름망이나 느슨하게 짠 치즈 거르는 보자기로 걸러 다른 용기에 담는다. 이렇게 하여 불순물을 제거한다 (사진 9-7).
5. 셀락 제조일을 식별할 수 있도록 용기에 제조 일자를 적는다.
6. 셀락에서 왁스를 제거하고 싶다면 왁스가 가라앉게 두면 된다 (셀락이 진하면 몇 주가 걸릴 수 있다). 그런 다음 왁스와 분리된 층을 다른 병에 따르거나, 흡입관으로 뽑아 다른 병에 담는다.

오늘날 셀락의 용도

셀락은 여전히 지난 날 못지않게 훌륭한 마감제이지만, 다음과 같이 몇몇 틈새 용도로 국한된 것도 사실이다.
- 옛 골동품과 현대 복제품 마감제
- 재면의 문제발생을 차단하는 하도제
- 프랑스 광택제

마감제로서의 셀락

셀락은 19세기 대부분과 20세기에 걸쳐 목공품과 가구의

사진 9-5 2-파운드 컷 셀락을 자가로 만들기 위해서 $1/4$ lb. 셀락 조각에 1 pt. 비율로 알코올을 첨가한다.

사진 9-6 셀락이 녹을 때까지 자주 저어준다.

사진 9-7 셀락이 모두 녹으면 잔유물과 이물질을 제거하기 위해 거른 다음 다른 병에 담는다.

마감제로 사용되었다지만 일반적인 생각과 달리 18세기에는 셸락은 자주 사용되지 않았다. 고급 가구에는 왁스를 가장 일반적인 마감제로 사용한 것 같다. 하지만 왁스는 마감제로 좋은 성능을 발휘하지 못했기 때문에 현존하는 18세기 가구 대부분은 19세기에 셸락으로 재마감되었다(셸락은 왁스 위에 마감해도 문제없지만 셸락을 바를 때면 왁스를 가능한 많이 제거하는 것이 여전히 최선이다).

그 결과 원래 셸락으로 마감했거나 그럴 것으로 여겨지는 전통 가구들이 다수 있다. 골동품을 복원하거나 복제품을 만드는 많은 이들은 원래 사용된 마감제와 같은 것을 선호하기 때문에 셸락을 사용한다.

셸락은 매우 사용자 친화적인 마감제이다. 먼지 문제를 최소화할 정도로 빠르게 마르지만, 붓질이나 분무가 어려울 정도로 빠른 것은 아니다(148쪽 '셸락의 분무와 붓질'와 152쪽 '셸락 마감에서 흔히 발생하는 문제점' 참조). 게다가 대부분의 사람이 느끼기에 나쁜 냄새도 없고 어느 정도 흡입해도 문제가 되지 않는다. 전형적인 증발형 마감제인 셸락은 보수, 제거, 벗겨내기가 또한 쉽다. 그러나 셸락은 전형적인 증발형 마감제치고는 내구성이 그리 강하지 못하다. 스크래치가 쉽게 가고 열, 용제, 산과 알칼리에도 상당히 쉽게 손상된다. 또한 래커처럼 습한 날씨에는 쉽게 부풀어 오른다(144쪽 '알코올' 참조).

셸락은 다른 도막형성 마감제보다 쉽게 손상되지만, 대부분의 목재 생활용품에는 여전히 충분한 내구성을 발휘한다. 원래 셸락으로 마감된 옛 가구에서 발생한 손상은 마감제 자체보다 마감제 노화의 결과이다. 모든 마감제는 시간 경과에 따라 열화되어 손상이 발생할 수 있다.

하도제로서의 셸락

셸락은 오늘날 다른 마감제의 하도로 가장 많이 사용된다(134쪽 '실러와 실러 바르기' 참조). 재면에 드러나는 문제를 감추는 데는 셸락이 최고다. 이런 문제는 다음과 같다.

- 오일 (주로 가구연마제에 기인한 실리콘 오일)
- 수지 (주로 침엽수재 옹이에서 기인)
- 왁스
- 악취 (주로 연기나 동물 소변에서 기인)

> **팁** 셸락을 더 빨리 녹이려면 알코올을 첨가하기 전에 조각을 분쇄해 가루로 만들거나 뜨거운 물로 중탕하거나, 아니면 둘 다 한다. 알코올은 인화성이 크므로 열원 위에 셸락과 알코올 용기를 바로 올려놓아서는 안 된다.

그러나 주목할 것은 새로운 목재에서의 이런 상황은 침엽수재의 옹이뿐이라는 점이다. 그러므로 새로운 목재에 셸락을 칠하는 경우는 흔치 않다. 그 외 나머지 문제는 재도장과 관련이 있다. 사실 실리콘은 재도장하는 이에게 골칫거리이기에 셸락의 하도 마감이 자동적으로 이루어진다(165쪽 '피시 아이와 실리콘' 참조). 셸락은 만능 하도제 같지만 불행히도 그렇지 않다. 실제로 가구 제조업계의 어느 누구도 셸락을 하도제로 사용하지 않는다.

프랑스 광택내기

프랑스 광택은 셸락을 헝겊 패드로 발라 거의 완벽하게 편평하고 먼지 하나 없이 유광을 내는 마감법이다. 오일 바니시나 스피릿 바니시 위에 왁스나 오일을 붓으로 바르고 닦아내는 마감법의 대안으로 19세기 초에 시작되었다('스피릿 바니시'는 알코올용성 수지를 말하며, 그중에 셸락이 가용되는 것 중의

속설 셸락에 왁스를 여러 차례 도포하면 수분 피해를 방어할 수 있다.

사실 왁스는 두껍게 남아(제재목의 양 마구리면에서와 같이)있거나 유리처럼 완벽히 평활한 표면에 발라졌을 때, 수분침투를 늦출 수 있다. 비록 셸락 마감을 광내고 수평으로 만들어 거의 완벽히 평평한 마감으로 만들어도 왁스로부터 그 어떤 보호를 기대하기는 힘들다. 첫째, 그렇게 평활한 표면을 만들기 어렵고 둘째, 표면이 조금만 마모되면 왁스 내에 미세한 틈이 발생해 수분이 통과할 것이다(18장 '마감 관리하기' 참조).

하나였다. '오일 바니시'는 지금의 바니시와 유사했는데 다만 합성수지 대신 천연 수지를 사용했다는 점이 다르다).

오일과 왁스는 표면을 보호하지 못했고 상대적으로 칙칙한 광택을 내는 데 그쳤는데, 이런 마감은 당시의 어두운 실내에서 빛을 잘 반사하지 못했다. 스피릿 바니시와 오일 바니시는 보호성능과 광택이 있지만, 붓질하면 붓 자국이 남고 표면을 평삭할 사포도 없었다. 셸락을 발라 프랑스 광택을 내는 기술은 당시의 인기 있던 고급 가구(섭정과 연방시대)에는 안성맞춤의 마감이었다.

오늘날 프랑스 광택은 새 목재를 마감하는 것보다 무미건조하거나 약간 손상된 도막을 보수하는 데 더 많이 사용하는 것 같다. 두 가지 방식이 모두 같은 기법을 따른다(19장 '마감 보수하기' 참조). 프랑스 광택에는 다음 네 가지 단계가 있다.

1. 프랑스 광택 패드 만들기(39쪽 '연마 패드 만들기' 참조)
2. 눈메꿈
3. 패드로 셸락 바르기
4. 오일 제거하기

눈메꿈

마호가니와 호두나무처럼 관공이 큰 목재는 거울처럼 편평한 면을 만들려면 관공을 메워야 한다. 벚나무와 단풍나무 같이 관공이 작은 나무는 이런 과정을 생략할 수 있다. 셸락 자체가 프랑스 광택을 내는 동안 관공을 메우게 된다.

셸락의 분무와 붓질

셸락은 증발형 마감제이다(8장 '도막형성 마감제 입문' 참조). 용제인 알코올이 증발하면 완전히 건조되고 알코올과 접촉하면 녹는다. 이 두 가지 특성이 셸락의 도포방법을 특정한다.

❶ 표면에 반사되는 광원 하에서 작업한다. 이렇게 하면 반사된 부분을 통해 어떤 일이 일어나는지 볼 수 있다.
❷ 초벌로 1-파운드 컷의 사용을 권장한다. 붓질이나 분무가 수월하며, 두꺼운 마감보다 찌꺼기가 사포에 끼는 일이 줄어든다. 매장에서 구입한 3-파운드 컷 셸락 용액의 두 배에 해당하는 변성 알코올을 첨가해 희석하거나, 자가로 셸락 조각과 알코올을 섞어 1-파운드 컷으로 녹인다.
❸ 붓으로 칠한다면 품질이 좋은 천연 또는 합성 강모 솔[셸락을 바를 때는 개인적으로 '배저'형('Badger'-style) 붓•]을 선호한다]을 사용한다. 편평한 재면에 셸락을 목리 방향으로 길게 펴 바른다. 셸락은 매우 빠르게 건조된다. 페인트나 바니시만큼 앞뒤로 붓질해서는 안 된다. 부분적으로 마른 셸락으로 인해 심한 돌출부를 만들게 된다. 칠하지 못한 틈새가 있는 상태에서 마르기 시작하면 다음 칠할 때까지 그 틈새를 그대로 둔다.

• 붓털이 페룰 부근에서는 뻣뻣하지만 끝 부분에서는 부드러운 형태의 붓.

❹ 분무총을 사용한다면 한 번에 몇 시간 동안 알루미늄 용기 컵에 셸락을 두지 않는다. 산성인 셸락은 금속과 반응하여 짙어진다.
❺ 적어도 2시간 후, 입도 280번이나 더 고운 사포로 초벌을 가볍게 샌딩한다. 표면이 평활하게 느껴질 정도로만 샌딩한다.
❻ 샌딩 먼지를 제거한다(29쪽 '먼지 제거' 참조).
❼ 셸락을 사용해 본 적이 없다면 상도로 1½-파운드 컷 사용을 권장한다. 매장에서 구입한 기성 3-파운드 컷 셸락을 변성 알코올과 1:1 희석하거나 조각을 녹여 직접 제조한다. 1½-파운드 컷은 붓질하거나 분무하기 쉽다. 또한 용기에서 따라 바로 사용하는 것보다 부드럽게 펼쳐진다(셸락이 엷을수록 붓질이나 분무가 더 쉽지만 충분한 도막을 만들기 위해서는 더 많이 발라야 한다). 경험이 좀 쌓이면 붓질이나 분무를 더 두껍게 시도할 수 있다(오렌지 껍질 현상 발생 없이 3-파운드 컷 셸락을 분무하기는 힘들 것이다. 셸락은 자체 응집력 때문에 미립자화가 어렵다). 한 번 바르면 적어도 2시간은 건조한다. 먼저 바른 도막이 다음 도포 전에 충분히 마른 후 얇게 여러 번 바르는 것이 두껍게 적은 횟수로 바르는 것

팁 기포 방울이 나타나거나 고르게 펴지 못할 정도로 셸락이 너무 빨리 마르면 변성 알코올, 프로필알코올, 부틸알코올 또는 래커 지연제를 첨가해 건조를 늦춘다.

전통적인 프랑스 광택에 의한 오늘날 활엽수재 눈메꿈은 예전보다 훨씬 더 많은 시간이 든다. 오늘날 사용하는 대부분의 활엽수재는 19세기 정밀가구에 사용된 활엽수재보다 관공이 더 크다. 예를 들어 온두라스 마호가니는 150년 전에 사용했던 쿠바 마호가니만큼 조밀하지 않다. 관공을 메우는 데는 네 가지 방법이 있다.

- 반죽형 목재 메꿈제 사용 (7장 '눈메꿈' 참조)
- 프랑스 광택제 그 자체로 하기
- 부석과 목분 사용
- 셸락을 여러 층으로 두껍게 바르고 샌딩하기

반죽형 목재 메꿈제: 반죽형 목재 메꿈제를 사용하면 효과적이지만, 관공이 도드라져 목재 외관이 바뀔 수 있다. 전통적인 프랑스 광택의 외관에서는 다른 방법 중의 하나를 사용해야 한다.

프랑스 광택제: 관공을 메우기 위해 셸락을 묻힌 패드를 재면 위에서 앞뒤로 움직이는 것은 단풍나무와 벚나무처럼 관공이 작은 목재에는 상당히 효율적이지만 마호가니나 호두나무처럼 관공이 큰 목재에는 매우 비효율적인 방법이다. 이런 수종에는 다른 방법을 사용하는 것이 좋다. 작은 관공의 수종이라도 모든 표면굴곡을 없애기 위해 마감면을 여러 번 샌딩해야 할 수도 있다.

보다 좋다. 두꺼운 도포는 마르는 데 더 긴 시간이 필요하다.

❽ 원하는 두께를 얻기 위해 적당한 횟수에서 멈추거나, 추가로 얼마든지 덧칠할 수 있다. 각 도포 사이에 최소 2시간의 건조시간을 둔다. 한 곳에 너무 많이 칠하지 않는다. 그렇게 되면 하도를 다시 녹여 끌어 올리게 된다. 먼지 자국을 제거하거나 흠집이나 붓 자국을 평활하게 하는 것 외에는 각 도포 사이에 샌딩할 필요는 없다. 매번 칠하는 새로운 도포는 기존 도막으로 녹아든다.

❾ 각 도포 사이에 샌딩한다면 작고 단단한 알갱이들이 사포에 걸릴 수 있다(사진 16-3). 이를 방지하려면 가볍게 샌딩해야 한다. 미네랄 스피릿으로 윤활된 습·건식 방수사포나 스테아르산염 사포(건식 윤활사포)로 하면 '찌꺼기 걸림(코닝이라 불리는)'이 줄어든다. 일단 알갱이들이 끼기 시작하면 새로운 사포로 교체한다. 그렇지 않으면 도막에 스크래치를 낼 수 있다.

❿ 도막두께가 만족스러우면 그냥 그대로 두고, 그렇지 않으면 사포, 스틸울이나 광택제 또는 프랑스 광택으로 마무리할 수 있다 (147쪽 '프랑스 광택내기', 16장 '마감 완성하기' 참조).

> **팁** 셸락이 알칼리에 약하다는 장점을 활용해 가정용 암모니아에 물을 약간 섞어서 붓을 세척한 다음 물과 비누로 씻고 종이로 싸거나 슬리브 안에 넣는다.

속설 모든 마감제의 실러(하도)로 셸락이 최고이다.

사실 셸락은 목재에서 오일, 수지, 왁스, 그리고 악취를 '봉인'하는 데는 최고이다. 하지만 소나무 같은 침엽수재와 칠을 벗겨낸 목재를 제외하고는 그러한 문제 중의 하나에 봉착할 일이 흔치 않다. 타당한 이유가 없는 한, 여러 회 도포는 한 가지 마감제로 하는 것이 가장 좋다. 1차 마감의 보호성능과 내구성이 더 좋다면, 여러 종류를 도포하는 것은 결합력을 약화시키고 보호성능과 내구성을 약화시킬 수 있다. 완전히 봉인해야 할 정도로 심각한 결점을 갖고 있지 않는 한, 셸락을 실러로 사용하는 것은 현명하지 못하다(134쪽 '실러와 실러 바르기' 참조).

> **메모** 프랑스 광택에는 신비성이 있다. 거기에는 명칭이 갖는 의미가 가장 크게 영향을 끼쳤으며, 지금까지 개발된 것 중에서 프랑스 광택이 가장 아름다운 마감이란 주장은 그러한 이유일 것이다. 아마도 마감 기법을 설명하는 데 종종 사용되는 이국적 단어 탓에 은연중에 그런 결과를 초래한 듯하다. 이유가 무엇이든 간에 프랑스 광택은 도막을 연마하는 현대식 기법으로 대부분 대체되었다. 오래된 고급 골동품의 재도장과 오래되어 손상된 도막의 보수에 주로 사용된다.

> **팁** "가장자리를 유념하라. 중간은 알아서 될 것이다." 이는 프랑스 광택을 하는 동안 스스로 되뇌어야 할 주문이다. 그러면 평편한 마감면을 얻을 것이다. 그렇지 않으면 가장자리보다 가운데 부위에 더 많은 마감제가 도포될 것이다.

부석과 목분: 관공이 큰 목재를 충전하기에 약간 빠른 방법은 부석으로 연마한 목분으로 관공을 메우는 것이다. 순서는 다음과 같다.

1. 프랑스 광택 패드를 만들고 변성 알코올을 짜서 흘러나올 정도가 아닌, 축축할 정도로 묻힌다.
2. 1 ft^2에 1/4 티스푼 정도 소량의 부석 가루를 재면 위에 뿌린다.
3. 원으로 움직이면서 재면 위의 부석을 패드로 문지른다. 이렇게 만들어진 목분은 서서히 관공을 메우게 된다. 한번에 1 ft^2씩 작게 시작한다. 그런 다음 전체가 메워질 때까지 옮겨간다. 재면이 평활하게 느껴지는데(재면에 부석이 더 이상 남지 않게 되면) 관공이 완전히 메워지지 않았다면 패드에 알코올과 부석을 더 묻혀 다시 시작한다. 패드를 감싼 외부 덮개가 닳으면 새 부분으로 위치를 변경한다. 관공이 충전되었는지는 목재에 빛을 비춰 산란을 확인한다.

부석을 조금만 사용한다. 너무 많이 뿌리면 부석과 목분의 돌출부가 생길 수 있다. 만약 그런 현상이 발생하면 알코올을 더 묻힌 패드의 깨끗한 부위로 문질러 제거한다. 이렇게 해도 안되면 돌출부를 긁어내거나 샌딩한다.

속설 패드의 외부를 감싼 천은 내부 천으로부터 셀락 분출량을 제어하는 역할을 한다.

사실 외부 천은 패드를 팽팽하게 하고 주름을 방지하는 데 사용된다. 셀락의 분출과는 관계가 없다. 두 천 모두 밀착하여 감싸면 하나의 천처럼 셀락이 관통하여 젖어들 것이다.

셀락을 두껍게 바르고 샌딩: 전통적인 프랑스 광택 외관을 만들기 위해 관공을 메꾸는 가장 효율적인 방법은 관공이 재면과 수평이 될 때까지 붓이나 분무로 셀락을 여러 번 도포하고 샌딩하는 것이다. 전통주의자들은 이 방식을 무시하겠지만, 결과에서는 차이점을 발견하기 어렵다. 내가 만난 대부분의 프랑스 광택 기술자는 이 방법을 사용한다.

셀락층 올리기

관공을 충전하고 셀락층을 올리는 과정은 다음과 같다.

1. 깨끗한 패드로 시작한다. 이전에 프랑스 광택용으로 사용했던 것을 재사용할 수 있지만, 부석에 사용했던 것을 사용해서는 안 된다. 패드를 큰 면적에는 크게, 작은 면적에는 작게 만든다.
2. 엄지로 패드를 눌렀을 때, 액체가 약간 나올 정도로 2-파운드 컷 셀락을 패드에 충분히 묻힌다 (사진 9-8). 외부를 감싼 천이 너무 두껍고 촘촘해서 셀락이 흡수되지 않으면 이 천을 벗겨 안쪽 천에 셀락을 직접 묻힌다(오래 사용한 손수건처럼 많이 닳은 얇은 면포가 좋다). 투명도를 최대로 높이기 위하여 금발색 탈랍셀락을 사용한다. 분출구가 달린 플라스틱 용기(겨자나 케첩용기)가 붓기에 편리하다.
3. 셀락을 고르게 분산시키기 위해 손바닥에다 세게 두드린다.
4. 전혀 마감되지 않은 재면이나 하도가 된 재면에 패드를 가볍게 누르면서 이동하기 시작한다 (사진 9-9). 원하는 아무 패턴으로 움직여도 된다. 프랑스 광택 초보자라면 각기 칠하는 끝 지점에서 패드를 살짝 들어 올리면서 목리 방향으로 직선 바르기를 권장한다. 아니면 큰 'S'자 형태를 그리면서 먼저 칠한 곳과 중첩되지 않게 펴 바른다. 이 방법은 셀락을 재면 위에 얇고 고르게 여러 번 바르는 것이다(셀락은 셀락 하도 위에 완벽하게 결합하고, 래커 마감에 꽤 잘 결합하며, 약간 거칠고 깨끗하기만 하면 바니시 위에도 충분히 잘 결합된다).
5. 패드가 마를 때마다 셀락을 더 붓고 발라 나간다. 다층으로 바르고 나면 패드가 약간 끌리는 것을 느낄 수 있다. 이는 아직 완전히 건조되지 않은 아래쪽 셀락이 묻어 나오기 때문이다. 매번 패드에 셀락을 첨가할 때마다 미

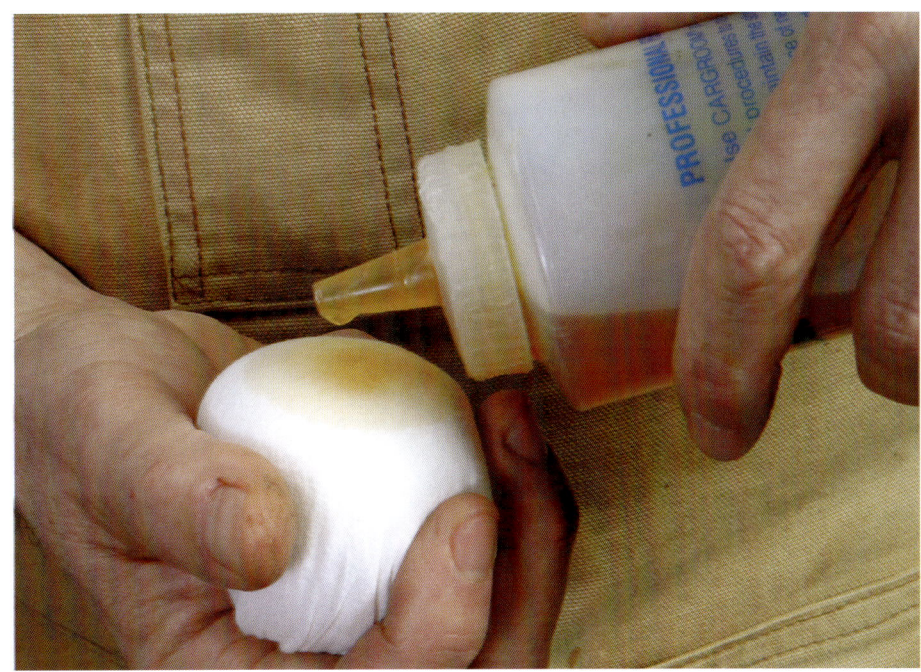

사진 9-8 엄지를 패드 안쪽으로 눌렀을 때, 약간 스며 나올 정도로 패드 위에 셀락과 알코올을 충분히 붓는다. 구멍달린 뚜껑이 있는 플라스틱 용기는 적정량을 쉽게 짤 수 있다.

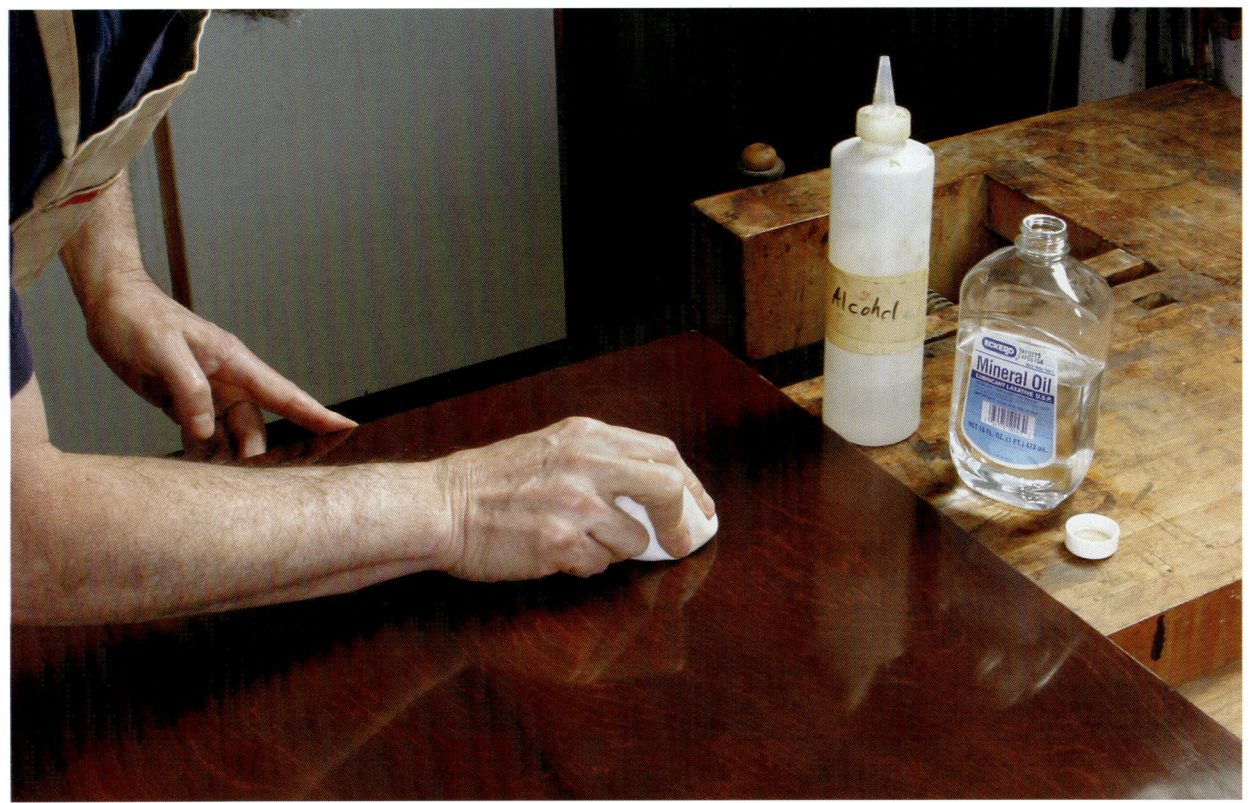

사진 9-9 엄지와 다른 손가락으로 측면을 꽉 누르면서 손바닥으로 패드를 잡는다. 표면에 닿은 상태에서 갑작스러운 방향전환이나 패드 이동을 중지해서는 안 된다. 그러면 샌딩하여 제거해야 할 패드 흔적을 남기게 된다.

셸락 마감에서 흔히 발생하는 문제점

셸락을 바를 때 발생하는 대부분의 문제는 변성 알코올로 셸락을 희석하고 붓으로 칠할 때 더 빨리 바르면 피할 수 있다(붓질과 분무에 관련된 특정 문제는 44쪽 '붓질에서 흔히 발생하는 문제점'과 49쪽 '분무에서 흔히 발생하는 문제점' 참조).

문제점	원인과 해결 방법
백화 바르는 중에 셸락이 희뿌옇게 됨. 표면 일부나 전체에 황백색이 나타남	• 셸락에 수분이 너무 높음. 공기 중에 습기가 너무 높거나(높은 상대습도), 셸락에 수분이 너무 많이 함유되어 있거나, 셸락을 희석하는데 사용하는 알코올에 수분이 너무 많음. 만약 셸락이나 알코올에 수분이 너무 많다고 의심되면 사용 중지한다. - 몇 시간 동안 건조하게 둠. 종종 백화현상은 저절로 사라지기도 함. - 건조한 날에 셸락 마감된 면에 직접 알코올을 분무, 붓질을 하거나 바르고 닦아냄. 알코올이 셸락을 연화하여 백화현상을 사라지게 함. - 사포나 스틸울로 표면을 문질러 백화를 갈아낸다.
바늘구멍 건조된 셸락에 바늘구멍이 나타남	• 큰 관공에 갇힌 공기가 도막 안으로 올라와 공기방울이 되어 샌딩 시 바늘구멍이 나타난다. - 분무한 도막층에 있는 먼지를 제거하거나 샌딩하여 갈아낸다. 붓으로 칠할 때는 재면에 하도가 되게 얇게 바르고 닦아낸다(프랑스 광택처럼 하되 오일 없이 함). 그런 다음 젖은 마감제를 분무하거나 붓질함.
붓자국 셸락이 잘 흐르지 않는다. 붓으로 바르면 굴곡이 생기고, 분무하면 오렌지 껍질 같은 면이 생김	• 현장 대기조건에 비해 셸락이 너무 진함 - 문제된 것을 갈아내고 셸락을 알코올로 희석하여 도포한다. • 분무총이 셸락을 충분히 미립자화하지 못함 - 셸락에 알코올을 더 첨가하거나 총에 공기압을 높인다. 또는 두 가지 모두 한다.
티끌 도막 안에 먼지가 굳어서 작은 티끌이 됨	• 공기, 재면, 마감제 또는 붓이 더러움 - 먼지 티끌을 갈아내고 추가 도포 전에 공기 중의 먼지를 가라앉힌다. 붓과 작업면을 청소하고 마감제를 거른다.
간헐적인 자국이나 돌출부	• 붓, 분무총, 손가락으로 덜 굳은 셸락을 만져 표면에 손상된 자국이 생김 - 샌딩으로 손상된 곳을 제거하고 추가로 도포한다. 아니면 추가도포를 먼저 충분히 한 후 샌딩하여 편평하게 만듦.

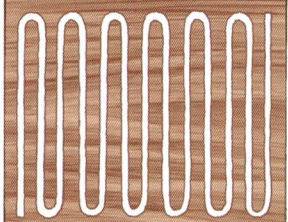 교차 방향이 아닌 'S'자형
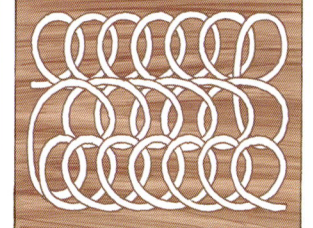 원형
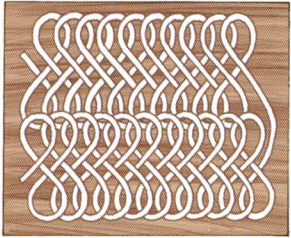 8자형

그림 9-1 재면에 셀락을 바를 때는 원하는 그 어떤 형태로도 바를 수 있다. 패드를 다시 묻힐 때마다 적당히 젖은 상태에서 기존 방향과 교차 방향이 아닌 방향으로 시작한다. 교차 방향으로 바르기 시작할 때는 연속 원형이나 8자형으로 모든 부위에 고른 두께로 바른다.

네랄 오일(광유)을 몇 방울 떨어뜨린 후, 다른 손에 패드를 세게 쳐서 오일을 분산한다(나만의 쉬운 방법은 미네랄 오일 병에서 뚜껑을 열어 오일을 약간 부어 넣은 다음 손가락 끝으로 오일을 적셔 패드에 펴 바르는 것이다). 오일은 문제들을 숨기고, 바르지 않은 곳을 마감했다고 착각하게 만든다. 현재 공정이 어느 단계에 있는지 확인하고자 할 때는 나프타로 표면을 닦아 오일을 제거한다.

6. 이제 패드를 큰 원이나 8자로 상당히 천천히 움직여 패드가 표면에서 떨어지지 않게 한다(그림 9-1). 표면에서 패드가 떨어진다는 것은 곧 패드를 다시 내려놓아야 한다는 것으로 이는 자국을 남기게 된다. 표면에서 들거나 내려놓을 때는 비행기가 이착륙하는 것과 같은 동작을 이용한다. 안쪽 모서리나 좁은 지역을 바를 때는 안쪽 천을 제거하여 아주 작게 만들어야 한다.

7. 마감된 목재든 마감이 되지 않은 목재든 프랑스 광택에서 좋은 결과를 얻기 위해서는 두 가지 요령이 있다. 패드에 오일을 바르기 시작한 순간부터 패드를 따라 증발하는 자국을 찾는다. 증기 흔적은 알코올이 오일을 뚫고 증발하기 때문으로 제대로 혼합되었다는 것을 알려 준다. 증발 흔적을 찾을 수 없다면 패드가 너무 젖었거나 너무 마른 것이다. 물기만 보이면 패드가 너무 젖어 손상을 일으키고 있다는 것을 의미한다. 줄만 보이면 지금 오일만 여기저기 옮기고 있다는 의미이다. 다시 적시고 패드를 움직일 때마다 증발 흔적이 1피트 길이는 되어야 한다. 흔적이 1~2 in. 정도로 좁아지면 패드가 건조한 것이므로 다시 적신다. **패드에 알코올만 첨가할 때까지 셀락 대 알코올의 비율을 줄인다.** 목표는 모든 흔적, 즉 천에 의한 '헝겊 자국'을 제거하는 것이다. 각 2-파운드 컷과 변성

알코올이 든 짤 수 있는 용기를 준비한다. 재면에 셀락을 충분히 발라 샌딩 스크래치나 다른 흠집이 보이지 않도록 고른 광택을 낸 후, 두 액체를 패드 위에서 바로 섞기 시작한다. 셀락을 조금 붓고 알코올도 조금 따른다. 이후 매번 다시 적실 때마다 알코올은 늘리고 셀락은 줄인다. 그 후 패드를 다른 손바닥에 세게 두드려 혼합물이 고르게 흡수되게 하고 미네랄 오일을 손으로 소량 찍어 패드에 펴 바른다. 잠시 한 부위만을 문지르면 오일이 그다지 많이 필요하지 않을 것이다. 표면에 곧 충분하게 드러날 것이다.

8. 마감에 문제가 있을 때마다(천이 움직인 자리가 너무 선명하거나 패드 이동이 정지하여 자리가 나든 뭐든 간에) 일반적으로 입도 600 또는 1000번의 아주 고운 사포로 갈아낸다. 그런 다음 프랑스 광택을 다시 시작한다.

9. 초보자의 가장 흔한 실수는 부드러워져 손상이 발생하는 곳이 생겨도 작업을 계속한다는 것임을 명심해야 한다. 헝겊이 지나간 자리가 점점 더 나빠지면 표면이 완전히 굳도록 한 시간 정도 둔다.

10. 오일 제거 시에 표면에 고른 유광이 나타나면 마감이 끝나게 된다. 오일은 문제를 감춰 제대로 끝내지 않은 곳을 문제없이 마무리한 것 처럼 오해하게 만든다는 사실을 기억해야 한다.

오일 제거

오일은 셀락을 바를 때, 패드가 표면에 달라붙어 손상을 일으키지 않도록 하는 데 필요하다. 오일은 또한 패드가 제대로 움직이고 있음을 입증하는 증발흔적을 만들 때 유용하다. 그러나 오일은 얼룩이 되므로 제거해야 한다.

> **팁** 패딩 래커를 바르는 방법은 모든 줄무늬가 사라지고 완전히 마를 때까지 패드를 일정 부위에 계속 문지르는 것이다. 이것이 바로 표면을 문지를 때마다 새로운 패드를 사용하는 이유이다. 이전에 사용하던 패드는 마르는 데 시간이 오래 걸린다. 작업할 표면이 넓고 패드가 너무 축축하면 작업 중간에 새 패드로 교체하는 것이 좋다.

예전에는 오일을 알코올로 지웠다. 이 방법은 프랑스 광택 관련 잡지나 도서에서 계속 반복되어 기술되고 있다. 갓 만든 패드에 알코올 몇 방울을 떨어뜨리고 표면을 훔친다. 알코올이 기름을 빨아들인다. 이 방법의 문제는 패드에 알코올을 너무 많이 묻히거나, 패드 일부에 알코올이 많아도 셀락 마감에 손상을 줄 수도 있고 너무 열심히 힘들게 작업한 고른 광택마저 손상될 수 있다는 점이다. 많은 사람들이 프랑스 광택 중 어려움에 직면하게 되는 곳이 바로 이 지점이다. 결과적으로 손상 요인을 해결하기 매우 어렵다.

이제 더 이상 그런 위험을 감수할 필요가 없다. 나프타를 사용하면 셀락에 손상을 주지 않고 모든 오일을 제거할 수 있다. 천을 적시고 표면에 닦기만 하면 된다 - 어떤 표면에서도 오일을 제거할 수 있다. 옛 거장들의 속설로 인한 낡은 방식이 얼마나 오래 이어지는지에 관해 이보다 더 좋은 예는 없다. 옛 장인들은 나프타를 구할 수 없었으며 만약 구할 수 있었다면 당연히 사용했을 것이다 (미네랄 스피릿도 역시 효과가 있지만 표면에서 증발하는 데 시간이 더 오래 걸린다).

나프타로 오일을 제거하는 것이 알코올로 제거하는 것보다 더 효율적이다.

오일을 모두 제거하면 표면이 건조해지고 광택이 약간 저조해질 수 있다. 마감된 다른 모든 표면에서와 같이 반죽형 왁스나 가구 광택제를 발라 되살릴 수 있다.

패딩 래커

프랑스 광택을 내기 위해 셀락 대신 패딩 래커(문지르는 래커)를 사용할 수 있다. 패딩 래커는 셀락을 알코올 대신 래커 희석제에 녹인 것이다. 셀락과 같은 결과를 내지만 약간 다르게 발라야 한다 (사진 19-6). 완전히 마른 새 연마 패드로 시작하는 것이 좋다.

넓은 표면을 문지르려면 패딩 래커 1~2 티스푼을 패드에 묻혀 프랑스 광택에서의 셀락보다 더 충분하게 적신다. 액체를 분산시키기 위해 손바닥에 두드린다 (보수를 위한 작은 면적에서는 작은 연마 패드에 소량의 패딩 래커를 발라 사용한다).

한 번에 작은 면적(3~4 ft²)에서 작업하고 다음 지역으로 이동하기 전에 그 지역을 완료한다. 그런 다음 중첩하여 작업한다.

진행하면서 압력을 높인다. 패드로 줄무늬가 생기면, 패드에 패딩 래커를 추가하고 싶어질 것이다. 하지만 그렇게 해서는 안 된다. 이것이 프랑스 광택내기와 패딩 래커 바르기 간 가장 큰 차이점이다. 패딩 래커를 바를 때는 패드가 완전히 마르고 줄무늬가 사라질 때까지 재면에 광을 계속 내야 한다. 그래야 끝나는 것이다. 기성 패딩 래커에 함유된 유성 용제는 자체적으로 증발한다.

패딩 래커를 사용하는 것의 가장 큰 단점은 냄새나고 더 강한 용제가 함유된다는 것이다. 그것들은 약간의 어지러움을 유발하고 신경계에 일시적인 영향을 미칠 수 있다. 그러므로 교차환기가 잘 되는 곳에서 작업하거나 유기 증기 보호 마스크를 착용한다. 또한 용제는 피부로부터 기름진 지방을 앗아간다. 손 피부가 민감하면 보호하기 위해 반드시 장갑을 착용한다.

> **메모** 프랑스 광택에서 오일을 사용할 필요가 없으며, 수많은 숙련된 프랑스 광택 전문가들도 사용하지 않는다. 그렇지만 오일 사용은 수행 중인 작업의 결과를 볼 수 있도록 도와주기 때문에 프랑스 광택을 완벽하게 익히는 데 큰 도움이 될 수 있다

10장 래커

- 다양한 니트로셀룰로오스 래커
- 래커의 장단점
- 래커의 장점
- 래커 희석제
- 래커 희석제에 포함된 용제 비교
- 크래클 래커
- 래커의 문제점
- 래커 마감에서 흔히 발생하는 문제점
- 피시 아이와 실리콘
- 래커 분무

1920년대 래커가 개발되었을 때, 궁극의 마감제로 여겨졌다. 래커는 증발형 마감제로서 셸락이 가진 쉬운 도포와 보수·재도장에 필요한 모든 장점을 가졌음에도 불구하고 수분, 열, 알코올, 산, 알칼리에 대한 저항성이 훨씬 우수했다. 더군다나 래커는 화학적으로 합성되었기 때문에 다양한 소비자의 요구를 충족시키고자 제품의 특성을 다양하게 조절할 수 있었고, 천연물질인 셸락처럼 공급에 제한을 받지도 않았다. 래커 칠을 벗겨내기 위해서 사용된 래커 희석제는 그 강도와 증발속도를 다양하게 만들 수 있었기 때문에 셸락에 사용되던 알코올보다는 더 유용하게 사용할 수 있었다(159쪽 '래커 희석제' 참조). 사실 래커의 우수성에 대한 믿음은 사실로 입증되었다. 래커는 여전히 가장 널리 사용되는 가구 마감제이다.

대부분의 래커는 면과 목재의 셀룰로오스 섬유를 질산과 황산으로 처리해 만든 니트로셀룰로오스를 기반으로 제조된다. 니트로셀룰로오스는 바인더 역할을 하며(바니시에 포함된 오일과 유사함) 마감제에 속건성을 부여한다. 하지만 니트로셀룰로오스 자체는 몇 가지 단점이 있는데, 유연성이 낮으며 결합이 잘 되지 않는다. 그래서 품질 향상을 위해 합성 수지를 첨가하고, 유연성을 더욱 높이기 위해 가소제라고 불리는 오일 성분의 화학물질을 첨가한다. 제조사들은 합성 수지와 가소제의 함량을 변화시킴으로써 다양한 유연성과 색깔, 그리고 물, 용제, 열, 산, 알칼리 등에 대한 저항성을 가지는 래커를 제조한다(아래쪽 '다양한 니트로셀룰로오스 래커' 참조). 일반적으로 유연하고 투명하며 내구성이 클수록 래커는 비싸진다. 하지만 제조사들은 가격을 제

다양한 니트로셀룰로오스 래커

니트로셀룰로오스 래커에 포함된 니트로셀룰로오스는 마감제에 속건성을 부여한다. 하지만 니트로셀룰로오스 자체로는 몇 가지 단점이 있는데, 유연성이 높지 않으며 목재와 잘 결합되지 않는다. 그래서 이런 성질을 향상시키기 위해 합성수지를 첨가한다. 아래 표는 래커에 가장 많이 사용되는 합성수지와 그에 따른 특성이다. 래커에 한 가지 이상의 합성수지가 첨가될 수도 있다.

수지	특성	제품명
알키드	약간의 오렌지 색조가 가미되고, 유연성, 보호력, 내구성이 좋아진다.	니트로셀룰로오스 래커
말레인	용기에 들어있을 때는 상당한 오렌지 색조가 가미된다. 단단한 마감을 제공하지만, 가소제 없이는 취성이 높아 잘 부서진다. 알키드 수지보다는 보호력, 내구성이 떨어진다.	니트로셀룰로오스 래커
아크릴	니트로셀룰로오스 자체가 약간의 노란색을 띠지만, 아크릴 수지 자체는 황변현상이 없는 점에서는 가장 우수하다(완전 무황변 래커로는 니트로셀룰로오스를 포함하지 않는 CAB-아크릴을 사용). 알키드 수지보다는 보호력과 내구성이 떨어진다.	아크릴 변형 래커 워터-화이트 래커
우레탄	보호력과 내구성이 상당히 향상된다. 황변 현상이 거의 없다.	폴리우레탄 래커
비닐	매우 강한 내수성과 목재에 대한 결합력이 증가하지만, 마감제로 사용하기에는 너무 유연하다.	비닐 실러 (134쪽 '실러와 실러 바르기' 참조)
아미노 (멜라민 포름알데히드와 요소 포름알데히드)	보호력과 내구성이 상당히 향상된다. 황변 현상이 거의 없다.	선, 후 촉매형 래커 (12장 '2액형 마감제' 참조).

외하고 품질에 대한 지표인 정보사항에 대해서는 제공하기를 꺼려한다.

때때로 래커라는 용어는 니트로셀룰로오스를 포함하는 것만이 아닌 그 이상의 의미로 폭넓게 사용된다(124쪽 '제품명의 오해' 참조). 아크릴 래커에는 니트로셀룰로오스가 포함되어 있지 않다. 아크릴 래커는 여러 재질의 표면에 마감제로 사용되지만, 가격이 비싸서 가구 마감용으로는 그리 자주 사용되지 않는다. 아크릴 수지를 니트로셀룰로오스와 비슷한 셀룰로오스-아세테이트-부티레이트(CAB) 수지와 혼합하면 더 낮은 가격으로 황변현상이 적은 아크릴 수지의 특성이 구현될 수 있다.

CAB-아크릴 래커는 CAB-아크릴로 표기되나 때때로 CAB 또는 매우 혼란스럽게도 아크릴이라고 표기되어 있다. 또한 워터-화이트로 불리기도 한다(워터-화이트는 아크릴 변형 니트로셀룰로오스 래커를 의미하기도 하지만, 아크릴 변형 니트로셀룰로오스 래커는 약간의 황변 현상이 있다). 무황변 CAB-아크릴의 유일한 단점은 내수성의 감소이다.

두 가지 추가적인 종류는 크래클 래커와 붓질용 래커이다('크래클 래커' 참조). 붓질용 래커는 앞쪽에 있는 다양한 래커 모두 가능하지만, 대개는 알키드 변형 래커를 말한다. 붓질용 래커는 다른 래커보다 천천히 마르는데, 이는 래커 제조에 사용된 용제가 천천히 증발하기 때문이다(사진 10-1).

래커의 장단점

장점
- 매우 빠른 건조
- 첨가하는 희석제의 증발 속도를 조절하면 모든 기후 조건에서 사용 가능
- 분무할 경우, 흘러내리거나 뭉치는 현상이 적음.
- 마감의 투명도와 심도가 좋음.
- 내마모성이 좋음.

단점
- 높은 용제 함량(용제는 위험하고 화재 위험이 있으며, 대기를 오염시킨다).
- 적당한 수준의 내수성, 내열성, 산-염기 저항성을 가짐.
- 적당한 수준의 내수성과 내투습성을 가짐.

래커의 장점

도막을 형성하는 모든 종류의 마감제 중에서 래커는 셀락과 함께 증발형 건조특성을 보인다. 래커가 경화되기 위해서는 용제만 증발하면 되고, 증발은 사용된 용제에 의해서만 결정된다(마감제와 희석제에 포함된 모든 용제). 이외에도 가구산업, 마감 전문가 또는 분무도장을 하는 아마추어에게 래커가 인기 있는 이유는 다음과 같다.

- 수리 흔적이 남지 않는 보수 가능
- 수직면에 도포해도 흘러내리거나 처지지 않음
- 어떤 기후 조건에서도 먼지, 백화현상, 과분무 현상 없는 마감 가능
- 다채로운 마감 효과를 위한 착색제, 도막착색제, 반죽형 목재 메꿈제, 토너 등과 함께 사용 가능
- 마감의 뛰어난 심도와 아름다움
- 뛰어난 연마 광택성
- 상대적으로 벗겨내기 쉬움

> **주의** 래커 마감은 테이블 패드, 램프 조각상 받침 등 플라스틱으로 제조된 물건과 자주 접촉하면 손상이 생길 수 있다. 플라스틱 제품과 래커에 함유된 오일 성분의 가소제가 서로 이동해 둘 다 유연하게 만들거나, 서로 들러붙게 할 수 있다. 래커 마감된 제품과 플라스틱 제품은 며칠 이상 한동안 서로 접촉하면 안된다.

속설 자동차용 아크릴 래커는 니트로셀룰로오스 래커보다 단단하기 때문에 최고의 래커 마감제이다.

사실 자동차용 아크릴 래커가 더 단단하지만, 목재 마감제로는 유연성이 모자란다. 자동차용 마감제는 목재보다 수축율이 낮은 소재(금속)를 대상으로 하기 때문에 유연성을 가질 필요는 없다. 만약 일반적인 자동차용 아크릴 래커를 목재에 사용한다면 목재의 수축·팽윤으로, 특히 접합 부위가 갈라질 확률이 높아진다.

사진 10-1 대부분의 래커는 붓질하기에는 너무 빨리 건조된다. 래커는 분무도장 되도록 설계되었다. 그러나 천천히 증발하는 용매로 만들어진 래커는 성공적으로 붓질할 수 있다. 물론 분무도장 할 수도 있다.

수리 흔적이 남지 않는 보수 가능

가구산업체나 가구제조·보수 공방에서는 마감면 손상에 대한 보수가 매우 중요하다. 마지막 마감 공정에서 최종 배송지까지의 과정에서 가구 손상이 일어날 확률이 꽤 있다. 도막을 형성하는 모든 마감 방법 중에서 셸락만이 래커처럼 별다른 흔적 없이 마감 손상에 대해 보수가 가능하다. 흔적이 남지 않게 마감면 손상을 복구하려면, 덧칠된 마감제가 손상된 면으로 완전히 녹아들어야 한다(19장 '마감 보수하기' 참조).

흘러내림과 처짐 현상 감소

래커 희석제의 특별한 성질로 말미암아 래커 희석제로 희석된 마감제는 수직면에 분무하더라도 다른 마감제에 비해서 흐르거나 처지는 현상의 위험성이 훨씬 작다. 이로 인해 마감제 비교 시 자주 언급되거나 고려되지는 않지만, 래커는 매우 큰 장점이 있다(159쪽 '래커 희석제' 참조).

래커 마감의 추가적인 장점들

래커 희석제의 특성으로 말미암아 래커와 일부 촉매형 마감제는 다양한 기후조건에서도 먼지, 백화현상, 과분무 현상 없이 좋은 결과를 얻을 수 있다. 래커 희석제는 습한 기후조건에서 백화현상을 방지할 수 있다(사진 10-2). 덥고 건조한 날에도 표면에 모래 같은 느낌을 주는 과분무 현상을 없앨 수 있고 이는 캐비닛, 또는 서랍 안쪽에 분무할 때도 같은 용도로 사용할 수 있다(49쪽 '분무에서 흔히 발생하는 문제점' 참조). 추운 날씨에는 속건성 래커 희석제를 사용하여 건조속도를 빠르게 하여 먼지가 앉을 틈 없이 작업할 수 있다. 래커 희석제는 다른 어떤 희석제보다도 사용자의 목적에 맞게 조절하기가 수월하다.

장식적인 세부 작업에서의 편의성

래커는 틈새 메꿈, 도막착색, 토닝 등의 복잡하고 다양한 세부 작업에 다른 어떤 마감제보다도 사용하기 편리하다.

래커 희석제

래커 희석제는 마감 용제 중에서도 독특한데, 여러 개의 개별 용제가 다양한 조합으로 혼합되어 있기 때문이다. 모든 용제의 이름을 모두 알 필요는 없지만, 다음과 같은 세 가지 범주의 용제를 알아두면 래커 희석제를 이해하는 데 도움이 된다.

- **활성 용매**(Active solvent : 케톤, 에스터, 글리콜 에테르)는 자체적으로 래커를 용해한다.
- **잠재 용제**(Latent solvent : 알코올)는 활성 용제와 함께 래커를 용해하지만 단독으로는 래커를 용해하지는 않는다.
- **희석 용제**(Diluting solvent : 톨루엔, 자일렌, 나프타 등 빠르게 증발하는 석유 증류분)는 래커를 전혀 용해하지 않고 활성 용제와 혼합된다.

활성 용제와 잠재 용제의 구성비는 전체 래커 희석제의 50% 미만이다. 희석 용제는 오직 혼합물을 묽게 만들 뿐이다. 희석 용제는 빠르게 증발하며 가격을 낮추는 데 기여한다(끈끈하고 스파게티 같은 래커 분자를 서로 분리하는 데는 용제가 많이 필요하지는 않지만, 분무가 가능할 정도로 래커를 충분히 희석하기 위해서는 많은 용제가 필요하다).

저렴한 '세척용' 래커 희석제는 희석 용제의 비율이 높아서 래커를 잘 녹일 수 없다. 저렴한 '세척용' 래커 희석제를 래커 희석용으로 사용하게 되면 분무할 때, 용기 속에서 뭉쳐서 흰색 솜과 같은 반점으로 나타난다. 이것을 **코튼 블러시**(Cotton blush)라고 한다. 항상 희석용으로 제조된 래커 희석제를 사용해야 한다.

만약 래커 희석제가 제대로 설계되었다면 희석 용제의 일부는 분무총에서 나오는 동안 또는 재면에서 매우 빨리 증발할 것이다. 한 곳에 많은 양의 래커가 분무되지 않는 한, 래커 마감이 빠르게 형성되기 때문에 뭉치는 현상이 발생하지 않는다. 나머지 활성 용매가 천천히 증발하면서 마감면의 수평을 맞추고, 가장 늦게 증발하는 용제가 증발하기까지 한 번 더 마감면의 수평이 맞춰질 것이다. 이러한 순차적인 용제의 증발로 인해 마감면을 세워서 분무하더라도 래커 마감은 흘러내리거나 처지는 현상 없이 가장 깨끗한 마감을 제공한다.

활성 용매가 래커의 건조 속도를 결정한다. 붓질용 래커를 제조하거나 래커 건조 지연제를 제조하는 데는 더욱 느리게 증발하는 활성 용매가 사용된다. 래커 건조 지연제는 얼룩지는 현상과 분무 시 지나치게 빠른 건조를 방지하고 마감면의 수평을 향상시키는 데 도움을 준다. 반면 래커 건조 지연제는 완전 건조에 필요한 시간이 더 요구된다.

속건성 래커 희석제를 만들기 위해서는 더 빨리 증발되는 활성 용제를 사용한다. 이런 속건성 래커 희석제는 주로 저온에서 래커

래커 희석용으로 활성용매 함량이 낮은 희석제를 사용하면 분무 마감에 하얀 솜 같은 반점이 생긴다. 이것은 '코튼 블러시'라고 부른다. 항상 희석용으로 제조된 래커 희석제를 사용해야 한다. 세척용 희석제를 래커 희석제로 사용해서는 안 된다.

의 건조를 빠르게 하고자 만들어진다. 래커 자체와 마찬가지로 위 래커 희석제는 다량의 아세톤을 함유하고 있다(138쪽 '용제함량 줄이기' 참조).

래커를 희석하기 위해서 래커 지연제나 속건성 래커 희석제만을 단독으로 사용하는 것은 드문 일이다. 대개의 경우 위 문제를 해결하기 위해 통상적인 희석제 대신에 래커 지연제나 속건성 래커 희석제를 조금 첨가하면 된다. 하지만 시행착오를 거쳐서 첨가하는 양을 결정해야 한다. 제조사는 소비자에게 별다른 도움을 주지 않는다. 심지어 '표준형' 래커 희석제, 래커 '지연제', '속건성' 희석제 모두 자의적인 용어이다. 제조사에 따라 공급되는 래커 희석제의 증발 속도는 매우 다르다.

다행히도, 래커 희석제를 첨가할 때 그렇게 정확하지 않아도 된다. 즉 상당히 넓은 범위의 희석비율에도 사용하기에는 별 문제가 없을 것이다. 하지만 사용하던 제품을 다른 회사의 제품으로 바꾼다면, 래커 희석제의 증발 속도는 매우 달라질 수 있다는 것을 명심하라. 더 이상의 자세한 정보를 필요로 하지 않을지도 모르지만, 래커 희석제로 많이 사용되는 용제의 상대적인 증발속도를 알려주고자 한다(다음 쪽 '래커 희석제에 포함된 용제 비교' 참조). 용기에 표시된 용제의 리스트와 물질안전자료(MSDS)를 참고해서 희석제의 상대적인 증발속도를 비교할 수 있다.

> **팁** 만약 래커만을 분무한다면 분무총을 매일 청소할 필요는 없다. 사실 며칠 동안 분무 컵 안에 래커를 보관해도 문제가 없다. 다음 번 래커 분무 시, 래커는 다시 녹아들어 저절로 청소가 된다.

래커 희석제에 포함된 용제 비교

온도가 증발 속도에 영향을 미치기 때문에 래커 희석제에 사용되는 용제는 절대 척도가 아닌 상대 척도로 비교한다. 부틸 아세테이트 용제는 다른 용제와 비교하는 표준으로 사용된다.

이 표에는 래커 희석제에 가장 많이 사용되는 용제가 나열되어 있는데 부틸 아세테이트에는 1의 값이 할당되어 있다. 그래서 5.7의 값을 가진 아세톤은 부틸 아세테이트보다 5.7배 더 빨리 증발하고, 0.08의 값을 가진 부틸 셀로솔브는 부틸 아세테이트보다 증발하는 데 12배 더 많은 시간이 필요하다.

이 표에 나열된 용제와 물질 안전 자료(MSDS) 또는 서로 다른 래커 희석제 용기를 비교함으로써 이러한 희석제의 상대적 증발 속도를 파악할 수 있다.

래커 희석제와 함께 사용하는 것이 권장되는 아세톤은 건분무 현상을 쉽게 가져오며, 종종 지연제로 사용되는 부틸 셀로솔브는 마감제의 건조 속도를 현저히 늦출 수 있다.

상대적 증발속도	활성 용제*
5.7	아세톤
4.1	에틸 아세테이트
3.8	메틸 에틸 케톤 (MEK)
3.0	아이소프로필 아세테이트
2.3	메틸 n-프로필 케톤
2.3	프로필 아세테이트
1.6	메틸 아이소부틸 케톤 (MIBK)
1.4	아이소부틸 아세테이트
1.0	부틸 아세테이트
0.7	프로필렌 글리콜 메틸 에테르 (Eastman PM)
0.5	메틸 아이소아밀 케톤 (MIAK)
0.5	메틸 아밀 아세테이트
0.4	프로필렌 글리콜 메틸 에테르 아세테이트 (Eastman PM acetate)
0.4	아밀 아세테이트
0.4	메틸 아밀 케톤 (MAK)
0.4	아이소부틸 아이소부티레이트 (IBIB)
0.3	사이클로헥사논
0.2	디아이소부틸 케톤
0.2	에틸렌 글리콜 프로필 에테르 (Eastman EP)
0.12	에틸 3-에톡시 프로피오네이트 (EEP)
0.08	프로필렌 글리콜 부틸 에테르
0.08	에틸렌 글리콜 부틸 에테르 (부틸 셀로솔브, Eastman EB)

● 케톤(Ketones) 용제는 '-one', 에스터(Esters) 용제는 '-ate', 그리고 글리콜 에테르(Glycol ethers) 용제는 '-ether' 라는 접미어가 붙여져 있다.

크래클 래커

크래클 래커(Crackle lacker)는 매우 오래된 페인트와 마감면에서 발생하는 악어 피부와 같은 균열을 모방하기 위해 사용되는 래커 제품이다. 크래클 래커는 매우 간단한 원리에 기반한다. 마감제에 안료가 너무 많이 포함되어 있어서 모든 안료 입자를 서로 접착할 수 있는 마감제 또는 바인더가 부족하게 되는데, 마감이 건조되고 줄어들면서 균열이 생긴다.

크래클 래커에 가장 많이 사용되는 안료는 보통 저광 래커 또는 무광 래커의 용기 바닥에 가라앉는 소광제(실리카)이다. 바로 이 소광제가 래커 건조 시 저광이나 무광처럼 보이게 한다(128쪽 '소광제로 광택 조절하기' 참조). 래커에 '소광용 반죽'으로 많이 팔리는 소광제를 첨가해서 스스로 크래클 래커를 직접 제조할 수도 있다.

크래클 래커 도포하기

크래클 래커는 항상 재면에 직접 뿌리지 않고 실링된 표면에 분무한다. 표면을 실링하는 데 사용되는 마감은 투명하거나 유색이며, 크래클 래커가 갈라져 벌어지면 표면에 노출되기 때문에 일반적으로 '베이스 코트'라고 한다.

가장 기본적인 크래클 마감은 베이스 코트에 이어 크래클 래커(크래클 코트)와 투명래커 상도로 구성되어 있다. 베이스 코트는 유광이어야 한다. 그렇지 않으면 크래클 코트의 수축 및 균열 발생에 대한 저항이 작도록 베이스 코트 위에 투명 광택 코트를 도포해야 한다. 래커의 상도는 부서지기 쉬운 크래클 코트에 녹아들어 크래클 코트를 강화시키기 위해 필요하다. 상도도 자체로는 어느 정도 마감면을 보호해 준다.

대부분의 경우, 베이스 코트가 한 가지 색이고 크래클 코트는 다른 색이지만, 때로는 베이스 코트가 투명하고 크래클 코트가 유색일 수 있다. 또는 크래클 코트가 투명하고 베이스 코트가 유색일 수도 있다. 악어가죽처럼 선명한 마감을 모방하려면 두 코트가 모두 선명해야 한다. 모든 색상 조합이 가능하다. 크래클 코트 위에 유색 도막착색제를 발라 균열을 강조할 수도 있다. 매력적인 외관을 연출하는 관건은 오직 작업자의 상상력에 달려 있다. 상도는 일반적으로 황변을 줄이기 위해 아크릴 변형 래커 또는 CAB-아크릴 래커를 사용한다. 오래된 마감의 광택을 더 잘 모방하기 위해 반광 또는 무광 처리하는 것이 좋다.

균열 제어하기

크래클 래커를 도포할 때 진짜 요령은 균열과 균열이 만들어내는 그 사이의 '섬'의 크기를 조절하는 법을 배우는 것이다. 크래클 코트의 두께와 코팅이 마르는 데 걸리는 시간을 변화시켜 이 작업을 한다.

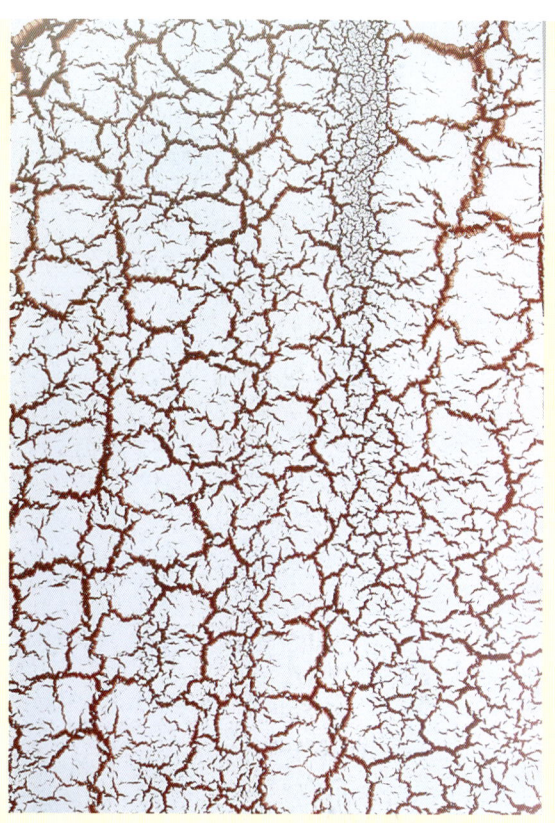

장식적인 하나의 대안으로서 크래클 래커를 사용해 오래된 페인트와 마감면의 악어가죽처럼 갈라진 모양을 모방할 수 있다. 크래클 마감은 베이스 코트, 크래클 코트 또는 투명한 상도 마감으로 구성된다.

두꺼운 크래클 코트는 더 큰 섬과 균열을 발생시키고, 얇은 크래클 코트는 더 작은 섬과 균열을 발생시킨다. 건조 속도가 느려지면 더 큰 섬과 균열이 발생하고, 건조 속도가 빨라지면 더 작은 섬과 균열이 발생한다. 이것을 기억하기 위해서 진흙을 생각해 보라. 비에 젖은 흙길이 마르면 진흙이 두껍기 때문에 생기는 균열이 크고 넓게 갈라지는 반면에 잔디 밑에서 인도로 스며드는 얇은 층의 흙은 촘촘하고 좁은 균열로 건조된다. 게다가 집 아래 틈새 공간에 위치한 진흙은 도로의 진흙보다 더 큰 균열이 생기는데, 이는 집 아래 공간의 진흙이 훨씬 더 천천히 마르기 때문이다.

크래클 래커의 두께를 제어하려면 분무총의 움직이는 속도 또는 분무총과 마감면과의 거리를 조절하여야 한다. 진짜 오래된 것처럼 보이기 위해서는 속도와 거리를 변화시켜 다양한 균열이 생기도록 한다. 크래클 래커의 건조를 조절하기 위해 래커 지연제를 첨가하여 속도를 늦추고, 래커 희석제나 아세톤을 첨가하여 건조 속도를 빠르게 한다. 물론 어떤 종류의 희석제를 추가하더라도 코팅의 두께가 감소하여 균열 크기에도 영향을 미친다.

여러 층을 마감하는 데 마감두께 또는 마감시간의 제한이 없다. 덧칠한 층 사이에서도 서로 결합이 잘 되며, 심지어 색깔을 첨가한 층도 마찬가지이다. 또한 색깔을 추가하는 단계에서 희석을 마음대로 하여 마감두께를 매우 얇게 할 수도 있다 (15장 '고급 도색 방법' 참조).

마감의 뛰어난 심도와 아름다움

탈랍 투명 셀락, 바니시와 함께 래커 마감은 마호가니, 호두나무, 벚나무와 같은 고급 활엽수재 마감에서 뛰어난 깊이감과 아름다움을 선사한다. 이에 비하면, 비록 바로 옆에 두고 비교해 보아야만 차이를 알 수 있겠지만 다른 마감제의 경우 마감면을 다소 뿌옇게 만드는 결과를 제공한다.

연마성

래커는 다른 모든 마감제보다 연마해서 균일한 광택을 얻기가 가장 쉬운 마감제이다. 첫째, 래커 경화에는 가교결합이 존재하지 않기 때문에 스크래치가 쉽게 생기고, 연마재를 사용하면 매우 균일하게 연마할 수 있다. 둘째, 덧칠한 마감층들이 서로 녹아들어 두꺼운 한 층을 이루기 때문에 덧칠에 상관없이 매끈하게 연마할 수 있다. 래커 마감에서는 고스팅을 걱정할 필요는 없다 (16장 '마감 완성하기' 참조). 가구 산업에서 가장 고급스럽고 가장 비싼 가구들은 대개 니트로셀룰로오스 래커 마감 후 연마로 광택을 더한 것이다. 소비자들은 보호력과 내구성보다는 고급스럽게 보이는 외관에 더 많은 돈을 지불한다.

벗겨내기 쉬운 래커 마감

래커와 셀락만이 재면에서 완전히 '씻어내듯이' 제거할 수 있는 도막 형성 마감제이다. 연마제, 긁어내는 도구, 가성소다 또는 암모니아 같은 강한 용제나 화학약품 등은 필요하지 않다. 특히 복잡한 장식적인 목조각, 선삭재, 몰딩 위에 덮여있는 다른 마감제는 제거하는 과정에서 재면에 상처를 줄 수 있다. 바로 이런 이유로 귀중한 앤티크 가구를 복원할 때, 증발형 마감제를 사용하는 것을 특별히 강조한다.

래커의 문제점

어떤 마감제도 완벽하지 않으며 래커에도 몇 가지 중대한 문제가 있다. 다음의 문제점을 포함하고 있다.
- 보호력 또는 내구성 감소
- 도막 층을 만들기 어려움
- 습한 날씨에 얼룩덜룩해지는 경향
- 실리콘 오염으로 피시 아이 또는 분화구 발생하기 쉬움
- 독성, 오염 또는 인화성 용제를 포함

보호력 또는 내구성 감소

어떠한 남용에도 견디는 마감제를 원하는 요즈음에 래커는 대부분의 다른 마감제에 비해 부족한 점이 많다. 증발형 마감제인 래커는 수분, 마모, 열, 용제, 산, 알칼리에 대해서 도막을 형성하는 반응형 마감제와 수성 마감제에 비해 손상되기 쉽다. 도막을 형성하는 셀락만이 래커에 비해서 보호력과 내구성이 떨어진다.

느린 도막 형성

래커의 분자는 매우 길고 꼬여있기 때문에 분무나 붓질이 가능할 정도로 분산시키기 위해서는 많은 용제가 필요하다 (스파게티를 싱크대에 붓는 동안 개별 가닥이 서로 닿지 않도록 스파게티 냄비에 얼마나 많은 물이 필요한지 생각해 보라. 8장 '도막 형성 마감제 입문' 참조). 용제 함량이 높으면 한 번의 마감이 제공하는 도막 두께가 줄어든다. 그 결과 다른 마감제에 비해 동일한 도막 두께를 얻으려면 더 많은 횟수의 래커 칠이 필요하다.

백화 현상

아마 래커 도포와 관련된 가장 일반적인 문제는 백화 현상 (Blushing) 일 것이다. 백화 현상은 분무 직후 도막에 생기는 뿌연 우윳빛 안개 같은 모습이다 (사진 10-2). 백화 현상은 습한 날씨에 발생하며 래커에 수분이 응축되어 상분리가 일어나서 발생한다. 백화 현상을 대처하는 방법은 164쪽 '래커 마감에서 흔히 발생하는 문제점'을 참고한다.

사진 10-2 백화현상은 도포 직후, 래커에 안개처럼 아지랑이가 나타나는 현상이다. 공기 중의 습기가 응축되어 표면 근처의 래커에서 상분리가 일어나며 발생한다.

피시 아이

피시 아이(Fish eye)는 래커 마감 직후에 분화구 같은 웅덩이들이 발생하는 현상이다. 분화구는 목재에 있는 실리콘에 의해 발생하며 래커 마감에서 쉽게 발생한다. 일반적인 오염원은 가구 광택제, 스프레이 윤활제, 바디 로션이다. 대부분의 피시 아이는 재도장에서 발생하지만, 실리콘 오염은 처음 마감할 때도 문제가 될 수 있다. 이런 상황이라면 오염원을 제거해 지속적인 문제가 생기지 않도록 노력해야 한다. 실리콘 오염은 재도장 예정인 가구 자체의 문제이기 때문에 재도장 공방에서는 실리콘 오염을 피할 수 없다. 원인을 파악하지 못했거나 해결할 수 없다면 심각한 문제이지만, 피시 아이는 조절을 통해 해결할 수 있다(165쪽 '피시 아이와 실리콘' 참조).

독성, 오염 또는 인화성 용매

래커 희석제에 사용되는 용제는 흡입하면 독성이 있고 대기를 오염시키며 인화성이 매우 높다. 설상가상으로 래커를 분무나 붓질하기에 충분한 희석이 되려면 높은 비율의 희석제가 필요하다.

래커의 많은 장점에도 불구하고(157쪽 참조) 도장 전문가들은 유해한 용제 냄새를 기피하고자 수성 마감제로 전환하고 있다. 마감 후에 상당한 시간 동안 용제가 마감제 밖으로 증발하기 때문에 값비싼 스프레이 부스와 고품질 방독면도 소규모 매장의 작업자를 보호하는 데 완전히 효과적이지 않다(공장에서는 제품을 오븐에 넣어 건조 속도를 높인다).

작업자 개개인의 건강 문제를 넘어, 많은 지역과 일부 주에서는 대기 오염을 줄이기 위해 래커 사용에 제한을 두거나 래커에 첨가할 수 있는 용제의 양을

> **팁** 래커를 데우면 점도가 낮아지고 평활도가 좋아진다. 뜨거운 물이 담긴 냄비에 캔이나 분무총 용기를 넣어 래커를 데운다. 점도가 낮다는 것은 희석제를 덜 추가할 수 있다는 것을 의미한다.

> **메모** 래커는 대부분의 다른 마감제보다는 보호적이거나 내구성이 강하지 않지만, 대부분의 용도에는 충분히 보호적이고 내구성이 있다는 점을 강조해야 한다. 어린 시절부터 함께 커 온 가구, 그리고 현재 사용하는 대부분의 가구는 래커로 마감되었을 가능성이 크다.

래커 마감에서 흔히 발생하는 문제점

래커는 매우 관용적인 마감제이다. 다른 모든 마감제보다 문제점을 해결하기가 쉽다. 하지만 문제점이 발생하는 원인을 알지 못하면 항상 해결하기 쉬운 것은 아니다. 가장 일반적인 문제점은 흐르거나 처지는 현상, 오렌지 껍질처럼 오돌토돌 현상, 그리고 건분무 현상이다.

문제점		원인과 해결
백화현상 래커를 뿌리자마자 안개처럼 하얗게 변함		• 래커 희석제의 빠른 증발이 마감 표면의 온도를 낮춰 대기 중 수분이 도막 안으로 들어온다. 이 때문에 래커가 마감제에서 (상)분리되어 하얗게 보이게 된다(많이 언급되는 것처럼 물이 마감도막 안에 갇히는 것은 아니다). 백화현상은 덥고 습한 날에 잘 발생한다. - 래커를 천천히 증발하는 희석제(래커 지연제)로 희석해서 완전히 마르기 전에 수분이 증발할 수 있도록 충분한 시간을 주어야 한다. - 분무 용기를 따뜻한 물에 데운다. 따뜻하게 분무된 래커는 차가워지기까지 시간이 더 걸려서 백화현상의 가능성을 줄인다(래커를 데우면, 마감 수평도 더 잘 맞는다). - 백화현상이 발생해 이미 건조되었다면 밤새 더 말리면 사라질 수도 있다. 또는 래커 지연제를 뿌려 다시 용해서 깨끗하게 말리거나 스틸울로 백화된 부분을 제거한다.
코튼 블러시 분무한 래커가 하얀 작은 먼지 조각처럼 보임		• 희석용으로 사용된 래커 희석제가 래커를 완전히 용해시킬 만큼 강하지 않았다('래커 희석제' 참조). - 먼지 같은 점들을 샌딩하거나 래커 희석제로 녹인다. 그다음 세척에 사용된 래커 희석제와는 다른 적절한 희석제로 희석된 래커를 뿌린다.
피시 아이 젖은 마감 도막에 분화구 같은 웅덩이들이 나타남		• 재면이 가구 광택제, 윤활유, 바디로션의 실리콘으로 오염되었다. - '피시 아이와 실리콘' 참조.
바늘구멍 표면의 큰 구멍에 작은 버블들이 생기고, 샌딩하면 작은 구멍으로 바뀜		• 구멍에 포함된 공기 방울이 마감도막을 뚫고 나온 것이며, 가끔은 목재가 마감제보다 따뜻하기 때문에 발생한다. - 바늘구멍은 수리가 어렵지만 샌딩거나, 완전히 래커를 제거한 후 매우 얇게 여러 번 뿌린 다음 두껍게 래커 마감한다.
눌린 자국 또는 묻어남		• 온도, 용제, 마감 두께 등의 이유로 래커가 아직 완전 경화되지 않았다. - 가장 흔한 이유는 주위 온도가 낮아 경화되는데 더 많은 시간이 걸리는 경우이다. 작업실의 온도를 올리거나, 속건성 래커 희석제를 첨가해서 빠르게 건조시켜야 한다 - 백화현상, 과분무 현상의 해결을 위해 래커 지연제를 첨가할 수도 있다. 상당 기간 마감이 부드럽게 유지될 수 있다. 지연제를 덜 넣거나, 완전히 경화되기 위해 더 기다린다. - 두껍게 바를수록 완전 경화에는 더 많은 시간이 걸린다. 더 얇게 바르든지 시간을 더 많이 주고 기다려야 한다.

제한하고 있다. 제조사들은 두 가지 방법으로 불량 용제를 줄이고자 노력한다. 하나는 분자량이 작은 니트로셀룰로오스를 사용하는 것이다(짧은 스파게티 가닥). 소량의 희석제만으로도 작은 분자를 녹일 수 있기 때문이다. 이 접근법의 문제는 도막의 내구성을 약화시킨다는 것이다. 제조사들이 사용하고 있는 또 다른 방법은 래커 희석제에 포함된 일부 용제를 아세톤으로 대체하는 것이다. 아세톤은 정부가 대기오염물질로 지정하지 않아 사용에 제한이 없다. 이 방법의 문제는 아세톤이 비용을 증가시키고, 매우 빠르게 증발한다는 것이다. 이로 인해서 백화현상, 오렌지 껍질처럼 오돌토돌해짐, 그리고 건분무와 같은 문제점들이 자주 발생한다.

> **메모** 작업자는 래커의 관용적인 특성, 마감으로서의 아름다움, 다양한 효과를 내는 다재다능함 때문에 래커를 좋아한다. 그러나 래커에 함유된 용제는 유해하고 자극적이며, 이로 인해 많은 작업자들이 사용법도 어렵고 용도가 제한적인 수성 마감제로 전환하고 있다.

피시 아이와 실리콘

마감과 재마감 과정에서 가장 신경이 쓰이는 문제점 중의 하나가 **피시 아이**(Fish eye) 현상이다. 피시 아이는 마감제를 도포한 직후, 원형의 분화구 같은 웅덩이들이 생겨나는 현상이다(다음 쪽 사진). 그것은 때때로 무작위적인 능선처럼 나타나며, 이 형태를 **크롤링**(Crawling)이라고도 한다.

피시 아이는 도막을 형성하는 모든 종류의 마감에서 나타나는 현상이지만, 주로 래커 마감에서 많이 생기기 때문에 여기에서 다루고자 한다(오일 마감의 경우, 여분의 오일을 닦아내기 때문에 피시 아이 현상이 발생하지 않는다). 피시 아이는 마감하려는 목재가 실리콘에 오염되어서 발생하는 현상이다. 실리콘은 매우 낮은 표면 장력을 가지고 있기 때문에 높은 표면 장력을 가진 마감제는 실리콘 위를 흘러갈 수 없다. 방금 왁스를 칠한 자동차 위에 물을 뿌렸을 때와 같은 현상이다. 자동차 위에는 모든 면이 왁스 처리되었으므로 물방울은 뭉친다. 재면에서는 관공 등으로 실리콘이 꺼져버린 주위로 분화구처럼, 볼록하게 마감제가 올라온다.

실리콘은 윤활유, 가구 마감제, 바디로션에 사용되는 물질이다. 통상적인 피시 아이의 원인은 가구 광택제에 포함된 실리콘 때문이다(18장 '마감 관리하기' 참조). 실리콘은 마감제의 크랙을 지나 목재 속으로 흡수된다. 일단 실리콘이 목재에 흡수되면 여타의 다른 오일처럼 제거하기가 매우 어렵다. 실리콘은 첫 번째 마감할 때, 피시 아이를 일으키기도 하지만 때로는 두, 세 번째 마감층 위에서 문제를 일으킬 수도 있다. 실리콘 오염은 쉽게 수정할 수 있는 간단한 문제점부터 해결하기 어려운 아주 힘든 현상까지 매우 다양하게 나타난다. 때로는 목재에 점박이처럼 일부 면에만 나타날 수도 있다.

만약 실리콘 오염이 의심된다면, 피시 아이를 해결하기 위해 다음 방법을 사용한다.
- 실리콘을 목재에서 제거한다.
- 실리콘에 오염된 목재를 완전히 메꾼다.
- 사용하는 마감제의 표면 장력을 낮춘다.
- 래커를 아주 얇게 4~5회 분사한다.

마감제를 바른 후, 피시 아이가 발생하면 볼록 튀어나온 곳을 사포로 샌딩하고 위의 방법 중 하나로 다음 코팅에서의 문제점을 해결할 수 있다. 일반적으로 래커 희석제를 사용하여 아직 굳지 않은 마감제를 빠르게 씻어내고 다음 방법 중의 하나로 다시 시작하는 것이 가장 좋다.

> **속설** 가구용 실리콘 광택제는 마감을 부드럽게 하거나, 다른 방법으로 경화된 마감을 손상시킨다.
>
> **사실** 실리콘은 불활성이다. 마감제와는 어떤 식으로도 반응하지 않는다. 실리콘이 야기하는 마감과 재도장의 문제점을 좋아하지 않는 마감 전문가와 보존 작업자에 의해서 실리콘에 대한 부정적인 평판이 널리 확산되었다.

> **팁** 재면이 실리콘으로 오염된 경우, 착색제를 도포하면 다음 경고를 감수해야 할 것이다. 즉 여분의 착색제를 닦아내기 전에 피시 아이나 크롤링 현상이 발생한다.

피시 아이는 오래된 가구를 래커로 마감할 때, 흔히 발생하는 문제이다. 그 결함은 분화구처럼 보인다.

목재에서 실리콘 제거하기

목재에서 모든 종류의 오일을 제거하는 것과 동일한 방법으로 실리콘을 제거할 수 있다. 석유 기반 용제, 암모니아와 물, 그리고 TSP(트리 소디움 포스페이트) 용액 등으로 하면 된다. 석유 기반 용제를 사용할 때는 목재 표면을 용제로 충분히 씻고 말리기를 반복하고 헝겊을 이용해서 여러 번 닦아내라(176쪽 '테레빈유와 석유 증류분 용제' 참조). 매번 반복할 때마다 오염물을 조금씩 희석하고 일부분을 제거하는 것이다. 다른 종류의 세정제는 오일 성분을 분해할 수 있지만, 사용된 물은 목재 거스러미를 올라오게 하므로 다시 가볍게 샌딩해야 한다. 만약 암모니아 또는 TSP가 목재를 어둡게 한다면 옥살산으로 세척하면 원래 색으로 되돌릴 수 있다.

실리콘을 재면에 밀봉하기

셸락을 사용해 실리콘을 목재에 밀봉한다(9장 '셸락' 참조). 가장 심각한 경우를 제외한 모든 경우에 적용된다. 셸락을 분무하는 것이 가장 좋다. 샌딩 시 셸락을 갈아내지 않도록 주의하고, 셸락 위에 래커를 두껍게 올리지 않는다. 두꺼우면 래커가 갈라질 수 있다.

마감면의 표면 장력 낮추기

마감제에 실리콘을 추가하여 표면 장력을 낮추어 마감제가 목재 속의 실리콘 위로 흘러내릴 수 있도록 한다. 일단 마감제에 실리콘을 추가한 후에는 모든 마감제에 실리콘을 추가해야 한다. 각각의 마감을 붓질하거나 분무할 수 있다.

이러한 목적을 위한 실리콘은 피시 아이 제거제, 피시 아이 플로우아웃, 실플로, 스무디를 포함한 여러 상표로 판매된다. 첨가하는 양은 브랜드와 오염 정도에 따라 쿼트(qt.) 당 몇 방울에서 작은 병 가득한 양까지 다양할 수 있다. 오염이 심할수록 더 많은 실리콘을 추가해야 한다. 실리콘 용기에 적힌 지시사항을 따르고, 안 되면 더 첨가해야 한다. 나는 보통 매번 작은 병 하나를 통째로 넣는다. 그래도 너무 남용하지 말아야 한다. 그러면 마지막에 뿌옇게 마감이 흐려질 수 있다.

마무리에 실리콘을 더하면 광택이 조금 올라가며 더 매끄럽게 되어 스크래치가 잘 나지 않는다. 일부 마감 전문가는 이러한 품질을 달성하기 위해 모든 마감에 실리콘을 첨가한다. 래커에는 실리콘을 직접 넣고 저으면 된다. 바니시에는 약간의 미네랄 스피릿으로 실리콘을 희석해서 첨가하는 것이 가장 좋다. 수성 마감제에는 마감제 공급업체에서 제공하는 특수한 유화 실리콘을 사용해야 한다.

마감제에 실리콘을 첨가하면 분무총이나 브러시가 실리콘에 오염되므로 실리콘을 모두 제거하기 위해 세척에 각별히 신경을 써야 한다. 그리고 적절한 환기시설 없이 실리콘 스프레이를 뿌릴 경우, 과다 분무로 인해 주변에 놓인 마감되거나 또는 마감되지 않은 목재도 오염될 수 있다.

4~5회 래커 마감 후의 먼지 제거

래커를 분무할 경우, 도막이 만들어질 때까지 먼지가 내려앉을 수 있다. 그런 다음 먼지투성이의 마감을 모두 녹일 정도로 충분히 분무한다. 하지만 목재에 닿지 않아 마감에 피시 아이가 생기지 않을 정도로만 뿌린다. 이것을 제대로 하기 위해서는 연습이 필요하므로 최선의 해결 방법은 아니다. 하지만 효과는 있다. 왜냐하면 누군가 내게 셸락에 대해 알려주고, 실리콘을 마감에 첨가하는 방법을 말해주기 전까지 나는 몇 년 동안 이 방법을 사용했기 때문이다.

피시 아이를 제거하기 위해 위에서 언급한 방법 중에서 하나에만 국한될 필요는 없다. 여러 방법을 함께 사용할 수 있다. 모든 재마감 전문가는 박리 공정의 일부로 세척공정을 자동으로 수행한다. 또한 많은 전문가들이 셸락으로 모든 작업물을 실링하는 연습을 하고 있으며, 어떤 이들은 아무런 문제가 없을 때에도 실리콘을 정기적으로 마감에 첨가한다. 일부 작업자는 이 방법을 모두 사용하기도 한다.

래커 분무

래커는 빨리 마르기 때문에 대개 분무한다. 방법은 다음과 같다.

❶ 반사광을 이용해서 진행되는 상황을 볼 수 있도록 작업물을 정렬한다.
❷ 샌딩 실러, 비닐 실러, 셸락 또는 래커 자체를 실러로 사용할지 결정한다(134쪽 '실러와 실러 바르기' 참조).
❸ 첫 번째 마감을 재면에 뿌린다(55쪽 '분무총 사용하기' 참조).
❹ 첫 번째 마감이 완전히 마른 후, 입도 280번 또는 그 이상의 사포로 가볍게 샌딩해서 매끈하게 한다.
❺ 컴프레서, 진공 청소기, 브러시, 송진포로 샌딩 먼지를 제거한다. 다음 래커 마감이 샌딩으로 갈려진 래커 먼지를 다시 녹이기 때문에 반드시 모두 제거할 필요는 없다.
❻ 다음 래커를 도포한다.
❼ 건조시키고 먼지나 기타 제거하고자 하는 흠집이 있는 경우에는 가볍게 샌딩한다. 그렇지 않으면 샌딩할 필요가 없다.
❽ 도장 두께에 만족할 때까지 래커를 도포한다. 만약 관공을 메꾸려 하지 않는다면, 보통 3~4회가 적당하다. 하지만 그것은 래커를 얼마나 희석하고 마감 두께를 어떻게 하느냐에 따라 달라진다(126쪽 '고형분 함량과 도막 두께' 참조).
❾ 래커는 그대로 두거나 사포, 스틸울, 광택제로 마무리할 수 있다(16장 '마감 완성하기' 참조).

> **팁** 래커 마감 사이에 래커가 완전히 마르게 할 필요는 없다. 사실 많은 전문가가 기존의 래커 마감층을 부드럽게 하기 위해 얇은 '끈적끈적한' 래커를 바른 후, 바로 마감 래커를 뿌리는 것을 선호한다. 나는 종종 마감 래커를 두 번, 차례로 바른다. 최종 결과에 차이가 없으니 정말 개인 취향에 따라 다를 뿐이다.

크고 평평한 표면(위)은 가장자리부터 분사한다. 복잡한 물체(아래)는 눈에 덜 띄는 부분에 먼저 분사한다. 돌출된 표면에 마지막으로 분사한다

11장 바니시

- 오일과 수지 혼합물
- 바니시의 장단점
- 바니시의 특성
- 바니시 도포하기
- 와이핑 바니시
- 바니시 종류 판별하기
- 바니시 붓질하기
- 테레빈유와 석유 증류분 용제
- 젤 바니시
- 바니시의 미래
- 바니시 도포에서 흔히 발생하는 문제점

바니시(폴리우레탄 바니시를 포함하여)는 목재를 가장 잘 보호할 수 있고 튼튼하며 쉽게 구할 수 있는 마감제이다. 바니시는 수분 침투와 투습에 대해 매우 좋은 장벽을 형성하며 내열성, 내마모성, 내용매성, 내산성, 내염기성이 우수하고, 가격이 저렴하며 두꺼운 도막을 쉽게 만들 수 있다. 이처럼 바니시는 한 가지만 빼고는 목공인이 원하는 모든 장점을 가지고 있다. 그 한 가지는 여러 마감제 가운데 도포하기가 가장 어려워 좋은 결과를 얻기가 쉽지 않다는 점이다.

바니시는 경화성 오일이나 반경화성 오일을 천연 수지와 함께 가열해서 제조한다. 경화를 촉진시키는 건조제가 첨가된다. 전통적으로는 가장 구하기 쉬운 아마인유를 사용했다. 19세기에 동유가 중국으로부터 서구로 소개되어 피아노 바니시, 가구 바니시, 외부용 스파 바니시로 이용하기 시작했다. 20세기 중반 무렵 화학자들은 대두유, 잇꽃씨유 등과 같은 반경화성 오일을 더 빨리 경화시키는 방법을 개발했다. 이런 오일은 아마인유 또는 동유보다 황변현상이 적으며 값이 더 저렴하기 때문에 현재는 바니시 제조에 일차적으로 사용된다(모든 바니시는 시간이 지나면 황변이 생긴다).

전통적으로 천연 수지는 다양한 종류의 소나무 수액이 화석화된 것이다. 가장 좋은 천연 수지는 수입된 것이다(미국 소나무 송진은 좋은 바니시의 제조 원료가 되기에는 너무 부드럽다). 바니시에 필요한 천연 수지는 아시아, 뉴질랜드, 아프리카, 그리고 북유럽산이 우수하다. 가장 좋은 천연 수지는 카우리 코팔, 콩고 코팔, 마닐라 코팔 등이다. 지금은 멸종된 북유럽에서 자란 소나무에서 생성된 송진이 화석화된 호박도 바니시용 수지로 사용되었다. 아마 선물 가게에서 호박으로 만들어진 목걸이 또는 보석류를 본 경험이 있을 것이다. 하지만 위와 같은 천연 수지는 더 이상 바니시를 만드는 제조 원료로 사용하지 않는다(사진 11-1).

20세기 초반 화학자들은 천연 수지에 비해 훨씬 품질이 균일하며 쉽게 구할 수 있는 합성 수지를 개발했다. 가장 먼저 개발된 것은 페놀과 포름알데히드가 중합된 열경화성 페놀 수지이다. 초기에 페놀 수지는 플라스틱으로 개발되었고 초기 라디오케이스 제작에 많이 사용했다. 페놀 수지를 마감제로 쓰기 위해서 화학자들은 페놀 수지를 오일과 함께 가열해서 수지를 액체로 만들었다. 액화된 페놀 수지·오일 혼합물은 공기 중의 산소를 만나 고체로 경화하는데, 이를 산화과정이라고 한다. 가장 먼저 개발된 합성수지인 페놀 수지는 황변현상이 너무 심했기 때문에 지금은 더 이상 바니시에 사용되지 않는다.

그다음은 1920년대에 개발된 폴리에스터의 일종인 알키드 수지이다. '알키드(Alkyd)'라는 이름은 수지를 만드는 데 필요한 두 가지 원료(알코올-Alcohol과 산-Acid)에서 글자를 따서 만들어진 용어이다. 알키드 수지 또한 오일과 함께 가열해서 바니시를 만든다. 알키드 수지는 페놀 수지보다 저렴해서 마감제 산업에 가장 많이 쓰였다. 알키드 수지는 바니시에서만 가장 많이 사용된 것이 아니고, 래커, 촉매형 마감제, 수성 마감제, 그리고 유성 페인트 등 여러 분야에 널리 쓰이게 되었다.

세 가지 바니시 제조용 수지 중에서 마지막은 폴리우레탄이다. 폴리우레탄은 1930년대에 개발되었으며 주로 플라스틱으로 많이 쓰였다. 폴리우레탄은 매우 튼튼한 마감제

사진 11-1 바니시에 사용되는 몇 가지 천연수지들. 왼쪽부터 코팔, 호박, 송진.

> **속설** 폴리우레탄 마감이 '플라스틱' 같다는 말을 자주 들어보았을 것이다.
>
> **사실** 아마도 셸락을 제외한 모든 도막 형성 마감제가 사실은 플라스틱이다! 셀룰로이드라고 불리는 고체 래커는 가장 처음 개발된 플라스틱이다. 이것은 1870년대부터 셔츠 칼라, 빗, 칼 손잡이, 안경테, 칫솔, 장난감, 나중에는 영화 필름을 만드는 데 사용되었다. 베이클라이트라고 불리는 페놀 수지는 최초의 라디오 케이스 제작에 사용되었다. 아미노 수지로는 플라스틱 라미네이트를 만들었다. 아크릴 수지는 플렉시 글라스 제조에 사용되었다.

이다. 폴리우레탄을 이용한 마감제에는 몇 가지 종류가 있다. 순수한 폴리우레탄 마감은 2액형이거나 열 또는 수분을 흡수해서 경화한다(12장 '2액형 마감제' 참조). 보통 페인트 매장에서 보는 폴리우레탄은 사실상 폴리우레탄으로 변형된 유랄키드(Uralkyd)라고 불리는 변형 알키드 바니시이다. 유랄키드 바니시는 긁힘(Scratch)에 가장 강하기 때문에 현재 가장 많이 사용한다.

오일과 수지로 만들어진 바니시는 건조속도가 충분히 빠르지 않기 때문에 금속 건조제를 첨가하여 경화과정을 가속화한다. 금속 건조제는 촉매로 작용하며 경화 초기 단계의 산화를 빠르게 한다. 초기에는 납(Lead, Pb)을 쉽게 구할 수 있었고, 경화되는 속도 또한 만족스러워서 많이 사용하였다. 또한 다른 종류의 금속 건조제도 속속 개발되었다. 1970년대 이후, 납은 사용자 건강에 미치는 악영향 때문에 사용이 금지되었고 다른 종류의 금속 건조제로 대체되었다. 현재 사용되는 금속 건조제에는 코발트, 망간, 아연 등이 있고 이런 건조제는 미국 식품의약품안전청(FDA)에서 오일, 바니시, 페인트용으로 모두 사용승인을 받았다. 이들 건조제는 오일, 바니시 또는 페인트가 완전 건조되면 특별한 건강상의 문제를 일으키지는 않는 것으로 알려져 있다. 매우 특별한 경우를 제외하고는 건조제로서 납은 더 이상 사용하지 않는다(92쪽 '식품 안전에 대한 오해' 참조).

소비자는 다양한 종류의 혼합된 금속 건조제를 구매해서 오일, 바니시 또는 유성 페인트에 첨가해서 건조속도를 향상시킬 수 있다. 이런 건조제 혼합물은 액상으로 팔리고 있으며, 대체로 일본 건조제(Japan drier)라고 불린다. 하지만 직접 일본 건조제를 바니시에 첨가하는 것은 위험한 일이다. 첫째, 시중에서 판매되는 건조제 조합이 소비자가 사용하는 마감제에 대해 적합하지 않을 수도 있다. 둘째, 건조제를 마감제에 첨가하면 건조속도가 향상되지만, 마감 후에 도막이 잘 바스러질 수 있고 마감표면이 더 쉽게 금이 갈 수도 있다. 한 번에 조금씩만 첨가하여 건조제가 가진 효과를 느낄 수 있도록 주의해서 사용하길 바란다.

> ## 바니시의 장단점
>
> **장점**
> - 우수한 내열성, 내수성, 내용제성, 내산성, 내알칼리성
> - 투습에 대한 우수한 저항성
> - 천천히 붓질해도 됨
>
> **단점**
> - 매우 느리게 경화되기 때문에 먼지가 내려앉거나 흘러내리는 현상 발생
> - 황변현상이 발생함

오일과 수지 혼합물

오일과 수지는 모두 바니시 제조에 사용되지만, 오일과 수지의 비율에 따라 만들어지는 바니시의 물성에 많은 차이가 있다. 오일의 비율이 높을수록 바니시 도막이 부드럽고 유연해진다. 반대로 오일의 비율이 낮을수록 바니시가 단단해지고 잘 바스러질 수 있다.

오일의 비율이 높은 바니시는 장유성 바니시(Long-oil varnish)라고 불린다. 주로 스파(Spar), 마린(Marine) 바니시라고 불리며 상대적으로 목재의 큰 신축성에 대비하기 위한 유연함이 요구되는 외부용 바니시로 팔리고 있다. 오일의 비율이 상대적으로 낮은 바니시는 단유성 바니시(Short-oil varnish) 또는 중유성 바니시

(Medium-oil varnish)로 불린다. 주로 목재의 신축성이 크지 않고, 단단함이 더욱 요구되는 내부 가구용으로 사용된다.

상표에 적혀 있듯이 스파 바니시와 마린(보트) 바니시는 상당히 다르다. 둘 다 표준보다는 오일의 비율이 높은 장유성 바니시이지만, 스파 바니시는 단순히 장유성 바니시를 지칭하고 마린 바니시는 자외선 차단제가 포함된 스파 바니시를 의미한다. 자외선 차단제는 자외선으로 인한 손상에 저항한다(300쪽 '자외선으로부터 보호' 참조).

다음으로 중요한 사항은 바니시를 제조하기 위해 사용된 오일과 수지의 종류이다(또한 사용되는 금속 건조제에 따른 차이가 있지만 주로 경화 속도와 정밀도에만 영향을 미치며 경화된 도막의 물리적 특성에는 큰 차이가 없다). 다음은 바니시의 특성에 영향을 미치는 오일과 수지에 관한 내용이다.

- 페놀 수지는 질기고 유연하게 경화된다. 또한 황변현상이 심하다(오래된 라디오 케이스에서 볼 수 있듯이). 페놀 수지는 종종 야외용 스파 바니시를 만들기 위해 동유와 결합되었으며, 때로는 동유와 결합해 연마된 테이블 상판이나 피아노를 위한 연마용 바니시의 용도로 사용했다.
- 알키드 수지는 페놀 수지만큼 단단하지는 않지만, 대부분의 경우에 적합하며 가격이 저렴하고 황변현상이 심하지 않다. 그러므로 알키드는 바니시에 가장 일반적으로 사용되는 수지이다. 알키드 수지의 황변현상이 적기 때문에 알키드 바니시는 보통 황변현상이 적은 변형된 콩기름과 함께 만들어진다.
- 폴리우레탄 수지는 세 가지 바니시 수지 중에서 가장 질기고 일반적으로 알키드와 결합하여 1액형 폴리우레탄 마감제를 만든다. 이런 마감제는 대부분 황변현상을 줄이기 위해 변형된 콩기름과 함께 만들어진다. 폴리우레탄 바니시는 세 가지 단점이 있다. 두껍게 도포되면 구름처럼 약간 뿌연 느낌의 마감이 된다('플라스틱'으로 지칭되는 이유 중의 하나). 대부분의 다른 마감제와는 잘 결합되지 않으며, 대부분의 다른 마감제도 폴리우레탄 바니시와는 잘 결합되지 않는다. 완전히 경화된 후에는 덧바른 폴리우레탄 바니시 자체와도 잘 결합되지 않는다. 따라서 폴리우레탄 바니시로 재도장할 때는 기존의 우레탄 마감을 사포나 스틸울로 제거하는 것이 좋다. 마지막으로 햇빛에 의해 목재로부터 쉽게 박리된다. 자외선은 폴리우레탄과 목재와의 결합을 파괴하고 목재에서 폴리우레탄이 벗겨지게 한다. 제조업체는 직사광선에서도 뛰어난 성능을 발휘하는 폴리우레탄을 만들기 위해 많은 자외선 흡수제를 추가한다(다양한 바니시에 대한 설명은 173쪽 '바니시 종류 판별하기' 참조).

바니시의 특성

색상을 제외하고 바니시는 다음 여섯 가지 주요 특성이 있으며, 각각의 특성은 반응형 경화 메커니즘과 관련이 있다(129쪽 '반응형 마감제' 참조).

- **수분 또는 투습에 대한 뛰어난 저항성**: 가교 결합된 분자 네트워크는 물이나 수증기가 통과할 수 있는 공간의 크기를 줄인다.
- **우수한 내열성, 내마모성, 내용제성, 내산성, 내알칼리성**: 수지 분자의 가교 결합으로 말미암아 바니시는 매우 견고한 마감을 제공한다. 분자는 분해되기 어렵기 때문에 높은 열, 날카로운 힘 또는 강한 용제나 화학 물질이 있어야 손상이 발생한다.
- **긴 경화 시간**: 산화반응이 느리기 때문에 끈적거림이나, 붓 자국 없이 작업을 충분히 할 수 있다. 하지만 이 때문에 먼지와 관련된 문제점이 존재한다. 바니시가 완전 경화되기 전, 끈적이는 표면에 내려앉은 먼지는 마감표면에 고착되어 최종 마감의 완성도를 떨어뜨리게 된다.
- **바니시 마감 보수와 박리의 어려움**: 이것은 우수한 내용매성, 내열성, 내화학성의 이면이다.
- **연마해서 균일한 광내기 어려움**: 이것은 양호한 내마모성 때문이다.
- **용기 안에 남아있는 바니시 경화**: 바니시는 산소를 흡수해 경화되기 때문에 사용 중인 바니시 용기에 남아있는 공기(산소)가 바니시를 경화시키기 시작할 것이다. 공기(산소)가 충분하면 용기 안에 남아있는 바니시 위에 경화된 피막을 형성할 것이다(경화된 피막 아래쪽으로 바니시가 젤처럼 변하지 않았다면, 아직은 바니시를 사용할 수 있다. 경화된 피막을 제거

하고 남은 바니시를 유리병이나 접을 수 있는 작은 플라스틱 용기에 넣어 바니시를 경화시키는 공기가 거의 남지 않도록 한다. 용기에 라벨을 붙인다. 용기의 산소를 'Bloxygen'과 같은 제품에 포함된 불활성 기체로 교체할 수도 있다).

바니시 도포하기

바니시는 경화되는 데 꽤 오랜 시간이 걸린다. 먼지가 들러붙지 않게 마르기 위해서는 최소 한 시간에서 몇 시간이 걸리며, 재도장에서는 최소 하루가 걸린다. 이 때문에 산업현장에서나 전문가들은 잘 사용하지 않는다. 대개 바니시는 분무 장비가 없는 아마추어들이 주로 사용한다(174쪽 '바니시 붓질하기' 참조) (사진 11-2).

바니시를 붓으로 칠하는 것은 몹씨 즐겁지만, 분무하기에는 상당히 힘이 든다. 목재 위에 고르게 펴 바를 수 있는 충분한 시간이 주어지기 때문에 붓질하기 아주 좋다. 바니시를 분무한다면, 작은 바니시 입자가 공기 중에 떠다니게 되고 작업자(그리고 주변의 다른 모든 것들에도)에게 달라붙어서 피부를 끈적거리게 만들기 때문에 바니시 분무는 매우 골치 아픈 일이다(그럼에도 불구하고 바니시를 분무하는 사용자도 있다).

몇 번만 칠해도 상당한 두께를 가지는 최대 강도의 바니시 마감을 할 수 있다. 바니시는 고형분 함량이 매우 높다(126쪽 '고형분 함량과 도막 두께' 참조). 하도용 실러 마감 위에 바니시를 두 번만 바르면 대개의 경우 충분하다(134쪽 '실러와 실러 바르기' 참조).

당연히 기후조건은 바니시가 경화되는 속도에 영향을 미친다. 춥고 습한 기후는 바니시 경화를 상당히 늦춘다. 60°F(15.6°C) 이하에서는 바니시 마감을 하지 않는 것이 좋다. 경화되기까지 며칠이 걸릴 수도 있다. 뜨거운 날씨는 경화를 촉진한다. 바니시에 포함된 희석제는 빠르게 증발하고, 바니시는 공기 중의 산소와 매우 빠르게 반응한다. 만약 기온이 90°F(32.2°C) 이상이면 바니시를 바르기 어렵다고 느낄 수 있다. 바니시의 경화속도가 빠르기 때문에 붓

속설 바니시는 제조 후 2년이 지나면 첨가된 금속 건조제가 불활성화되기 때문에 경화되지 않는다.

사실 실험실 조건에서 일부 금속 건조제의 불활성화를 측정하는 것이 가능한지 몰라도 사용자가 느낄 정도는 아니다. 바니시 표면에 피막이 생기고 젤처럼 변하는 경우를 제외하고는 실제로 바니시의 유통기한은 무한하다.

사진 11-2 위 사진은 모두 다양한 종류의 바니시이다. 바니시는 미네랄 스피릿으로 희석되며 매우 단단하게 경화된다. 사진 속의 Salad Bowl Finish, Seal-a-Cell, Wood Conditioner, Waterlox, 그리고 Formby's 등의 제품은 이미 희석된 형태로 판매된다. Polyurethane와 Varathane 제품은 알키드 수지보다는 주로 폴리우레탄 수지로 제조된다. Interlux Schooner와 Spar Varnish는 오일 함량이 높은 장유성 바니시로 제조되기 때문에 매우 유연하다. Interlux Schooner는 자외선 차단제를 함유하고 있어 직사광선에 대해서도 내후성을 가질 수 있다.

자국이 평평해질 시간이 부족하거나, 기포가 바니시 도막에서 빠져나가지 못할 수도 있다(178쪽 '바니시 도포에서 흔히 발생하는 문제점' 참조).

춥고 습한 날에는 작업장 온도를 올리는 것만이 경화속도를 빠르게 할 수 있는 유일한 방법이다. 더운 날에는 바니시에 5~10퍼센트의 미네랄 스피릿(페인트 희석제)을 첨가하여 경화속도를 조금 늦출 수 있다(176쪽 '테레빈유와 석유 증류분 용제' 참조).

바니시에 약간의 미네랄 스피릿을 첨가하면 기포가 도막 밖으로 빠져나오는 데 더 많은 시간을 줄 뿐만 아니라 바니시가 더 쉽게 퍼지고 더 부드럽게 바니시를 칠할 수 있게 된다. 많은 작업자들이 일반적으로 매번 칠할 때마다 희석해서 칠한다. 물론 단점은 바니시의 고형성분이 줄어들므로 여러 번 칠해야 한다는 것이다.

와이핑 바니시

와이핑 바니시(Wiping Varnish)는 잡지『우드워크(Woodwork)』(1990년)에 기고한 기사에서 내가 만든 용어이다. 이것은 바니시를 절반 정도의 미네랄 스피릿으로 희석해 대중적이고 사용하기 쉽게 만든 것인데, 아직 시중에는 와이핑 바니시(Wiping Varnish)라고 이름 붙인 제품은 없다(94쪽 '오일로 판매되는 와이핑 바니시' 참조). 바니시를 희석하게 되면 붓으로 바르는 것보다 펴 바르거나 닦아내기가 훨씬 쉽다는 이유로 와이핑 바니시(Wiping Varnish)라고 이름 붙였다. 이렇게 이름을 지은 목적은 희석된 바니시(와이핑 바니시)를 지금도 널리 퍼져 있는 잘못된 라벨과 구별하기 위한 것이었다. 대부분의 와이핑 바니시는 동유(Tung Oil), 동유 마감제(Tung Oil Finish) 또는 동유 바니시(Tung Oil Varnish) 등의 이름으로 제품화되어 있다. 어떤 것은 샐러드 보울 마감제(Salad Bowl Finish)로 제품화되어 있고, 다른 것은 Waterlox, Seal-a-Cell, ProFin, Val-Oil 등의 제품명을 사용하고 있다.

이 모든 마감제는 바니시(때로는 폴리우레탄 바니시)이므로 목재에 충분한 횟수로 도포할 경우, 우수한 보호 기능과 내구성을 제공한다. 문제는 제품 라벨이다. 모호한 제품 라벨은 제품에 대한 올바른 이해를 막고 때로는 마감작업 시 실패를 경험하게 만든다. 만약 누군가가 동유를 사용했다면, 사실 그것이 동유인지, 희석된 바니시인지(두 가지는 매우 다른 마감제이다) 알기 어렵다 (사진 5-3). 그런 경우에는 오일·바니시 혼합물일 가능성도 있다(5장 '오일 마감' 참조). 물론 사용자가 와이핑 바니시를 만들어서 점도와 도막 두께를 훨씬 더 효과적으로 제어할 수 있다. 아무 바니시에 미네랄 스피릿을 섞어본다. 일단 25% 정도의 적은 양의 미네랄 스피릿을 바니시에 섞어보고 바니시 도포 시에 스스로 만족할 때까지 그 양을 늘려보라(제조업체만큼 바니시를 많이 희석할 이유는 거의 없다). 여러분이 오일 마감을 하듯이 와이핑 바니시 마감을 하면 된다. 목재 위에 바르고 여분의 바니시를

바니시 종류 판별하기

바니시에 폴리우레탄이 포함되어 있지 않은 한, 제조업체는 그 종류를 거의 알려주지 않는다. 여기 이것을 판별하는 데 도움이 될 몇 가지 단서가 있다.

단서	종류
용기에 아무 표시가 없음	알키드 수지 바니시
바니시 색깔이 밝음	알키드·콩기름 바니시
바니시 색깔이 호박색(진함)	알키드·아마인유 또는 페놀수지·동유

속설 바니시 용기를 흔들거나 젓지 않고 매우 천천히 부드럽게 바니시를 칠하면 기포를 예방할 수 있다.

사실 붓질하면 바니시에 기포가 생기는 것을 막을 수 없다. 요령은 도막이 생기기 전에 기포가 나오게 하는 것이다. 만약 기포가 저절로 나오지 않는다면, 5~10%의 미네랄 스피릿으로 바니시를 희석한다. 미네랄 스피릿은 기포들이 나올 수 있을 만큼 경화를 충분히 늦출 것이다. 그래도 여전히 문제가 있다면 바니시를 바꾼다. 어떤 브랜드는 다른 브랜드보다 훨씬 기포 발생이 적다.

바니시 붓질하기

바니시는 붓질 또는 분무로 와이핑 바니시나 젤 바니시처럼 칠한 다음 닦아낸다(대개의 경우 붓으로 칠한다). 바니시 마감에서 좋은 결과를 얻기 위한 가장 중요한 점은 재면과 작업공간이 깨끗해야 한다는 것이다. 바니시 마감은 경화 시간이 오래 걸리기 때문에 다른 마감과 비교해서도 환경이 더욱 깨끗해야 한다. 여기에 몇 가지 권고사항이 있다.

- 바니시를 마감하는 동일한 공간에서는 샌딩하거나, 먼지를 만들지 않는 것이 중요하다.
- 주위를 다니며 먼지가 나지 않도록 항상 바닥을 물걸레로 닦는다.
- 작품 아래에 깨끗한 종이를 둔다.
- 바니시가 지저분하거나 경화되어 피막을 형성했으면 교체한다.
- 깨끗한 붓을 사용한다. 붓을 손바닥에 쳐서 느슨하게 삐쳐 나온 붓털을 제거한다.
- 목재 표면이 깨끗한지 확인한다. 바니시를 칠하기 직전에 헝겊 또는 손으로 닦는다.
- 만약 칠해야 할 목재가 크다면 덮개로 목재 일부를 가리거나, 먼지가 내려앉지 못하도록 어딘가에 밀어 넣어 둔다.

청결을 가장 염두에 두고 다음 순서에 따라 바니시를 붓질한다.

1. 작업 중 반사광에 의해 마감 작업을 확인할 수 있도록 작품과 주위를 정리한다.
2. 먼저 하도용으로 바니시 샌딩 실러를 사용할 것인지, 미네랄 스피릿에 희석된 바니시로 할 것인지 결정한다(134쪽 '실러와 실러 바르기' 참조).
3. 충분한 양의 샌딩 실러, 바니시를 제품 용기에서 1회용 용기(유리병, 커피캔)에 소분해서 사용한다. 이렇게 하면 먼지나 오염물들이 제품 용기로 유입되는 것을 막을 수 있다.
4. 첫 번째 붓질을 한다. 목선반 가공품과 같은 입체적인 작품을 제외하고는 가급적 나뭇결을 따라 바니시를 칠한다. 바니시가 표면에 고이거나 흐르도록 과도하게 칠하지 않는다(42쪽 '붓질하기' 참조).
5. 하룻밤 정도 바니시가 경화되도록 둔다.
6. 입도 280번 이상의 사포로 가볍게 표면을 정리한다. 먼지가 끼지 않는 건식 윤활 사포가 가장 효과적이다. 샌딩은 바니시 마감 공간과는 분리된 외부에서 하거나, 충분한 시간을 두어 부유먼지가 바닥에 가라앉은 후에 다음 바니시를 칠한다.
7. 샌딩 후에 발생한 먼지를 진공청소기나 면포로 제거한다. 한 번 더 면포나 손을 이용해서 먼지를 완전히 제거해준다.
8. 두 번째 붓질은 별도의 다른 용기에 작업하고, 기포를 줄이기 위해 바니시 원액 또는 5~10%의 미네랄 스피릿으로 희석된 바니시를 도포한다.
9. 한 번에 한 부분씩 칠한다. 각각의 부분이 칠해지면 붓을 티핑해서 여분의 바니시를 제거한다. 요령은 다음과 같다. 붓을 거의 수직으로 세우고 나뭇결을 따라 매우 가볍게 붓질한다. 붓에 있는 과량의 바니시를 바니시 용기의 깨끗한 쪽을 이용하거나, 다른 깨끗한 표면의 목재에 칠해서 제거한다.
10. 따뜻한 공간에서 하룻밤 동안 바니시가 경화되도록 둔다.
11. 입도 320번 이상의 건식 윤활 사포로 가볍게 표면을 정리한다. 먼지가 끼지 않는 건식 윤활 사포가 가장 효과적이다. 또는 #000, #0000번 스틸울 또는 스카치 브라이트 연마패드로 해도 된다.

속설 목재에 대한 접착력을 향상시키기 위해 첫 번째 바르는 바니시는 미네랄 스피릿으로 절반 희석해야 한다.

사실 바니시는 칠 두께와는 상관없이 목재에 대한 접착력이 뛰어나다. 바니시를 희석하는 이유는 칠 두께가 얇아질수록 더 단단하고 빠르게 경화되어 더 빨리 샌딩할 수 있기 때문이다. 희석하면 더 빨리 침투되겠지만, 희석하지 않아도 바니시가 재면에서 액체 상태로 존재한다면 결국 목재 속으로 침투할 것이다. 바니시를 희석하는 가장 큰 장점은 더 빠르고 단단하게 경화된다는 점이다.

팁 송진포(Tack cloth, 끈끈이 천)는 면포에 바니시 처리를 해서 끈끈하게 만들어진 천이다. 기성제품을 구매하거나(제일 좋은 방법이라 생각한다), 직접 제작할 수도 있다. 송진포를 제작하기 위해서는 먼저 면포를 미네랄 스피릿으로 적신다. 면포를 뭉쳐 비튼 다음에 바니시를 몇 방울 떨어뜨린다. 바니시가 면포 속으로 잘 스며들게 한다. 적신 면포는 먼지를 제거할 만큼 끈적여야 하지만 너무 찐득해서 재면에 자국을 남기면 안 된다. 만들어진 송진포를 공기가 통하지 않는 커피캔이나 용기에 넣어 굳지 않게 두고 사용한다.

> **팁** 바니시를 칠할 때, 수평 방향으로 칠하면 흘러내리거나 처지는 것을 줄일 수 있다. 가능하다면 수평 방향으로 칠할 수 있도록 작품을 재배치한다. 상판, 서랍판, 의자 좌석, 의자 등받이 등의 가장 중요한 부분은 제일 마지막에 칠한다.

바니시는 매우 천천히 경화되기 때문에 마감 작업 중 붓질하기 가장 쉽다. 그러나 천천히 건조되는 과정에서 먼지와 흘러내리는 현상 때문에 좋은 결과를 얻기는 어렵다.

둘 다 사포만큼 먼지가 끼지는 않지만 표면에 들러붙은 먼지 제거에는 사실 사포가 제일 효과적이다.

⑫ 거의 완벽에 가까운 마감을 원한다면, 조금 전 칠한 바니시 마감 붓 자국을 사포로 완전히 제거한다. 코르크, 펠트, 고무 블록으로 사포를 움켜쥔다. 입도 320번 또는 400번 사포 중 선택해 비누, 물, 미네랄 스피릿으로 습·건식 방수 샌딩한다. 그러면 마지막 도막이 훨씬 수평이 잘 맞을 것이다.

⑬ 각자가 원하는 마감 광택도를 결정한다. 유광 바니시로 경화한 다음에 연마하거나, 무광 바니시를 사용할 수도 있다(128쪽 '소광제로 광택 조절하기' 참조). 유광 바니시는 연마해서 광을 낮추기 전에는 좋은 결과를 얻기 힘들다. 저광이나 무광 바니시는 연마하지 않아도 괜찮아 보일 수 있다.

⑭ 샌딩 후에 남은 먼지를 완전히 제거하고, 한 번 더 바니시를 붓질한다. 위에서 말한 대로 마지막 붓질 전에 한 번 더 샌딩한다면 좋은 마감을 위해 별도의 작업이 필요 없을 만큼 꽤 정리된 마감면이 되어 있을 것이다. 또는 바니시를 미네랄 스피릿으로 25~50% 정도 희석한 와이핑 바니시를 만들어 마지막 마감제로 칠해도 된다(173쪽 '와이핑 바니시' 참조). 바니시가 희석되었기 때문에 수평이 더 잘 맞고 빨리 마르고 먼지가 들러붙는 것을 줄여줄 것이다. 또는 마지막 마감 층 바로 전에 젤 바니시를 바른다. 이 역시 붓 자국과 먼지가 들러붙는 현상을 줄여줄 것이다(176쪽 '젤 바니시' 참조).

⑮ 바니시 마감의 두께에 만족한다면 그대로 두면 되고, 사포나 스틸울, 광택제로 좀 더 마감 처리를 하면 된다(16장 '마감 완성하기' 참조).

> **속설** 만약 바니시를 나프타(석유화학 용제)로 희석하면 더 빨리 경화될 것이다.
>
> **사실** 미네랄 스피릿 대신에 나프타를 쓰면 바니시가 끈적거리기까지의 시간만이 단축될 것이다. 바니시 경화는 공기 중의 산소와의 반응에 의해 일어나기 때문이고 이는 사용된 희석제의 종류와는 상관없는 일이다.

테레빈유와 석유 증류분 용제

대부분의 왁스용 용제와 대부분의 오일과 바니시의 공통적인 희석제는 소나무 수액과 원유에서 유래된다. 테레빈유라고 불리는 증류된 소나무 수액은 20세기 초 석유계 용제가 도입되기 전에 사용되었다. 최고 품질의 테레빈유는 살아있는 목재의 수액에서 증류한 것이며, 검 테레빈유라고 불린다. 아래 등급의 테레빈유는 죽은 나무나 그루터기의 추출물에서 증류한 것이며, 보통 목재 추출 테레빈유라고 불린다. 두 종류 모두 구할 수 있지만 석유 용제보다 가격이 비싸고 냄새가 강해서 선호되지는 않는다. 그러나 일부 화가들은 여전히 테레빈유를 선호하는데, 그 이유는 붓질을 할 때 그것이 물감에 주는 '느낌'을 좋아하기 때문이다.

석유는 마감에 사용되는 대부분의 용제와 희석제의 원료이다. 석유에서 직접 추출한 것을 석유 증류분이라고 하는데, 원유를 증류해서 얻어지기 때문이다. 미네랄 스피릿, 나프타, 등유, 벤젠, 톨루엔, 자일렌 등이 그것이다(이 용제는 일반적으로 수소 또는 탄소로 구성되어 있기 때문에 탄화수소라고 알려져 있다). 원유는 가열되어 기화된다. 기화된 석유는 서로 다른 온도에서 냉각되어 다시 액화되는데, 온도에 따라 조성 성분이 조금씩 달라진다. 예를 들어 비교적 낮은 온도에서 헵탄(탄소 7개)과 옥탄(탄소 8개)이 증류되어 가솔린이 만들어진다. 더 높은 온도에서는 보통 바니시 메이커와 페인터의 나프타(VM&P Naphtha)로 판매되는 나프타가 생산된다. 그다음에 미네랄 스피릿과 등유가 나온다. 미네랄 오일(파라핀 오일 또는 광유라고도 함)은 훨씬 더 높은 온도에서 증류되고 파라핀 왁스(젤리 병을 밀봉하는)는 더 높은 온도에서 생산된다. 각 증류된 부분을 석유 증류분이라고 부른다. 저온 증류분은 고온 증류분보다 휘발성이 훨씬 높기 때문에 당연히 가연성이 더 높다.

각 증류분 간의 관계는 용제를 이해하는 데 도움이 되고, 사용해야 하는 시기를 알 수 있기 때문에 중요하다(마주 보는 쪽의 도표 참조).

VM&P 나프타(벤진이라고도 함)는 미네랄 스피릿보다 낮은 온도에서 증류되므로 어떤 온도에서도 나프타는 미네랄 스피릿보다 빠르게 증발할 것이다. 등유는 거의 증발하지 않고 미네랄 오일도 증발하지 않는다.

용제가 빠르게 증발할수록 끈적거리지 않고, 느릴수록 오일처럼 끈적인다. 나프타는 미네랄 스피릿보다, 미네랄 스피릿은 등유보다 덜 끈적거린다. 미네랄 오일은 말 그대로 오일이다. 마지막으로 더 높은 온도에서 생산되는 증류분은 더 이상 실온에서 액체가 아니라 고체인 왁스이다.

> **메모** 테레빈유와 나프타는 용제 강도 면에서는 거의 비슷하다(테레빈유가 약간 더 끈적인다). 미네랄 스피릿은 용제 강도가 상당히 약하고, 무취 미네랄 스피릿은 더 약하다. 오일이나 바니시 희석에 용제 강도가 중요한 것은 아니지만, 도장 마감면에서 부분적으로 경화된 오일이나 바니시 제거 또는 오일이나 바니시로 만든 제품을 제거할 때 더 강한 용제를 사용하는 것이 도움이 될 수 있다. 왁스 제거에도 유용하다.

닦아내거나, 고점도의 바니시를 바르는 것처럼 붓질한 후 경화되도록 내버려 둔다. 와이핑 바니시는 희석되어 점도가 낮기 때문에 저절로 평평해질 것이며 붓 자국 없는 마감이 될 것이다. 물론 바니시를 전부 닦아내지 않고 매우 얇은 막을 남기도록 일부만 닦아낼 수도 있으며, 일부 남긴 바니시를 연마해서 마감할 수도 있다.

> **팁** 희석하지 않은 바니시로 먼지와 붓 자국을 최소화하면서 원하는 마감을 얻기 위해서는 먼저 원하는 두께로 바니시를 칠한 다음 입도 400번 사포로 표면을 완전히 평평하게 만든다. 그 후 와이핑 바니시 혹은 젤 바니시를 한 번 더 바르고, 남아있는 여분 바니시를 모두 닦아낸다. 그러면 얇은 도막층이 생기기 때문에 매우 빨리 경화되어 먼지가 들러붙을 기회가 적어진다.

젤 바니시

젤 바니시(Gel Vanish)는 안료가 포함되지 않은 젤 착색제와 같은 것이다. 다르게 말하면, 젤 바니시는 농축된 희석제나 다른 용제가 많이 포함되지 않은 와이핑 바니시라고 보면 된다. 젤 바니시는 재면에 바르고 닦아내면 된다. 대부분의 젤 바니시는 저광 정도의 마감을 제공하며 일반적인 유광

만약 매우 빠르게 마르고 끈적이지 않는 용제를 원할 때는 나프타를 사용하면 된다. 나프타는 기름 성분 제거에 가장 좋다. 천천히 증발하는 용제를 원하고 약간의 끈적거림에 개의치 않는다면, 미네랄 스피릿을 사용하는 것이 좋다. 미네랄 스피릿은 오일 마감제와 바니시 마감제 희석에 가장 좋다. 등유는 마감제에 사용되지는 않는다. 매우 천천히 증발하거나 아예 증발하지 않는다. 석유 증류분은 어떤 비율로도 잘 혼합된다.

벤젠, 톨루엔, 자일렌 등은 나프타, 미네랄 스피릿에서 독한 냄새를 풍기는 성분이다. 석유 정제 과정에서 이들을 제거하면 무취 미네랄 스피릿이 만들어진다. 무취 미네랄 스피릿은 일반적인 미네랄 스피릿에 비해 강한 용제는 아니지만, 대부분의 경우 희석제로 사용된다.

벤젠(벤졸)은 한때 희석제, 페인트 제거제로 사용되었고 가끔 책이나 잡지에서 이러한 목적으로 추천되는 것을 볼 수 있다. 하지만 벤젠은 발암물질이고 1970년대 초, 시장에서는 이미 사용금지되었다. 미네랄 스피릿과 나프타는 아주 미량의 벤젠만을 포함한다.

톨루엔(톨루올)은 희석용제나 래커 희석제로 사용한다(159쪽 '래커 희석제' 참조). 자일렌(자일롤)은 톨루엔보다 천천히 증발한다. 전환형 바니시(Conversion varnish, 산성 촉매와 함께 사용되는 매우 강한 2액형 바니시)의 희석제 또는 단유성 바니시의 희석제로 사용된다. 톨루엔과 자일렌 둘 다 왁스마감·수성마감을 제외한 모든 라텍스 페인트 마감제를 손상 없이 가구에서 제거할 수 있다. 면천을 용제에 적신 다음에 페인트가 튄 곳에 문지른다. 톨루엔과 자일렌 둘 다 목재에 묻은 흰색 또는 노란색 접착제 제거를 위해 사용될 수도 있다. 조금 긁어내야 할지도 모른다.

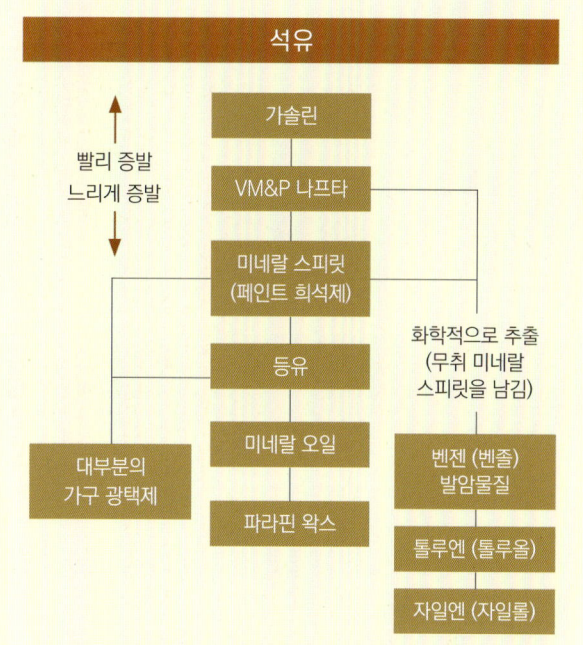

팁 발암물질인 벤젠은 가끔 나프타의 다른 이름인 벤진과 혼동된다. 만약 벤진(Benzine)을 살아있는(Alive)이라는 단어와 연관시키고 벤젠(Benzene)을 죽은(Dead)과 연관시킨다면, 두 용어의 차이를 기억하는 데 도움이 될 것이다.

의 와이핑 바니시와는 구별이 된다.

와이핑 바니시와는 다르게 젤 바니시는 대개 정확한 이름이 붙여져 판매되고 있다. 와이핑 바니시처럼 젤 바니시도 매우 바르기 쉬우며 매우 좋은 품질의 마감을 제공한다. 젤 바니시는 분무를 하지 않고도 사용자들에게 거의 완벽한 마감을 제공할 수 있지만, 내수성은 그리 좋지 않다. 그래서 와이핑 바니시를 먼저 몇 번 칠한 다음에 저광 마감을 얻기 위해 젤 바니시를 바를 수도 있다.

먼저 면으로 된 천을 이용해서 젤 바니시를 도포한다. 젤 바니시는 꽤 빨리 마르기 때문에 바른 직후에 여분의 젤 바니시를 바로 닦아내야 한다. 만약 바로 닦아내지 않아 마르기 시작했다면, 나프타 또는 미네랄 스피릿으로 닦아낸다.

그다음 더 빨리 바르거나 좁은 면적에 바르는 식으로 다시 시작한다. 먼지나 다양한 흠집을 제거하기 위해서 매번 샌딩한다. 서너 차례 또는 자신이 원하는 마감에 도달할 때까지 여러 번 도포한다.

바니시의 미래

지역에 따라서는 바니시에 사용되는 용제를 일반적인 바니시에 사용되는 것보다 낮은 농도로 규제하려고 한다. 여기에 대응해서 제조사는 용제 함량을 줄이거나, 분자량이 작은 수지를 사용하거나, 용제 대신에 증발하지 않는 오일을

바니시 도포에서 흔히 발생하는 문제점

바니시를 붓질하기는 쉽지만, 훌륭한 결과물을 얻는 것은 역시나 어려운 일이다. 많은 경우 원치 않는 결과가 나오기 쉽다. 여기 가장 흔히 발생하는 문제점과 원인, 그리고 해결 방법을 소개한다(44쪽 '붓질에서 흔히 발생하는 문제점' 참조).

문제점	원인과 해결 방법
먼지	• 경화되지 않은 바니시 위에 먼지가 내려앉아 경화되었다. 바니시 마감은 경화가 느리기 때문에 먼지에 가장 취약하다. - 사포로 표면을 평평하게 다듬고 스틸울 또는 연마제로 원하는 광도까지 마감한다(16장 '마감 완성하기' 참조). 깨끗한 기준에 대해서는 174쪽 '바니시 붓질하기'를 참조한다.
붓 자국	• 아마 바니시를 희석하지 않고 사용했을 것이다. 이러면 붓 자국은 피할 수 없다. - 사포로 평평하게 연마하고, 원하는 광도가 나올 때까지 문지른다(16장 '마감 완성하기' 참조). - 바니시를 희석하면 붓 자국을 줄일 수 있다. 많이 희석할수록 붓 자국은 약해진다.
흘러내림	• 결과물을 수직으로 세워놓고, 너무 많은 바니시를 한꺼번에 칠했기 때문이다. - 바니시를 칠할 때, 반사광을 이용해 표면을 관찰한다. 조금이라도 흐르거나 처지면 사용하는 붓으로 제거한다. 과량의 바니시는 다른 부분에 칠하거나 용기의 깨끗한 입구에 문질러 제거해준다.
피시 아이 또는 크롤링	• 목재가 가구 마감제의 실리콘이나 윤활유, 바디로션 등으로 오염되었다. - 바니시가 경화되기 전에 나프타 또는 미네랄 스피릿으로 적신 헝겊으로 제거한다. 이미 경화되었으면 바니시를 모두 벗겨내야 한다. 동일 현상의 재발을 방지하기 위해서는 165쪽 '피시아이와 실리콘'을 참조한다.
작은 기포	• 바니시 붓이 표면을 지나갈 때 생기는 와류 때문에 생기는 것이다. - 표면을 사포로 다시 갈아내고, 다시 칠할 때, 5~10%의 미네랄 스피릿을 첨가해서 희석한다. 아마 더 얇은 막으로 마감될 것이며 기포가 빠져나오는 데 필요한 만큼 경화를 늦출 것이다. - 표면을 사포로 평평하게 만든 다음 좀더 시원한 공간에서 작업한다. 기포가 밖으로 빠져나오는 데 더 많은 시간이 필요하다.

문제점	원인과 해결 방법
 끈적거림	• 온도가 너무 낮다. - 작업공간이 따뜻하거나 온도가 높은 날 작업한다. 21~27℃가 이상적이다. • 목재 속에 경화되지 않은 오일이 있다. 많은 사람들이 아마인유를 하도로 사용하는 것이 좋다는 착각을 한다. - 온도를 올리고 경화의 더 시간을 준다. 그래도 경화되지 않는다면, 바니시와 오일을 모두 벗겨내고 처음부터 다시 진행한다. 만약 아마인유를 하도로 사용했다면 며칠 동안 따뜻한 공간에 두어 충분히 경화시킨 다음 바니시를 칠한다. • 유분이 많은 티크, 로즈우드, 코코볼로, 흑단과 같은 목재는 바니시 경화가 느리다. - 온도를 올리고 바니시가 경화될 때까지 시간을 더 둔다. 그래도 안되면 바니시를 제거하고 나프타, 아세톤, 래커 희석제 등으로 유분을 제거한 다음 칠한다.
 쭈글거림	• 완전히 경화되지 않은 바니시 위에 또 바니시가 칠해져서 생기는 현상이다. - 벗겨내고 다시 칠한다. 각 단계마다 시간을 넉넉히 주어서 완전히 경화되도록 한다. 기온이 낮으면 바니시가 훨씬 느리게 경화된다는 것을 기억해야 한다.

사용하기도 한다.

용제 함량이 줄어들면 바니시를 칠하기 어렵고 붓 자국이 더 선명하게 드러난다. 휘발성 유기화합물의 규제를 이유로 제조사들은 바니시를 일정 부분 이상으로 희석하는 것을 경고하기도 한다. 하지만 더 희석한다고 해서 물리적으로 별다른 문제가 생기는 것은 아니다. 단지 더 많이 희석하면, 휘발성 유기화합물 규제에 저촉될 뿐이다.

분자량이 더 작은 수지는 경화시간이 증가하거나, 바니시의 물성 감소, 내후성 감소 등의 문제가 생길 수 있다. 어느 정도까지는 제조사들은 금속 건조제의 조합을 바꾸어 위 문제를 해결할 수는 있으나, 항상 그렇지는 않다. 불행하게도 여러분이 그 차이를 느끼거나, 제조사가 용기 라벨에 위와 관계된 설명을 제대로 하지 않는 한, 구매한 바니시에 대해서 정확히 알 수가 없다. 어떤 제조사들은 가장 규제가 심한 지역 기준으로 바니시를 제조한 다음 그것을 전국에서 판매할지도 모른다.

증발하지 않는 오일을 바니시에 첨가하게 되면, 바니시 경화속도는 느려지거나 단단하게 경화되지 않을 것이다 (95쪽 '오일·바니시 혼합물' 참조). 아마도 제조사들은 충분한 설명을 하지 않을 것이다. 작업자가 그 차이를 인지해야 한다.

머지않은 장래에는 최소한 작업자 스스로 자신이 사용하는 바니시(또는 폴리우레탄)의 브랜드별 차이에 대해 더 많이 알아야 한다. 만약 여러분이 사용하는 바니시가 경화되지 않거나 제대로 굳지 않고 그 이유가 온도 또는 목재 속의 유분이 아니라면, 이 경우 다른 브랜드의 제품을 사용해 본다. 그러는 동안 정부와 관료들이 각성하여 오염의 대부분에 진실로 책임이 있는 산업체 분야를 감독하는 일에 더 많은 에너지를 쏟기를 기대한다.

12장 | 2액형 마감제

- 주방 가구 제조자 협회 시험기준
- 촉매형 마감제
- 2액형 마감제의 장단점
- 2액형 폴리우레탄
- 가교 결합형 수성 마감제
- 에폭시 수지

지난 수십 년 동안 목재 마감에서 크게 두 가지 경향이 대두되었다. 아마 여러분은 이 중에서 한 가지(수성 마감에 대한 경향)는 분명히 알고 있을 것이다(13장 '수성 마감제' 참조). 다른 하나는 높은 고형분의 고기능성 마감제이다. 때로는 '2액형', '2성분형', '2k'라고 하며, 말 그대로 두 가지 성분이 혼합되어 서로 반응하여 매우 단단하고 내구성이 있는 도막을 형성하기 때문이다.

수성 마감제와 2액형 마감제는 한 가지 공통점이 있다. 두 가지 모두 일반적인 다른 마감제에 비해 적은 양의 용제를 함유하기 때문에 대기 중으로 용제 방출을 줄여 휘발성 유기 화합물(VOC)규제를 만족시키는 데 많은 도움이 된다.

그러나 이 두 가지는 마감제 사용자에게 똑같이 받아들여지지 않았다. 수성 마감제는 수분으로 인한 문제 때문에 많은 저항에 부딪혔지만, 2액형 마감제는 주로 플라스틱 라미네이트와 거의 같은 내구성을 갖는 마감을 원하는 대중의 욕구를 충족시키기 때문에 큰 진전을 이루었다. 2액형 마감제는 현재 사무용 가구 또는 주방 캐비닛 업계와 많은 소규모 전문 매장에서 널리 사용되고 있다(아래 '주방 가구 제조자 협회 시험기준' 참조). 가장 많이 알려진 2액형 마감제는 다음과 같다.

- 촉매형 마감제(전환형 바니시, 선-촉매 래커, 후-촉매 래커)
- 2액형 폴리우레탄
- 가교 결합형 수성 마감제
- 에폭시 수지
- 폴리에스터
- 자외선(UV) 경화 마감제
- 분체 도장 마감제

이 중에서 에폭시 수지를 제외한 대부분의 마감은 가구 캐비닛 공장, 목공, 재도장 공방에서 전문가들이 주로 이용한다. 가교 결합형 수성 마감제는 마룻바닥을 마감하는 데 많이 쓰인다. 에폭시 수지는 여러분이 보았듯이 식당 테이블이나 바의 상판을 마감하는 매우 두꺼운 마감 방법이다.

주방 가구 제조자 협회(KCMA) 시험기준

주방 가구 제조자 협회(KCMA, Kitchen Cabinet Manufacturer's Association) 시험기준에 대해 들어 보았을 것이다. 이 기준은 주방용 가구 또는 목제품이 튼튼하고 내구성 있게 잘 만들어졌는지 테스트하기 위해 주로 건축사들이 사용하는 기준이다. 위에 논의된 모든 2액형 마감제는 주방 가구 제조자 협회 시험기준을 만족시키는데, 마감 자체의 적절성뿐만 아니라 마감제를 적용하는 방법도 고려한 것이다. 가장 내구성이 강한 마감이라도 너무 얇게 도포되었거나 적절한 경화에 도움이 되지 않는 조건에서는 테스트를 통과하지 못할 수 있다. 사용 중인 마감 또는 적용 방법이 아래 시험기준을 충족하는지 확인하려면 샘플을 일반적인 방법으로 마감처리 한 다음에 샘플(또는 4개의 샘플 각각)을 다음의 네 가지 테스트에 적용해 본다.

테스트 명칭	테스트 방법
온도와 습도 테스트	마감이 끝난 샘플을 120℉(49℃), 70% 습도를 유지하며 24시간을 둔다. 아무런 손상 자국이 없어야 한다.
온-냉 사이클 테스트 (냉간 점검 테스트)*	마감이 끝난 샘플을 120℉(49℃), 70% 습도를 유지하는 조건에서 1시간을 둔다. 꺼내서 실내 온도와 습도에 맞춘다. 그다음 샘플을 -5℉(-21℃)에 1시간 방치한다. 위 작업을 5회 반복한다. 시험기준을 충족하려면 부풀어 오르거나 목리에 따른 갈라짐, 변색된 흔적 등이 없어야 한다.
가정용 화학물질 테스트	샘플을 겨자소스에 1시간 두거나 또는 레몬 주스, 오렌지 주스, 자몽 주스, 식초, 토마토케첩, 커피, 올리브 오일, 그리고 50% 알코올을 24시간 동안 묻혀 둔다. 일반적인 세척 방법으로 자국이 없어지지 않을 정도로 마감이 얼룩지거나 변색되거나 희어지지 않아야 테스트를 통과할 수 있다. 또한 부풀어 오르거나 목리에 따른 갈라짐 또는 도막에 이상이 없어야 한다.
가장자리 주방세제 함침 테스트**	마감된 샘플의 모서리면을 24시간 세제(산업현장에서 일반적으로 사용되는 농도)에 담가둔다. 마감층이 박리되거나 부풀어 오르거나 나뭇결에 따른 갈라짐, 백화현상 또는 다른 도막에 이상이 없어야 한다.

• 도막을 너무 두껍게 칠하면 실패의 확률이 커진다.   ••도막을 너무 얇게 칠하면 실패의 확률이 커진다.

에폭시 수지는 사용하기 쉬워 다양한 색상으로 비어있는 공간을 메꾸거나, '리버 테이블'을 포함한 라이브 에지 슬랩에서 매끈한 표면을 만드는 데 사용된다.

또한 에폭시 수지를 제외한 다른 2액형 마감제는 일반 소매점에서는 쉽게 구할 수 없다. 그것들은 주로 전문적인 마감, 재도장을 위한 도매점이나 공급업체 또는 마감제 시장에서 구해야 한다.

나는 이 중에서 촉매형 마감제, 2액형 폴리우레탄, 가교결합형 수성 마감제, 에폭시 수지, 네 가지에 관해 설명하고자 한다. 나머지 세 가지-폴리에스터, 자외선(UV) 경화 마감제, 분체 도장-내용은 본 도서의 범위를 넘어서는 마감방법이다. 폴리에스터는 매우 어렵고 사용하기에 위험한 마감 방법이다. 자외선(UV) 경화 마감과 분체 도장 방법은 매우 비싼 장비와 건조 시설이 필요하다. 하지만 이 방법들은 100% 고형 성분이고 휘발성 용제가 포함되어 있지 않기 때문에 가구 산업에서 사용이 점점 늘어가고 있다.

촉매형 마감제

이미 유럽에서 많이 사용하고 있던 촉매형 마감제는 미국에서는 1950년부터 대중화되었다. 이는 미국에서 대부분의 사무실, 공공기관 가구와 주방, 욕실 캐비닛에 사용된다. 이 마감법은 빠르게 건조되며 오일 기반의 폴리우레탄에 비해 보호력과 내구성이 우수하다. 모든 2액형 마감제 중 촉매형 마감제가 가장 널리 사용된다.

모든 촉매형 마감제는 알키드-아미노 수지로 만든다. 사용되는 아미노 수지는 멜라민 포름알데히드 또는 요소 포름알데히드이다. 아마 여러분은 라미네이트 등을 접할 때 멜라민이라는 용어를 들어보았을 것이고, 요소 기반의 수지 접착제에서 요소에 대해 들어보았을 것이다. 만약 그렇다면, 이 마감방법이 모든 종류의 외부 손상에 대해 매우 강하다는 것을 알고 있을 것이다.

알키드-아미노 수지에 산성 촉매가 첨가되면, 매우 단단한 막을 형성하게 된다. 세 가지 촉매형 마감제를 아래에 자세하게 소개한다.

- **전환형 바니시**(Conversion Varnish, 촉매형 바니시)는 산성 촉매가 별도로 포장되어 있고 세 가지 마감제 중에 가장 보호적이고 내구성이 우수하다. 주로 자일렌, 톨루엔 또는 이와 비슷한 제조업체만의 용제로 희석된다. 2액형 제품을 섞지 않는 한 보관 수명, 즉 캔에 보관한 상태에서 마감에 사용할 수 없게 되는 시간은 수년 이상이다. 일단 혼합하면 제품에 따라 보통 6시간에서 24시간 이내에 사용해야 한다.
- **후-촉매형 래커**(Post-catalyzed lacquer/Post-cat)는 니트로셀룰로오스가 포함되어 있고 산성 촉매가 별도로 포장되어 있다. 니트로셀룰로오스는 초기 건조 속도를 높이고 보수 또는 박리를 쉽게 할 수 있지만 마감 도막을 조금 약하게 만든다. 니트로셀룰로오스가 포함되었기 때문에 후-촉매형 래커는 래커 희석제로 희석할 수 있다. 래커 희석제는 톨루엔이나 자일렌을 포함한다는 의미이다(159쪽 '래커 희석제' 참조). 이것 말고는 후-촉매형 래커는 전환형 바니시와 비슷하다.
- **선-촉매형 래커**(Pre-catalyzed lacquer/Pre-cat)는 산성 촉매(약산성 촉매)가 제조공정에서 이미 첨가되어 하나의 용기로 구성되어 있으며 후-촉매형 래커와 동일하다. 이미 포함된 약산성 촉매로 인해 보관 수명은 1년 또는 제조사에 따라 달라지며 이후에는 내용물이 끈적이거나 내구성이 떨어지거나 저온에서 크랙이 생길 수 있다. 선-촉매형

2액형 마감제의 장단점

장점
- 열, 마모, 용매, 산성, 알칼리 저항성이 우수하다.
- 뛰어난 수분이나 수증기 저항성
- 매우 빠른 경화
- 대부분의 마감제에 비해 용제 배출량 감소

단점
- 유해 화학물질과 연기 발생
- 종종 장식적인 목적의 색상 첨가 단계가 어려움
- 눈에 띄지 않는 수리가 어려움
- 벗겨내기 매우 어려움

래커는 래커 희석제로 희석이 가능하며, 니트로셀룰로오스 래커와 매우 비슷하게 도포할 수 있다(10장 '래커' 참조). 선-촉매형 래커는 니트로셀룰로오스 래커보다는 보호력이 좋고 내구성이 뛰어나지만 후-촉매형 래커보다는 내구성이 떨어진다.

일부 제조업체는 배송 또는 배송 직전에 산 촉매를 첨가하여 보호와 내구성 측면은 후-촉매형 래커에 가깝지만, 추가 혼합이 필요하지 않은 보관 수명이 짧은 제품을 만든다. 이것은 귀찮게 따로 혼합하지 않으면서 내구성이 가장 강한 마감을 원하는 작업자들에게 인기가 높다.

이 이름에 '바니시'와 '래커'라는 단어를 사용하는 것은 어느 정도 타당하다. 전환형 바니시는 완전히 가교결합에 의해 경화되므로 이는 바니시처럼 반응형 마감제이다. 선-촉매형 래커와 후-촉매형 래커는 일정량의 니트로셀룰로오스 래커를 포함하기 때문에 이들은 반응형·증발형 하이브리드 마감제이다(8장 '도막 형성 마감제 입문' 참조).

전환형 바니쉬는 니트로셀룰로오스 래커에 비해 고르게 연마하기 어렵고, 원목의 마감 심도가 작으며 수리가 훨씬 어렵고 착색 단계 포함 시 어려움이 있기 때문에 보통 단순하고 장식적이지 않은 용도로 사용이 제한된다. 후-촉매형 래커가 모든 면에서 활용성이 더 있다. 선-촉매형 래커는 니트로셀룰로오스 래커와 가장 비슷하며 가끔 그 대체제로 사용되기도 한다. 만약 사용해 보지 않았다면 선-촉매형 래커로 해보고 그 결과물이 구현하고자 하는 특성을 나타내는지 확인해 보기를 바란다. 그다음에 더 우수한 내구성을 원한다면, 점차 어려운 마감 방법을 시도해 보시기 바란다.

> **팁** 촉매가 혼합된 마감제를 다음날까지 사용할 수 있도록 사용기간을 연장시키려면 촉매가 포함되지 않은 동일한 양의 마감제를 더 부어서 '탈촉매화' 과정을 거친다. 그다음 완전히 혼합한다. 이렇게 하면 포함된 촉매의 농도가 낮아져서 보관 기간을 조금 더 늘릴 수 있다. 다음 날 사용하기 전에 다시 정확한 양의 촉매를 첨가해서 사용한다.

촉매형 마감제를 칠하는 법

전환형 바니시는 빨리 마르기 때문에 대개는 분무 마감한다. 분무 방법은 래커 분무도장과 동일하다(167쪽 '래커 분무' 참조). 하지만 마감제 자체로 인한 몇 가지 중요한 차이가 있다. 주로 전환형 바니시와 후-촉매형 래커에 해당하는 내용이다.

- 고형분 함량이 높기 때문에 너무 곱게 샌딩하면 전환형 바니시는 재면에 대한 접착력이 떨어진다. 단풍나무, 벚나무와 같이 조밀한 나뭇결을 가진 목재는 입도 220번 이상으로 샌딩하면 안 된다.
- 마감제에 포함된 산성 촉매로 인해 특히 염료 기반의 NGR 착색에서는 색깔 변화가 생길 수도 있다. 여러분은 사용하려는 착색제와 마감제를 중요한 결과물에 적용하기 전에 자투리 목재 조각에 시험해 보아야 한다. 만약 예상되는 색깔 변화를 피하려면 비닐 실러를 이용해서 목재를 실링한다(134쪽 '실러와 실러 바르기' 참조).
- 산성 촉매는 제조사의 설명대로 정확한 비율로 혼합되어야 한다(대개는 3~10%의 촉매를 첨가). 만약 촉매의 양이 모자란다면, 마감은 제대로 경화되지 않을 것이다. 촉매의 양이 과도하다면, 도막이 너무 빨리 갈라지고 경화된 마감면을 닦을 때마다 오일 성분이 스며 나오는 현상이 생길 수도 있다(사진 12-1).
- 많은 제조사에서 제품에 포함된 포름알데히드 함량을 줄이고 있지만, 아직도 몇몇 전환형 바니시 제품에는 독성 물질인 포름알데히드가 조금 포함되어 있다. 작업 시 효과적인 분무 배기장치를 이용하거나, 유기용매에 대응하는 방독면(Organic-vapor respirator)으로 스스로를 보호한다.
- 전환형 바니시는 상대적으로 빨리 경화되기 때문에 사용한 도구들을 자주 세척해야 한다. 전환형 바니시 마감제를 분무총이나 호스, 압력계 등에 며칠만 두면 경화되어서 제거하기가 매우 어려워 도구들을 못쓰게 될 것이다.
- 목재 메꿈제 용도로는 비닐 실러, 전환형 실러, 마감제 자체로 매우 제한된다. 만약 다른 실러나 샌딩 실러 위에 전환형 마감제를 사용하면 접착력이 떨어지거나 표면에 주름이 생길 수 있다. 이런 표면 주름 현상은 전환형 마감제

사진 12-1 2액형 마감제를 사용할 때는 정확한 비율대로 섞는 것이 매우 중요하다. 그렇지 않으면 마감제는 제대로 경화되지 않을 것이다. 촉매형 마감제는 때로는 10% 전후의 촉매 용량이 필요하기 때문에 더욱 비율이 정확해야 한다. 1~2%만 달라져도 1:2 또는 1:1 혼합비율의 마감제보다 더 큰 차이를 만들 수 있다.

를 다른 마감제 위에 두 번째로 칠할 때 주로 발생한다. 착색제, 메꿈제, 도막착색제가 너무 많이 남아있어도 이런 현상의 원인이 될 수 있다.

- 일반적으로 마감에 허용되는 시간 제약이 있다. 제한 시간은 제조사마다 다르지만, 하루나 이틀을 넘기는 일은 거의 없다. 장식 단계를 완료하는 데 시간이 더 필요한 경우, 비닐 실러를 각 마감면 사이에 바른다(80쪽 '워시코트제' 참조).
- 또한 도막 두께에도 제한이 있다. 5 드라이 밀(3회 마감 정도)이상 두껍게 전환형 바니시 또는 후-촉매 래커를 마감하면 초기 몇 달 동안은 보이지 않을 수도 있는 균열이 발생할 수 있다. 선-촉매 래커가 조금 더 낫지만 두꺼운 도막은 피해야 한다(126쪽 '고형분 함량과 도막 두께' 참조).
- 칠하는 동안과 칠한 후 최소한 6시간 동안은 온도가 64°F(18°C) 이상은 유지되어야 한다. 그렇지 않으면 제대로 경화되지 않을 수 있다.

2액형 폴리우레탄

보통 페인트 상점에서 구할 수 있는 폴리우레탄 수지와 알키드 수지의 혼합물인 '폴리우레탄'과는 달리, 2액형 폴리우레탄에 들어있는 수지는 100% 폴리우레탄이기 때문에 보호력과 내구성이 훨씬 뛰어나다. 물론 사용하기는 더 어렵다.

2액형 폴리우레탄은 미국에서 오랫동안 철강재를 코팅하는 데 많이 사용되었다. 하지만 최근에는 높은 고형분의 뛰어난 목재 마감제로 사용되고 있다. 두 가지 종류가 있다.

- **방향족 폴리우레탄**은 저렴하지만, 황변 현상이 심하고 가사 시간이 짧다.
- **지방족 폴리우레탄**은 비싸지만, 황변현상이 없고 자외선에 강하며 가사 시간이 길다.

실제로 위 두 가지 종류는 내부용으로 사용될 때는 자외선에 대한 특성이 별로 중요하지 않고, 가격적인 부분이 중요하기 때문에 대개 혼합되어 판매된다.

2액형 폴리우레탄은 전환형 바니시보다 보호력과 내구성이 뛰어나고 가격도 더 비싸다. 수리 또는 박리 작업이 더 어려울 뿐만 아니라(대개 두 가지 마감제 모두 연마해서 제거하는 것이 유일한 방법임), 가사 시간도 전환형 바니시에 비해 상당히 짧다(4시간 정도). 이 때문에 2액형 폴리우레탄은 작업자가 끊임없이 마감해야 하는 생산 라인을 가지지 않은 이상, 고려해야 할 마감제가 아니다.

반면에 2액형 폴리우레탄 제조를 위한 혼합 비율은 우레탄과 아이소시아네이트가 2:1 비율이므로 전환형 바니시에 비해 덜 민감하다. 약간의 혼합비율이 달라지더라도 마감 결과에 큰 차이는 없다. 또한 현실적으로 2액형 폴리우레탄으로 칠하는 횟수에는 제한이 없으므로 마감이 갈라지거나 주름이 생기는 걱정 없이 몇 번이고 다시 칠할 수 있다.

전환형 바니시와 마찬가지로 2액형 폴리우레탄을 사용할 때에는 포함되어 있는 아이소시아네이트 때문에 스스로 주의해야 한다. 효과적인 분무 시설을 이용하거나 방독면을 착용한다.

가교 결합형 수성 마감제

보호력과 내구성이 뛰어난 마감의 결과물과 용제 배출량 감소에 대한 중요성이 강조되는 추세이므로 자연히 수성 마감제의 보호력과 내구성을 보다 높이기 위한 노력이 필요하게 되었다. 수성 마감제에 '가교제'와 '경화제'를 추가하면서 이런 특성을 달성하게 되었다. 이런 첨가제들은 포함되어있는 수지들이 결합을 통해 완전한 반응형 도막을 형성함으로써 수성 기반이면서 가교제가 포함되지 않은 마감제에서 흔히 보이는 반응형·증발형 조합에 의한 마감과는 차이를 보여준다. 이 결과물은 보호력과 내구성이 더 뛰어나지만 전환형 바니시나 2액형 폴리우레탄만큼 튼튼하지는 않다.

불행히도 가장 흔히 사용되는 가교제는 상당히 강한 독성을 지닌 아지리딘(Aziridine)이다. 이것 때문에 수성 기반이면서 가교제가 포함되지 않은 마감제에 비해서 더욱 더 민감한 안전 관련 고려가 필요하다.

> **팁** 만약 완전히 섞이지 않아서 경화되지 않는 문제를 해결하기 위해서는 '투-컵(Two-Cup) 방법'을 사용한다. 하나의 용기에서 주제와 경화제를 완전히 섞은 다음 바닥이나 옆면을 긁어내지 말고 다음번 용기로 에폭시를 부어서 옮긴다. 두 번째 용기를 약간 저어준다. 이렇게 하면 두 번째 용기에서는 주제, 경화제가 완전히 섞이게 된다.

일부 1액형 수성 마감제는 선-촉매형 래커처럼 자가-가교 결합 메커니즘이 내장되어 있다. 하지만 나는 제조사들이 이런 제품을 식별하기 위해 사용하는 표준적인 방법이 있는지 모르겠다. 사실 비-가교 결합(일반)마감과 자가-가교 결합 수성 마감 사이에 라벨 구별은 없는 것 같다. 2액형 마감제는 두 가지 용기로 구성되어 있기 때문에 쉽게 알아볼 수 있다.

2액형 또는 자가-가교 결합 방식의 마감제라도 칠하는 방법은 비-가교 결합 수성 마감제와 동일하다(193쪽 '수성 마감제 붓질과 분무' 참조). 불행하게도 마감제에 포함된 물과 관련된 문제 또한 공통적이다(191쪽 '수분 함유량' 참조).

에폭시 수지

에폭시 수지는 점도가 매우 높기 때문에 붓질이나 분무보다는 재면에 부어서 작업이 진행된다. 이 점에서 에폭시 수지는 이 책에서 언급한 다른 모든 방법과 구별된다. 이런 점도와 내부적인 2액형 경화 메커니즘으로 인해 매우 두꺼운(한 번에 1.58 mm = 1/16 in.) 마감층을 얻을 수 있고, 이로 인해 수분-증기 침투에 대한 매우 효과적인 장벽으로 작용할 수 있다. 에폭시 수지의 용도에는 목재에서 우드슬랩이나, 쪽매 패널 디자인에서 합판이나 MDF를 붙인 작은 조각들 전체를 감싸는 방법도 포함한다. 쪽매 판들이 어긋나거나 분리가 되는 원인인 목재 움직임을 완전히 방지할 수 있다. 다른 응용으로는 레스토랑 테이블과 바의 상판이나 리버 테이블, 그리고 사진, 신문 기사 조각 또는 비교적 평평한 물체를 감싸는 데 사용할 수 있다.

에폭시 수지를 붓기 위해서는 먼저 일회용의 왁스가 칠해지지 않은 종이나 플라스틱 용기를 준비하라 (사진 12-2). 동일한 양의 주제와 경화제(또는 제조사의 지침대로)를 몇 분 동안 가운데로 모으듯이 잘 섞어라 (사진 12-3). 바닥도 잘 긁고 때때로 벽면도 잘 긁고 또한 젓개도 용기 모서리에 잘 긁어내어 전체가 완전히 균일하게 섞여서 투명하게 되도록 한다. 에폭시 경화반응은 10~15분 정도면 시작되기 때문에 가급적 빨리 작업한다.

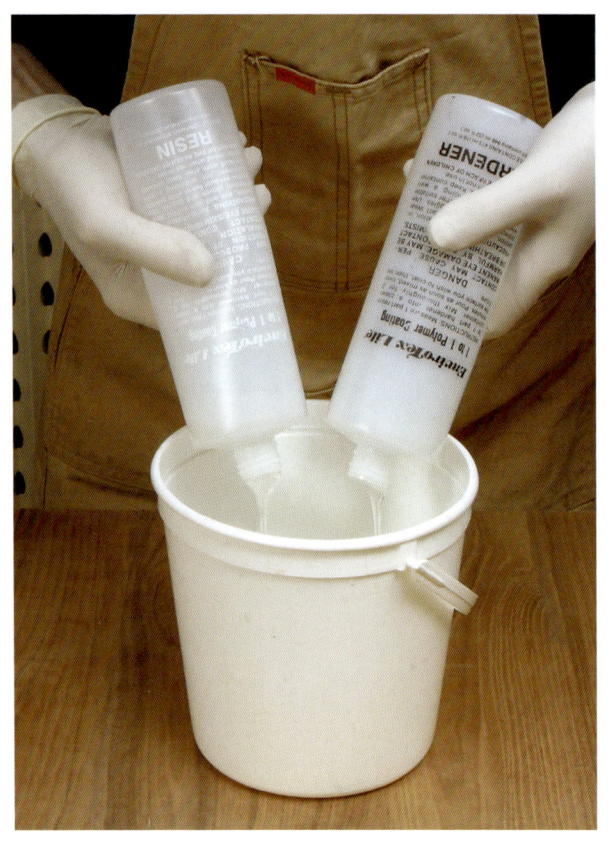

사진 12-2 2액형 에폭시를 정확한 비율로 플라스틱이나 왁스 처리되지 않은 종이 용기에 붓는다.

사진 12-3 빠른 시간 내에 완전히 잘 섞는다.

사진 12-4 에폭시 혼합물을 목재 위에 자유롭게 붓는다. 못 쓰는 붓으로 목재의 가장자리에 흐르는 에폭시를 정리하거나, 마스킹 테이프를 이용한다.

사진 12-5 플라스틱 밀대를 이용해서 에폭시를 편다. 완벽한 수평을 만들 필요는 없다. 에폭시는 스스로 수평을 맞춘다.

에폭시가 완전히 혼합되었으면 평평한 표면에 부은 다음, 플라스틱 밀대를 이용해서 균일한 두께가 나오도록 펴준다 (사진 12-4, 사진 12-5). 에폭시 안의 작은 기포들은 입으로 불거나 드라이어를 이용해 제거한다. 못 쓰는 붓으로 목재의 가장자리에 흐르는 에폭시를 정리하거나, 마스킹 테이프를 이용한다. 에폭시가 완전히 굳기 전에 아세톤을 이용해서 닦아낸다. 다음은 몇 가지 고려할 방법이다.

- 패널 하부를 실링하려면 상부에 에폭시 수지를 도포하기 전에 이 작업을 수행한다.
- 목재를 에폭시로 감싸고 싶으면 먼저 에폭시 수지를 얇게 발라 끈적일 때, 목재를 위에 올려놓는다. 특히 목재에 구멍이 많은 경우, 에폭시 수지를 먼저 얇게 발라야 에폭시 마감 시 기포 발생을 줄일 수 있다.
- 마감표면에 내후성이 요구된다면 2~3시간 간격으로(또는 제조업체의 지침을 따라) 여러 번 도포한다.
- 표면에 대한 스크래치를 줄이기 위해서는 에폭시 마감 후 곱게 샌딩하고 폴리우레탄 바니시로 마감한다. 에폭시보다는 폴리우레탄이 스크래치에 더 강하다.

13장 수성 마감제

- 수성 마감제는 무엇인가?
- 수성 마감제의 장단점
- 수성 마감제의 특성
- 수성 마감제 사용에서 흔히 발생하는 문제점
- 수성 마감제 붓질과 분무
- 글리콜 에테르
- 수성 마감제는 여러분에게 적합한가?

수성 마감제를 만드는 기술은 반세기 이상 존재해 왔다. 그것은 라텍스 페인트와 흰색이나 노란색 접착제를 만드는 데 사용되는 것과 같은 기술이다. 수성 마감제는 다른 마감제보다 제작비가 비싸고 사용이 어려워 지금까지는 수요가 많지 않았다. 그러나 이제는 대기오염에 대한 사회적 우려가 커지면서 수성 마감제에 대한 수요가 생겨나고 있다. 지방 정부나 주 정부는 마감제 또는 페인트에 담긴 용제(휘발성 유기 화합물) 또는 사용자가 대기 중으로 배출할 수 있는 용제의 양을 점차 제한하는 엄격한 법률을 통과시켜 시장을 변화시켰다.

이런 추세가 계속된다면 니트로셀룰로오스 래커와 같이 용제 함량이 높은 마감제를 더 이상 사용하지 않거나, 사용할 수 없는 지역도 언젠가는 생겨날 수 있다. 하지만 이런 일은 아직 일어나지 않았고(절대 일어나지 않을지도 모른다), 용제 기반 마감제가 사라진다는 소문을 듣게 될지 모르겠지만, 이런 일이 가까운 미래에 일어날 것 같지는 않다. 아직까지는 유일한 선택이 아니라, 여러 가지 마감제 중의 하나로 수성 마감제를 고려하면 된다.

수성 마감제는 무엇인가?

일반적으로 수성 마감제(Water-based finish) 또는 수성 마감(Water-based)이라고 하는 것은 아크릴과 폴리우레탄 수지로 만들어진 용제 기반 마감제를 물속에 분산시켜(물속에 담겨 있는) 제조한 것이다. 이런 마감제를 수성이라고 지칭하며 물을 사용하지 않는 용제 기반의 마감제(셸락, 래커, 바니시)와는 구별되는 것이다. 진짜 수성 마감제는 물이 닿으면 다시 용해되기 때문에 일상적인 용도로는 사용하기 어려울 것이다.

수성 마감제를 제조하기 위해서는 아크릴 또는 폴리우레탄 수지를 라텍스라고 불리는 작은 방울로 만들어서 물에 분

사진 13-1 수성 마감제는 모든 마감제 중에서 목재에 색조 변화를 거의 일으키지 않는다. 위 예시를 보면 그 차이를 분명히 알 수 있다. 왼쪽 사진은 호두나무에 수성 마감제(위)와 니트로셀룰로오스 래커(아래)를 칠한 것이다. 오른쪽 사진은 단풍나무에 수성 마감제(위)와 바니시(아래)를 칠한 것이다.

> **주의** 액체 상태에서 여러 상표의 수성 마감제를 혼합해서 사용하는 것은 위험할 수 있다. 혼합물이 제대로 경화되지 않을 수 있다. 제조사는 실험을 통해 밝혀진 가장 효과가 좋은 조성으로 제형을 빠르게 바꾼다. 수성 마감제는 바니시나 래커처럼 완성된 마감제가 아니다

수성 마감제의 장단점

장점
- 최소한의 용제 증기 발생
- 화재 위험성이 없음
- 사용한 붓 세척 쉬움
- 황변 현상이 없음
- 스크래치에 강함

단점
- 짙은 색 목재에는 싱겁고 물 빠진 듯한 느낌의 마감
- 마감제 도포 시 날씨에 매우 민감함
- 거스러미 발생이 많음
- 중간 정도의 내열성, 내용제성, 내산성, 내알칼리성, 내수성, 내투습성을 보임 (니트로셀룰로오스 래커와 비슷한 수준)
- 복잡한 부위의 마감은 용제 기반 마감제보다 어려움

속설 수성 마감제는 오염물질이 거의 없다.

사실 이렇게 주장되는 이유는 감소된 용제 비율 때문이다. 사실 수성 마감제에도 20% 정도의 용제가 포함되어 있고, 이것이 대기를 오염시킬 수 있다. 더구나 이는 용제 기반의 마감제보다 수질이나 토양을 더 오염시킨다. 일반적으로 수성 마감제인 경우, 마감제가 묻은 붓을 싱크대에서 씻어내거나 사용한 여분의 마감제를 싱크대에 버린다. 또한 수성 마감제는 생분해되지 않는 플라스틱 용기에 포장되는 경우가 많다. 수성 마감제와 함께 사용된 스카치 브라이트 또는 합성 패드는 그렇게 취급되지 않는다. 따라서 수성 마감제가 결코 오염을 유발하지 않는다는 말은 거짓이다.

산시킨다. 일반적으로는 물보다 증발 속도가 느린 글리콜 에테르 용제가 첨가된다(196쪽 '글리콜 에테르' 참조). 먼저 물이 증발한 후에는 마감제의 작은 방울들이 뭉쳐져서 용제의 영향으로 끈적거리게 된다. 용제가 증발함에 따라 마감제 방울은 더 모여서 단단하게 변해 연속적인 도막을 형성하게 된다(133쪽 '복합형 마감제' 참조). 일단 경화되면 물은 수성 마감제에 영향을 줄 수 없지만, 대부분의 용제는 영향을 받는다. 용제는 마감제 방울 사이의 결합을 녹여서 초기 경화과정에서 글리콜 에테르가 증발하기 전처럼 다시 마감이 끈적거리게 한다.

어떤 수성 마감제는 특별한 '가교제'나 '경화제'가 따로 공급되어 보호성과 내구성이 한층 뛰어난 마감을 가능하게 해 준다. 이런 '2액형' 마감제는 마룻바닥 마감제 공급업체 또는 전문공급업체나 통신판매로도 구할 수는 있다. 다른 종류의 수성 마감제는 경화제가 포함된 1액형 제품일 수도 있다. 하지만 이를 분간할 만한 내용이 라벨에는 상업적으로 표시되어 있지는 않다. 그들은 동일한 1액형 마감제라고 표기하고 있다.

더욱 혼란을 부추기는 것은 때때로 수성 마감제를 진짜 유기 용제 기반의 래커, 바니시 또는 폴리우레탄과의 차이점에 대한 설명도 없이 단순히 '래커', '바니시', '폴리우레탄'이라고 표기하여 판매한다는 점이다. 제조사는 수성 마감제를 소비자들이 사용하던 것과 친숙하게 보이게 하고 소비자의 구매를 유도하기 위해서 대충 이렇게 표시한다. 당연히 이런 부적절한 라벨 부착은 제품에 대해 의심하지 않는 사람들에게 상당한 불편을 야기한다. 모든 종류의 수성 마감제는 전통적인 유기 용제 기반의 래커, 바니시, 폴리우레탄보다는 수성 마감제끼리 훨씬 많은 유사성을 가진다(124쪽 '제품명의 오해?' 참조). 제품을 희석하거나 닦아내기 위해서 필요한 액체가 무엇인지 제품 용기에서 확인해 본다. 만약 물이라면 그것은 수성 마감제이다(193쪽 '수성 마감제 붓질과 분무' 참조).

수성 마감제의 특성

위에서 언급된 바와 같이 수성 마감제의 보호력과 내구성은 가교제나 경화제 첨가 여부에 따라 달라진다. 페인트 매장이나 공구센터에서 구할 수 있는 대부분의 수성 마감제는 별다른 첨가물이 없다. 따라서 이런 마감제는 유성 마감제보다 내수성, 내투습성, 내마모성, 내용매성, 내열성, 내산성, 내알칼리성 등이 떨어진다. 반면 수성 마감제는 니트로셀룰로오스 래커와 비교하여 위의 여러 특성이 거의 비슷하거나 조금 더 좋다(204쪽 '마감제 비교하기' 참조). 모든 수성 마감제는 가교 결합 여부와는 관계없이 다음 세 가지 공통적인 특성을 가진다.

- 다른 대부분의 마감제보다는 용제를 덜 포함한다.
- 경화된 후에는 거의 무색이다.

- 물을 포함하기 때문에 물로 닦아낼 수 있다.

용제 함량

수성 마감제는 때로는 용제 함량이 20% 정도에 달할 수는 있지만, 대부분의 유성 마감제보다는 상당히 적은 양의 용제를 포함한다. 따라서 대기 중으로 적은 양의 용제가 증발하기 때문에 대기오염을 줄이며 화재 위험성도 낮고 숨쉬기에도 도움이 된다. 대기 오염을 줄이려는 움직임은 산업적인 측면이나 대형 가구 제조업체의 측면에서 보자면 수성 마감제의 존재 이유가 되겠지만 아마추어나 개인 공방의 측면에서는 화재 위험성의 감소와 인체 유해성의 경감이 수성 마감제를 사용하는 더 명확한 이유가 될 것이다. 수성 마감제는 용제 함량이 적어 액체 상태에서는 화재 위험성이 없으며 함유된 용제도 미네랄 스피릿이나 래커 희석제보다는 냄새가 적고 숨쉬기에도 나쁘지 않다.

전문가들 또한 래커에서 수성 마감제로 교체하는 가장 큰 이유가 냄새가 덜 나고 자극적이지 않기 때문이다. 작업장의 환기를 마음대로 처리할 수 없는 바닥 마감 전문가들도 위의 이유로 수성 마감제를 사용한다. 이런 이유로 바닥 마감제로 판매되는 수성 마감제를 자주 볼 수 있다.

수성 마감제 도포 시 목재의 색조

수성 마감제를 사용하기 전까지는 다른 마감제가 목재의 색조를 얼마나 바뀌게 하는지 알기 어렵다 (사진 13-1 참조). 수성 마감제는 무색이거나 무색에 가깝다. 밝은 색상의 목재 또는 흰색으로 착색된 목재 같은 경우에는 무색의 마감이 매우 매력적이거나 바람직한 경우가 많다 (218쪽 '피클링' 참조). 하지만 호두나무, 벚나무, 마호가니와 같은 짙은 색상의 목재의 무색 마감은 마치 물 빠진 듯한 생동감 없는 느낌을 준다. 다음은 이런 문제를 극복하기 위한 세 가지 방법이다.

- 마감제를 바르기 전에 목재를 착색 처리한다.
- 다른 종류의 마감제로 목재를 실링한 후, 수성 마감제를 도포한다.
- 다른 종류의 마감제를 흉내내는 것처럼 마감제에 노랑-오렌지 색조의 염료를 첨가한다. 몇몇 제조사들은 이미 이렇게 하고 있지만, 이는 수성 마감제를 사용할 때 매우 조심해야 한다는 것을 의미한다. 아무도 피클링 처리된 목재에 다른 색조를 가미하기를 원하지는 않을 것이다.

수분 함유량

물은 다른 모든 마감제로부터 수성 마감제를 구분하는 성분이다. 수성 마감제는 붓을 세척하기 쉬워서 매력적이지만 수성 마감제 사용 시 대부분의 문제를 일으키는 것이 바로 물이다 (192쪽 '수성 마감제 사용에서 흔히 발생하는 문제점' 참조). 이런 문제에는 다음이 포함된다.

메모 일반적으로 완벽하게 투명한 아크릴 기반 수성 마감제와는 달리, '오일 변형된' 수성 마감제는 약간의 황변 현상이 발생할 수 있다.

속설 수성 마감제는 '안전한' 마감제이다.

사실 수성 마감제는 대부분의 다른 마감제보다는 안전하겠지만, 전혀 무해한 것은 아니다. 만약 밀폐된 공간에서 라텍스 페인트(사실 수성 마감제에 안료가 첨가된 것)를 사용해 보았다면 아마도 페인트에서 뿜어 나오는 냄새 때문에 약간의 어지러움을 경험했을 것이다. 다른 마감제와 마찬가지로 수성 마감제로 작업할 때도 환기를 잘 시키고 방독면을 착용하는 것이 좋다.

메모 대부분 수성 마감제는 용기 안에서는 흰색으로 보인다. 이것은 유성 기반의 유화제가 물에 섞여 있기 때문이다. 비슷한 다른 예로 화장품이나 다수의 가구 광택제 등이 있다. 매우 두껍게 바르지 않으면, 마감제가 경화된 후 흰색은 사라진다.

수성 마감제 사용에서 흔히 발생하는 문제점

수성 마감제 사용에서 흔히 발생하는 문제점은 얇게 바르거나, 춥거나 덥거나 습한 날씨에 작업하지 않으면 거의 피할 수 있다(붓질이나 분무에서 기인하는 문제점은 44쪽 '붓질에서 흔히 발생하는 문제', 49쪽 '분무에서 흔히 발생하는 문제점' 참조).

문제점	원인과 해결 방법
흘러내리면서 뿌연 느낌	• 수성 마감제는 두껍게 마감되면 투명한 느낌이 줄어든다. - 흘러내리거나 처진 것이 완전히 경화되면 긁어내거나 샌딩으로 완전히 연마한 다음 재마감을 한다.
기포 발생	• 붓질할 때 기포가 만들어질 수 있다. - 붓놀림을 가볍게 하고 최대한 얇게 마감한다. 그래도 남아 있으면 10~20% 정제수를 추가하거나 제조사가 권장하는 용제를 추가한다(대개는 프로필렌 글리콜). • 붓질용이 아닌 마감제일 수 있다. - 다른 제조사의 붓질용 마감제를 사용한다.
먼지 붙음	• 날씨가 너무 습하다. - 건조한 날에 작업하거나 선풍기 등으로 공기를 통하게 한다. 하지만 이 방법 역시 먼지가 유입될 수 있다.
벗겨짐	• 목재 위의 어떤 물질-대개 유성 착색제, 반죽형 목재 메꿈제, 완전히 경화되지 않은 도막착색제 등이 마감제와 목재가 결합하는 것을 방해한다. - 먼저 마감제를 벗겨내고 목재를 샌딩한 후, 경화하는 데 충분한 시간이 없다면 유성 착색제나 다른 마감제를 사용해서는 안 된다. 또는 탈랍 셸락과 같은 용제 기반의 워시코트로 실링한다.
쭈글거림	• 마감제를 너무 두껍게 도포했다. - 경화될 때까지 기다린다. 대개는 평평해진다. 그렇지 않으면 샌딩으로 매끈하게 연마하고 얇게 재마감 한다. • 목재에 실리콘이나 다른 오일 성분이 있다. - 재빨리 물에 젖은 수건, 래커 희석제, 페인트 제거제로 마감제를 제거한다. 목재 전체를 래커 희석제로 세척한 후에 완전히 건조한다. 탈랍 셸락과 같은 워시코트를 도포한 다음 수성 마감제를 사용한다(165쪽 '피시 아이와 실리콘' 참조).

수성 마감제 붓질과 분무

수성 마감제의 붓질은 바니시보다 어렵고, 분무는 셸락이나 래커보다 어렵다. 아래는 수성 마감제를 사용하는 단계별 방법이다.

❶ 마감작업 중 반사광으로 진행되는 과정을 잘 볼 수 있게 작품을 배치한다.

❷ 마감제를 바르기 전에 거스러미 제거를 할지 결정하라(31쪽 '거스러미 제거' 참조). 거스러미를 제거하면, 목재 표면에서 일어나는 미세한 목섬유를 없애기 때문에 수성 마감제로 해도 다시 거스러미가 두드러지게 올라오지 않는다.

거스러미를 제거하지 않는다면, 첫 번째 수성 마감제가 경화된 다음 샌딩을 통해서 간단하게 일어난 거스러미를 제거할 수 있다. 대개는 이렇게 처리한다.

❸ 수성 마감제가 용기 표면에서 경화되기 시작해 피막을 형성하기 시작한다면, 페인트 여과기나 나일론 호스를 통해 걸러낸다. 수성 마감제가 피막을 형성하는 기미가 보이지 않더라도 한 번 걸러주는 것이 좋다. 가끔은 작은 덩어리 같은 것이 경화된 도막에 보이는 경우가 있기 때문이다. 만약 소광제가 포함되어 있으면, 칠하기 전에 충분히 저어준다.

❹ 충분한 양의 마감제를 입구가 큰 플라스틱, 유리 용기에 소분한다. 이렇게 하면 마감 중에 붓에 달라붙는 먼지나 오염물들이 마감제를 오염시키는 것을 막을 수 있다.

❺ 10~20%의 정제수로 마감제를 희석한다면 붓질이나 분무는 편하겠지만 가급적이면 희석하지 않는 것이 좋다.

❻ 재면에 수성 마감제를 얇게 붓질(폼브러시, 페인트 패드, 양질의 합성모 붓 등을 이용)하거나 분무한다(42쪽 '붓질하기', 55쪽 '분무총 사용하기' 참조). 얇게 바르는 것이 매우 중요하며 분무 시에는 더욱 중요하다. 칠하고 나면 표면이 오렌지 껍질처럼 오돌토돌해 보일 수는 있다. 하지만 얇게 칠했다면 건조되면서 평평해질 것이다. 마감을 얇게 유지하는 것은 심지어 수직으로 세워 바를 때도 흘러내리거나 처지는 것을 방지할 수 있다.

❼ 마감이 경화되기를 기다린다. 온도와 습도에 따라 차이는 있으나 대개 한두 시간이면 충분하다. 그다음 입도 220번이나 더 고운 사포로 표면을 평평하게 정리한다. 미리 거스러미를 제거했더라도 다시 거스러미가 생겨날 수 있다. 다른 마감 방법과 마찬가지로 얇게 마감하고 건조가 잘 되었다면, 건식 윤활 사포로 거스러미를 깨끗하게 제거할 수 있다.

❽ 먼지는 털어내거나 진공청소기 또는 압축공기로 불어내거나 물에 적신 천으로 제거한다. 끈끈한 송진포는 사용하면 안된다. 송진포에 있는 성분이 다음 단계의 마감을 방해할 수도 있다.

❾ 두 번째 마감한다. 붓질할 경우는 빠른 속도로 진행한다. 특히 따뜻하고 건조한 날씨에는 수성 마감제가 빨리 마른다. 붓질을 너무 세게 하면 기포가 생길 수 있으니 주의한다. 이런 현상이 발생하면 깨끗한 천으로 붓을 닦아내고 붓의 끝을 이용해서 기포를 제거한 다음 마감면을 정리한다.

❿ 원하는 만큼의 횟수로 마감제를 도포하고 사이사이 먼지나 흠집을 제거하기 위해 샌딩한다. 수성 마감제는 고형분 함량이 높기 때문에 두꺼운 마감을 쉽게 만들 수 있다. 목재의 작은 구멍을 메꾸는 용도가 아니라면 두세 번의 마감으로 충분하다(112쪽 '마감제로 눈 메꿈하기' 참조).

⓫ 마감이 원하는 두께가 되었다면 그대로 사용해도 되고, 사포나 연마패드, 광택제 등을 사용해서 정리해도 된다(16장 '마감 완성하기' 참조).

속설 매우 고운 사포(입도 320번 이상)로 샌딩하면 거스러미가 생기는 현상을 피할 수 있다.

사실 거스러미는 목재의 섬유가 수분에 의해 부풀어서 생기는 현상으로 아무리 고운 사포로 샌딩해도 피할 수는 없다. 더 중요한 것은 입도 320번 이상의 샌딩보다는 미리 거스러미를 제거하거나 마감 후에 샌딩으로 없애는 것이 훨씬 쉬운 방법이다.

속설 수성 마감제 사이에 건식 윤활 사포를 사용하면 피시 아이가 발생할 수 있다(165쪽 '피시 아이와 실리콘' 참조).

사실 그렇지 않다. 건식 윤활 사포 윤활제는 다음 마감에 영향을 미치지 않는다. 그래도 마감 사이사이 샌딩 후 먼지를 철저히 제거해야 한다.

- 거스러미 발생
- 건조 시간(래커보다 느리고 바니시보다 빠름)
- 거품 발생
- 수평이 잘 맞지 않음
- 다양한 효과 연출의 어려움(착색제, 도막착색제, 반죽형 목재 메꿈제, 토너 사용)
- 마감품질이 날씨에 민감함
- 흐르거나 처지는 현상
- 녹 발생

위 문제점들에 대한 해결 방법은 다음에 제시되어 있다.

거스러미 발생: 거스러미 발생은 가장 어려운 문제이다. 착색제나 마감제가 물을 포함한다면 목재 표면에서 거스러미가 올라온다. 어떤 마감제는 다른 것에 비해 거스러미가 덜 올라오지만 결국 거스러미가 생기는 것을 피할 수 없다. 다음은 거스러미 문제를 해결하는 네 가지 방법이다.

- 수성 기반의 착색제 또는 마감제를 사용하기 전에 미리 거스러미 제거 단계를 수행하라(31쪽 '거스러미 제거' 참조). 하지만 거스러미 제거는 마감 전 단계에서 상당히 많은 노력이 필요하다.
- 수성 착색제나 마감제가 침투해야 하는 층을 줄인다. 얇게 흩뿌려 빨리 마르게 하든지 높은 농도의 수성 착색제나 마감제를 사용하면 된다(72쪽 '점도' 참조). 하지만 이 방법은 마감에서 착색제의 색이 옅어지고 마감제와 목재와의 결합이 약해지는 위험성이 있다.
- 거스러미를 첫 번째 마감으로 덮고 평평하게 샌딩한다.

속설 수성 마감제는 유성 마감제보다 사용 후 청소가 더 쉽다는 장점이 있다.

사실 붓 세척에는 맞는 말이지만, 분무총에는 해당하지 않는다. 래커와 같은 유성 마감제는 용제를 뿜어내면 쉽게 분무총에서 제거된다. 수성 마감제는 분무총 안에서 젤리화 되어 분무총을 분해해서 닦아내야 한다.

예를 들어 수성 착색제가 거스러미를 올라오게 하면 그대로 두고 실러코트를 도포한다. 그다음 평평하게 샌딩한다. 많은 전문가들은 이 방법을 사용한다.
- 복합적인 방법을 사용한다. 오일, 래커 기반의 착색제와 용제 기반의 실러를 사용한다. 그 위에 수성 마감제를 가장 위쪽에 칠한다. 단, 용제 기반의 착색제와 실러는 약간의 황변현상이 생길 수 있다. 산업적으로는 이 방법을 주로 사용한다.

건조 시간: 수성 마감제는 래커보다 느리고 바니시보다 빨리 건조된다. 그래서 래커에 비해서 수성 마감제는 먼지가 많이 달라붙고 흘러내리거나 처지는 현상이 많이 발생한다. 바니시와 비교해서는 넓은 면적에 도포하기가 어렵다.

건조 시간을 단축시키는 유일한 방법은 온도를 올리거나, 공기 순환을 증대시키는 것이다. 공장에서는 마감된 제품을 오븐에 넣어서 건조 속도를 빠르게 한다. 선풍기를 통해 공기 흐름을 증가시킬 수 있지만, 먼지가 들러붙는 것까지는 막을 수 없다. 또는 건조지연제를 첨가해 건조를 늦출 수도 있다. 어떤 제조사는 주성분이 프로필렌 글리콜인 흐름개선제를 공급하고 있다. 하지만 공구점이나 페인트 매장에서는 구하기가 어렵다(부동액의 주성분인 에틸렌 글리콜도 건조지연제로 쓸 수 있지만, 부동액은 목재에 쓰기에는 적절하지 않은 푸른색, 녹색의 염료가 첨가되어 있다).

거품 발생: 거품 발생은 과거만큼 큰 문제는 아니다. 아마

메모 어떤 수성 마감제는 일부 유성 착색제가 경화되지 않더라도 결합은 잘 되지만, 시도해 보지 않고는 이것을 확신할 방법은 없다. 변수는 마감제에 사용된 수지와 용제 그리고 착색제에 사용된 오일의 양이다. 두 마감제의 결합을 시험하기 위해서는 목재 조각에 두 가지 마감을 한다. 며칠 건조한 다음에 면도날로 표면을 십자 모양으로 긁어낸다. $1/16$ in. 간격, 1 in. 길이를 면도칼로 긋는다. 마스킹 테이프를 위에 붙인 다음 재빠르게 뜯어낸다. 만약 마감제가 결합이 잘 되었다면, 면도칼로 그어놓은 선이 그대로이고 테이프에는 아무것도 묻어 나오지 않을 것이다.

사진 13-2 수성 마감제는 분무 직후, 오렌지 껍질처럼 오돌토돌하다(왼쪽). 충분치 못한 양이라고 생각하여 마감제를 더 뿌리려 할지도 모르는데, 결론은 더 뿌리면 안 된다. 경화되면서 자연스럽게 매끈하게 수평이 된다(오른쪽).

수성 마감제가 처음 출시되었을 때보다는 많이 개선되었다는 것을 들어보았을 것이다. 개선된 사항 중의 한 가지가 바로 거품 발생 감소이다. 하지만 지금도 붓질을 세게 하면 거품이 생길 수 있다. 사용하는 마감제에서 계속 거품이 발생한다면 다른 회사의 제품을 사용해 본다.

수평이 잘 맞지 않음: 다른 한 가지 개선점은 과거보다는 수성 마감제의 수평 문제이다. 하지만 마감 후, 어느 정도 시간이 흐른 다음에 수평이 맞게 된다. 수성 마감제는 분무 직후에 오렌지 껍질처럼 오돌토돌해지거나 붓질하면 붓자국이 심하지만, 경화되면서 자연스럽고 매끈하게 수평이 맞게 된다(사진 13-2).

다양한 효과 연출의 어려움: 유성 마감제보다 수성 마감제는 다양한 효과를 내는 데 어려움이 있다. 여기에는 착색, 도막착색, 반죽형 목재 메꿈, 토닝 등이 포함된다. 수성 기반의 착색제, 도막착색제, 반죽형 목재 메꿈제는 넓은 면적을 여유있게 마감하기에는 너무 빨리 건조된다. 건조지연제(프로필렌 글리콜)를 첨가하여 건조 속도를 늦출 수도 있지만, 이 과정에서 마감제를 희석하고 수성 마감제를 선택할 때, 원하지 않던 용제를 첨가하는 것이 된다(120쪽 '수성 반죽형 목재 메꿈제 사용하기' 참조). 복합적인 방법을 사용할 수도 있다 – 유성 마감제를 사용하고 수성 마감제를 사용하기 전 모든 단계에 실코트, 워시코트를 사용한다. 물론 이 방법도 용제를 사용하는 것이 된다.

수성 마감제를 많은 양의 물로 희석하면 왁스 위 물방울처럼 마감면에서 방울지기 때문에 토닝에서 상당한 문제가 될 수 있다. 그래서 토너는 진해야 하는데 이것은 원치 않는 두꺼운 마감이 될 수 있다(215쪽 '토닝' 참조). 착색제를 분무할 수 있지만 자가 제조하는 토너만큼 색이나 색깔의 정

> **주의**
> 수성 마감제는 얼기도 하고 변질되기도 하는데, 가끔은 일반적인 온도에서도 뭉친 것처럼 보일 수가 있다. 보관할 때는 보관 온도가 빙점보다 많이 떨어지지 않도록 유의하고 겨울에는 수송에도 신경을 써야 한다.

도에 대해서는 조절하기가 쉽지 않을 것이다.

마감 품질이 날씨에 민감함: 수성 마감제는 마감 품질이 날씨에 매우 민감하며 이를 방지할 만한 용제도 구하기 어렵다. 설령 있다고 해도 용제는 수성 마감제의 장점(용제 사용 경감)을 없애는 꼴이 될 것이다.

공장과 대형 매장 등은 온도와 습도 조절이 가능하지만, 만약 작은 공방을 운영하거나 아마추어라면 이렇게 할 수는 없다. 소규모 상점이나 아마추어용 수성 마감제 제조업체는 다양한 기후 조건에서도 마감제가 좋은 성능을 낼 수 있도록 성분을 조절하려고 노력한다. 만약 매우 건조하거나 습한 지역이거나, 춥거나 더운 날씨에 마감제를 사용한다면 아마 마감제가 흘러내리거나 거품이 생기는 것을 경험할 것이다. 개인 공방의 경우는 온도와 습도를 조절하기 위해서 더 좋은 날씨를 기다리거나 열악한 사용 조건에서 더 잘 마감되는 다른 회사의 제품으로 바꿔야 한다.

흐르거나 처지는 현상: 수성 마감제의 흐르거나 처지는 현상을 줄이는 방법은 매우 얇게 바르거나 마감제의 농도를 더 진하게 하는 방법뿐이다(진한 라텍스 페인트는 잘 흘러내리지 않는 것을 참조). 농도를 더 진하게 하면, 수평이 잘 맞지 않는 문제점이 발생한다. 그래서 마감 과정에서 반사광에 마감면을 관찰해서 흐르거나 처지는 현상이 발생하는 즉시 제거하는 것이 매우 중요하다(래커 마감과는 다르게 수성 마감제는 흐르거나 처지는 현상이 쉽게 발생한다) (159쪽 '래커 희석제' 참조).

녹 발생: 수성 마감제를 사용할 때는 모든 종류의 금속 물질과 접촉하는 것을 피해야 한다. 금속과 접촉하면 제거하기 어려워서 결국 재마감 할 수밖에 없는 검은 자국을 남길지도 모른다. 다음의 방법을 따를 것을 제안한다.

- 마감이 끝날 때까지 어느 곳이라도 스틸울을 사용하지 않는다.
- 분무총에는 금속 부품이 포함되어서는 안 된다(알루미늄 컵은 가능하다).
- 마감면에 포함된 금속 부속은 유성 마감제로 먼저 마감 후 수성 마감제를 사용한다.
- 뚜껑에서 녹이 발생한 마감제는 사용을 자제한다. 뚜껑의 녹은 마개를 여닫으면서 용기 코팅이 벗겨져서 생기는 현상이다.

글리콜 에테르

글리콜 에테르(Glycol Ether) 용제에 관해서라면 미네랄 스피릿, 알코올 또는 래커 희석제만큼 익숙하다고 말할 수 없을 것이다. 페인트 매장에서도 글리콜 에테르 용제를 거의 구할 수 없으며, 마감에 관한 책이나 잡지의 기사에서도 자주 언급되지 않는다.

글리콜 에테르는 '석유 증류분' 용어처럼 여러 용제에 대한 관용명이다. 글리콜 에테르 용제는 알코올을 에틸렌옥사이드 또는 프로필렌옥사이드와 반응시켜 만든다. 글리콜 에테르에는 에틸렌 글리콜 모노부틸 에테르(부틸 셀로솔브)와 프로필렌 글리콜 모노메틸 에테르가 있다(이제 그것이 왜 관용명으로 불리는지 이해될 것이다). 각각의 개별 용제는 용제로서의 강도나 증발 속도가 다르다.

글리콜 에테르는 물, 그리고 다른 많은 용제와도 잘 혼합되며, 매우 천천히 증발하고 대부분의 수지와 래커를 녹일 수 있는 매우 특별한 용제이다. 이 때문에 용제가 물보다 더 느리게 증발한 후 수지를 끈적하게 만들어야 하는 수성 마감제, 래커 건조 지연제 등에 매우 유용하게 쓸 수 있다. 글리콜 에테르는 NGR 염료도 용해하는데, 글리콜 에테르에 용해된 NGR 염료는 알코올, 물, 아세톤, 래커 희석제 등 여러 액체에 다시 희석될 수 있다.

글리콜 에테르는 크게 에틸렌과 프로필렌이라는 두 가지 종류로 나뉜다. 에틸렌 그룹은 지난 반세기 동안 많이 사용되었다. 하지만 에틸렌 그룹은 프로필렌 그룹보다 독성이 강하다. 그래서 지금은 프로필렌 글리콜 에테르를 더 널리 사용하고 있다. 마감 제조업체 또는 화학약품 공급업체를 통해 글리콜 에테르를 구할 수 있는 경우, 특히 작업장에서 환기가 어렵다면 더욱 프로필렌 그룹을 사용해야 한다.

수성 마감제는 여러분에게 적합한가?

다른 마감제에 비해서 수성 마감제는 아직도 개발이 완료된 마감제는 아니다. 그것은 많은 변화를 겪고 있고, 포함된 수분과 관련한 문제를 개선하기 위해 많은 연구를 진행하고 있다. 특별한 경우를 제외하고는 대부분의 개선작업은 마감제 제조업체가 아니라, 원자재 제조업체 단계에서 이루어지고 있다.

따라서 마감제 제조업체들은 모든 종류의 개선된 성분에 접근이 가능하고, 제품가격과 시장위치에 따라 자사의 제품에 개선된 성분을 추가할지 말지 여부를 결정할 수 있음을 알아야 한다. 결론적으로 말하면, 제조사에 따라 상당한 차이가 있으며 광고하는 것만큼의 특별한 비밀은 없다. 다른 부류의 마감제와 마찬가지로 수성 마감제라도 작업에 더 적합한 마감제를 찾을 수 있을 것이다.

목공 잡지의 최근 수성 마감제 관련 기사들과는 내용이 다르겠지만, 소수의 공장, 상점, 그리고 아마추어만이 수성 마감제를 사용한다. 일부 가구 공장은 지역의 대기오염 규제를 맞추기 위해 수성 마감제를 사용한다. 소규모 목공방

> **주의** 수성 마감제, 수성 착색제, 수분을 포함하는 제품으로 작업할 때는 절대로 스틸울을 사용하지 마라. 아주 작은 쇳조각이라도 마감면에 남아있다면 녹이 슬면서 검은 흠집으로 남게 될 것이다. 사포 사용을 원하지 않으면, 스카치 브라이트와 같은 합성 연마패드로 한다.

전문가들은 래커 희석제의 독한 냄새를 피하기 위해 수성 마감제를 사용한다. 가정에서는 냄새가 덜하고 붓을 쉽게 세척할 수 있어 수성 마감제를 사용한다. 분무도장을 하는 아마추어들도 소규모 목공방과 같은 이유로 수성 마감제를 사용한다. 그렇지만 분무도장 장비가 없는 목공인들은 사용하기 편하고 깊은 색감이 제공되는 오일·바니시 혼합물, 와이핑 바니시, 그리고 젤 바니시와 내구성과 깊은 색감이 제공되는 와이핑 바니시, 젤 바니시, 폴리우레탄 바니시 등을 여전히 선호한다. 이런 사용자들이 수성 마감제로 옮겨가는 경우를 나는 거의 보지 못했다.

14장 | 마감제 선택하기

- 마감 후 외관
- 보호력
- 내구성
- 사용 편의성
- 안전성
- 용제 폐기물 처리하기
- 복구가능성
- 마감제 비교하기
- 마감제 선택 가이드
- 연마 광내기 편의성
- 어떻게 선택해야 하는가?

마감제에 관해서 가장 많이 듣는 질문은 "여러분은 어떤 마감제를 사용하는가?"라는 물음이다. 위 질문은 모든 상황에서 통용될 수 있는 하나의 '최선의' 마감제가 존재한다는 사실을 가정하고 있다. 불행히도 최선의 마감제는 존재하지 않는다. 단지 주어진 환경에서 각자가 원하는 마감품질에 대해서 덜하거나, 더 적당한 마감제가 있을 뿐이다(204쪽 '마감제 비교하기' 참조). 작업하는 프로젝트에 대해 마감제를 선택할 때는 다음의 특성을 고려해야 한다.

- 마감 후 외관
- 보호력
- 내구성
- 사용 편의성
- 안전성
- 복구가능성
- 연마 편의성

마감 후 외관

마감 후 외관의 측면에서는 다음의 세 가지를 고려해야 한다. 잠재적 도막 형성, 투명도, 색깔이다. '광택'은 마감제 자체의 성질이 아니라, 소광제(광택 감소 고체입자, 광택제거제)의 첨가 여부에 달려 있다(128쪽 '소광제로 광택 조절하기' 참조).

도막 형성

도막 형성 또는 목재에서의 마감 두께는 목재의 외관에 매우 많은 영향을 준다. 왁스와 오일 마감제(아마인유, 동유, 그리고 오일·바니시 혼합물)는 아주 단단하게 경화하지 않기 때문에 목재 위에 매우 얇게 마감되어야 한다. 이런 마감제는 '자연적인' 또는 목재의 관공이 열려 있고 나뭇결이 그대로 보이는 듯한 '원목에 가까운' 외관을 만들어낸다(사실은 관공이 덮이게 된다). 도막 형성 마감제(셸락, 래커, 바니시, 2액형, 그리고 수성 마감제)는 목재 위에 두껍게 마감될 수 있다. 예를 들어 수입된 스칸디나비아 티크 가구는 오일 마감된 것처럼 보이지만, 사실은 전환형 바니시로 매우 얇게 마감된 것이다.

결론적으로 목재에 가까운 외관으로 마감하려면 많은 종류의 마감제를 사용할 수 있지만, 두께감 있는 마감을 원하면 도막 형성 마감제를 사용해야 한다(사진 14-1, 14-2, 14-3). 두꺼운 마감이 참나무나 마호가니의 큰 관공 속으로 밀려들어 간다면 매우 저렴해 보인다. 하지만 그런 관공들이 표면과 동일한 높이로 메꾸어지고 적당히 광이 나도록 마감되면 매우 고급스러워 보인다(7장 '눈메꿈' 참조).

투명도

마감제의 투명도는 두 개의 마감을 바로 옆에 두고 비교하지 않는 한, 그 차이를 느끼기는 쉽지 않지만 마감제 선택의 중요한 기준이 된다. 탈랍 셸락, 래커, 알키드 바니시는 가장 투명하고 마감에 심도를 주는 마감제이다. 왁스를 포함하는 셸락, 오일 기반의 폴리우레탄, 수성 마감제, 대부분의 2액형 마감제는 가장 선명하지 않다. 극단적인 경우, 이런 마감제는 구름처럼 뿌옇게 보일 수도 있다.

색상

왁스와 수성 마감제를 제외한 모든 마감제는 재색에 어느 정도 온기를 부여한다. 왁스는 색상이 없지만, 광택을 부여한다. 수성 마감제는 차가운 느낌의 색상을 부여한다. 래커 또는 대부분의 2액형 마감제는 약간의 황변을 동반한다.

바니시를 포함한 오일이 함유된 마감제는 시간이 지날수록 약간의 색상과 황변(사실상 '오렌지색')이 나타날 수 있다. 블론드 셸락과 투명 셸락은 거의 래커 수준의 색상을 나타낸다.

하지만 오렌지 셸락은 오렌지색이 나타날 수 있다(사진 14-4). 일반적으로 어두운 목재 또는 짙은 색상으로 착색된 목재에는 황변이 문제 되지 않는다. 사실 황변은 일반적으로 목재를 더 따뜻하게 보이게 하는 장점이 있다. 하지만 밝은 색상의 목재나 피클링에 사용되는 흰색 얼룩 위에서 황변은 매우 불쾌한 색감을 줄 수도 있다(218쪽 '피클링' 참조).

사진 14-1, 14-2, 14-3 마감제를 처리하는 방식에 따라 목재가 매우 다르게 보일 수 있다. 마호가니와 호두나무 상판(위)은 와이핑 바니시를 여러 번 도포하고 샌딩하여 관공이 부분적으로 채워져 목재가 자연스러워 보인다. 마호가니 합판 서랍 문짝(가운데)은 관공이 메꿔지고 프랑스 광택으로 윤이 난다. 매우 세련된 외관과 심도를 연출한다. 참나무 테이블 상판(아래)은 마감제가 관공 주위에 둥글게 마감되어 있어 매우 저급해 보인다.

보호력

마감제는 물과 수증기의 유입을 늦춤으로써 목재와 접착제의 결합을 보호한다. 수분 침투에 저항성을 가지는 마감제를 선택하는 것이 테이블 상판을 위해서는 중요하다. 목재로 만들어진 모든 것에 대한 투습 저항성은 마감제에 요구되는 가장 중요한 특성 중의 하나이다. 목재와 대기 사이에서 과도한 습기 교환은 결합부위가 벌어지거나, 무늬목이 분리되는 현상을 야기한다(1장 '목재는 왜 마감되어야 하는가?' 참조).

수분이나 투습에 대한 저항성은 사용하는 마감제의 종류뿐 아니라, 마감제의 두께에도 많은 영향을 받는다. 두 가지의 주된 바니시(알키드와 폴리우레탄)는 두껍게 마감되면 수분과 수증기가 거의 통과할 수 없지만, 와이핑 바니시처럼 얇게 마감되면 수분과 수증기에 대한 저항성을 거의 상실하게 된다. 왁스는 마감제로 얇게 사용되면 수분과 수증기에 대한 저항성이 거의 없지만, 제재된 마구리면에 두껍게 사용되면 최고의 내수성을 가지는 마감이 된다. 아마인유, 동유, 그리고 오일·바니시 혼합물 등은 매우 얇게 마감되기 때문에 수분과 수증기에 대한 방수특성이 거의 없다.

도막을 형성하는 마감제 중에서 반응형 마감제가 수분과 수증기에 대한 저항성이 가장 강하다. 셀락은 수증기에는 저항성이 있지만, 내수성은 가장 떨어진다. 수증기에 대한 가장 약한 도막 형성 마감제는 래커와 수성 마감제이다.

내구성

마감 내구성 면에서 반응형 마감제와 비반응형 마감제가 분명하게 구분이 된다(8장 '도막 형성 마감제 입문' 참조). 반응형 마감제(바니시, 2액형 마감제)는 비반응형 마감제(셀락, 래커)보다 훨씬 내구성이 뛰어나다. 오일과 오일·바니시 혼합물은 반응형 마감제이지만, 너무 부드럽게 경화된다. 수성 마감제는 미세방울 내에서는 반응형 결합을 하지만 물이 증발한 후에 미세방울 사이의 결합은 약해진다. 내구성을 논의할 때는 다음의 두 가지 다른 측면이 있다.

- 스크래치 저항성, 내마모성
- 내용제성, 내산성, 내알칼리성, 내열성

스크래치 저항성, 그리고 내마모성

스크래치와 마모에 대한 저항성은 바로 마감제에서 가장 중요시되는 특성이다. 내마모성이 가장 강한 마감제는 2액형 마감제, 유성 폴리우레탄, 그리고 수성 폴리우레탄이다(수성 폴리우레탄은 가교 형성으로 경화되지는 않지만, 미세방울 내에서는 가교 결합된 수지이다). 가장 내구성이 떨어지는 마감제는 왁스와 오일 기반의 마감제이다. 알키드 바니시와 수성 아크릴 마감제는 셀락이나 래커보다는 내구성이 상당히 우수하다. 내마모성은 특히 마룻바닥이나 테이블 상판 마감에서 매우 중요한 특성이다.

내용제성, 내산성, 내알칼리성, 그리고 내열성

위 네 가지 특성은 일반적으로 함께 움직이는 경향이 있다. 내용제성이 약한 마감은 산, 알칼리, 열에 의해서도 쉽게 영향을 받는다. 왁스, 셀락, 래커, 그리고 수성 마감제는 용제, 산, 알칼리, 열에 의해 쉽게 영향을 받는다. 바니시와 2액형 마감제는 내용제성, 내산성, 내알칼리성, 그리고 내열성이 매우 뛰어나다. 오일을 포함하는 마감제는 중간 정도이다. 식물성 오일은 경화되면 가교결합을 하지만, 바니시와 2액형 마감제에 비해 더 쉽게 분해된다. 내용제성, 내산성, 내알칼리성, 그리고 내열성 등은 카운터 상판이나 테이블 상판용 마감제를 고려할 때 매우 중요한 특성이다.

사용 편의성

마감제의 사용 편의성은 다음 두 가지로 요약될 수 있다.
- 분무 장비의 사용 가능 여부
- 마감제가 건조되는 속도

분무 장비

분무 장비를 사용할 수 있다면 모든 마감제는 더욱 사용하기 편리할 것이다(어떤 제조사는 심지어 왁스 또한 분무 가능한 형

사진 14-4 대부분의 마감제는 정도에 차이가 있긴 하지만, 재면에 색상을 부여한다. 왼쪽부터 왁스, 수성 마감제, 니트로셀룰로오스 래커, 폴리우레탄 바니시, 오렌지 셸락 등이 호두나무 위에 도포되어 있다.

태로 제공한다). 분무 장비를 제외하고는 오일, 오일·바니시 혼합물, 와이핑 바니시, 그리고 젤 바니시가 가장 마감하기에 편하다.

빨리 건조되는 셸락, 래커, 수성 마감제, 그리고 2액형 마감제는 분무될 수 있다는 것이 너무 중요하기 때문에 대부분의 전문가들은 다른 마감 방법을 사용하는 것을 고려하지도 않을 정도이다. 위 네 가지 마감제가 제공하는 다양한 특성은 작업자가 원하는 대부분의 마감에 대한 결과를 제공할 수 있다.

경화 속도

도포 후에 여분의 마감제를 닦아내지 않는다면, 천천히 경화되는 마감제는 먼지가 내려앉을 시간이 충분하고 먼지가 마감면 속에 파묻히기 때문에 어떤 방식으로 칠해도 문제가 발생한다. 반면에 빨리 경화되는 마감제를 붓질할 경우, 덧칠하게 되면 이미 먼저 칠한 것이 끈적이기 때문에 붓질이 매우 어렵다. 결과적으로 마감이 제대로 되지 않는다. 분무 장비가 없는 경우, 오일, 오일·바니시 혼합물, 와이핑 바니시, 그리고 젤 바니시 마감이 상대적으로 쉽기 때문에 이런 마감제 사용자 역시 다른 마감제를 시도해 보려고 하지 않는다.

안전성

안전성에 대해서는 다음 세 가지 점이 중요하다.
- 마감과정에서 작업자에 대한 안전성
- 마감과정에서 환경에 대한 안전성
- 마감된 상품이 음식과 접촉하거나 입에 닿을 수 있는 최종 소비자의 안전성

용제 폐기물 처리하기

아마추어와 소규모 전문 상점에서 책임감 있게 용제 폐기물을 처리하는 것은 정말 쉬운 문제가 아니다. 오래된 페인트 캔에 용제를 밀봉해 쓰레기통에 버리고 매립하는 방식은 바람직하지 않을뿐더러 대부분 불법이다. 또 다른 불특정 다수가 버린 더러운 용제와 함께 땅속으로 스며들어 마을의 지하수를 오염시킬 것이다. 용제를 배수구에 붓거나 원하지 않는 잡초에 붓는 것도 마찬가지이며 이 또한 불법에 해당한다.

용제 폐기물의 발생 원인은 대형 발생원과 소형 발생원의 두 가지 범주로 나뉜다. 대형 발생원은 마감작업을 많이 하는 대형 상점이나 공장과 가구 재도장 공방 등이 있다. 소형 발생원은 아마추어 사용자이거나 소규모 전문 상점이다.

폐기물 대형 발생 업체는 용제 폐기물 처리에 두 가지 방식을 선택한다. 용제 폐기물을 재활용하던지, 폐기물 처리 전문업체에 의뢰하는 방법이다.

용제를 재활용하려면 증류기처럼 작동하는 재활용기를 사용한다. 용제 폐기물은 닫힌 용기 안에서 증류되어 순순한 용제로 재생산된다. 남아 있는 고형분은 쓰레기통에 버려도 될 정도이다. 재활용기는 2 gal.처럼 작은 용량도 있지만, 이마저도 상당히 비싸다. 마감작업과 페인트 제거 작업을 많이 하고 재활용기를 사용하는 경우라면 폐기물이 버려지는 대신에 금방 손익분기점에 다다를 것이다. 재활용기를 사용하지 않는다면, 폐기물 처리 면허를 가진 전문가를 고용해 용제 폐기물을 지정된 장소에서 처리해야 한다. 이 역시 비용이 많이 발생하며 자신이 폐기한 용제가 야기하는 미래의 모든 문제에 대해 영원히 책임져야 할지도 모른다.

아마추어 사용자나 소규모 전문 상점은 별로 선택권이 없다. 몇 가지 방법을 제안한다.

- 용제 폐기물을 재사용한다. 사용한 미네랄 스피릿, 래커 희석제를 포함하는 모든 용제 폐기물을 별도의 용기에 모은다. 만약 고형분이 있으면 바닥에 가라앉게 한다. 다시 용제를 부어 내어 세척용으로 사용한다.
- 용제를 사용한 장소의 근거리에 있는 대형 가구 상점, 자동차 수리점 등에 적절한 비용을 지불하고 용제 폐기물을 수거하도록 한다. 친분이 있다면 저렴하게 처리할 수도 있다.
- 거주지의 관할 지자체가 주기적으로 위험물질을 수거할 때까지 일단은 보관한다.
- 마지막으로 위 모든 방법이 불가능하다면 두 가지 방법이 남아 있다. 작업장에서 용기 뚜껑을 열어 모든 용제가 증발하도록 내버려 두거나(근처에 애완동물이나 어린이가 없어야 한다), 화창한 날에 콘크리트 위에 용제 폐기물을 붓거나 대기 중으로 분무한다(물론 이 방법이 해당 지역에서 법적인 문제가 없어야 한다). 이 방법에 양심의 가책을 느낀다면, 이러한 폐기 방식이 결과적으로는 마감과정에서 작업자가 배출하는 용제와 비교해서 더 나쁠 것도 없지만, 환경을 오염시킨다는 점을 상기해야 할 것이다.

작업자에 대한 안전성

수성 마감제를 제외한 모든 마감제는 가연성 또는 인화성이 있으므로 불꽃 근처나 스파크 가능성 있는 장소에서 사용하면 안 된다. 오일을 제외하고는 수성 마감제 포함 모든 마감제는 건강에 해가 되는 용제가 함유되어 있으며, 불쾌한 냄새가 나는 마감제가 많다. 어떤 마감제를 사용하더라도 작업장 내에서 충분한 환기를 해서 항상 신선한 공기를 호흡할 수 있어야 한다. 휘발성 유기용제에 대응하는 방독면은 환기가 안 되는 공간에서 작업할 때 도움이 될 수 있지만, 방독면은 시간이 지날수록 효과가 떨어지고 그로 인한 잘못된 안전의식으로 이어질 수 있다. 방독면을 착용한 상태에서 용제 냄새를 맡는다면 누출이 있거나 카트리지가 마모되기 때문에 교체해야 한다. 유일하게 신뢰할 수 있는 것은 외부 공기를 공급하는 방독면이다(유해 미립자 방지 방독면은 용제 가스로부터 보호 기능을 제공하지 않는다).

건강에 가장 문제가 없는 마감제는 끓인 아마인유, 동유, 수성 마감제 그리고 셸락이다. 아마인유와 동유는 용제를 포함하지 않는다. 수성 마감제는 매우 적은 양의 용제를 포함한다. 셸락에 사용되는 변성 알코올은 마시거나, 과도하게 흡입하지 않으면 상대적으로 안전하다.

환경에 대한 안전성

모든 용제는 대기 중으로 증발한다. 어떤 것들은 대기 오염을 유발하는 것으로 알려져 있다. 결과적으로 미국의 많은 주와 지방정부에서 마감제에 포함될 수 있는 용제나 희석제의 양을 제한하는 것에 목적을 두는 법률을 제정하고 있다. 이는 아마추어나 소규모 공방 전문가보다는 대용량 사용자를 염두에 두고 있으며, 공장이나 대형 판매점이 용제 기반 마감제에서 수성 마감제로 교체하게 된 계기가 되었다. 용제 배출량을 줄이기 위해 HVLP 분무 기술이 도입되었다.

마감제에 많이 사용되는 용제 중에서는 석유 증류분과 래커 희석제(대부분의 바니시와 래커에 사용되는)가 가장 큰 문제를 야기한다. 셀락의 용제인 알코올과 수성 마감제의 용제인 글리콜 에테르도 공해를 야기한다. 하지만 셀락은 규제대상이 아니고, 수성 마감제에 용제는 20% 미만으로 함유되어 있다(203쪽 '용제 폐기물 처리' 참조).

소비자에 대한 안전성

마감제의 식품 또는 구강 접촉 안전성은 별로 문제가 되지 않으며, 특정 목공 잡지에 의해 유해성이 제기되거나 일부 제조업자들이 와이핑 바니시에 '샐러드 볼(Salad-Bowl) 마감제'라는 라벨을 붙이기 때문에 논란이 되는 것이다. 사실 모든 투명한 마감제는 완전 경화되기만 하면 식품 또는 구강 접촉에 대해 안전하다. 대략 30일 정도로 생각하면 되는데 마감제가 따뜻한 조건에서 경화되면 이 기간은 더 짧아질 수 있다(92쪽 '식품 안전에 대한 오해' 참조).

복구가능성

복구가능성은 마감과정의 흠집을 쉽게 복원하는 것과 마감제를 얼마나 쉽게 제거할 수 있는가를 의미하는 것이다. 복구가능성은 내용제성이나 내열성과는 상극의 개념이다. 가장 쉽게 복원되거나 쉽게 제거되는 마감제(셀락, 래커)는 내용제성과 내열성이 가장 떨어진다(19장 '마감 보수하기' 참조). 따라서 쉬운 복원과 제거를 목적으로 하는 복구가능한 마

마감제 비교하기

		왁스	오일 마감제	셀락	래커	바니시	2액형 마감제	수성 마감제
외양	도막형성	0~1	0~1	1~5	1~5	1~5	1~5	1~5
	투명도	4	4	3~5	5	4~5	4	3~4
	황변 없음	5	1~2	1~4	3~4	1~2	4	5
보호력	내수성	0~1	0~2	2	3	4~5	5	3
	내투습성	0~1	0~1	5	3	4~5	5	3
내구성	내마모성	0	0	3	3	4~5	5	4
	내용제성	0	3	1	2	4~5	5	2
	내열성	0	3	1	2	4~5	5	2
마감 편의성	붓 또는 헝겊	3	5	3	1~3	5	1	3
	분무	3	5	4	5	4	4	4
	먼지 문제	5	5	4	4	0	4	3
안전성	건강	5	3~4	4	2	3	0	4
	환경	4~5	1~5	4	0	1	0	4
	식료품 접촉	*	*	*	*	*	*	*
복구가능성	복원성	5	5	4	4	1~2	0	3
	제거하기	4	3	5	5	2~3	0	4
연마 광내기		불가능	불가능	4	5	3	3	3

※ 숫자: 0=매우 나쁨, 5=매우 좋음.   *모든 마감제는 완전 경화된 후 음식물 접촉 시 안전하다.

마감제 선택 가이드

모든 종류의 마감제를 분무, 붓질, 헝겊으로 펴 바를 수 있다. 속건성 마감제는 일반적으로 분무로 도장하고, 느리게 건조되는 마감제는 붓질이나 헝겊이 편하다. 먼저 분무를 할 것인지 아닌지를 결정하면 마감제 선택을 쉽게 할 수 있고, 선택해야 하는 마감제 개수가 줄어든다.

마감 방법	마감제 종류	경화반응 종류	세부 선택과 특이사항
분무 마감	셸락	증발형	• 클리어 : 옅은 노란 색조 발색 • 앰버 : 짙은 오렌지 색조 발색 • 왁스포함 셸락 : 용기 안에서는 부옇게 보이지만 목재에 바르면 괜찮음 • 탈랍 셸락 : 하도로 사용하기에 더 좋음 • 용해된 셸락 : 사용하기 편리 • 조각을 녹여서 셸락 제조 : 더 신선하고 성능이 우수
	래커	증발형	• 니트로셀룰로오스 : 아크릴 변형 래커 • CAB-아크릴 래커 : '래커'로 표시된 대부분 제품. 목재에 옅은 오렌지색 발색 • 목재에 옅은 노란색 발색 : 물처럼 투명, 색조 변화 없음
	2액형 마감제	반응형	• 선-촉매 래커 : 촉매가 이미 첨가되어 있음 • 후-촉매 래커 : 사용자가 촉매 첨가. 선-촉매 래커보다 보호력과 내구성 좋음 • 전환형 바니시 : 사용자가 촉매 첨가. 후-촉매 래커보다 보호력과 내구성 좋음 • 2액형 폴리우레탄 : 전환형 바니시보다 내구성이 좋고 사용하기 편함 • 폴리에스터 : 매우 내구성이 좋으나 사용하기 어려움 • 분체도장 : 특별한 고가 장비 필요 • UV 경화형 : 특별한 고가 장비 필요 • 에폭시 수지 : 부어서 마감하고 두껍게 도장을 할 수 있음
	수성 마감제	복합형	• 아크릴 : '폴리우레탄'이라고 표시되지 않은 대부분의 마감제. 목재의 색조변화는 없으나 조금 어두워짐 • 아크릴·폴리우레탄 : 아크릴 수성 마감제보다 내구성이 우수함. 마감면에 옅은 황변현상을 유발함

감제를 선택한다면 반드시 내용제성과 내열성을 고려해야 한다.

오일 마감제 역시 복원과 제거가 상당히 쉽다고 알려졌으나 이것은 오일 마감제 자체의 복구가능성 때문은 아니다. 사실 오일 마감제는 매우 얇게 마감된다. 칠해지지 않은 부분이나 스크래치 난 부분에 단순하게 오일을 바르기만 해도 매우 얇게 마감되기 때문에 그러한 손상들이 사라진 것처럼 보인다. 게다가 일반적으로 얇은 오일 마감은 제거하기도 쉽다.

마감 방법	마감제 종류	경화반응 종류	세부 선택과 특이사항
붓질 또는 헝겊으로 바르기	오일	침투형 (단단하게 경화되지 않음)	• **끓인 아마인유** : 황변현상이 심함. 여분의 오일을 닦아내면 도포 다음 날 마름 • **동유** : 끓인 아마인유보다 느리게 경화되며, 황변 현상은 감소하고 내구성은 뛰어남 • **오일·바니시** : 끓인 아마인유, 동유보다 보호력과 내구성이 뛰어남
	셸락	증발형	• **클리어** : 옅은 노란 색조 발색 • **앰버** : 짙은 오렌지 색조 발색 • **왁스포함 셸락** : 용기 안에서는 뿌옇게 보이지만, 목재에 바르면 괜찮음 • **탈랍 셸락** : 하도로 사용하기에 더 좋음 • **용해된 셸락** : 사용하기 편리함 • **조각을 녹여서 셸락 제조** : 더 신선하고 성능이 우수함
	붓질용 래커	증발형	• **한 가지만 가능** : 붓질 가능할 정도로 천천히 건조되며 냄새가 강함
	바니시	반응형	• **알키드** : '바니시'라고 표기된 대부분이 해당됨 • **폴리우레탄** : 다른 바니시보다 보호력과 내구성이 뛰어남 • **스파** : 유연해서 실외용으로 적합 • **마린** : 스파 바니시에 자외선 보호제 첨가됨 • **와이핑** : 닦아낼 수 있을 만큼 희석된 모든 바니시 • **젤** : 쉽게 닦아내도록 농축된 바니시
	수성 마감제	복합형	• **아크릴** : '폴리우레탄'이라고 표시되지 않은 대부분의 마감제. 목재에 색조변화는 없으나 조금 어두워짐 • **아크릴·폴리우레탄** : 아크릴 수성 마감제보다 내구성이 우수함. 마감면에 옅은 황변현상을 유발함

연마 광내기 편의성

균일한 광택을 내기 위해서는 마감제가 경화된 도막이 단단해야 하며 여러 번 덧칠한 마감층이 서로 녹아들어 균일한 하나의 층을 이루어야 하는 두 가지 성질이 요구된다. 두 가지 성질 모두 마감제가 경화되는 작용과 관계가 있다.

경도

어떤 마감제는 단단하고(경도가 높고) 어떤 마감제는 질긴 성질이 뛰어나다. 단단한 성질과 질긴 성질의 차이를 알아야 한다. 단단한 성질(경도)은 잘 바스러지고 잘 긁히는 슬레이트를 생각하면 된다. 질긴 성질은 잘 긁히지 않는 자동차 타이어를 생각하면 된다. 바니시, 2액형 마감제, 수성 마감제 등은 경화되어 질겨진다. 연마해서 광택을 내는 것은 표면을 연마제로 긁어서 원하는 광택을 얻는 것이다. 단단한 마감제는 연마하기 쉬우나 질긴 마감제는 연마해서 원하는 균일한 광택을 얻는 것이 어렵다.

물론 모든 마감은 스틸울이나 연마제로 연마 가능하다. 마감제에 따라 균일한 광택을 얻는 것이 정도의 차이일 수 있다.

덧칠한 층이 하나로 녹아들기

마감을 연마한다는 것은 위부터 갈아낸다는 것이다. 만약 맨 위 코팅을 관통할 수 있을 만큼 깊게 연마하면 관통된 부위의 윤곽이 보일 수 있다. 셸락이나 래커와 같은 증발형 마감제는 덧칠한 층이 하나로 녹아들기 때문에 한 층만을 깎아낼 수 없다. 그러나 바니시와 2액형 마감제와 같은 반응성 마감제, 그리고 수성 마감제는 마감층을 갈아낼 수 있으며 이는 마감제가 어떻게 제조되었으며 덧칠을 얼마나 빨리하는지에 따라 달라진다.

어떻게 선택해야 하는가?

마감제를 선택하는 데 위의 정보를 어떻게 이용할 수 있을까? 다시 한번 말하자면 절대로 최고의 마감이란 것이 없음은 분명히 알아야 한다. 모든 마감제는 장점과 단점을 가지고 있다. 어떤 마감제를 선택하는가는 마감제에 어떤 특성을 가장 요구하는가에 달려 있다.

마감제를 선택할 때 자신에게 물어야 할 첫 번째 질문은 '과연 내가 지금 사용하는 마감제에 스스로 만족하는가?'이다. 모든 마감제는 익숙해지는 데 다소 시간이 걸리므로 이미 사용하고 있는 마감제가 요구를 충족시킨다면 굳이 변경할 필요가 없다. 하지만 더 나은 것이 없을까 고민할 수도 있다. 다음은 마감제를 선택하는 4단계 방법이다.

1. 일단 왁스는 선택에서 제외한다. 왁스는 손이 많이 가지 않는 물건에서의 마감제 용도를 제외하면 마감제로서의 활용도는 매우 떨어진다. 왁스를 제외하면 여섯 가지의 마감제만 남게 된다. 오일, 셸락, 래커, 바니시, 2액형 마감제, 그리고 수성 마감제이다.
2. 분무도장을 할 것인지 결정한다. 분무도장은 넓은 면적에 속건성 마감제 사용을 가능하게 한다. 분무도장을 사용한다면 여섯 가지 중 오일과 바니시를 제외할 수 있다. 물론 오일과 바니시도 분무도장할 수 있지만, 어떤 마감제라도 한두 번 희석해서 분무도장하면 오일 마감의 효과를 낼 수 있고 2액형 마감제를 분무도장하면 폴리우레탄을 비롯한 바니시 마감의 내구성을 얻을 수 있다. 왜 쓸데없이 바니시 마감에 수반되는 먼지로 인한 문제를 감수하려고 하는가? 분무도장을 사용하지 않는다면 2액형 마감제를 제외하면 된다. 2액형 마감제는 붓질하기에는 너무 빨리 마르고 폴리우레탄으로 비슷한 내구성을 얻을 수 있다. 또한 일반적인 래커도 붓질하기에는 너무 건조가 빨라 제외할 수 있다. 물론 증발이 느린 용제를 사용하는 붓질용 래커도 구할 수 있다.
3. 이제 4~5개의 마감제 중에서 선택하면 된다. 204쪽 '마감제 비교하기'를 참조해서 자신이 가장 원하는 마감 특성을 제공할 수 있는 마감제를 선택한다. 만약 최고의 내구성, 황변 없음, 최소의 용제 냄새, 복구 가능성 등 개인적으로 최우선으로 삼는 마감제 성질이 있다면 선택은 쉬워질 것이다.
4. 사용할 마감제를 선택했으면 선택한 마감제 종류에 대한 관련 내용을 확인한다. 모든 경우에 몇 가지 고려할 만한 종류가 있다. 예를 들어 오일 마감제를 선택했으면 다시 끓인 아마인유, 동유, 그리고 오일·바니시 혼합물 중에서 선택해야 한다. 만약 바니시를 선정했다면 다시 알키드 바니시, 폴리우레탄 바니시, 그리고 마린 바니시 중에서 선택해야 한다. 래커 중에는 니트로셀룰로오스 래커, 아크릴 변형 니트로셀룰로오스 래커, CAB-아크릴 래커 가운데서 골라야 한다. 마감제 유형 안에서의 특성 차이는 서로 다른 유형의 마감제에 비해서는 작지만, 때에 따라서는 각자 원하는 특성에 대해 상당히 큰 차이를 가질 수도 있다 (205쪽 '마감제 선택 가이드' 참조).

15장 고급 도색 방법

- 도막착색
- 공장에서 사용하는 마감법
- 토닝
- 고재처럼 마감하기
- 피클링
- 스텝 패널
- 도막착색과 토닝에서 흔히 발생하는 문제점

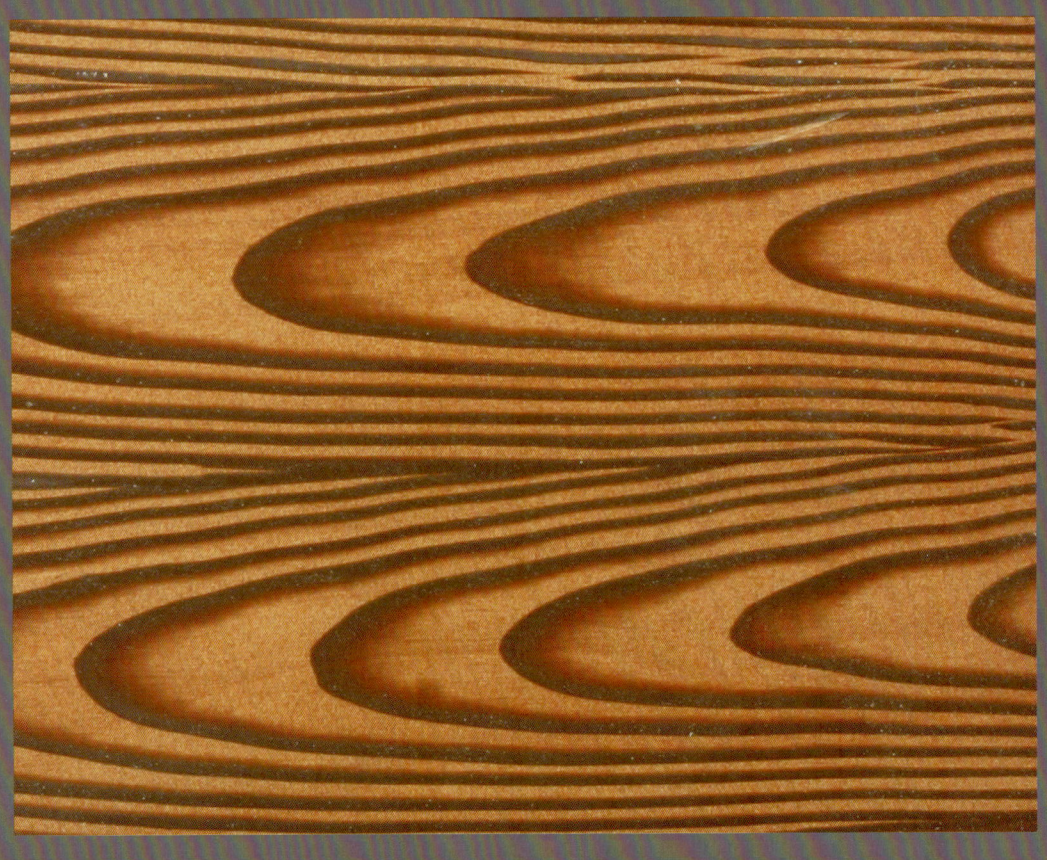

본 장에서는 단순한 착색과 관공 충전을 넘어 마감 과정에서 색상을 추가하는 고급 단계 등의 목재 장식에 관한 내용을 살펴본다. 이렇게 색을 넣는 것은 그다지 어렵지 않다. 단지 대부분의 목공인과 마감 전문가들이 대체로 나중에 접하게 되는 과정이다.

공장에서 제조된 대부분의 가구와 캐비닛은 마감 과정에서 어느 정도 색상이 들어가게 된다. 고가의 가구점에서 팔리는 고급 가구는 15단계 이상의 마감 단계를 거치게 되는데, 그중의 많은 단계가 색상에 관련된 과정이다. 이것은 가구의 완성품에서 보이는 색상은 목재 자체의 색상이 아니라, 마감 과정에서 만들어진 색상이라는 의미이다. 만약 가구의 칠을 벗겨보았다면, 마감제 아래 목재판의 색상이 마감제의 색상과 같은 색이 아니고 대개는 밝은 색이란 점을 발견하고 상당히 놀랄 것이다.

마감 과정에서 색상을 첨가하는 것은 1920년대에 래커와 분무도장을 이용한 방법이 셸락과 붓질 위주의 마감 방법을 대체했을 때부터 대중화되었다. 래커는 마감 과정에서 색상을 첨가하기에 매우 적합한데, 이는 래커가 빨리 건조되고 희석제의 양을 마음대로 사용할 수 있으며, 먼저 칠한 층과 심지어 색상을 가진 층이라도 서로 잘 녹아들기 때문이다. 이런 마감에는 분무도장이 필수적인데, 이는 붓질보다는 훨씬 표면을 깔끔하게 마감할 수 있기 때문이다. 붓을 이용한 덧칠은 먼저 칠한 층에 끌리거나 번지는 자국을 남기기 쉽다.

물론 훌륭한 결과물과 마감을 위해서 위의 복잡한 방법을 반드시 따라야 하는 것은 아니다. 공장에서 가구생산에 사용되는 기법보다 개개의 작업자가 우위에 있는 것은 바로 자신이 사용할 판재를 색깔 조합이나 균형감 있게 선택해서 목재 자체가 원하는 색조나 다양한 효과를 낼 수 있다는 점이다. 가구공장에서는 판재를 공급되는 순서대로 사용해서 그것이 마감되는 과정에서 색조가 맞춰지도록 해야 한다. 따라서 본 장에서 사용되는 '고급' 기술이라는 용어는 훌륭한 마감을 위해서 꼭 배워야 한다는 의미가 아니라, 만약 배우고자만 한다면 또 다른 기술이 있다는 정도로 이해하면 된다(210쪽 '공장에서 사용하는 마감법' 참조).

다단계 마감 과정을 이해하기 위해서 익혀두어야 하는 두 가지 기술이 있는데, 도막착색과 토닝이다. 마감에서 대부분의 색조는 위 두 가지 방법으로 만든다. '고재처럼 마감하기'와 '피클링'은 대표적인 두 가지 예이다(216쪽 '고재처럼 마감하기', 218쪽 '피클링', 220쪽 '도막착색과 토닝에서 흔히 발생하는 문제점' 참조).

도막착색

도막착색(Glazing)은 실링된 면에 조색제를 도포한 다음 다양한 방법으로 처리하는 것이다. 조색제는 일반적인 와이핑 착색제, 오일, 일본 색소(속건성 반죽형 조색제), 범용 색조 조색제(UTC) 또는 특별히 제작된 도막착색제라 불리는 것을 포함한다. 도막착색제는 일반적으로 점도가 높아 심지어 수직면에 놓아도 흐르지 않는 것을 총칭한다. 예를 들어 젤 착색제는 매우 좋은 도막착색제가 된다.

도막착색을 정의하는 것은 마감 단계에서의 조색제의 위치, 즉 최소한 하나 이상의 마감면 위, 그리고 조색제를 보호하기 위한 상도 아래라는 것이다(그림 15-1). 도막착색제를 사용한다고 해서 도막착색이 되는 것이 아니다. 오히려 도막착색제를 마감되지 않은 목재에 직접 처리하는 것은 도막착색이 아니고 착색이다.

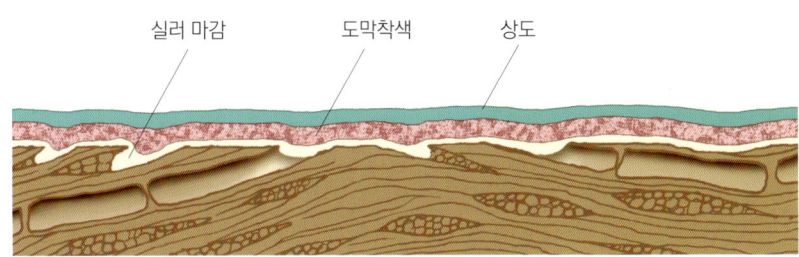

그림 15-1 도막착색은 목재를 메꾼, 하나 이상의 마감과 하나 이상의 상도 마감 사이에 조색제를 적용하는 것이다.

공장에서 사용하는 마감법

고가 가구를 제조하는 공장은 때로 15단계 이상의 마감과정을 거친다. 이 과정은 이번 장 그리고 이 책의 곳곳에 설명해두었다. 가장 많이 사용되는 것은 래커이며, 가구 공장의 경우는 매 단계 사이에 오븐으로 건조속도를 가속시킨다. 다음은 그 개략적인 방법이다.

균질화 작업

대규모 생산을 하는 공장에서는 판재를 선택할 시간이 없다. 대신 공급되는 모든 판재를 함께 취합해 조색작업을 하는 마감 작업자에게 무작위로 넘긴다. 이를 위한 작업에는 도색 작업이 균일한 상태에서 시작되도록 목재의 모든 자연적인 색을 제거하는 탈색 작업(Bleaching), 사이징(Sizing), 색상 균일화 작업, 변재 착색과 전-착색작업 등이 포함된다(4장 '목재착색' 참조).

- **탈색 작업**은 대개 2액형 탈색제 처리 후, 산성 세척제로 중화시킨다.
- **사이징**은 워시코트와 거의 같다. 매우 희석된 마감제나 PVA(폴리 비닐 아세테이트)접착제를 뿌리고 닦아내거나 붓질한다.
- **균일화**(Equalizing)와 **변재 착색**(Sap staining)은 동일한 과정을 의미하는데, 이는 변재와 같은 목재의 밝은 부분에 NGR 염료를 착색하여 전체적인 색상을 균일화하는 과정이다.
- **전-착색**은 전체 표면을 착색해, 특히 위의 균일화 과정을 거친 경우에 전체 색조의 균형을 잡는 것을 의미한다. 보통은 안료, 염료를 모두 포함하는 오일 기반의 착색제가 사용된다. 때로 전-착색은 위의 균일화 과정을 의미하기도 한다.

워시코팅과 하도하기

만약 큰 관공을 가진 마호가니, 호두나무 그리고 피칸을 눈메꿈 하려면 워시코트(Washcoating)를 먼저 한다. 단풍나무, 벚나무처럼 조직이 치밀하거나 관공을 메꿀 필요가 없는 경우는 대개 샌딩 실러(Sealing)를 적용하고 사포로 쉽게 마감할 수 있다. 그다음 먼지나 올라온 거스러미를 제거하면서 사소한 결점들은 샌딩하면 된다.

눈메꿈

부드럽고 균질한 표면을 얻어 나뭇결을 두드러지게 하려면 반죽형 목재 메꿈제를 물처럼 희석해서 분무하면 된다. 희석제가 증발한 다음 메꿈제가 약간 마르면 나뭇결과 직각 또는 원형으로 관공을 메우도록 닦아내고 여분의 메꿈제는 제거하면 된다. 관공이 큰 목재는 완전히 메꿔질 때까지 한 번 더 반복한다. 메꿈 후, 한 번 더 샌딩 실러작업을 하여 표면을 매끈하게 한다.

추가적인 도색 단계

위 샌딩 실러 작업 후, 도막착색, 토닝, 셰이딩, 하이라이팅, 스트라이킹-아웃, 드라이-브러싱, 패드-착색, 디스트레싱 등과 같은 도색

주의 오일과 왁스 마감제의 경우, 도막이 형성되지 않기 때문에 이런 마감 사이에는 도막 착색제를 성공적으로 사용할 수 없다. 도막을 형성하는 마감제를 사용한 후에 도막착색 할 수 있다. 와이핑 바니시 위에 도막착색제를 사용할 수 있지만, 이 경우는 와이핑 바니시를 닦아내지 않고 그대로 두어 약간의 도막을 형성해야 한다.

사진 15-1 도막착색제는 일반적으로 점도가 높아 심지어 수직면에 놓아도 흐르지 않는 착색제라고 보면 된다. 예를 들어 젤 착색제는 매우 좋은 도막착색제가 된다.

작업을 통해 매우 다양한 효과를 낼 수 있다. 이 중 하나 이상의 과정이 추가될 때는 각각의 층을 분리하기 위해 워시코트 작업이 사이사이 진행될 수도 있다.

- **도막착색**은 고점도의 도색제를 적용한 후, 적당한 방법으로 마무리하는 것이다(209쪽 '도막착색' 참조).
- **토닝**과 **셰이딩**은 매우 희석된 도색제를 이용하는 방법이다(215쪽 '토닝' 참조).
- **하이라이팅**과 **스트라이킹-아웃**은 성당모양 무늬, 옹이, 몰딩무늬, 마모 등의 특성을 강조하기 위해 특정 부위의 도막착색제를 제거하는 과정이다. 이 단계에는 도막착색제가 마르기 전이나 건조 후에 붓, 헝겊, 스틸울, 사포, 합성 연마 패드 등이 이용된다.
- **드라이 브러싱**은 매우 고점도의 도색제를 붓끝을 이용해서 거의 건조한 상태로 칠하는 것을 의미한다(사진 15-6).
- **패드-착색**은 알코올 용해성 또는 NGR 염료를 물로 희석해서 한꺼번에 너무 많이 묻지 않게 색조를 올리거나 혼합하는 방법이다. 이렇게 하면 색조 조절이 훨씬 쉽다. 이 방법은 토닝이나 셰이딩과 거의 비슷하지만, 분무보다는 주로 수작업으로 이뤄진다.
- **디스트레싱**은 붓으로 흩뿌리기(Spattering), 드라이-브러싱, 흩뿌리기(Cowtailing) 등의 과정을 포함한다(216쪽 '고재처럼 마감하기' 참조)

공장에서 적용하는 가구 마감은 15단계 이상을 포함할 수 있으며, 그 중 많은 단계가 색상 추가에 관한 공정이다. 가끔은 색상 추가가 단지 나무의 겉모습만 바꾼다. 때로는 위 사진에 나타난 식탁 상판의 크래클 마감 혹은 에이프런에 포함된 몰딩의 경우처럼 나무의 모습을 완전히 가릴 수도 있다.

상도하기와 연마 광내기

위의 모든 도색 작업이 끝나면, 한 번 이상의 투명한 상도를 올려야 한다. 그다음에 마감면을 사포 마감으로 평을 맞추고 다양한 종류의 연마패드와 광택제를 이용해서 원하는 광택이 나올 때까지 연마한다. 대개 컴프레서에 의해 작동되는 인라인 이중 패드 연마기를 이용해서 평잡기와 광내기를 진행한다(16장 '마감 완성하기' 참조).

도막착색 작업은 자체로 매우 간단하지만, 도막착색은 매우 많은 효과를 낼 수 있기 때문에 가장 복잡한 장식 기법이라고 할 수 있다. 또한 도막착색 기법은 관용성이 뛰어나다. 실제로 작업 중인 마감면에 연습해 볼 수도 있고 실수하거나 또는 결과물이 마음에 들지 않을 때 도막착색제를 제거하고 마감면 손상 없이 다시 시작할 수 있다. 도막착색에 필요한 기술은 자신이 만들어내려는 외관에 대한 감각(예술적 센스)이 있어야 한다. 예를 들어 캐비닛 문짝처럼 여러 개를 작업할 때는 일관성을 유지할 수 있어야 한다는 점이다.

도막착색제의 종류

유성과 수성, 두 가지 종류의 도막착색제가 있다. 유성 도막착색제가 더 깊고 풍부한 느낌을 주며 작업시간이 길기 때문에 조절하기도 더 쉽다. 유성 도막착색제 작업 후, 한 시간이 경과한 뒤에도 미네랄 스피릿이나 나프타 희석제로 마감면이나 아래층에 사용된 페인트 손상 없이 도막착색제를 제거할 수 있다.

수성 도막착색제는 빨리 건조되기 때문에 작업하기에는 더 어렵다. 그러나 용제 냄새가 별로 나지 않아 작업 시 자극적이지 않다. 만약 수성 도막착색제를 사용한다면, 말라서 굳기 전 몇 분 동안에만 제거할 수 있다.

유성 도막착색제는 래커, 바니시, 셀락 등이 사용된 캐비닛과 가구 등에 최적이며 환기가 잘되는 장소에서 사용해야 한다. 수성 도막착색제는 환기가 어려운 실내의 커다란 패널이나 벽면을 유사 마감(Faux-finishing)하거나, 상도를 수성 마감하려는 가구에 주로 사용한다. 유성 도막착색제 위에 수성 마감제를 사용하기 위해서는 도막착색제가 완전히 건조되기를 기다려야 하며 온도와 습도에 따라 며칠이 걸리기도 한다. 또는 셀락과도 같은 방어막 층(Barrier coat)을 도포해야만 하는데, 셀락은 작업자가 원하지 않는 노란 색조를 마감면에 가미할 수 있다.

도막착색제 상품은 마감두께와 건조 속도에 따라 매우 다양하다. 유성 도막착색제에 끓인 아마인유를 첨가하여 건조 속도를 늦출 수 있다. 1 qt. 용량(946ml)의 도막착색제에 티스푼 하나 정도를 첨가해 테스트한다. 몇 방울의 일본 건조제(중금속 건조제 총칭)를 첨가하면 건조 속도를 빠르게 할 수 있다. 수성 기반의 도막착색제에는 5~10%의 프로필렌 글리콜을 첨가하면 건조 속도를 늦출 수 있다. 두 가지 모두 작업실의 온도를 올리면 건조 속도를 빠르게 할 수 있다. 만약 도막착색제의 색을 밝게 하고자 희석해야 한다면, 투명한 도막착색제 베이스(뉴트럴 도막착색제)로 도막착색제가 묽어지지 않게 유지하는 것이 중요하다.

일부 제조사는 다양한 색깔의 도막착색제를 생산한다. 다른 제조사는 사용자가 안료를 첨가할 수 있는 투명한 도막착색제 베이스(뉴트럴 도막착색제)를 공급한다. 유성 도막착색제에는 오일과 일본 색소 조색제를 사용하고, 수성 도막착색제에는 범용 색조 조색제(UTCs)를 사용한다. 짙은 브라운색과 피클링용 흰색은 가구나 캐비닛에 가장 많이 사용되는 색깔이다.

> **팁** 만약 마감제로 래커를 분무한다면, 유성 도막착색제를 바른 후에 바로 분무 처리할 수 있다. 도막착색제가 마르도록 밤새 기다릴 필요가 없다. 방법은 도막착색제의 희석제가 증발해서 약간 마르면, 희석된 래커를 아주 조금만 도막착색제 위에 분무하면 된다. 도막착색제가 두꺼우면 이 방법이 작동하지 않는데, 도막착색제를 얇게 발랐으면 래커가 아래쪽 도막착색제 층과 잘 결합한다. 조금 분무한 래커가 마르면 다음 단계의 마감으로 진행하면 된다.

도막착색제 바르기

도막착색은 항상 실링(하도)된 마감면에 도포된다. 모든 종류의 마감제, 실러, 워시코트 등을 사용할 수 있는데, 충분히 두껍게 도포되어 도막착색제가 목재 표면에 닿지 않으면 된다(134쪽 '실러와 실러 바르기', 80쪽 '워시코트제' 참조). 도막착색제 층 아래 목재를 착색하고 관공을 메꿀 수도 있다. 물론 사용자가 원하는 마감 두께 안에서 조색제 층을 스크래치나 마모로부터 보호하고자 충분한 두께의 상도 층을 가지기 위해서는 도막착색제 층을 가능한 목재와 가깝게 처리하는 것이 최선이다.

만약 실링 처리된 면이 매끈하다면, 샌딩, 스틸울을 이용해서 마감면을 조금 거칠게 만들어서 닦아낸 후에도 도막착색제가 조금은 마감면에 남아있도록 하면 된다(여러분이 의도하는 도막착색제 사용에 따라 항상 이대로 해야 하는 것은 아니다. 예를 들어 대개 조금 거친 오목한 면 등에는 필요하지 않다).

각자가 원하는 결과를 얻기 위한 두께로 도막착색제를 펴 바르거나, 붓질하거나, 분무한다. 도막착색제에 포함된 희석제가 증발해서 도막착색제가 조금 마를 때까지 기다린다. 물론 약간의 수분기가 있어야 한다. 작업하기에 너무 딱딱하게 굳었으면 미네랄 스피릿, 나프타, 물(수성 도막착색제)로 한번 씻어 주거나 스틸울 또는 연마패드를 이용해 작업한다.

다음은 도막착색제 작업을 통해 얻을 수 있는 일곱 가지 효과이다. 대량 생산되는 가구를 주의 깊게 살펴보면, 더 많은 점을 배울 수 있다.

- 심지어 착색되었거나 메꿈되었더라도 목재의 색상, 무늬 등을 크게 저해하지 않으면서 색조를 맞추어 줄 수 있다(사진 15-2).
- 선삭 작업물과 같은 3차원 가공물에 찌든 때까지도 고가구처럼 만들 수 있다(사진 15-3).
- 문짝의 프레임과 패널, 인테리어 트림 등 몰딩 가공물의 구조적 세부사항이 강조된다(사진 15-4).
- 일부 대량 생산 가구에는 마감면에 수백 개의 작은 갈색 또는 검은 점이 무작위로 흩어져 있다. 공장에서는 이런 '플라이스펙' 효과를 내기 위해 특수한 흩뿌리기 분무를 사용한다. 예를 들어 칫솔을 이용해서 도막착색제를 손

사진 15-2 도막착색제는 목재의 색상, 무늬 등을 크게 저해하지 않으면서 색조를 맞출 수 있다. 예를 들어 마감하지 않은 마호가니(왼쪽부터), 염료 착색(두 번째), 워시코트 후에 반죽형 목재 메꿈제로 메꾼 다음 도막착색제를 메꿈제와 분리하기 위해 다시 워시코트(세 번째) 처리한 것이다. 마지막은 색조를 맞추기 위해 도막착색제 처리한 후에 마르기 전 브러시로 닦아낸 것이다(오른쪽).

사진 15-3 도막착색제는 목선반 작업물과 같은 3차원 가공물에 고가구처럼 때가 찌든 듯한 깊이감과 느낌을 줄 수 있다. 튀어나온 곳은 도막착색제를 닦아내고, 파인 곳은 그대로 두면 된다.

사진 15-4 도막착색은 캐비닛의 알판 문짝 등의 3차원적 구조를 강조하기 위한 효과적인 기법이다. 이 문짝은 착색, 메꿈 처리 후에 전체 면에 도막착색제를 도포한 다음 튀어나온 면만 도막착색제를 닦아내었다. 움푹 들어간 면에는 전체적으로 붓을 이용해서 도막착색제를 조금 제거하였다.

사진 15-5 일부 대량 생산 가구에는 수백 개의 작은 갈색 또는 검은 점이 마감면에 무작위로 흩어져 있다. 공장에서는 이러한 '플라이스펙' 효과를 내기 위해 특수한 흩뿌리기 분무를 사용한다. 칫솔을 이용해서 도막착색제를 손가락으로 마감면에 튕겨주는 방법도 있다. 나는 인디아 잉크를 도막착색제로 즐겨 사용하는데, 그 이유는 표면에 납작하게 잘 고착되고 잘 마르기 때문이다.

사진 15-6 도막착색제를 바르고 닦아내는 대신 '드라이-브러시' 기법을 사용할 수도 있다. 도막착색제 또는 찐득한 일본 색소 물감을 카드보드나 엽서 종이에 조금 짜둔다. 붓에 도막착색제나 물감을 찍은 후, 종이나 목재 자투리에 털어 조금만 남겨놓은 다음 강조하려는 부위에 부드럽게 칠한다.

사진 15-7 도막착색제는 페인트 마감된 표면에 얇게 도포해서 고재처럼 보이게 하는 효과를 내는 데 매우 효과적인 기법이다. 원하는 효과를 얻을 때까지 붓으로 도막착색제를 칠하고 닦아내기를 반복한다.

가락으로 마감면에 튕겨주면 된다 (사진 15-5).
- 도막착색제를 바르고 닦아내는 대신, '드라이-브러시' 기법으로 마감면에 색조가 남게 처리할 수도 있다 (사진 15-6).
- 페인트 마감된 표면에 도막착색제를 이용해서 효과를 내는 것은 고재처럼 보이게 하는 전형적인 기법이다 (사진 15-7). 하지만 이런 방법으로 다양한 창조적인 효과를 낼 수 있다. 다른 모든 도막착색제를 사용하는 방법과 마찬가지로 사용자가 원하는 모습을 얻을 때까지 도막착색제를 칠하고 제거하기를 반복하면 된다.
- 쉽게 구할 수 있는 무늬 만들기 도구를 이용하면 민무늬 목재에 참나무와 같은 커다란 무늬를 만들어낼 수 있다 (사진 15-8).

토닝

토닝(Toning)은 조색제가 포함된 희석된 마감제를 도포하는 것이다. 도포된 조색제는 그대로 표면에 남게 된다. 도막착색처럼 더 이상의 처리 과정은 없다. 조색제는 안료, 염료 또는 둘을 섞어서 사용하기도 한다.

토닝을 설명할 때는 두 가지 용어가 사용된다. 조색된 마감제를 전체 표면에 처리할 때는 대개 토닝이라 불리며, 조색된 마감제를 토너라고 부른다 (사진 15-9). 전체 마감면 중 변재와 같은 일부분만을 처리할 때는 셰이딩이라고 불리며, 조색된 마감제를 셰이딩 착색이라 부른다 (사진 15-10). 하지만 두 용어 사용에는 일관성은 없고 위에서 언급한 대로, 토닝과 셰이딩 둘 다 '토닝'이라 불린다. 그리고 에어로졸 토너를 생산하는 일부 제조사들은 안료 토너를 '셰이딩 착색제'라고 표기하고, 염료 토너를 '토너'라고 표기한다. 따라서

사진 15-8 쉽게 구할 수 있는 곡면을 가진 고무도장과 같은 무늬 만들기 도구를 아직 마르지 않은 도막착색제 위에 밀거나, 끌어당기면 참나무에서 보이는 것처럼 커다란 무늬를 만들 수 있다.

사진 15-9 위 캐비닛 문짝의 아래쪽 절반만 안료형 토너로 토닝 처리를 했다. 토닝과 착색을 대조하기 위해서 위 절반은 착색제 처리를 하고 여분의 착색제는 닦아 내었다. 그다음 전체 면에 상도 마감을 했다.

사진 15-10 셰이딩(위)은 희석된 조색 마감제를 일부 면에만 분무하는 것을 의미한다. 때로는 이것 때문에 위 사진에서 보이는 것처럼 다른 부분을 강조하는 효과를 가진다.

고재처럼 마감하기

고가구는 아무리 관리가 잘 되었더라도 신상품 가구와는 다르게 보인다. 이러한 차이는 세월이 지남에 따라 빛에 바래거나 산화되어 색조가 변하고 사용에 의한 마모, 그리고 때가 타기 때문이다. 신상 가구, 캐비닛, 오래된 가구를 새로운 조각으로 수리할 때, 오래된 것처럼 보이게 하는 것을 **고재처럼 마감하기**(Antiquing)라 한다. 목재를 고재처럼 마감하기 위해서는 색상 변화, 마모, 때가 타는 것을 인공적으로 맞춰주어야 한다. 대개는 저광이나 무광 상도를 사용하고자 할 것이다.

목재 위에 직접 또는 마감제를 이용해서 고재처럼 마감할 수 있다. 고재처럼 마감하기 위한 유일한 정답은 없다. 단지 각자가 고재 마감에서 추구하는 외관에 달려 있다. 만약 모방하고 싶은 고가구의 실물을 가지고 있다면 작업은 훨씬 쉬워진다.

색상 변화

미세한 색상변화를 조절하는 가장 좋은 방법은 착색, 탈색, 그리고 토너 사용이다. 안료보다는 염료를 이용한 착색이 훨씬 좋은데, 이는 염료 착색이 안료보다 고르고 자연스럽게 물들이기 때문이다. 만약 관공이 드러나는 것이 싫다면, 토너가 가장 효과적으로 사용될 수 있다. 예를 들어 매우 고르게 염색된 오래된 벚나무, 단풍나무, 그리고 마호가니를 상상해 보라. 공장에서는 이런 효과를 내기 위해서 주로 토너를 사용한다.

호두나무 같은 목재는 시간이 지남에 따라 색상이 밝아진다. 어떤 목재는 햇빛 때문에 색상이 탈색된다. 새 목재도 2액형 탈색제(67쪽 '목재 탈색' 참조)를 이용해서 인위적으로 밝게 만들 수 있다. 그다음 착색제나 토너로 각자 원하는 색상을 만들면 된다.

마모

디스트레싱(Distressing)은 체인이나 다른 금속성 물체로 가구를 두들기는 것이다. 가구를 두들기는 것은 가구의 마모를 모방하는 한 가지 방법이다. 하지만 실제적인 마모는 다양한 형태로 드러나며 마모 처리한 것이 진짜처럼 보이려면 자연스러워야 한다.

체인을 사용하면 거의 동일한 자국을 남기게 된

① 긁힌 자국을 모방한 흔적은 종종 마감면 사이에 적용되며 '카우테일링'이라고 불린다. 아티스트 브러시, 그리스 펜슬, 블렌달 스틱(모호크 사)을 사용할 수 있다.

② 마감에서 고풍스러운 외관을 연출하는 과정은 때때로 꽤 정교한 과정을 거쳐야 한다. 이 공장 마감에서는 물결무늬 단풍나무의 무늬를 전혀 가리지 않고 카우테일링과 플라이스펙, 심지어 목리까지 추가되었다.

다. 그러나 100년 이상 천연 마모된 자국과 홈이 모두 동일하게 보이지는 않을 것이다. 그것은 아마도 다양한 모습으로 나타날 것이다. 더군다나 자연적으로 마모된 자국은 단순히 찍힌 정도가 아니라, 의자 테두리나 테이블의 모서리처럼 실제 닳아 없어진 부분도 있을 것이다.

이러한 유형의 마모는 줄, 사포, 와이어 브러시로 더 그럴듯하게 모방할 수 있다. 새로운 가구에 추가할 마모의 종류를 결정하는 가장 좋은 방법은 오래된 가구를 보고 그것이 어떻게 찌그러지고 닳았는지를 관찰하는 것이다. 그런 다음 동일한 효과를 가장 비슷하게 남길 도구 또는 물체를 선택한다. 가장 중요한 건 여기저기에 똑같은 자국을 남기지 않아야 한다는 것이다.

마감과정에서 시간에 따른 마모를 연출할 수 있다. 일반적인 기술을 카우테일링이라고 하는데, 작은 곡선을 그리거나 표면을 표시하기 위해 화가용 붓이나 특별한 크레용을 사용한다(사진 ❶). 카우테일링은 스패터 또는 플라이 스펙킹(사진 ❷, 사진 15-5)과 결합해 세월과 생활 흔적에 따른 오래된 느낌을 모사할 수 있다.

때

오래된 가구는 목선반으로 만들거나 몰딩 부위처럼 움푹 들어간 곳에 때가 낀 것처럼 보이는 경우가 많다. 실제로는 많이 사용하거나 또는 광택을 내기 위해 반복적으로 문질러 접촉이 많은 부위에서 마감제가 벗겨진 경우가 많다. 하지만 그 효과는 같다. 움푹 파인 곳이 더 어둡다. 이를 모방하기 위해 도막착색제를 사용한다(사진 15-3, 사진 1-5).

드라이 브러싱은 먼지가 쌓이는 것을 모방하기 위해 사용되는 또 다른 기술이다.

사진 15-6에서 볼 수 있듯이, 거의 마른 붓을 튀어나온 쪽으로 빗는 것과 유사하게 안쪽 모서리나 이음매 근처 또는 테이블 상판이나 캐비닛 문 가장자리 근처에도 붓질한다.

피클링

피클링(Pickling) 작업의 의도는 목재를 오래된 것처럼 보이게 하는 것이다. 강한 산을 사용해서 목재를 '회색' 조로 바꾸는 것은 더 이상 사용되지 않는다. 근대적인 의미의 피클링 기법은 누군가가 오래된 패널에서 페인트를 벗겨내다가 고안한 것처럼 보인다. 목재 관공에 묻은 페인트를 모두 제거하는 것은 거의 불가능하기 때문에 남은 것은 목재가 비쳐 보이는 얇고 균일하지 않은 색상이었다. 당시에는 실망스러웠겠지만, 지금은 이 결과물이 매우 유행하고 있고 목재를 칠하고 벗겨낼 필요 없이 만들 수 있다.

가장 간단한 형태의 피클링은 짙은 착색제나 희석된 페인트를 목재 위에 칠한 후, 자신이 원하는 효과를 내기 위해 필요한 만큼 닦아내는 것이다. 대개 사용되는 착색제나 페인트는 흰색이나 흰색 계열의 색이며, 파스텔톤을 비롯해 어떤 색이라도 가능하다. 도포한 아래쪽의 목재가 드러나도록 착색제나 페인트를 충분히 제거해야 하고, 그렇지 않으면 피클링이 아니라 페인팅한 것이 된다(사진 ❶).

피클링은 흰색이나 흰색 계열의 도막착색제를 실링된 면에 적용하는 것을 의미하기도 한다. 도막착색제가 어느 정도 건조되면, 마감면 아래의 목재가 보일 때까지 충분히 원하는 만큼 여분의 도막착색제를 닦아내면 된다(사진 ❷).

만약 착색제를 사용한다면 짙은 착색제로 목재 표면에 충분한 색조를 남길 수 있도록 해야 한다. 페인트를 사용한다면, 대략 25%의 적절한 희석제(유성페인트에는 미네랄 스피릿, 라텍스 페인트는 물)를 사용해서 쉽게 바를 수 있도록 해야 한다.

각각의 페인트는 장점을 가지고 있다. 유성 페인트는 경화가 느리기 때문에 도포하고 적당한 양을 닦아낼 충분한 시간을 가질 수 있다. 유성 페인트는 목재의 거스러미를 오르게 하지 않는다. 수성 페인트는 황변 현상이 없으며 유성 페인트가 가진 용제를 포함하지 않아서 훨씬 깨끗한 공기를 들이마실 수 있고, 특히 패널과 같은 넓은 면적을 피클링 할 때는 매우 중요하다.

착색제, 페인트 대신 사용하는 바니시, 수성 마감제에 흰색 계열의 안료를 조금 섞어 사용해도 된다. 그다음 붓질이나 분무로 목재에 도포한 다음 닦아내지 말고 그대로 둔다. 바닥면의 목재를 볼 수 있다면 페인팅이 아니고 피클링을 한 것이다.

피클링은 보통 소나무, 참나무, 물푸레나무, 느릅나무 등에 많이 적용된다. 피클링은 특히 소나무에 매우 효과적인데, 소나무는 목재결이 매우 뚜렷해서 제법 진한 색조에도 잘 드러나기 때문이다. 피클링은 참나무, 물푸레나무, 느릅나무 등에도 매우 효과적인데, 많은 색조가 관공에 남아서 바탕 목재 질감을 강조하기 때문이다. 두 경우 모두 조재와 만재의 강한 대조를 억제할 수 있을 만큼 충분한 색상이 목재 위에 남아 있게 된다.

피클링 효과에 만족한다면, 한두 번의 상도처리를 해서 만들어진 피클링 색조를 유지한다. 그렇지 않으면, 쉽게 벗겨질 것이다. 흰색 계열의 피클링을 했다면, 다른 마감제와는 달리 앰버 톤이 없어 황변 현상이 발생하지 않는 수성 마감제를 상도로 사용해야 한다. 대개 광이 나는 상도보다는 시간의 흐름을 표현하기 위해 무광 또는 저광 정도의 상도마감을 선호할 것이다.

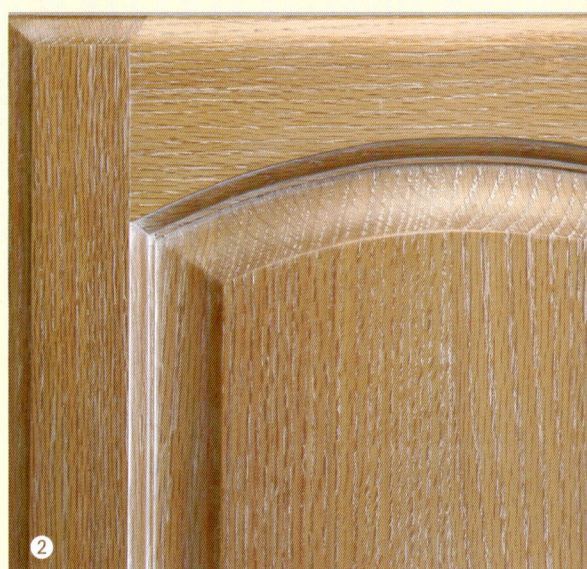

목재의 피클링 방법은 착색과 도막착색 두 가지로 크게 나뉜다. 착색제를 사용할 경우, 흰색 계열의 착색제를 목재에 바른 다음 남아있는 대부분을 닦아낸다. 도막착색제를 사용할 경우, 흰색 계열의 도막착색제를 눈메꿈 된 목재에 도포한 다음 남아있는 대부분을 닦아내야 한다. 사진에서 보듯이 동일한 제품으로 두 가지 방법으로 처리할 수도 있다. 흰색 젤 착색제를 목재에 바로(위 사진) 그리고 메꿈된 면(아래 사진)에 적용해 보았다. 물론 흰색의 도막착색제를 동일하게 사용할 수도 있다.

이런 용어의 혼용을 이해해야 한다.

토닝을 할 때는 붓질보다는 분무가 조절하기 훨씬 쉽다. 붓을 사용하면 붓질 자국이 남는다.

토닝은 도막착색만큼 다재다능하지는 않지만 다양한 색상의 판재와 변재 또는 심재의 색상 차이를 일치시키는 데 훨씬 효과적이다. 토닝은 주로 래커, 셸락, 수성 마감제, 2액형 마감제(바니시는 너무 느리게 마르므로 먼지가 많이 쌓인다)를 사용하는데, 이것들은 쉽게 닦아낼 수 없기 때문에 사용할 때는 주의해야 한다. 많이 하는 실수인데, 만약 너무 진한 색으로 처리했다면, 전부를 벗겨내고 다시 시작하는 것 외에는 다른 방법이 없다.

토너를 얼마나 희석해야 하는지에 대해서는 정답이 없다. 아마 토너를 사용하는 사용자들만큼 다양한 방법이 있을 것이다. 다음 설명대로 한번 시작해 본다. 래커를 사용하면, 래커와 NGR 염료를 동일 비율로 섞고 6배의 희석제로 희석한다. 이것을 한 번 분무해 보고 여기서 필요에 따라 비율을 달리해 본다. 위에서 언급했듯이, 가장 큰 위험은 너무 진하게 색조가 물드는 것이다. 사용자가 원하는 색을 조금씩 찾아가는 것이 훨씬 낫다.

수성 마감제는 착색제가 이미 희석되어 있기 때문에 이를 토너, 셰이딩 착색제로 사용하는 것이 좋다. 수성 마감제를 6배의 물로 희석한 다음 그것이 마감면에서 잘 퍼지기를 기대해서는 안 된다. 아마 왁스 위의 물처럼 뭉칠 것이다. 다른 착색제를 이용해서 실험해 보아야 한다. 가장 사용하기 좋은 것은 주로 염료 기반의 제품이다(사진 4-2, 사진 4-3, 사진 4-4). 기성품으로 판매되는 안료 기반의 수성 착색제는 사용하기가 쉽지 않다.

사용자가 직접 토너를 제조하는 대신 에어로졸 토너를 사용한다. 에어로졸 토너는 우편 판매점이나 페인트 도매상에서 구매할 수 있다. 에어로졸 토너를 사용자가 섞어 쓸 수는 없지만, 그것들은 마감에서의 손상 등을 복구하는 데 매우 편리하다(19장 '마감 보수하기' 참조). 뭉칠 만큼 완전히 흠뻑 뿌리지 않는 한, 어떤 마감 위에도 래커 기반의 에어로졸을 사용할 수 있다. 수성 마감 사이에 에어로졸 또는 분무총으로 분무한 래커 토너를 쓸 수도 있다.

스텝 패널

일단 단순한 착색을 넘어서 도막착색과 토닝을 사용하면 여러 개의 캐비닛, 가구를 마감할 때 색조와 외관을 일정하게 유지하기가 매우 어려울 것이다. 이런 경우 스텝 패널(Step Panel)을 사용하면 매우 도움이 된다. 이것은 테이프나 펜으로 표시한 후, 마감에 필요한 모든 단계를 쉽게 확인할 수 있도록 만든 합판 또는 목재 조각이다. 스텝 패널은 각 단계에 대한 시각적 기록을 제공하여 작

팁 쉽게 제거할 수 있는 안료형 토너를 직접 만들어 본다. 일본 색소 물감을 나프타 희석제로 희석해서 실링된 마감면에 분무한다. 축축할 때 색조가 마음에 들면, 용제가 모두 증발하기를 기다린 후에 다음 마감 단계로 진행한다. 색조가 마음에 들지 않으면, 나프타 희석제 또는 미네랄 스피릿으로 닦아내고 다시 시도한다.

주의 오일이나 오일·바니시 혼합물 마감제 위에는 도막착색제, 토너, 셰이딩 효과를 성공적으로 적용하기 어렵다. 이런 마감제는 충분한 도막형성을 하지 않기 때문이다. 동일한 이유로 와이핑 바니시 위에도 도막착색제, 토너, 셰이딩 효과를 성공적으로 사용하기 어렵다. 래커, 셸락, 수성 마감제 위에는 도막착색제를 쉽게 할 수 있다. 모든 마감과정 완수에 시간 제약이 있다면, 일부 종류의 2액형 마감제 위에 도막착색은 어려울 수 있다. 셰이딩이나 토닝에 가장 좋은 마감제는 래커이고, 다음으로 선-촉매형 래커, 셸락, 그리고 수성 마감제이다.

도막착색과 토닝에서 흔히 발생하는 문제점

도막착색은 대개 붓 또는 손으로 잡는 도구를 이용해서 진행된다. 토닝은 대개 분무로 진행된다. 둘 다 쉬운 방법이지만 원하는 효과에 대해 아이디어가 있어야 한다. 아래에 도막착색과 토닝에서 흔히 발생하는 문제점, 그리고 원인과 해결 방법이 있다.

문제점	원인과 해결 방법
도막착색제 위에 마감했을 때, 마감제가 하얗게 변한다.	• 도막착색제가 건조되지 않았다면 주로 래커 마감과 연관있는데, 도막착색제가 가장 두꺼운 목재의 관공 부위에서 잘 나타난다. 원인은 도막착색제의 희석제가 모두 증발하기 전에 래커를 도포했기 때문이다. 이로 인한 래커의 상분리가 원인이다. - 목재에 래커 희석제를 뿌린다. 이래도 효과가 없다면 전부 벗겨내고 다시 칠한다. 습한 날이나 온도가 낮은 온도에서는 도막착색제가 건조될 시간을 충분히 준다.
도막착색제를 도포했을 때, 검은 스크래치가 나타난다.	• 사포 마감한 마지막 메꿈면 또는 마감면이 충분히 단단하지 못하거나 너무 거친 사포를 사용했다. - 도막착색제가 경화되기 전에 미네랄 스피릿(유성, 바니시 기반 도막착색제) 또는 물(수성 도막착색제)로 닦아서 제거한다. 이전 마감층이 완전히 경화된 후, 고운 사포로 처리하고 다시 도막착색제를 도포한다.
도막착색제가 목재에 침투하여 얼룩덜룩한 자국이 난다.	• 재면의 관공을 완전히 메꾸지 않았거나, 워시코트나 메꿈면을 갈아내 버렸다. - 마감을 벗겨내고 다시 칠한다.
마감제가 도막착색제 층에서 분리되어 박리된다.	• 도막착색제를 너무 두껍게 칠하거나, 도막착색제에 바인더 양이 부족해서 잘 붙지 못한다. - 마감을 벗겨내고 다시 칠한다. 너무 두껍게 도막착색제를 바르지 말고 도막착색제에 바니시나 수성 마감제를 첨가한다. 자투리 목재에 미리 테스트 해본다.
토너 또는 셰이딩 착색 후 색상이 너무 진하다.	• 토너나 셰이딩 착색제에 조색제를 너무 많이 넣었다. - 마감을 벗겨내고 다시 시작한다. 더 많이 희석한 토너 또는 셰이딩 착색제로 색상을 천천히 올린다. 조색제를 너무 많이 넣지 않는다.
토너 분무 후 겹친 자국이 생긴다.	• 조색제 농도가 높아서 겹친 자국이 생긴다. - 마감을 벗겨내고 다시 칠한다. 토너를 더 희석해서 여러 번 뿌리는 것이 좋다(그래야 두껍게 도포되지 않는다).
토너 마감 후 방에 두면 마감한 느낌과 많이 다르다.	• 방과 작업 공간의 조명이 다르다. - 작업 공간과 사용 공간의 조명을 일치시켜야 한다. 한두 번 더 해본다(76쪽 '색상 맞추기' 참조).

업자가 올바른 최종 마감에 도달할 수 있도록 한다.

스텝 패널을 만들려면 마무리하려는 공정과 동일한 종류의 목재(수행하려는 프로젝트에서 조각을 얻는 것이 이상적)인 판자 또는 합판 조각에 마감하는 것과 동일하게 적용한다. 각 단계가 마를 때, 그리고 다음 단계로 넘어가기 전에 분무할 때는 단면을 테이프로 붙이고, 붓질하거나 닦아낼 때는 표시를 한다. 사실 붓질하거나 닦아낼 때는 겹쳐져도 문제가 없기 때문에 시작하기 전에 판의 일부분에 미리 표시해 둘 수도 있다.

이상적으로는 각 섹션을 최대한 크게 만들어 시각적인 느낌을 주는 것이 이상적이지만, 캐비닛 문짝 자투리로 만들어진 마스킹 테이프의 폭 3/4 in. 이하의 면적을 가진 스텝 패널을 본 적도 있다(사진 15-11).

때로는 스텝 패널이 브래킷 패널로 만들어지기도 하는데, 한 패널은 수용 가능한 가장 밝은 색상을 나타내고 다른 패널은 가장 어두운 색상을 나타낸다. 더 정확한 컨트롤을 위해서는 패널 뒤에 온도와 습도 조건을 기록해 둘 수도 있다. 두 가지 모두 마감 결과물에 영향을 미칠 수 있다. 온도는 목적에 따른 마감 두께를 바꿀 수 있으며, 습도는 거스러미를 올라오게 해서 닦아낸 다음 표면에 남아있는 착색제의 양에 영향을 줄 수 있다.

스텝 패널은 며칠 또는 몇 주가 걸리는 작업이나 여러 작업자에 의한 공동 프로젝트 작업을 통해서 일관적인 결과를 얻는 데 매우 요긴하게 활용된다. 스텝 패널은 마감에 대한 고객의 승인을 얻는다든지, 작업자가 수행하는 복잡한 과정에 대한 고객의 인지와 동시에 작업 전반에 대한 고객의 이해를 돕기도 한다.

사진 15-11 스텝 패널은 마감과정에서 시각적으로 참고할 만한 모든 단계를 보여준다. 위 패널의 각 단계는 다음과 같다. 마감되지 않은 목재, 배경색으로 사용될 밝은 참나무색 착색 후에 여분의 착색제 닦아냄, 워시코트 적용, 코르도반 마호가니색 착색 후에 여분의 착색제 닦아냄, 호두나무색 토너 분무, 래커 두 번 분무 순이다. 여러 단계를 거치면 풍부하고 깊은 색감을 표현할 수 있으며, 위 사진 속의 의자처럼 색조 변화를 최소화할 수 있다.

16장 | 마감 완성하기

- 마감면 노출하기
- 마감면 연마 시 중요한 몇 가지 요인
- 합성 스틸울
- 스틸울로 연마하기
- 연마용 윤활유 비교
- 마감면 평잡기와 연마하기
- 공구연마

고급 마감과 미흡한 마감의 차이는 마감제를 사용하는 방법보다는 마감을 처리하는 방식, 즉 어떻게 마감을 완성하는가에 좌우되는 경우가 많다. 마감을 완성하기 위해서는 대개 사포, 스틸울, 광택제 또는 이들을 조합해서 사용하거나 아니면 왁스, 미네랄 스피릿, 오일 또는 비눗물 등의 윤활 성분을 사용할 것이다. 기본 개념은 목재 샌딩과 동일하다. 원하는 느낌과 외양이 날 때까지 연마재의 입도를 올리면서 마감면을 평평하고 부드럽게 할 것이다.

마감된 표면을 연마하는 것은 두 가지 효과를 낸다. 마감면을 훨씬 부드럽게 만들고 마감면이 훨씬 부드럽게 보이도록 한다. 두 가지 모두 설명에는 한계가 있으며 한 장의 사진에 담아낸다는 것도 사실상 불가능하다.

목재에 어느 정도 두께를 올리는 도막 형성 마감을 몇 번 하면 항상 먼지가 들러붙어 어느 정도 거친 결과를 얻을 것이다. 또한 사용하는 도구에 따라 붓 자국이나 오렌지 껍질처럼 오돌토돌한 결과물 또는 다른 여러 가지 결점이 생겨날 것이다. 아무리 주의를 기울여도 완벽한 마감은 쉽지 않다.

마감된 면을 연마하면 내려앉은 먼지를 갈아내거나(최소한 둥글게 갈거나) 붓 자국, 오렌지 껍질처럼 오돌토돌한 자국 등을 제거(최소한 감추거나)할 수 있다. 연마과정은 마감면에 미세한 스크래치를 내면서 이 과정을 수행한다. 바로 이런 스크래치가 마감에서의 결점을 대체하며 작업자가 느끼고 보는 마감 결과를 제공한다. 스크래치를 매우 미세하게 만들면 마감면도 마찬가지로 매우 부드러워진다. 스크래치를 만드는 방법에 따라 마감면의 광택도 조절이 가능하다. 스크래치가 미세할수록 마감면의 윤기는 증가한다. 스크래치가 거칠수록 마감면의 윤기는 줄어든다. 윤기의 정도를 지칭하는 용어가 광택(Sheen)이다. 높은 광택을 유광이라 표현하고 광택이 낮으면 저광(Satin), 무광(Flat)이 된다 (사진 16-1, 그림 16-1).

마감면을 연마하게 되면 연마하지 않은 면보다 훨씬 수리하기 쉬운 면이 된다. 수리된 면을 동일한 입도로 연마하면 광택을 정확하게 맞출 수 있다(19장 '마감 보수하기' 참조).

목공인들은 대개 마감면 연마를 기피하는데, 이는 연마과정을 이해하지 못하거나, 너무 복잡하다고 느끼기 때문

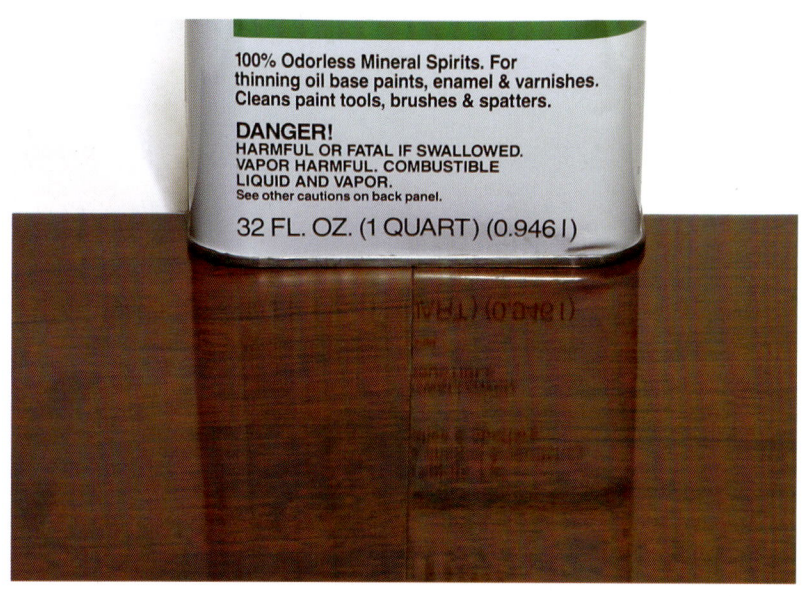

사진 16-1 광택은 마감면 연마 후에 표면에 비친 물체의 모습을 보면 쉽게 알 수 있다. 연마된 유광 마감면(오른쪽)은 미네랄 스피릿 용기 글씨까지 선명하게 반사된다. 연마된 저광 마감(왼쪽)은 반사된 이미지가 흐릿하다.

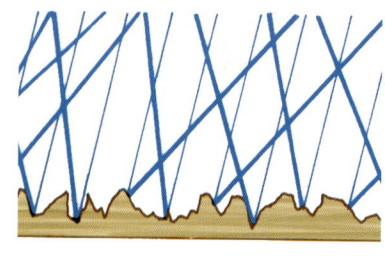

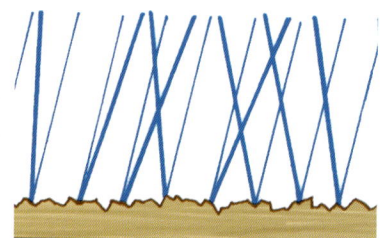

그림 16-1 마감 처리 시 스크래치가 클수록 빛이 더 많이 산란되므로 광택이 더 낮아진다(위). 스크래치가 미세할수록 눈에 이미지가 선명하게 반사되고 광택이 높아진다(아래).

16장 | 마감 완성하기

이다. 이런 생각은 대개 잘못된 것이다. 이해할 사항은 별로 많지 않고, 연마 방법의 수만큼 복잡할 뿐이다. 만약 지금까지 마감면 연마를 해 보지 않았다면 간단히 스틸울로 연마해볼 것을 추천한다(228쪽 '스틸울로 연마하기' 참조). 아마도 마감 과정의 결점을 숨기고 저광의 결과물을 얻을 것이다. 다음으로 스틸울을 사용하기 전에 마감면을 샌딩하여 평평하게 만들어 본다. 이렇게 하면 마감 과정의 결점을 제거하고 저광의 결과물을 얻을 것이다. 이 단계로부터 더 원할 경우에 거칠거나 미세한 광택제로 광택을 올리거나 내려 볼 수도 있다(232쪽 '마감면 평잡기와 연마하기' 참조). 다양한 광택제를 사용해서 마감을 다 갈아낼 때까지 얼마든지 연마할 수 있다.

마감면 노출하기

물론 연마 중에 마감제를 완전히 갈아내어 마감면이 노출되는 것을 두려워할 수도 있다. 이것은 숙련자에게도 항상 발생할 수 있는 위험이다. 이것을 피하려면 얼마나 많은 횟수의 마감을 해야 하는지 알려주고 싶지만, 변수가 너무 많다. 이런 변수는 사용하는 목재의 종류, 반죽형 목재 메꿈제를 이용한 메꿈 여부 또는 연마 전에 평잡기용 샌딩 여부 등을 포함한다. 또한 모든 사용자가 샌딩과 연마를 다르게 하고 마감제를 각자의 방식으로 처리하며 마감제 자체도 조금씩 다르게 도막이 형성된다(126쪽 '고형분 함량과 도막 두께' 참조). 합판에 샌딩을 하거나, 이전의 사포 자국으로 인해 생긴 목재의 거친 부분을 샌딩해서 부드럽게 하는 것처럼 감각적으로 느껴야 하는 문제이다.

사포로 평잡지 않고 단순히 연마만으로는 목재가 드러날 정도로 마감면을 많이 깎아낼 수는 없고, 최악의 경우는 모서리 부분을 갈아내는 것이다. 모서리 샌딩을 의도적으로 약하게 하고 모서리 면에 한두 번 더 마감제를 올린다면, 모서리 부분 마감제를 완전히 갈아내는 것을 방지할 수 있다.

샌딩으로 평을 잡을 경우, 꽤 많은 마감제를 갈아낼 수 있다. 만약 샌딩을 이용한 평잡기 또는 마감면을 연마해보지 않았다면, 평소와 동일한 방법으로 마감한 합판을 이용해서 미리 연습해 보기를 권한다. 4, 5회 정도 더 칠한 다음 본 장에 설명된 몇 가지 방법을 이용해서 사포로 마감면 평잡기와 마감면 연마를 시도한다. 아래 목재가 드러날 때까지 마감면을 모두 갈아내는 데 얼마나 걸리는지 확인해 보면 느낌이 금방 올 것이다.

항상 마감면을 연마할 필요는 없다. 하지만 연마한다면 언제나 더 좋은 결과를 얻을 것이다(사진 16-2).

마감면 연마 시 중요한 몇 가지 요인

마감면을 갈아내는 것 이외에도 연마 작업을 통해 얻을 수 있는 결과는 다음과 같은 몇 가지 요인에 의해 영향받는다.
- 연마하고자 하는 마감제의 종류
- 마감제의 경화 정도
- 작업에 사용하는 연마재의 종류
- 작업에 사용하는 연마용 윤활제의 종류
- 연마 절차
- 연마 후 먼지 제거
- 최종적으로 왁스 바르기 또는 광내기 작업

연마하고자 하는 마감제의 종류

단단하고 취성이 강한 마감제는 질긴 마감제보다 매끄러운 광택을 내기 쉽다. 왜냐하면 단단한 마감제는 문지르면 깨끗하고 날카로운 스크래치 패턴을 만들기 때문이다. 질긴 마감제는 스크래치 패턴을 만들기 어렵고, 긁힌 자국은 부드럽거나 깨끗하지 않고 울퉁불퉁하다. 증발형 마감제인

> **팁** 경화되지 않은 마감면에 먼지가 쌓이는 문제가 있다면 연마의 첫 번째 단계에서 사포로 마감면을 연마한다. 그러면 먼지가 내려앉는 것을 크게 걱정하지 않아도 된다.

셸락과 래커는 연마하기에 가장 좋다(예를 들어 연마해서 광을 낸 가장 비싼 식탁은 대개 래커로 마감된다). 반응형 마감제(폴리우레탄 포함)와 2액형 마감제는 광택이 고르게 나도록 연마하기가 더 어렵다. 수성 마감제 역시 어렵다. 물론 이런 마감제를 연마할 수는 있지만, 결과는 별로 좋지 않을 것이다.

물론 특정 마감제가 제조되는 방식에 따라 각각의 마감제 종류 안에서도 약간씩의 차이가 있음을 명심해야 한다. 바니시 마감제를 연마에 좋게 만들 수도 있고, 래커 마감제를 연마에 불리하게 제조할 수도 있다(8장 '도막 형성 마감제 입문'과 마감제에 관한 장을 참조).

마감제의 경화 정도

마감제는 경화됨에 따라 액체에서 고체로 변한다. 이 두 가지 상태 사이에서 마감제는 다양한 경도의 단계를 거친다. 마감이 충분히 경화되기 전에 연마를 시도하면 스크래치 패턴이 불균일해지고, 마감이 계속 경화되면서 스크래치 자국이 사라질 수 있다. 이 때문에 얼룩덜룩한 자국이 생길 수 있다. 또한 마감

> **팁** 시각적인 느낌을 개선하기 위해서 테이블 상판을 저광으로 연마하되, 테이블 다리나 의자 연마에 들어가는 수고를 아끼려면 테이블 상판을 유광 마감(연마하는 동안 자국을 쉽게 볼 수 있도록 가장 선명한 것으로)하고 다른 모든 부분은 저광 처리한다. 테이블 상판을 문지르고 다른 모든 것은 그대로 둔다. 두 부분이 균형 잡힌 느낌으로 녹아들 것이다.

사진 16-2 도막형 마감은 목재 표면에 플라스틱층을 만드는 것이다. 마감층이 충분히 두껍기만 하면 마감면 평잡기 샌딩을 통해 사실상 모든 결점을 제거할 수 있으며 원하는 광택이 날 때까지 더 고운 연마재로 연마하면 된다. 나는 여기에 래커를 두껍게 바르고 경화되도록 두었다. 그리고 헝겊으로 문지른 후, 경화시켜 여러분이 경험할 수 있는 것보다 더 심한 흠집을 만들었다. 마지막으로 오른쪽을 샌딩해서 로튼스톤 정도의 거칠기로 연마했다. 오른쪽 표면은 이제 완벽하게 평평하며 광택이 완전히 고르게 난다. 도막 형성 마감제로 마감한 경우, 거의 모든 마감 결함을 보수할 수 있다.

> **메모** 세 가지 종류의 연마재 거칠기를 바로 비교하기는 쉽지 않다. 심지어 같은 종류의 연마재 그룹 내에서도 거칠기를 비교하기가 어려운 경우도 있다. 사포의 경우는 제조사와 관계없이 표준화가 잘되어 있다. 스틸울의 경우에도 그럭저럭 표준화되어 있지만 광택제에 관해서는 전혀 표준화된 사항 없이 뒤죽박죽이다. 나의 경험으로는 #0000 스틸울, 부석(浮石, Pumice), 그리고 입도 600번~1000번 사포가 연마 후에 비슷한 정도의 광택을 낸다.

제는 경화되면서 수축되기 때문에 작업자가 메꾸고 평잡은 마감면의 관공이 다시 열려서 점박이 같은 마감면이 될 수 있다(7장 '눈메꿈' 참조).

연마하기 전에 얼마나 오래 경화시켜야 하는지에 대한 정답은 없지만, 오래 경화시킬수록 더 좋다. 모든 용제 기반 마감에 대해 마른 후, 마감면에 코를 대고 냄새를 한번 맡아보면 마감면이 연마할 만큼 준비가 되었음을 알 수 있다. 용제 냄새가 난다면, 경화될 시간이 더 필요하다. 아직 마감제가 경화 진행 중이라서 여전히 수축되고 있다.

연마재의 선택

마감면을 연마하기 위해서는 세 종류의 연마재가 있다.

- 사포
- 스틸울(합성 스틸울 포함)
- 광택제

사포는 마감면을 미세하게 갈아내어 오렌지 껍질처럼 오돌토돌한 자국, 붓 자국, 들러붙은 먼지 등의 결점을 제거하는 데 사용된다. 작업 시 사포를 손으로 쥐거나 평평한 고무판, 코르크, 펠트 블록 등에 대고 사용할 수 있다. 블록을 사용한다면 훨씬 더 평평한 면을 만들어 낼 수 있다. 나는 코르크나 펠트 블록이 더 부드럽기 때문에 자주 사용한다(2장 그림 2-3 내가 사용하는 샌딩 블록 그림을 참조). 건식 윤활 사포 또는 액상 윤활유와 함께 사용하는 습·건식 방수 사포는 먼지가 잘 끼지 않기 때문에 마감면 샌딩에 가장 적합하다(30쪽 '사포' 참조). 건식 윤활 사포는 입도 600번까지 판매되며, 습·건식 방수사포는 입도 2500번까지 구할 수 있다.

물론 마감제가 완전히 경화되지 않았다면, 위 두 가지 사포에도 먼지가 낄 수 있다. 갈려 나온 마감제 먼지는 **콘**(Corn)이라고 불리는 작은 입자가 되어 사포에 들러붙는다(사진 16-3). 작업자는 자주 사포를 체크하고 무딘 스크래퍼를 이용해서 마감제 먼지 콘을 제거하던지, 새 사포로 교환해야 한다. 그러지 않으면 이런 콘은 마감면에 눈에 보이는 스크래치를 남기므로 또다시 제거해야 할 것이다. 사포를 사용할 때는 표준화된 입도를 가진 사포를 사용하는 것에 매우 주의해야 한다. 현재 많은 제조사가 높은 입도에서 전형적인 북미 사포기준과는 입도 차이가 있는 유럽 기준 'P' 등급의 사포를 판매하고 있다(30쪽 '사포' 참조).

스틸울은 먼지 끼임, 즉 콘 발생 없이 고른 저광의 마무리를 가능하게 한다. 천연 스틸울 또는 합성 스틸울('짜임이 없는' 섬유)을 다양한 입도 범위에 대해서 구할 수 있다(227쪽 '합성 스틸울' 참조). 가장 고운 전형적인 스틸울의 입도는 #0000이다. 마감면을 연마할 때는 이것이나 #000 입도를 사용하면 된다. 둘 다 저광 마감을 만들어 낸다.

광택제는 반죽이나 액체에 부유하는 매우 미세한 연마제 가루이다. 이 가루는 가장 높은 입도의 스틸울보다 항상 미세하기 때문에 대개 #0000 스틸울보다 높은 광택을 만들어 낸다. 광택제(Rubbing compounds)는 브랜드 간 거친 정도를 비교하기 어려운 경우가 많으므로 점차 높은 광택으로 연마하기 위해서는 동일 브랜드의 광택제를 사용하는 것이 좋다(사진 16-4).

부석(매우 단단함, 곱게 갈려진 용암)과 로튼스톤(매우 부드러움, 곱게 갈린 석회암)을 물이나 미네랄 오일에 적절하게 섞는다면, 직접 만들 수 있는 매우 저렴한 연마용 가루가 된다. 물

사진 16-3 사포에 먼지가 끼거나 '콘'이 형성된 사포는 마감을 손상시킨다. 콘이 생기기 시작하면 사포를 교환한다.

에 섞으면 광택제는 마감면을 더 빨리 갈아내어 광이 덜 나게 된다. 오일이 윤활유 역할을 더 잘해서 마감면의 광도는 더 증가한다. 만약 오일의 점성이 높아 연마가 잘 되지 않으면, 미네랄 스피릿을 섞거나 미네랄 스피릿 단독으로 사용해 보라.

마감면 위에 광택제 가루를 조금 놓고 물이나 오일을 조금 섞어 연마 반죽을 바로 만들 수 있다. 가루와 윤활유의 비율은 일정하지 않아도 된다. 대신 부석이나 로튼스톤 파우더를 물이나 오일과 섞어 플라스틱 용기에 넣은 다음 짜서 사용해도 된다 (사진 16-5).

부석이나 로튼스톤은 "나는 부석과 로튼스톤으로 마감면을 연마했다."라는 관용적 표현처럼 종종 함께 사용된다. 사실 그 둘은 함께 잘 작용하지는 않는다. 부석은 #0000 스틸울, 입도 600번 사포 정도여서 저광 정도의 마감을 제공한다. 로튼스톤은 훨씬 미세하기 때문에 더 반짝이는 마감을 얻을 수 있다. 상대적인 연마의 정도가 너무 커서 둘을 동시에 성공적으로 사용할 수는 없다. 아마 부석으로 인한 상대적인 깊은 스크래치를 없애기 위해 꽤 많은 노력을 해야 할 것이다.

따라서 로튼스톤으로 마감하기 위해서는 먼저 1500번

합성 스틸울

합성 스틸울은 연마제로 코팅된 '부직포' 형태의 나일론 섬유이다. 가장 쉽게 구할 수 있는 브랜드는 3M사의 스카치 브라이트(Scotch-Brite)와 노튼사의 베어 텍스(Bear-Tex)이다. 스틸울의 연마 능력은 섬유 자체에 있는 것이 아니라 섬유에 코팅된 연마제 때문이다. 이 연마제가 닳게 되면 스틸울은 더 이상 제 기능을 발휘하지 못한다. 이런 측면에서 합성 스틸울은 전통적인 스틸울보다는 사포에 가깝다. 스틸울에 사용되는 섬유 패드는 연마제의 입도에 따라 색상별로 구분된다. 일반 소비재 시장에서 회색은 대략 #000 스틸울이고, 녹색은 대략 #00 스틸울, 그리고 밤색은 대략 #0 스틸울이다.

마감면을 연마하거나, 마감 사이사이를 연마할 때는 전통적인 스틸울 대신에 합성 스틸울로 대체할 수 있다. 수성 마감제 사용 후, 다른 마감을 할 가능성이 있을 때는 반드시 합성 스틸울을 사용해야 한다. 전형적인 스틸울에서 떨어진 아주 작은 쇳조각이라도 관공이나 크랙 사이에 끼어들면 녹슬게 되므로 다음 마감 시에 검은 점으로 보일 것이다. 그 외의 경우에 전통적인 스틸울은 합성 스틸울에 비해 주요한 단점(먼지 끝을 자르는 대신에 둥글게 갈고)과 장점(먼지에 의한 막힘 감소)을 동시에 가지고 있다.

사진 16-4 광택제는 세 가지 형태가 있다. 작업자가 기름이나 물과 혼합할 수 있는 부석과 로튼스톤 파우더(왼쪽), 이미 윤활유에 혼합된 목재용 합성 연마 파우더(가운데), 자동차, 목재용 고속 연마를 위해 제조된 액상의 합성 연마 파우더(오른쪽)이다. 세 번째 형태의 제품을 도막착색제라고 부르기도 하지만, 목재 착색에 사용되는 도막착색제와는 전혀 관련이 없다.

스틸울로 연마하기

어떤 종류로 마감을 했건 스틸울을 이용해서 부드럽게 만들 수 있으며 일정한 마감 광택을 얻을 수 있다. 이때는 #000 또는 #0000 스틸울을 사용해야 한다(스카치 브라이트라 불리는 합성 스틸울을 사용해도 된다). 스틸울은 대부분 마감면의 광택을 낮추는 데 쓰이나 이미 많은 양의 소광제가 첨가된 마감면의 광도를 올릴 수도 있다(128쪽 '소광제로 광택 조절하기' 참조). 다음에 적용 방법이 나와 있다.

❶ 마감제가 충분히 경화하도록 최소 며칠의 시간을 준다. 몇 주 정도면 더 좋다.
❷ 반사광을 이용해서 마감 과정에 발생하는 상태를 제대로 볼 수 있도록 주위를 정돈한다.
❸ 평평한 면에서는 나뭇결을 따라 한 손 또는 양손을 이용해서 적당한 압력으로 길게 문지른다. 전체 면에 대해 일정한 압력을 가하고 매번 문지를 때, 80~90%의 면적이 겹치도록 한다. 모서리를 연마할 때, 특히 마감을 모두 갈아내서 목재가 드러나지 않도록 주의한다. 모서리를 갈지 않으려면 모서리 가까이에서 짧게 먼저 문지른다. 그다음 아래 왼쪽 그림처럼 전체 면을 길게 문지르되, 모서리 바로 앞에서 멈춘다.

목리가 수직으로 연결된 프레임에서는 마구리면이 감춰진 판재를 먼저 연마하고, 마구리면이 노출된 판재를 나중에 연마해서 마구리면이 감춰진 판재 연마로 인해 생긴 스크래치를 제거할 수 있도록 한다(아래 오른쪽 그림). 연귀 접합된 판재의 경우, 접합 부위 바로 앞에서 멈추거나, 마스킹 테이프로 다른 쪽 판재를 보호할 수 있다(다음 쪽 그림). 목선반 제품들은 선반을 샌딩하듯, 축을 중심으로 돌아가며 문지른다.

❹ 조심스럽게 먼지를 닦는다. 진공청소기나 컴프레서를 이용해서 먼지를 날리고 손으로 나뭇결 방향으로 가볍게 쓸어내려 먼지가 없는 것을 확인하는 것이 가장 좋다. 송진포 또는 미네랄 스피릿에 적신 면포로 나뭇결에 따라 가볍게 닦는다. 목리에 수직인 방향으로 문지르면 눈에 띄는 스크래치를 남길 수 있다.
❺ 만약 마감된 결과물이 마음에 들지 않으면, 문제점이 무엇인지를 파악하고(예를 들어 불완전한 연마, 균일하지 못한 힘으로 인한 불규칙한 스크래치) 해결하기 위해 다시 연마를 진행한다.
❻ 마감면을 연마한 경우, 해당 부위에 마감제 처리를 더 하거나, 전체 면을 다시 마감한다. 그다음 마감제가 경화된 후에 다시 연마한다. 착색된 면을 연마한다면, 마감면을 손상시키지 않는 동일한 착색제를 더 칠한다. 손상된 크기가 1 in.를 넘을 경우, 성공적으로 감추지 못할 수도 있다. 위의 연마 과정을 다음 순서로 진행할 수 있다.

- 스틸울로 연마하기 전에 표면을 사포로 가볍게 문질러 튀어나온 먼지 등을 제거한다.
- 스틸울과 함께 윤활유를 사용한다(229쪽 '윤활유의 선택' 참조). 단 윤활유는 마감면을 갈아내서 목재가 드러나도 표시가 잘 나지 않는다. 그러므로 윤활유 없이도 몇 번 연습한다.
- 스틸울 대신에 시판되는 광택제 또는 부석을 사용해보고 연마 패드를 사용한다(39쪽 '연마 패드 만들기' 참조).

모서리 가까이에서 4~6 in. 길이로 짧게 먼저 연마한다.

그다음 겹치면서 길게 연마한다.

모서리를 갈지 않기 위해서는 모서리 가까이에서 4~6 in. 길이로 짧게 먼저 연마한다. 그다음 전체 면을 길게 연마하되, 모서리 바로 앞에서 멈춘다.

마구리면이 감춰진 판재를 먼저 연마한다.

그다음 마구리면이 노출된 판재를 연마한다.

나뭇결과 스크래치를 일치시키기 위해서 나뭇결이 수직으로 연결된 프레임에서는 마구리면이 감춰진 판재를 먼저 연마하고, 마구리면이 노출된 판재를 나중에 연마한다. 마구리면이 감춰진 판재 연마로 인해 생긴 마구리면이 노출된 판재에 생긴 목리에 수직인 스크래치를 제거한다.

- 연마하지 않은 면은 저광 마감으로 연마한 것처럼 보이게 한다.
- 반죽형 왁스 또는 실리콘 가구 광택제를 도포해서 광택을 조금 올리고 표면에 흠집이 생기지 않도록 보호한다(107쪽 '반죽형 왁스 바르기', 270쪽 '액상 가구 광택제 바르기' 참조).

> **팁** 손이 닿기 어려운 조각이나 목선반 작업물, 그리고 몰딩 등은 부석 파우더를 구둣솔에 묻혀 문지르면 광을 낮출 수 있다. 부석은 마감면을 연마해 저광을 내게 한다.

사진 16-5 플라스틱 병은 부석이나 로튼스톤 연마제를 넣고 이를 짜서 사용하는 데 매우 유용하다. 보통 1 in. 정도의 높이로 가루를 용기에 채우고 위에 $1/3$의 미네랄 오일과 $2/3$의 미네랄 스피릿을 넣어 가득 채운다. 사용하기 전에 용기를 잘 흔든다.

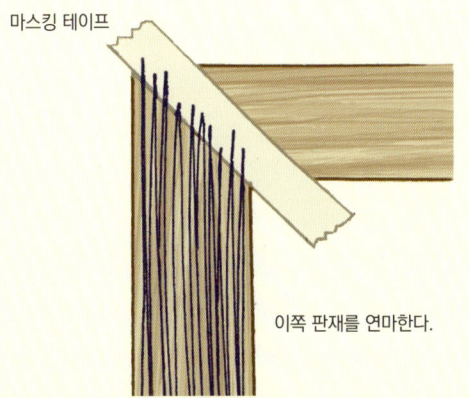

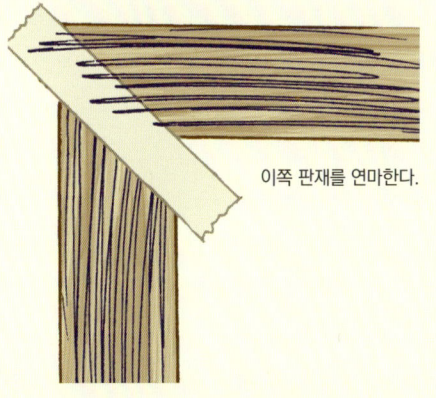

연귀 접합된 부위의 연마 자국을 없애기 위해서는 마스킹 테이프를 이용해서 번갈아 가며 각각의 판재를 보호할 수 있다.

또는 2000번으로 사포 마감을 한 다음 곧바로 로튼스톤을 사용해야 한다. 이는 다시 말하면 부석을 아예 사용하지 않는 것이 좋다는 뜻이다.

자동차 튜닝 상점에 가면 가장 많은 종류의 광택제를 구할 수 있다. 이 중 일부를 목공 카탈로그나 관련 상점에서 구할 수 있다. 철물점, 페인트 상점에는 별로 구비되어 있지 않다.

윤활유의 선택

윤활유는 사포와 스틸울 사용 시에 먼지 뭉침을 방지하고 사포 또는 갈려진 조각들이 부유하게 해줌으로써 연마재의 효과적인 기능을 돕는다.

윤활유는 또한 먼지와 스틸울 가루가 공기 중에 퍼지지 않게 잡아주므로 작업자가 흡입하지 않게 하며, 일부 윤활유는 스크래치의 크기를 줄여준다. 연마 마감에는 다음처럼 네 종류의 윤활유가 있다.

- 미네랄 스피릿, 나프타
- 액상 또는 반죽형 왁스
- 오일
- 물 또는 비눗물

추가하자면 석유 증류분으로 만든 미네랄 스피릿보다 더 증발이 느린 상업적 연마용 윤활유도 있다.

이런 각각의 윤활유는 효과적이며 사용자마다 선호하는 것이 다르다. 윤활유를 사용하기 위해서는 마감면을 충분히 적시고, 연마하는 동안에는 계속 젖어 있게 해야 한다. 미네랄 스피릿이 나프타보다는 천천히 증발하기 때문에 둘 중에서는 더 나은 선택이 될 수 있다. 미네랄 스피릿은 연마를 빠르게 하며 마감제 먼지가 거의 뭉치지 않게 한다. 액상, 반죽형 왁스, 그리고 미네랄 오일과 식물성 오일 같은 경화하지 않는 오일을 사용하면 거의 완벽하게 마감제 먼지가 뭉치지 않지만, 마감 작업이 상당히 느려진다. 작업자 스스로 미네랄 스피릿과 왁스 또는 오일을 섞어 위 특성들을 조절할 수 있다.

비눗물은 스틸울과는 효과적으로 사용할 수 있지만, 사포에 먼지가 뭉치는 것을 막지는 못한다. 물을 사용하는 경우, 비누 포함 여부와 관계없이 각각의 문제점이 있다. 만약 마감면을 갈아내어 목재가 노출된다면 물 때문에 목재의 거스러미가 올라올 수 있는데, 마감 단계에서 처리하기가 아주 곤란하다. 만약 수성 마감제를 한 번 더 사용하는 경우 이외에는 녹 걱정을 하지 않아도 되는데, 수성 마감제를 사용할 경우는 마감면을 깨끗이 청소해야 한다. 일부 제조사는 반죽형 비누를 '울 왁스', '울 윤활유', '머피의 오일 비누' 등의 이름으로 판매한다. 위의 모든 제품은 왁스나 오일과 관련이 없으며 사용된 '울'의 의미는 그것이 스틸울용 윤활유라는 것이다 (231쪽 '연마용 윤활유 비교' 참조).

위 모든 윤활유는 스틸울에 의한 연마를 조금 감소시키며 숨 쉬는 공기 중에 먼지가 분산되는 것을 막아준다. 하지만 윤활유 때문에 마감면이 갈려 나가는 것을 인지하기 어려우며 윤활유가 모두 증발한 다음에야 알 수 있다. 아마 그때쯤이면 마감면에 상당한 손상이 발생했을 것이다. 또한 윤활유 때문에 마감면의 광택을 보기가 힘들어서 작업 중에는 어느 정도인지를 확인할 수 없다.

사포 마감에는 먼지가 뭉치는 현상을 막기 위해 윤활유 사용을 권하지만, 스틸울을 사용할 경우는 윤활유 없이 몇 번 마감해 본 후에 윤활유를 함께 사용할 것을 추천한다. 그렇게 하면 마감면을 갈아내지 않고 연마하는 느낌과 연마하는 효과를 정확히 느낄 수 있다.

연마 절차

연마의 절차에는 다음과 같은 두 가지의 처리방식과 순서가 있다.

- 스틸울이나 연마제로 연마하기 전에 사포로 미리 마감면 평을 잡는다.
- 마감면 평잡기 과정을 생략하고 스틸울이나 연마제로 곧바로 연마한다.

마감면 평잡기 과정을 생략하면 오렌지 껍질처럼 오돌토돌한 자국, 붓 자국, 내려앉은 먼지 등의 결점이 제거되지 않는데, 이들은 모두 반사광에 의해 눈에 띈다. 사포로 마감면 평을 잡으면 이런 결점을 제거할 수 있다. 하지만 마감면 평잡기 작업은 추가적인 시간이 필요하고 또한 항상 필요한 것은 아니다. 완벽을 추구하는 것이 아니라면 마감면 평잡기 과정을 생략하고 단순히 스틸울로 바로 연마한다. 이렇게 만들어진 저광은 큰 결함을 제외한 사소한 결점은 모두 감출 수 있다. 또한 휘거나, 선삭 가공품, 몰딩 또는 조각된 부위, 의자, 식탁 다리 등은 평잡기 과정을 생략할 수 있다.

마감이 수평인지에 대해서 판단할 만한 충분한 경험이 없다면, 먼저 스틸울로 연마한다. 마감면이 만족할 만큼 고르지 않다면 평잡기부터 다시 시작한다.

마감면 평잡기를 위해 샌딩을 많이 해야 하는 경우, 가

> **주의** 미네랄 스피릿과 나프타는 수성 마감제를 약화시켜서 균일한 광택을 얻는 데 방해될 수도 있으니 수성 마감제가 도포된 면은 오일, 비눗물로 연마한다. 아직 나는 한 번도 경험해 본 적이 없지만, 미네랄 스피릿과 나프타는 래커, 바니시가 완전 경화되지 않을 때 영향을 줄 수 있다. 마감면이 약화되면 균일한 광택이 나지 않는다.

연마용 윤활유 비교

연마용 윤활유는 기름 또는 왁스 성분이 많을수록 윤활유 작용을 잘하며 스크래치를 감소시키고 사포에 먼지가 뭉치는 것을 방지한다. 연마용 윤활유가 기름 또는 왁스 성분이 적다면 연마작용이 더 빨리 일어나게 된다.

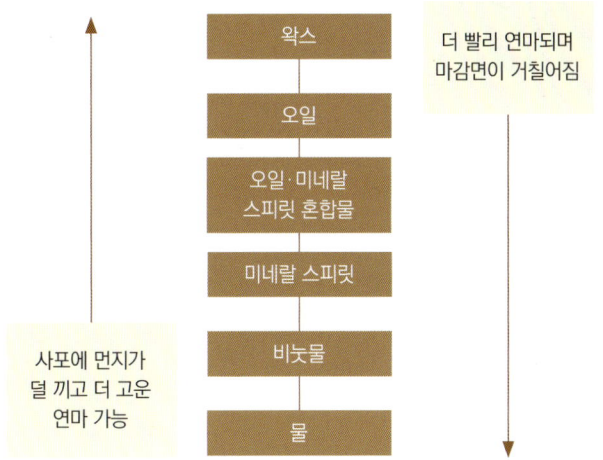

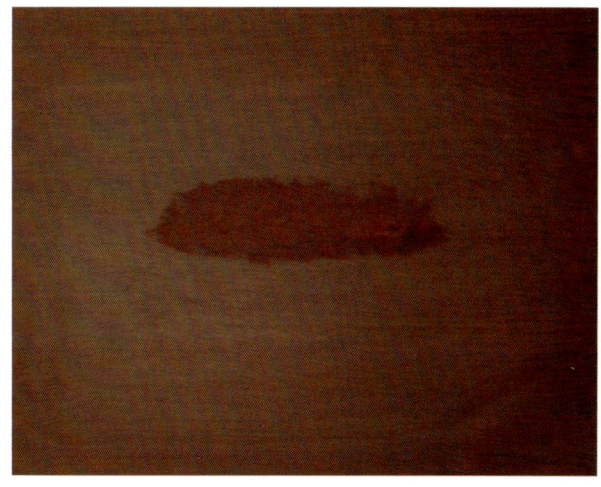

사진 16-6 바니시(폴리우레탄 포함), 그리고 수성 마감제와 같은 일부 마감제를 심한 샌딩으로 갈아내면, 아래 마감층의 '유령'이 보일 수 있다. 이것을 레이어링 또는 고스팅이라고 한다. 여기서 여러 마감층을 계속 갈아내어 아래쪽 중앙에 있는 목재까지 도달한다. #0000 스틸울로 연마해 고스팅을 감추거나, 다른 마감제를 도포하고 완전히 갈아내면 안 된다.

장 위층 마감면을 갈아내고 아래 마감면을 노출시킬 위험이 있다 (사진 16-6). 이때 두 개의 마감면을 분리하는 분명한 선을 볼 수 있다. 이 현상을 레이어링(Layering) 또는 고스팅(Ghosting)이라고 부른다 (아래 마감층의 유령을 볼 수 있다). 증발형 마감제에서는 거의 발생하지 않는데, 이유는 서로 녹아들어가서 한 개 층을 이루기 때문이다. 대개 바니시와 폴리우레탄 마감면 사이에 주로 발생하고, 수성 마감제 코팅 사이에서도 발생한다.

#0000 스틸울과 같은 거칠기를 가진 연마재로 문질러서 레이어링을 감출 수 있다. 이 방법으로 해결이 안 되거나, 광택이 더 높은 마감을 원하면 마감제를 한 층 더 도포해야 한다. 레이어링이 다시 발생하는 것을 막으려면 미리 마감면 평을 잡아서 추가적인 마감제 도포 후 샌딩을 많이 할 필요가 없도록 해야 한다.

만약 스크래치가 쉽게 보이지 않는 마감면과 최대로 평평한 마감면을 원한다면, 마지막 앞 마감면을 잘 샌딩한다. 그런 다음 마지막 마감을 최대한 균일하고 부드럽게 도포하면 평평해질 것이다.

마감면 청소하기

여러 단계에 걸쳐 마감면 연마를 한다면 매번 깨끗이 청소해야 한다. 그 이유는 목재를 샌딩하는 것과 동일하다. 거친 입도의 사포에서 만들어진 먼지 부스러기는 다음 단계 미세한 사포보다 마감면에 더 큰 스크래치를 만들 수 있다.

연마를 마치면 마감면에 먼지, 슬러지가 있을 것이다. 진공청소기나 컴프레서를 이용해서 이를 제거해야 한다. 아니면 나뭇결을 따라 송진포 또는 미네랄 스피릿을 적신 면포로 닦는다. 목리 방향으로 닦아야 미세한 스크래치를 피할 수 있다. 윤활유를 사용한 다음 남은 슬러지가 있다면 연마 후 빠르게 씻어낸다 (미네랄 스피릿, 오일 또는 왁스로 만든 슬러지에는 나프타. 또는 미네랄 스피릿을 사용하고 물로 만든 슬러지는 물을 사용한다). 스크래치, 관공, 오목한 곳에 남아 있는 슬러지는 불투명하게 건조되어 평평한 표면에 얼룩이 생기거나 오목한 곳에서는 다른 색상처럼 보인다. 좁고 오목한 곳에서 슬러지를 제거하기 위해서는 칫솔을 사용한다.

오목한 곳에서 슬러지가 건조되어 색상조절에 어려움이 있다면, 연마 전 광택제에 진한 안료를 첨가한다.

마감면 평잡기와 연마하기

평평한 면에서의 샌딩은 사포블록을 이용한다. 윤활유는 여유롭게 사용한다.

> **팁** 마감면은 나뭇결과는 달리 방향성이 없기에 최종 연마까지 연마 방향은 중요하지 않다. 거친 사포 자국을 미세한 샌딩으로 제거할 것이다. 따라서 더 미세한 사포로 바꿀 때마다 다른 방향으로 샌딩 또는 연마하는 것이 더 유리하다. 이렇게 하면 충분히 샌딩이나 연마를 했는지 명확히 알 수 있다. 직선으로 샌딩 또는 연마해도 되지만 원형으로 샌딩 또는 연마하는 것이 더 쉽다.

연마재로 마감된 면을 연마하면, 내려앉은 먼지, 붓 자국, 오렌지 껍질처럼 오돌토돌한 자국 등의 결점을 부드럽게 하거나 둥글게 갈아낼 수 있다. 결점을 제거하려면, 평면에서 샌딩 블록으로 없애야 한다. 마감면을 샌딩하는 것은 목재를 샌딩하는 것과 동일하다. 단지 입도 320번 이상의 고운 사포를 써야 한다는 것과 먼지가 사포에 끼어 마감면이 손상되는 것을 방지하기 위해 윤활유를 사용해야 한다. 만약 한 번도 마감면 평잡기와 연마를 해보지 않았다면, 우선 샘플 테스트를 해보라(224쪽 '마감면 노출하기' 참조). 아마 결과에 매우 만족할 것이다. 이것은 마감면을 조절하는 능력에 대해 스스로 자신감을 갖게 해 줄 것이다. 다음은 절차에 대한 설명이다.

1. 마감제가 충분히 경화할 최소한 며칠의 시간을 준다. 몇 주가 되면 더 좋다.
2. 반사광을 이용해서 마감 과정에 일어나는 일들을 제대로 볼 수 있도록 주위를 정돈한다.
3. 샌딩으로 발생하는 스크래치를 제거하기 위한 추가 샌딩을 최소화할 수 있는 입도의 사포를 선택한다. 대부분의 경우 입도 400번, 600번 사포가 적당하다.
4. 만약 마감면이 평평하다면, 사포를 코르크, 펠트, 고무 블록으로 평평하게 받쳐 준다(위쪽 사진). 그렇지 않으면 손으로 사포를 받친다. 두 경우 모두 미네랄 스피릿, 액상 또는 반죽형 왁스, 오일, 비눗물로 충분히 샌딩 과정을 윤활한다(229쪽 '윤활유의 선택' 참조). 면적이 넓은 경우에는 조금씩 나눠 작업한다.

관공으로 인해 생긴 홈을 제거하는 과정을 확인하는 빠른 방법은 플라스틱판으로 표면 일부에 있는 연마 슬러지를 긁어내는 방법이 있다. 광택 마감을 사용한 경우, 표면에 있는 연마된 평면과는 대조적으로 남아있는 모든 홈이 선명하게 나타난다.

❺ 사포를 자주 확인해 먼지가 끼지 않는지 확인한다. 뭉친 먼지는 제거하거나, 새 사포로 교환한다.

❻ 항상 마감면 먼지를 제거하고 건조해가면서 광택이 일정한지 확인한다. 빠른 확인을 위해서는 플라스틱판 또는 고무 롤러로 좁은 면적의 먼지 등을 밀어서 확인한다(위쪽 사진). 만약 가장 많이 추천받는 유광 마감제를 사용했다면 남은 얼룩이 모두 반짝이는 반점으로 부각될 것이다. 이 모든 것이 제거될 때까지 샌딩을 계속한다. 만약 더 효과적이라고 생각된다면 더 거친 사포를 이용한다. 또 약간의 얼룩을 남기기로 결정했다면 스틸울, 부석으로 연마하는 것이 표면에 남은 얼룩을 무디게 하는 데 효과적이다.

❼ 모든 반짝이는 점이 없어지면 마감면의 모든 먼지를 제거한다.

❽ 이 시점에서 마감면 평잡기가 완성되었으니 이제는 원하는 광택도를 내기 위한 연마만이 필요하다. 일반적으로 사용하고자 하는 특정 광택제의 입도에 가까운 거칠기를 가진 사포를 사용하는 것이 가장 효율적이다(광택제는 입도가 사포와 비슷해도 더 균일한 광택도를 제공한다). 만약 입도 600번 사포로 마감면이 연마되었고 #0000 스틸울이나 부석을 사용하고자 한다면 바로 진행하면 된다(226~227쪽 '연마재의 선택' 중에서 '스틸울', '광택제' 참조). 하지만 마감면을 고광택으로 만들고 싶다면 광택제의 입도와 가까운 더 고운 사포를 쓰는 것이 좋다.

❾ 마감면의 미세한 마감 자국을 없애고, 원치 않는 스크래치로부터 마감면을 보호하기 위해서는 반죽형 왁스, 실리콘 가구 광택제를 도포하는 것이 좋다(18장 '마감 관리하기' 참조).

> **주의** 고광택을 얻기 위해서는 청결 상태가 매우 중요하다. 연마 패드 아래에 박힌 먼지나 큰 먼지는 마감면을 긁기 때문에 한두 단계 전의 거친 연마를 다시 해야 할 수도 있다.

16장 | 마감 완성하기

> **팁** 마감면에 붙은 먼지가 크지 않을 경우, 갈색 종이 봉지로 가볍게 문질러 제거할 수 있다. 종이는 먼지 끝을 매끄럽게 하기에는 충분하지만 세게 문지르지 않는 이상은 광택을 바꿀 정도는 아니다. 표면이 더 부드럽게 느껴질 것이다. 이 '갈색 종이 봉지 기법'은 반사광에 비쳐 보이는 모든 작은 결점을 완전히 제거하지 못할 수도 있다.

왁스 바르기와 광택 내기

마모를 줄이기 위해 반죽형 왁스나 실리콘 가구 광택제를 연마된 마감면에 바르는 것은 항상 좋다. 연마해서 광을 낸 면은 그렇지 않은 마감면보다 스크래치가 훨씬 잘 난다. 왜냐하면 연마로 생긴 굴곡은 쉽게 평평해지기 때문이다.

반죽형 왁스는 가구 광택제보다 보호력이 더 좋은데, 왁스는 증발하지 않기 때문이다. 어두운 색상의 반죽형 왁스는 연마 잔여물을 착색하여 얼룩을 줄이기 때문에 어두운 목재에 유리하게 사용할 수 있다. 가구 광택제는 증발하기 전까지만 효과가 있다. 또한 오목한 곳에 들어간 연마 슬러지를 감추기 위해 진한 색의 반죽형 왁스를 사용할 수 있다 (18장 '마감 관리하기' 참조).

공구연마

목공과 마감 작업, 모두 그렇듯이 연마 작업 또한 공구를 이용하여 보다 효과적으로 진행할 수 있다. 세 가지 유용한 공구가 있다.

- 랜덤-오비탈 샌더(Random-orbit sanders)
- 인라인 패드 샌더(In-line pad sanders)
- 샌더, 광택기(Sander, Polishers)

랜덤 오비탈 샌더

랜덤 오비탈 샌더와 애브럴론 연마 패드를 사용하여 마감면을 연마할 수 있다. 이들은 부드러운 폼 패드에 접합된 실리콘-카바이드 연마제로 구성된다. 사포의 입도는 180번에서 4000번 사이이다. 샌더와 패드로 연마하기 전에 사포로 표면을 평평하게 해야 한다 (사진 16-7).

랜덤 오비탈 샌더로 마감면을 연마하는 것은 목재 샌더를 사용하는 것과 기본적으로 동일하다. 다른 점은 마감면 연마 시에는 윤활유를 사용한다는 것이다. 이미 설명한 모든 윤활유를 사용할 수 있지만(231쪽 '연마용 윤활유 비교' 참조), 특히 전기 샌더와 함께 물이나 미네랄 스피릿을 사용하는 것에 주의한다. 모터가 이중 절연되어 있는지 확인하고 액체가 샌더 하우징에 튀지 않도록 한다.

마감면을 평평하게 한 후 입도 1000번 또는 2000번 애브랄론 패드로 샌딩을 시작한다. 샌더에 힘을 주면 안 된다. 충분한 광택이 나지 않을 경우, 4000번 사포로 진행할 수 있다. 거친 사포가 목재에 자국을 남기듯, 4000번 사포도 작은 자국을 남긴다. 이 자국을 제거하는 쉬운 방법은 샌더의 패드를 떼어내어 목리 방향으로 가볍게 문지르는 것이다. 또는 광택제를 이용할 수 있다.

사진 16-7 애브럴론 연마 패드와 함께 랜덤-오비탈 샌더로 마감면을 연마할 수 있다. 공압 샌더 대신 전기 샌더를 사용할 경우, 윤활유가 샌더 하우징에 튀지 않도록 매우 주의해야 한다.

사진 16-8 평면에서 마감면 평잡기와 연마에 가장 좋은 공구는 인라인 패드 샌더이다. 가장 쓸모가 많은 것은 더블 패드 샌더이다. 위 사진에서 내가 사용하는 것은 소형이다. 대형은 30 lb. 무게에 주로 가구 산업에서 많이 사용된다.

인라인 패드 샌더

가장 좋은 연마 공구는 인라인 패드 샌더(In-Line Pad Sanders)이다(사진 16-8). 이 샌더는 싱글 패드, 미니 더블 패드 또는 대형 식탁이나 회의용 테이블 연마를 위한 산업용 30 lb. 대형 더블 패드 등 여러 사이즈로 구매가 가능하다. 단점은 가격이 비싸고 이것을 사용하기 위해서는 대형 컴프레서가 필요하다는 것이다.

단 기계 조작은 쉽다. 패드는 3등분 된 표준 사포 시트를 수용할 수 있는 크기이다. 따라서 이 기계로 테이블 상판을 평평하게 만들어 사포로 작업하기가 편리하다. 또한 3M과 Norton을 포함한 여러 회사가 매우 우수한 등급의 합성 연마 패드, 다양한 등급의 광택제를 제공하고 있는데, 이 모든 제품은 특히 목재 마감면 연마에 적합하도록 설계되어 있다.

샌더·광택기

광택을 내기 위해 양털 보닛과 자동차용 광택제가 장착된 샌더·광택기(Sander·Polishers)를 사용할 수 있다(사진 16-9). 공구를 계속 움직여서 발생한 열이 마감제를 녹이거나 망치지 않도록 해야 한다. 또한 균열이 생기거나 오목한 곳(또는 구멍)이 없는 완벽하게 평평한 면에서 작업해야 하는데, 이런 결점에 광택제가 끼면 제거하기가 매우 어렵다(231쪽 '마감면 청소하기' 참조).

샌더·광택기는 회오리 패턴으로 매우 가벼운 긁힘을 만들기 때문에 자동차의 마감과 마찬가지로 고광택의 마감에만 사용할 수 있다. 사실 회오리는 반사된 빛에 희미하게 나타나지만, 대개는 거의 표시가 나지 않는 것처럼 보인다.

사진 16-9 샌더·광택기는 마감면 연마를 통해 광택이 나도록 한다. 자동차 광택제를 양털 보닛으로 표면에 문지른다. 패드를 표면 위에 평평하게 잡고 한 곳에서 열이 많이 발생하지 않도록 계속 움직인다. 연마제가 거의 가루가 될 때까지 계속 문지른다.

17장 각기 다른 목재의 마감

- 소나무
- 참나무
- 호두나무
- 마호가니
- 경단풍나무
- 벚나무
- 물푸레, 느릅나무, 밤나무
- 연필향나무
- 연단풍, 미국풍나무, 포플러
- 자작나무
- 유분이 많은 목재들

사진 17-1 마감하지 않은 목재들, 위부터 시계방향으로: 소나무, 참나무, 물푸레, 느릅나무, 밤나무, 호두나무, 마호가니, 경단풍, 자작나무, 벚나무, 연단풍, 미국풍나무, 포플러(사시나무), 연필향나무, 티크, 로즈우드, 코코볼로, 흑단.

마감제를 이해하고 어떻게 적용하는지 아는 것이 전부는 아니다. 목재는 색상, 밀도, 질감이 다양하다. 마감을 결정할 때는 특정 수종의 목재특성을 고려할 필요가 있다 (사진 17-1).

오늘날 사용하는 대부분의 목재는 수백 년 전에 사용했던 것과 같은 것이다.

특정 수종에 대한 최선의 마감법을 선택하기 위한 고민은 어제오늘의 일이 아니다. 이전 세대가 그 문제를 어떻게 해결했는지 살펴봄으로써 많은 것을 배울 수 있을 것이다. 가끔 목재가 어떻게 마감되어야 하는지에 대한 이미지는 그것이 외관상으로 지닌 특정한 스타일로부터 온다. 따라서 당대 걸작의 이미지를 재현하거나 익숙한 효과를 반영하거나 또는 사람들이 기존에 보던 익숙한 이미지와는 다른 방식으로 목재를 표현하는 것을 목표로 할 수도 있다.

다음 설명은 사용할 마감제를 선택할 때와 각기 다른 목재를 마감하면서 직면할 수도 있는 문제에 대한 주요한 고려사항이다. 여기에 제시된 단계별 마감공정은 제안사항일 뿐이며 목재 마감의 다양한 방법을 설명하기 위한 것이다. 각 공정에 사진을 첨부하여 최종적으로 마감이 어떻게 되는지 보여준다. 특정 브랜드의 마감제가 다른 제품보다 훨

사진 17-2 소나무 착색 시 다공질 조재는 조밀한 만재보다 더 많은 착색제를 흡수한다. 이는 목리 형태의 반전을 가져온다. 착색하지 않는 소나무(왼쪽)와 착색한 소나무(오른쪽)와의 비교.

씬 우수하거나, 그들의 대체로 널리 사용될 가치가 있다고 판단되는 경우에는 제품명을 밝혔다. 하지만 대부분의 경우는 사용하는 브랜드와 관련된 동종 제품, 즉 와이핑 착색제, 반죽형 목재 메꿈제, 니트로셀룰로오스 래커와 같은 제품의 각 브랜드 간 차이는 미미하다고 생각된다. 또한 개개의 모든 착색제, 반죽형 목재 메꿈제, 도막착색제, 그리고 다양한 마감제를 모든 목재에 사용할 수 있다는 점을 명심해야 한다. 이는 심미적인 결정이기에 절대적인 규칙이란 없다. 작업자가 선택한 최선과 선호하는 것에 대해 다른 사람들은 동의하지 않을 수도 있다. 누군가 결정한 최선의 선택과 선호하는 제품에 대해서 모든 사람들이 늘 동의하는 것은 아니다.

소나무

소나무(Pine)는 대개 목공 초보자들이 사용하는 첫 번째 목재이다. 구하기 쉽고 상대적으로 저렴하며 기계와 수공구로 가공하기 가장 쉬운 목재 중의 하나이다.

그러나 소나무는 많은 목재 중에서 가장 마감하기 어려운 목재이다. 잣나무와 황소나무류의 조재(춘재)는 연하고 다공성이며 약간 황백색이다. 만재(추재)는 매우 단단하고 조밀하며 오렌지색이다. 그러므로 조재와 만재는 샌딩, 착색, 마감에서 서로 다르게 반응하여 목공 초보자나 숙련자 모두에게 실망을 안겨주는 불균질 외관으로 마감된다.

사포를 손으로만 잡고 소나무를 샌딩하면 연한 조재가 만재보다 더 빨리 갈린다. 그 상태에서 마감하면 파인 부분과 돌출된 부분이 더욱 두드러지게 된다.

액상 착색제를 바르고 여분을 닦아내면 착색제는 다공질의 조재에 깊게 침투하지만 조밀한 만재에는 그 양이 매우 적거나 전혀 침투하지 못한다. 이런 불균일한 착색제 침투는 목리 형태의 역전을 가져온다. 오렌지색 만재는 색상 변화가 없는 반면에 밝은 조재는 상당히 짙게 변한다(사진 17-2).

소나무를 마감할 때, 오일과 오일·바니시 혼합물 또는 와이핑 바니시처럼 상당히 희석된 마감제 같이 두꺼운 도막이 형성되지 않는 마감제는 다공질의 조재로 깊이 스며들지만 조밀한 만재에는 거의 스며들지 못한다. 이는 결과적으로 고르지 못한 광택이 된다. 조재는 여러 번 칠해도 무광이지만 만재는 매우 빠르게 유광이 된다.

소나무는 조만재 변이 외에도 전반적으로 밀도변이가 심하다.

소나무는 착색 전에 아무리 샌딩을 잘해도 착색제를 바르면 얼룩이 생긴다. 이런 얼룩은 소나무 생장 단계에서 무작위로 나타나는 덜 조밀한 부위로 착색제가 더 깊게 침투한 것에 기인한다(사진 4-13).

전통적으로 소나무는 착색하지 않고 페인트칠하거나 마

감을 한다. 지난 반세기 동안에 DIY(Do-it-yourself)작업에서 착색에 대한 관심이 커졌다. 대개 소나무 착색은 호두나무나 마호가니 같은 다른 목재와 닮게 하려는 시도이다. 하지만 소나무의 목리는 감추기에는 너무 뚜렷해서 다른 목재처럼 보이게 한다는 것은 거의 불가능하다.

소나무를 마감(페인트칠 제외)하는 가장 현명한 선택은 아마도 착색하지 않고 바니시나 래커 또는 수성 마감제 같은 도막형성 마감제를 바르는 것이다. 여러 번 도포하는 것은 조밀한 만재와 다공질 조재에 균일한 광택을 부여한다. 착색하지 않은 소나무는 아주 매력적이다. 그 목재는 시간의 경과에 따라 따뜻한 호박색으로 변한다. 수성을 제외한 모든 마감제는 시간의 흐름에 따라 따뜻하고 깊이감 있는 발색이 더해지고 짙어져 색감이 풍부해진다.

이런 외관은 북유럽에서 수년 동안 인기가 있었고 미국에서도 한때 인기가 있었다(1950년대 인기가 매우 높았던 '옹이 많은 소나무' 모습을 상기해 보라).

붓으로 래커 마감한 소나무

소나무 조재와 만재는 밀도 차이가 크지만, 도막형성 마감제는 빠르게 적층 되기에 둘 다 고른 광택을 낸다. 붓으로 칠하는 래커를 사용한 마감이다.

❶ 입도 180번 사포로 샌딩하고 샌딩 먼지를 제거한다.
❷ 바르는 래커를 붓으로 바른다(나는 부드러운 광택을 내는 데프트 반광 목재 마감제를 선호한다). 원한다면 샌딩이 수월하도록 10% 또는 그 이상 래커 희석제를 첨가해 마감제를 희석한다. 도막을 경화시키려면 하룻밤 정도가 더 좋지만, 적어도 2시간 이상은 기다려야 한다.
❸ 입도 280번 사포나 더 고운 건식 윤활사포(Stearated sandpaper, 스테아르산염 사포)로 가볍게 샌딩하여 거스러미로 인한 거친 부분과 먼지 티끌을 제거한다. 먼지를 제거한다.
❹ 희석하지 않은 원액을 도포하고 적어도 2시간은 건조한다.
❺ 입도 320번 사포 또는 더 고운 건식 윤활사포로 가볍게 샌딩하여 먼지 티끌을 제거하고, 먼지를 제거한다.
❻ 4~5단계를 반복한다.
❼ 가능한 먼지가 없는 상태에서 원액을 최종 도포한다(세 번만에 고른 광택을 낼 수 있다면 네 번째는 필요 없음. 바니시나 수성 마감제는 2~3회가 적당). 수평도가 더 좋은 상도를 원한다면, 최종 도포할 래커를 10% 이상 래커 희석제로 희석한다.

소나무를 착색하기로 했다면 목리 재색 역전과 얼룩 발생 문제를 줄이는 두 가지 방법을 알아두면 좋다.
- 착색하기 전에 워시코트를 한다.
- 젤 착색제를 사용한다.

가장 일반적으로 권장되는 방법은 목재 일정 부분을 워시코팅 하는 것이다(78쪽 '착색 전 워시코트 하기' 참조). 보통 '목재 컨디셔너'라는 라벨이 붙은 제품을 많이 사용하며 워시코팅 목적으로 유통된다(81쪽 '목재 컨디셔너' 참조). 그러나 워시코팅은 마감제 고형분 양과 첨가되는 희석제 양, 그리고 도포 기법이 제각각이라 예측할 수 없다. 적절한 고형분을 제대로 찾아내기 위해서는 약간의 연습이 필요하다. 그러므로 내 경험상, 한 번에 한두 개 정도 착색한다면 젤 착색제를 선택하는 것이 최선이다. 여러 작업을 하거나 정기적으로 착색작업을 하는 경우에만 워시코팅 기법을 숙련하는 것이 합리적일 것이다. 젤 착색제는 액상 착색제처럼 바르지만 침투하지 않아 얼룩이 발생하지 않는다(72쪽 '점도' 참조).

분무 래커로 색조 마감한 소나무

목재에 색감을 주기 위해 색소(여기서는 '밝은 호두나무' 색)를 희석된 상도 마감제에 직접 첨가한다. 목재는 하도로 밀봉되어 있기 때문에 얼룩이 발생하지 않는다.

❶ 입도 180번 사포로 샌딩하고, 먼지를 제거한다.
❷ 래커 샌딩 실러나 래커 희석제로 반 정도 희석한 래커를 1회 분무한다. 소나무에 송진이 많은 옹이가 있으면 셀락 마감제를 분무한다.
❸ 표면이 평활해지도록 입도 280번 사포나 더 고운 건식 윤활사포로 가볍게 샌딩한다. 샌딩 먼지를 제거한다.
❹ 래커 착색제나 약간의 염료 또는 안료(또는 혼합액) 색소를 래커에 넣고 토너를 만들기 위해 래커 희석제로 희석한다. 희석은 제어가 가능하도록 색을 천천히 변하게 해준다. 재면 위에 원하는 색감이 나타날 때까지 필요한 만큼 여러 번 도포한다. 토너가 흘러내릴 정도로 표면이 젖지 않는 한, 연속으로 마감제를 분무할 수 있다.
❺ 래커 희석제로 반 정도 희석한 래커 마감제를 분무하고 건조된 후에 입도 320번 사포나 더 고운 사포로 평활하게 샌딩한다.
❻ 원하는 색조가 나타날 때까지 상도를 수회 분무한다.

17장 | 각기 다른 목재 마감하기

위 두 가지 선택 외에도 재면에 어떤 마감제를 도포하여 목재 전체를 하도칠 하고, 그 위에 모든 색상을 적층할 수 있다. 도막착색에는 두 가지가 있다.

- 도막착색 사용
- 목재에 색조마감

도막착색 기법을 사용하기 위해서는 전체적으로 마감제를 도포하고 건조하도록 둔다. 가볍게 샌딩한 후, 표면에 도막착색제를 붓이나 천으로 바르고 원하는 색감을 주는 데 필요한 양만큼 닦아낸다. 젤 착색제를 도막착색제로 사용해도 된다(209쪽 '도막착색' 참조).

목재에 색조를 주기 위해서는 호환되는 염료나 안료를 마감제에 첨가하고 하도한 재면에 발라준다. 토너(Toner)라 불리는 이 색조 마감제를 분무하면 최고의 결과를 얻을 것이다(215쪽 '토닝' 참조). 또한 민왁스 폴리쉐이드(Minwax Polyshades) 같은 바니시 착색제를 붓으로 바를 수 있는데 안료가 많이 함유되지 않아서 재면이 불투명하게 보이지는

젤 착색제와 저광 폴리우레탄 바니시로 마감한 소나무

젤 착색제는 소나무 재면에 스며들지 않기 때문에 얼룩 발생이 거의 없다. 폴리우레탄은 우수한 내마모성을 제공한다.

1. 입도 180번 사포로 샌딩하고, 먼지를 제거한다.
2. 젤 착색제(참나무색)를 바르고 여분을 닦아낸다. 젤 착색제는 상당히 빠르게 마르기 때문에 신속하게 도포한다. 마지막으로 바를 때 도포 흔적이 남으면 안 되므로 자국이 생기지 않도록 목리 방향으로 도포한다. 착색은 하룻밤 동안 경화시킨다.
3. 저광 폴리우레탄을 붓으로 바른다. 샌딩이 쉽도록 미네랄 스피릿으로 50% 희석한다. 이 하도를 4~6시간 경화하도록 두는데, 하룻밤을 두면 더 좋다.
4. 표면이 평활하도록 입도 280번 또는 더 고운 건식 윤활사포로 가볍게 샌딩한다. 모서리가 뭉개지지 않도록 샌딩할 때 주의한다. 샌딩 먼지를 제거한다.
5. 저광 폴리우레탄 원액을 붓으로 재도장하거나, 기포의 발생을 감소시키고 발생한 기포를 잘 배출시키기 위해 미네랄 스피릿으로 10% 희석해 붓으로 재도장한다. 밤새도록 경화시킨다.
6. 입도 320번 또는 더 고운 건식 윤활사포로 가볍게 샌딩해 먼지 티끌을 제거하고, 만약 티끌이 없으면, #000 또는 #0000 스틸울(강면)이나 고동색 또는 회색연마제로 표면을 갈아준다. 먼지를 제거하고 5단계를 반복한다.
7. 여기서 마무리해도 되고, 원한다면 더 도포해도 된다. 마지막 도포는 가능한 먼지가 없는 환경에서 작업하고 평활도를 높이려면 마감제를 희석한다.

않는다. 하지만 붓질은 안료로 인해 더 눈에 띄는 붓 자국을 남긴다. 긁힘으로부터 도막을 보호하기 위해 토너 위에 투명 상도를 1~2회 도포하는 것이 가장 좋다.

개인적으로는 착색하지 않은 소나무에 도막형성 마감제로 마감하는 방식을 가장 선호한다.

참나무

참나무(Oak)는 소나무만큼 마감하기 어렵다. 소나무처럼 참나무는 조재와 만재 간의 밀도차가 심하다. 그러나 소나무와는 달리 적참나무와 백참나무 조재 관공은 매우 커서 육안으로도 보인다. 이런 관공은 가장 흔히 사용하는 무늿결(판목) 판재에서 거친 외관을 나타낸다.

사포를 손으로 잡고 참나무의 판목면을 샌딩하면, 조밀한 만재보다 다공성의 조재를 더 많이 갈아내게 된다. 샌딩할 때는 인지하기 어렵지만, 마감을 하면 모든 조재부위가 심하게 움푹 들어간 것을 볼 수 있다 (사진 14-3).

바닥이 평평한 블록이나 전동식 샌더로 샌딩하더라도 조재 대형 관공부위에 두꺼운 마감제가 둥글게 빙 둘러서 플라스틱 모양을 나타낸다. 플라스틱 시대 이전에는 이런 것이 매력적이었을 수도 있지만, 지금은 그렇지 않은 것 같다. 관공을 메워 좀 더 평평한 외관을 만들 수 있지만, 표면을 매우 평평하게 만들기 위해서는 많은 노력이 필요하다. 대개 조재부위는 약간 내려앉게 되는 경우가 많다. 참나무는 관공이 선명하게 드러나는 상대적으로 얇은 마감이 가장 매력적이라 생각한다.

일반적인 와이핑 착색제를 바르고 여분을 닦아내면 색소는 큰 관공이 있는 조재부위에 많이 남게 되지만, 조밀한 만재부위에서는 대부분 제거된다. 그러므로 대형 관공 부위는 재면의 거침을 두두러지게 하는 방식으로 강조되었다. 이는 특히 무늿결 판재의 경우에 해당한다 (사진 4-3). 나는 이 효과가 그리 매력적이라고 생각하지는 않는다.

반면에 참나무의 깊은 관공은 대부분의 다른 목재에서는 발견되지 않는 장식에서의 특정한 장점을 나타낸다. 유색 반죽형 목재 메꿈제 또는 도막착색제는 주변의 조밀한

사진 17-3 샘플용 이 참나무 문짝은 염료 착색 후 하도를 한 다음 각기 다른 도막착색으로 관공을 강조하였다.

부위보다 관공 색상을 달리하는 데 사용할 수 있다. 즉 다른 색상으로 착색하거나 원래 색을 남길 수 있다 (113쪽 '반죽형 목재 메꿈제로 눈메꿈 하기', 209쪽 '도막착색' 참조). 다양한 효과를 내는 많은 색상조합이 있다 (사진 17-3).

참나무의 특징을 살린 매우 인기 있는 3종의 가구 스타일: 올드 잉글리시와 미션(Old English and Mission, 매우 진한 재색), 골든(Golden, 고른 갈색의 재색), 모던(Modern, 착색하지 않은 천연재색)으로 나뉘는데, 이런 스타일에는 한 가지 중요

저광 래커로 마감한 참나무

참나무는 관공이 둥글게 움푹 들어가지 않도록 얇게 마감하는 것이 가장 좋다. 모든 마감제는 재면에 얇게 칠해질 수 있다. 도포 횟수를 적게 하거나 마감제를 바르기 전에 희석한다.

❶ 재면을 입도 150번 또는 180번 사포로 샌딩하고, 먼지를 제거한다.
❷ 래커 샌딩 실러나 래커 희석제로 반 정도 희석한 래커를 초벌 분무한다. 건조하도록 몇 시간 동안 둔다. 하룻밤을 두는 것이 더 좋다.
❸ 입도 280번 또는 더 고운 건식 윤활사포로 가볍게 샌딩해 먼지 티끌과 거스러미로 인한 거친 부위를 제거한다. 샌딩 먼지를 제거한다.
❹ 저광 래커를 분무하고 몇 시간 동안 건조하도록 둔다.
❺ 먼지 티끌을 제거해야 한다면 입도 320번 사포나 더 고운 건식 윤활사포로 가볍게 샌딩한다. 티끌이 없다면 샌딩 할 필요 없다.
❻ 저광 래커를 재벌 분무한다. 원한다면 추가 도포를 한다.

한 특징이 있다. 목재의 조재·만재 대비가 덜 강조된다는 점이다.

고대 영국 가구는 갈색 유럽 참나무로 제작했는데, 미국 적참나무 또는 백참나무에 비해 짙은 색을 낸다. 이 참나무들은 개방된 장작난로와 석탄난로에서 발생한 그을음이 흔히 사용되는 왁스 마감을 관통하여 재색이 더 짙어지게 되었다.

20세기 초반의 미션과 골든 오크(Mission and Golden oak) 가구는 주로 정목 참나무, 즉 판재 표면에서 나이테가 수직인 방사 방향으로 제재된 곧은결 참나무로 만들어졌다(그림 17-1). 곧은결 참나무는 무닛결 참나무보다 관공이 훨씬 더 고른 간격으로 배열하고 방사반점 무늬라고 하는 독특한 문양을 가지고 있다(사진 17-4). 방사조직은 수간에서 방사 방향으로 배열하는 세포조직이다. 곧은결 참나무 재면에서 방사조직은 길고 조밀하며, 밝은색의 반점으로 나타난다. 방사조직은 호랑이 줄무늬를 닮아서 곧은결 참나무는 일명 '호피 참나무'라고도 알려져 있다.

그림 17-1 통나무 원목은 무닛결(판목)과 곧은결(정목)로 제재할 수 있다. 참나무 곧은결 판재 표면에는 방사조직이 노출되어 '호피무늬'가 생긴다.

사진 17-4 참나무의 현저한 방사조직으로 인해 무닛결 판재(왼쪽)와 곧은결 판재(오른쪽)는 쉽게 구별된다. 곧은결 판재 표면에는 방사 방향으로 배열하는 방사 반점이 눈에 띈다.

> **메모** 참나무는 깊고 현저한 목리, 판목(무닛결)과 정목(곧은결) 사이의 뚜렷한 차이, 그리고 얼룩 발생이 없어서 그 어떤 목재보다도 장식적 측면에서 다양한 가능성을 제공한다. 참나무는 눈메꿈 할 수도 있고 안 할 수도 있다. 목리 차이는 더 강조될 수 있고 차이를 없앨 수도 있으며, 완전히 다른 색상으로 만들 수도 있고, 모든 형태의 착색제가 적용될 수 있다. 그리고 종류와 색상에 있어 모든 마감제와 잘 어울리는 수종이다.

호두색 오일·바니시 혼합물로 마감한 참나무

아스팔트 기반의 착색제와 마감제가 혼합된 제품을 참나무에 사용하면 불규칙 목리에도 불구하고 상당히 고른 착색을 얻을 수 있다.

① 재면을 입도 180번 사포로 샌딩하고, 먼지를 제거한다.
② 호두색 오일·바니시 혼합물을 젖은 상태로 붓이나 헝겊으로 바른다(나는 왓코나 데프트 흑호두 대니시 오일 중에서 하나를 선호한다). 마감제가 흡수되는 곳에 더 많은 마감제를 발라 흡수되도록, 먼저 바른 마감제가 재면에서 적어도 5분은 젖은 상태를 유지하도록 한다.
③ 마감제 여분이 끈적거리기 전에 닦아낸다(사용한 천은 걸어서 빳빳하게 말린 후에 쓰레기통에 버린다). 따뜻한 실내에서 밤새 굳도록 둔다.
④ 흑호두색 오일·바니시 혼합물을 재벌로 바르고 재면의 마감제가 아직 젖어있는 동안 입도 600번 습·건식 방수사포로 가볍게 샌딩한다. 그런 다음 여분을 닦아낸다.
⑤ 3단계를 반복한다.
⑥ 마감면이 외관상 흡족하지 않거나 광택이 고르지 못하면 4단계와 동일한 방법으로 세 번째 도포를 한다. 여분을 닦아낸다.

때때로 참나무는 훈연처리라 알려진 공정으로 착색되기도 한다. 참나무 가구를 암모니아 연기로 가득 찬 방에 두면 참나무의 탄닌산과 암모니아가 화학적으로 반응하여 재색이 짙어진다. 훈연 과정은 조재와 만재뿐만 아니라 착색이 잘 안 되는 방사조직까지 갈색으로 고르게 착색시킨다.

안료 착색으로 고대 영국 또는 미션 오크의 고른 착색을 모방할 수 있다. 염료는 참나무 재내로 골고루 침투한다(방사조직 제외). 거의 모든 착색제가 잘 되지만 수용성 염료는 관공착색이 어렵다. 굳은 안료 착색제 위에 비슷한 색상의 와이핑 착색제로 관공을 착색하고 여분을 닦아낸다. 착색제는 관공에 스며든 후, 전체 재면으로 착색된다. 염료 착색으로 발현된 색상을 그대로 유지하기 위해서 와이핑 착색제를 바르기 전에 하도 또는 워시코트 한다.

아니면 문제 발생을 해결하기 위한 대안으로 알코올, 오일 또는 NGR(거스러미 방지) 염료 착색제를 사용할 수 있다. 또 다른 대안은 호두나무색 왓코 또는 데프트 대니시 오일이다. 이들 오일·바니시 혼합물의 착색제는 아스팔트(타르)로 염료처럼 침투한다. 상당히 고르고 짙은 호두나무색을

저광 수성 마감제로 마감한 피클링 참나무

피클링은 백색 착색제나 물로 희석한 백색 라텍스 페인트를 재면에 직접 바르고 거의 대부분을 닦아 내거나, 붓이나 분무로 고르게 칠했을 때는 그대로 남겨 마감하는 방법을 말한다. 수성마감은 다른 마감과는 달리 황변현상이 발행하지 않는다.

❶ 입도 150번 또는 180번 사포로 샌딩하고, 먼지를 제거한다.
❷ 재면에 수성 백색 피클링 착색제를 분무하거나 붓 또는 천으로 바른다. 아니면 대안으로 백색 라텍스 페인트를 25%까지 물로 희석하여 재면에 바른다. 여분의 대부분을 닦아 내거나 원하는 질감이라면 그대로 둔다. 밤새도록 경화시킨다.
❸ 저광 수성 마감제를 붓으로 칠하거나 분무한다. 적어도 2시간, 가능하면 밤새도록 경화시킨다.
❹ 거스러미를 제거하기 위해 입도 220번 사포나 더 고운 건식 윤활사포로 가볍게 샌딩한다. 표면을 평활화하는 데 필요한 정도 이상으로 샌딩해서는 안 된다. 샌딩 먼지를 제거한다.
❺ 저광 수성 마감제를 한 번 더 도포한다.
❻ 도막을 더 두껍게 하려면 추가 도포를 한다. 먼지 티끌을 제거하기 위해 도포 사이에 샌딩한다.

낼 수 있다.

호박색 염료 착색제로 실제 훈연 참나무와 같은 효과를 낼 수 있다. 그런 다음 하도 또는 워시코트를 하면 갈색 와이핑 착색제를 바르고 여분을 닦아내서 착색하는 데 도움이 된다. 그러면 색상이 여기저기 번지지 않고 제대로 발색할 수 있다. 그렇지만 20세기 훈연처리는 거의 대부분 곧은 결 참나무에 적용했다는 사실을 기억해야 한다. 무늬결에서는 결코 같은 효과를 볼 수 없다.

개인적으로는 대비되는 목리의 거침이 완화되고, 관공이 예리하게 남아있을 때의 참나무를 가장 좋아한다. 그래서 참나무를 착색하지 않고 마감하거나, 아스팔트나 염료로 착색한다. 마감제로는 오일·바니시 혼합물 또는 와이핑 바니시를 사용하거나, 도막형성 마감제로 재면을 얇게 마감한다. 또한 하얗게 눈메꿈 한 피클 참나무도 좋아한다.

저광 래커로 마감한 착색 피클링 참나무

착색된 참나무 재면에 하도 또는 워시코트를 한다면 피클링은 관공에만 할 수 있다. 저광 래커 상도는 효과를 부드럽게 한다.

1. 입도 150번 또는 180번 사포로 샌딩하고 샌딩 먼지를 제거한다.
2. 바탕색(여기서는 '프렌치 프로빈셜') 위에 유성 또는 래커 기반 착색제를 분무하거나, 붓이나 헝겊으로 바른다. 여분을 닦아낸다.
3. 래커나 투명 셸락으로 하도 또는 워시코트 한다. 적어도 2시간, 가능하면 하룻밤 정도 마르도록 둔다.
4. 백색 피클링 착색제 또는 희석된 페인트를 바른다. 라텍스 또는 오일 페인트로 해도 된다. 마르기 전에 여분을 제거하고 밤새 경화시킨다.
5. 평활함이 느껴질 때까지 입도 280번 사포나 더 고운 건식 윤활사포로 가볍게 샌딩한다. 피클링 색상은 재면의 대형 관공에만 남는다. 샌딩 먼지를 제거한다.
6. 저광 래커를 분무하고 몇 시간, 가능하면 밤새도록 건조한다.
7. 먼지 티끌을 제거해야 한다면 입도 320번 사포나 더 고운 건식 윤활사포로 가볍게 샌딩한다. 그 경우가 아니라면 샌딩할 필요는 없다.
8. 원한다면 추가 도포를 실시한다.

호두나무

호두나무(Walnut)는 미국산으로 최고의 가구용 활엽수재이다. 단단하고 내구성이 좋은 목재로 아름다운 무늬와 짙고 풍부한 재색을 갖고 있다. 평활하고 중간 정도 관공크기의 목조직을 가지고 있어서 착색도 고르고 어떤 마감제로도 마감이 잘 된다. 호두나무 심재 기건재의 재색은 따뜻한 적갈색이다. 인공건조된 호두나무 심재는 심변재의 색차를 줄이기 위해 주로 증기처리되어 차가운 회색빛이 도는 갈색이다. 증기처리 호두나무는 시간이 경과하면 회색빛은 따뜻해지고 약간 붉은 기가 돈다. 오래된 호두나무의 이 붉은 색조는 고가구 중에서 마호가니와 구별하기 어렵게 만든다.

호두나무 마감에서 다음 두 가지 문제가 있을 수 있다. 짙은 심재와 거의 백색에 가까운 변재와의 색상 대비, 그리고 증기 처리된 호두나무가 주는 차가움이다.

심변재 간 색상대비를 극복하는 다섯 가지 방법은 다음과 같다.

오일·바니시 혼합물로 마감한 호두나무

오일·바니시 혼합물은 바르기 매우 쉽고 현저한 도막을 형성하지는 않지만, 어느 정도 표면 보호기능이 있다.

1. 입도 180번 사포로 샌딩하고 샌딩 먼지를 제거한다.
2. 오일·바니시 혼합물을 천으로 바른다. 몇 분 이내에 금방 마른 부위가 있으면 추가로 더 바른다.
3. 약 5분 후, 여분을 닦아낸다.
4. 따뜻한 실내 조건에서 밤새 경화시킨다.
5. 거스러미는 입도 400번 사포나 더 고운 사포로 가볍게 샌딩하여 제거하거나 스틸울로 문질러 제거한다. 샌딩 먼지를 제거한다.
6. 천으로 두 번째 도포를 하고 여분을 닦아낸다.
7. 광택이 고르고 만족스러우면 마감을 끝낸다. 그렇지 않다면 추가 도포를 하는데, 각 도포 사이에는 하루 정도 경화시간을 둔다.

- 변재를 모두 제거하고 심재만 사용한다.
- 색상 차이가 장식적 효과의 장점이 되도록 판재를 배열한다.
- 목재를 백색계열로 탈색한 다음 원하는 재색으로 착색한다 (67쪽 '목재 탈색' 참조).
- 변재의 색이 심재와 유사하도록 토너를 사용한다 (215쪽 '토닝' 참조).
- 착색과 마감하기 전에 변재착색제라 불리는 검은색 염료 착색제로 변재를 먼저 착색한다.

독특한 가구를 만드는 장인들은 대개 처음 두 가지 중 하나를 선택한다. 변재를 제거하거나 장식적 효과로 사용한다. 옅은 색상의 가구가 유행하던 1950년대 가구공장에서는 호두나무를 탈색하는 경우가 많았다. 오늘날 가구공장에서는 심변재를 함께 사용하기 위해 착색제나 토너로 작업한다.

착색이나 토닝으로 호두나무 색조를 따뜻하게 할 수 있

오렌지 셀락과 왁스로 마감한 호두나무

오렌지 셀락의 호박색은 호두나무의 차가운 색감을 따뜻하고 풍부하게 한다. 이 마감은 내구성을 크게 요하지 않는 가구 또는 액세서리에 사용한다. 이렇게 마감한 테이블 상판은 테이블보나 코스터로 보호한다.

① 입도 150번 또는 180번 사포로 샌딩하고 샌딩 먼지를 제거한다.
② 1-파운드 컷 오렌지 셀락을 분무하거나 붓으로 칠한다(탈랍이나 왁스 함유 셀락 모두 가능). 적어도 2시간, 가능하면 밤새도록 건조한다.
③ 입도 280번 사포나 또는 더 고운 건식 윤활 사포로 가볍게 샌딩한다. 샌딩 먼지를 제거한다.
④ 2-파운드 컷 오렌지 셀락을 분무하거나 붓으로 칠한다. 적어도 2시간, 가능하면 밤새도록 건조한다.
⑤ 목리 방향으로 #00 또는 #000 스틸울로 연마한다(재면에 먼지 티끌이 많다면 입도 320 사포나 더 고운 사포로 먼저 샌딩한다). 먼지를 제거한다.
⑥ 4단계를 반복한다.
⑦ #000 스틸울로 문지르고 먼지를 제거한다.
⑧ 반죽형 왁스를 바르고 광택이 사라지면 여분을 제거한다. 하룻밤 굳히고 다시 왁스를 바른다.

변재착색제와 래커로 마감한 호두나무

호두나무 변재는 먼저 변재착색으로 심재색과 유사하게 만들 수 있다. 그런 다음 바탕색을 바르고 와이핑 착색제로 착색하여 고른 색을 발현시킨다. 마지막으로 마감제를 도포한다. 스텝 패널로 단계별 수행을 시연해 보면 다음과 같다(219쪽 '스텝 패널' 참조).

1. 입도 150번 또는 180번 사포로 샌딩하고 샌딩 먼지를 제거한다.
2. 변재에 호두나무 변재착색제를 분무하거나 붓으로 칠하고(분무가 가장 좋다), 인접한 심재로 '색상전이(Feathering)' 되도록 한다. 기성 NGR(거스러미 방지) 변재착색제나 자가로 만든 착색제를 사용해도 된다. 호두나무 색상 염료에 10~20% 검정 염료를 섞어 색감을 조절한다. 비율은 사용하는 안료의 강도에 따라 다르게 한다. 자투리 판재에 시험적으로 먼저 발라본다.
3. 바탕색에 NGR 염료 착색제로 원하는 색상을 낸다.
4. 다음 단계로부터 염료착색을 분리하기 위해 워시코트를 바른다.
5. 와이핑 착색제 '아메리칸 월넛(암갈색 또는 약간 붉은 기가 도는 '월넛')'을 천으로 바르고 여분을 닦아낸다.
6. 래커 샌딩 실러 또는 래커 희석제로 반 정도 희석한 래커를 분무한다. 2시간, 가능하면 밤새도록 건조하도록 둔다.
7. 입도 280번 사포나 더 고운 건식 윤활사포로 가볍게 샌딩하고 샌딩 먼지를 제거한다.
8. 저광 래커를 분무하고 적어도 2시간, 가능하면 밤새도록 건조한다.
9. 추가 도포를 하려면 7단계(먼지 티끌을 제거하기 위해)와 8단계를 반복한다.

다. 대부분의 마감제는 재색을 약간 따뜻하게 하는 천연 호박색을 함유하고 있다. 오렌지 셀락은 테이블 상판용으로는 내구성이 크지 않은 마감제이지만, 호박색을 많이 함유하고 있기에 호두나무에 자주 사용된다. 수성 마감제는 그런 색이 전혀 없으므로 호두나무에 수성 마감제를 사용하려면 먼저 착색해야 한다 (사진 13-1).

개인적으로는 호두나무는 어떤 마감을 해도 좋다. 오일·바니시 혼합물도 사용하고, 와이핑 바니시나 도막형성 마감제도 사용한다. 재색에 따뜻한 질감을 주기 위해 보통 염료로 착색하거나 암갈색의 와이핑 착색제를 사용한다. 이런 착색제는 대개 '아메리칸 월넛'이라는 라벨이 붙어있다.

은색으로 변한다. 온두라스 마호가니는 교착목리로 인해 평삭이 어렵긴 하지만, 치수안정성이 뛰어나고 작업성이 좋다. 교착목리는 연륜에 따라 세포가 교호로 나선배열 하는 결과로 나타난다. 곧은결로 제재하면 현저한 리본줄무늬가 나타난다 (사진 17-5). 문양이 뛰어난 곧은결 마호가니는 대부분 무늬단판으로 가공된다.

다른 마호가니로는 아프리카 또는 필리핀 마호가니가 있다. 식물학적 관점에서 이들은 진짜 마호가니가 아니고 온두라스 마호가니와 유사하여, 흔히 마호가니라고 판매되고 있다.

아프리카 마호가니는 온두라스 마호가니보다 거칠고 치

마호가니

마호가니(Mahogany)는 18세기와 19세기 초에 최고급 가구용 활엽수재로 여겨졌다. 이 마호가니는 밀도가 매우 조밀하고 풍부한 적갈색을 가지고 있었다. 일반적으로 쿠바 또는 산토도밍고 마호가니로 알려져 있었는데, 산지에서 유래한 상업명으로 거래되었다.

쿠바 또는 산토도밍고 마호가니는 일반적으로 눈메꿈하거나 착색하지 않는다. 천연 재색이 매우 풍부해 착색이 불필요하며 너무 조밀해서(관공이 호두나무보다 더 작다) 굳이 눈메꿈 할 필요가 없었다. 대경재 공급이 많아 새로운 스타일의 테이블 상판도 개발되었는데, 가장자리에 화려한 장식이 새겨진 큰 파이 껍질 테이블이 유명했다.

불행히도 이 마호가니는 더 이상 공급되지 않는다. 오늘날 흔히 볼 수 있는 최고의 마호가니는 온두라스 마호가니이다. 온두라스 마호가니는 쿠바 또는 산토도밍고 마호가니와 동일 속이긴 하지만, 더 부드럽고 색감은 덜 풍부하다. 게다가 토양이나 생장 조건이 달라서 관공이 더 크다. 그렇지만 온두라스 마호가니는 여전히 훌륭한 가구재임은 틀림없다.

온두라스 마호가니는 온두라스와 중앙아메리카, 그리고 남아메리카 북부지역 여러 나라에 자란다. 제재한 직후의 재색은 분홍색이다. 공기와 빛에 노출되면 짙은 구릿빛 붉

사진 17-5 마호가니 무늬는 평범한 재면(왼쪽)에서 곧은결 제재로 인한 리본줄무늬(오른쪽)까지 다양하다.

수안정성이 떨어지며 약하다. 목리는 대조적이고 목조직은 약간 더 거칠지만, 전체적인 색감과 시간 경과에 따라 재색이 짙어지는 것은 유사하다.

흔히 라왕이라 불리는 필리핀 마호가니는 온두라스나 아프리카 마호가니보다 더 거칠고 약하다. 관공이 훨씬 더 커서 깔끔하게 마감하기가 어렵다. 주택건축에서 많이 사용하는 속이 빈 문은 양면을 보통 라왕 단판으로 마감한다. 라왕 또한 시간이 지남에 따라 짙어지고 눈메꿈 하여 고급스럽게 보일 수는 있지만, 온두라스나 아프리카 마호가니 같은 고급 가구재는 아니다.

18세기와 19세기 초에 사용했던 고급 마호가니는 대개 눈메꿈과 착색을 하지 않은 채 남아 있다. 19세기 후반과 1920년대, 그리고 1930년대 던컨 파이프(Duncan Phyfe) 양식 복제품과 마호가니가 다시 유행했을 때는 온두라스 마호가니와 다른 종인 아프리카 마호가니만을 사용했다. 이런 마호가니로 제작된 가구는 거의 모두 염료로 착색하였

와이핑 바니시로 마감한 마호가니

와이핑 바니시는 바르기도 쉽고 마호가니의 천연 외관을 잘 유지시켜 준다. 마감제가 재면에 얇게 도포되기 때문에 관공 주변에 뭉치지 않는다. 몇 년이 지나면 재색은 상당히 짙어진다.

❶ 입도 180번 사포로 샌딩하고, 먼지를 제거한다.
❷ 와이핑 바니시를 붓이나 헝겊으로 바른다. 두껍고 불균일하다면 여분의 대부분을 닦아낸다. 하룻밤 경화시킨다(173쪽 '와이핑 바니시' 참조).
❸ 입도 280번 사포나 더 고운 사포로 표면이 평활하게 느껴질 때까지 가볍게 샌딩한다. 샌딩 먼지를 제거한다.
❹ 2와 3단계를 반복한다.
❺ 2단계는 가능한 먼지가 없는 환경에서 작업한다.
❻ 원했던 것보다 광택이 더 나면 #0000 스틸울로 가볍게 연마하여 광택을 줄여준다.

착색과 눈메꿈 후 연마 래커로 마감한 마호가니

이 마감은 약간의 추가 작업이 필요하지만, 그 결과는 아주 우아하다. 심도가 깊은 거울 같은 광택이 돈다.

❶ 입도 150번 또는 180번 사포로 샌딩하고 샌딩 먼지를 제거한다.
❷ 수용성 염료 착색제(여기서는 '갈색 마호가니')를 바르고 굳기 전에 여분을 닦아내거나, 거스러미 방지(NGR) 염료 착색제 위에 분무하고 그대로 둔다. 수용성 염료를 밤새 건조한다.
❸ 셀락이나 래커 워시코트를 분무하거나 붓으로 칠한다(80쪽 '워시코트제' 참조). 오래 건조한다.
❹ 유성 반죽형 목재 메꿈제를 붓으로 칠한다(118쪽 '유성 반죽형 목재 메꿈제 사용하기' 참조).
❺ 메꿈제가 광택을 잃으면 거친 삼베로 남은 메꿈제를 목리 직교방향으로 닦아낸다. 그 다음 부드러운 천으로 문지른 흔적이 남지 않도록 목리 방향으로 가볍게 닦는다. 메꿈제를 밤새도록 굳힌다. 만약 날씨가 습하거나 추우면 더 오래 경화시킨다.
❻ 4와 5단계를 반복한다.
❼ 입도 320번 사포나 더 고운 건식 윤활사포로 가볍게 샌딩하고 샌딩 먼지를 제거한다.
❽ 3과 7단계를 반복한다.
❾ 래커를 4~6회 도포하는데, 하루에 3회 이상은 하지 않는다.
❿ 래커를 2주 정도 또는 표면에 코를 대었을 때 래커 희석제 냄새가 나지 않을 때까지 경화시킨다.
⓫ 232쪽 '평잡기와 연마'에 명기된 방법에 따라 표면을 평탄하게 문지른다. 원하는 광택이 무엇이든 간에 표면을 문지른다.
⓬ 아래 수직 표면에서의 반사를 거의 보기 힘들기 때문에 보통 상부에 사용한 연마제를 다리, 에이프런, 측면부재에 같이 사용하면 적절한 결과를 얻을 수 있다. 그러므로 상부 아닌 다른 부재를 먼저 작업할 필요는 없다.
⓭ 실리콘 가구광택제나 반죽형 왁스를 바른다.

고 모두 눈메꿈 하였다.

온두라스와 아프리카 마호가니 둘 다 착색은 고르게 된다. 그렇지만 착색을 결정하기 전에 유념해야 할 것은 착색하면 몇 년 내에 재색이 상당히 짙어진다는 점이다. 원하는 색상으로 착색하면 금방 더 짙어진다는 걸 알게 된다. 최종 결정은 원하는 색깔의 절반 정도 착색하는 것이 좋다.

요즘 목공인들은 마호가니를 마감하면서 때때로 착색이나 눈메꿈을 하지 않는 경우도 있다. 그들은 오일·바니시 혼합물이나 와이핑 바니시를 바르기도 한다. 재색은 금방 더 붉어지고 마감제가 관공 둘레에 남아 플라스틱처럼 보이지 않도록 두 마감제 모두 도막을 충분히 얇게 유지하여야 한다.

진한 갈색 염료착색(재색은 이미 충분히 붉다)과 눈메꿈(테이블 상판에 한해서는), 그리고 반광 래커 마감을 개인적으로 더 좋아한다. 이런 마감은 품질이 더 낮은 온두라스 또는 아프리카 마호가니를 쿠바 또는 산토도밍고 마호가니와 유사하게 만든다.

착색하고 래커로 마감한 도막착색 마호가니

도막착색은 오목한 곳이나 틈새의 색깔을 짙게 만들기 때문에 내장재, 선삭재, 조각재 등의 조형적 품질과 심도를 강조하는 데 사용한다.

1. 입도 150번 또는 180번 사포로 샌딩하고, 먼지를 제거한다.
2. 래커 착색제를 분무하거나 천으로 바르고 젖은 상태에서 여분을 닦아낸다. 1시간 정도 건조하도록 둔다.
3. 래커 샌딩 실러를 분무하고 2시간 정도, 가능하면 밤새 건조하도록 둔다.
4. 입도 280번 사포나 더 고운 사포로 가볍게 샌딩하고 샌딩 먼지를 제거한다.
5. 유성 도막착색제를 분무하거나 붓 또는 천으로 바른다. 광택이 사라지면 도드라진 부분을 닦아내고 우묵한 곳에 착색제를 남긴다. 2시간 이내에 이슬 같은 래커를 분무하거나 따뜻한 실내에서 도막착색제가 굳도록 하룻밤 동안 둔다.
6. 저광 래커를 2~3회 도포하는데, 적어도 2시간의 간격을 두고 도포한다. 마감제를 밤새도록 건조한다.

염료 착색 후 셸락으로 마감한 단풍나무

염료 착색은 단풍나무, 특히 물결무늬와 새눈무늬 단풍나무의 미적 가치를 극대화한다. 도막형성 마감은 색감을 깊게 한다.

❶ 입도 150번 또는 180번 사포로 샌딩하고 샌딩 먼지를 제거한다.
❷ 거스러미를 제거한다 (31쪽 '거스러미 제거' 참조).
❸ 록우드(Lockwood)의 '벌꿀색조 호박(Honeytone Amber)'같은 호박색 수용성 염료 착색제를 바른다. 마르기 전에 여분의 착색제를 닦아낸다. 물결이나 새눈무늬에 더 나은 '도드라짐'을 위해 상당히 희석한(5배 또는 10배 희석한) 염료를 여러 번 바르고, 도포할 때마다 새눈이나 물결 사이의 색상을 긁어내거나 샌딩해서 제거한다. 물결과 새눈에 색상을 남겨둔다. 색상은 매번 바를 때마다 짙어진다. 염료가 젖어있는 동안 원하는 효과가 나타날 때까지 새눈이나 물결의 색상이 짙어지는 속도를 늦춰야 한다. 그런 다음 염료가 굳은 후, 끓인 아마인유를 바르면 효과가 고르고 강해진다.
❹ 1-파운드 컷 금발색 셸락을 분무하거나 붓으로 바른다. 몇 시간 동안 건조하도록 둔다(아마인유를 발랐다면 셸락이나 다른 마감제를 바르기 전에 일주일 정도 굳힌다).
❺ 입도 320번 또는 더 고운 건식 윤활사포로 거스러미를 제거하기 위해 가볍게 샌딩한다, 샌딩 먼지를 제거한다.
❻ 2-파운드 컷 금발색 셸락을 분무하거나 붓으로 바른다. 몇 시간 동안 건조하도록 둔다.
❼ 입도 320번 사포로 가볍게 샌딩하고 샌딩 먼지를 제거한다.
❽ 6과 7단계를 반복한다.
❾ 1-파운드 컷 금발색 셸락을 상도로 바르고 그대로 두거나 왁스를 윤활제로 한 #0000 스틸울로 도막을 문지른다.

경단풍나무

단풍나무는 목공용 재료로 최고이다. 단단한데다 내마모성이 크고 작업성이 좋다. 마모가 늦고 고르며, 평활하고 할렬이 없어서 마루판으로도 매우 훌륭하다. 또한 결이 곱고 조밀하며, 무미건조하여 음식에 영향을 주지 않기 때문에 도마재로도 최고이다. 경단풍나무(Hard Maple)는 메이플 시럽을 만드는 당단풍나무와 같은 종이다. 당단풍나무의 불규칙한 생장 패턴은 독특하고도 매력적인 물결무늬, 새눈무늬를 만든다 (사진 17-6). 물결무늬가 조밀한 단풍나무를 바이올린 뒤판 무늬 단풍나무라 부르는데, 주로 바이올린의 배판으로 사용되기 때문이다.

단풍나무는 대부분의 다른 목재보다 마감하기가 어렵다. 단풍나무 재색은 밝고 무늬도 밋밋하여 착색하지 않으면 주목받기 어려운 것이 문제다. 예외적으로 물결무늬와 새눈무늬 같은 목리변형만 착색으로 도드라진다. 단풍나무 착색을 성공적으로 하려면 염료 착색제를 사용해야만 한다. 많은 목공인과 도장공이 안료나 와이핑 착색제를 적용하기도 하지만, 그 결과는 늘 불만족스럽기 마련이다.

문제 발생의 원인은 목재 밀도 때문이다. 관공이 작아 많은 안료입자를 받아들이지 못한다. 안료가 상부에 두껍게 쌓이지 않는 한, 큰 효과를 내지 못하고 표면에 쌓인다고 해도 불투명도가 커지는 것을 피할 수 없다. 물결무늬나 새눈무늬 단풍나무도 마찬가지다. 안료 착색제가 물결과 새눈을 강조한다 해도 염료착색제만큼 효과적이지 못하다. 염료착색제는 무늬 선명도를 약화시키지 않으면서 원하는 색상과 명암을 낼 수 있다. 재색을 검정으로 낼 수도 있다 (73쪽 '목재 흑단화 처리' 참조).

18세기와 19세기 초반에 단풍나무를 사용할 때는 대부분 착색하지 않았다. 그 단풍나무는 이제 따뜻한 호박색으

사진 17-6 단풍나무는 매우 평범한 무늬(왼쪽)를 나타내거나, 물결무늬(가운데)와 새눈무늬(오른쪽) 판재같이 좀 더 문양적인 특성을 나타내기도 한다.

로 변해 있지만, 세월만으로 그 변화를 설명할 수 없다. 아마인유 마감으로 의심되며 그 색상은 아마인유가 짙어진 것으로 추정된다. 지금도 물론 아마인유로 똑같은 효과를 낼 수 있지만, 그런 색상을 내려면 상당한 시간이 소요되어야 할 것이다. 차라리 호박색 염료로 착색하는 것이 훨씬 빠를 것이다.

하지만 단풍나무는 착색하면 얼룩이 지는 경향(자작이나 벚나무만큼은 아니지만)이 있다. 1950년대 가구산업에서 호박색 단풍나무가 인기를 끌자 업체들은 목재 착색보다는 토닝으로 처리했다. 래커 마감제에 약간의 안료를 첨가한 것이었다.

추측건대, 단풍나무로 만들어진 최근 가구들은 목공인이 염료착색으로 얻을 수 있는 결과를 이해하지 못해 착색하지 않은 채로 방치되는 것 같다. 그러나 무착색 단풍나무도 나름의 매력이 있음을 부인할 수는 없다.

나는 단풍나무가 염료착색으로 더 독특해진다고 생각한

와이핑 바니시로 마감한 단풍나무

단풍나무 장식품을 와이핑 바니시로 마감하면 재색에 환한 광택과 따뜻함이 살아난다.

① 목선반에서 입도 400번 사포나 더 고운 사포로 샌딩하고 샌딩 먼지를 제거한다.
② 와이핑 바니시를 천으로 얇게 바르고 적어도 4시간, 가능하면 하룻밤 정도 경화되도록 둔다.
③ 거스러미로 인한 거친 면과 먼지 티끌을 제거하기 위해 입도 320번 또는 더 고운 건식 윤활사포로 가볍게 샌딩한다. 사포로 작업하기 불편하면 #00 또는 #000 스틸울을 사용한다. 샌딩 먼지를 제거한다.
④ 와이핑 바니시를 두 번째 바르고 밤새도록 경화한다.
⑤ 두 번째 도포가 마지막이 아닌 경우 #000 또는 #0000 스틸울 또는 입도 400번 사포로 광을 낸다.
⑥ 광택이 고르지 않거나 도막을 더 두껍게 올리고 싶으면 추가 도포한다. 도포 간에는 스틸울로 문지르거나 먼지티끌 제거를 위해 가볍게 샌딩한다.
⑦ 마지막 도포가 원하는 것보다 광택이 강할 경우, 하루나 이틀 기다린 다음 #0000 스틸울로 가볍게 문지른다. 굵힘을 부드럽게 하도록 왁스 윤활제나 오일을 사용한다.

수성 마감제로 마감한 단풍나무

단풍나무를 가능한 천연재색에 가깝게 유지하면서 표면 보호 마감을 하려면 수성 마감제를 사용한다.

① 입도 150번 또는 180번 사포로 샌딩하고 샌딩 먼지를 제거한다.
② 수성 마감제를 분무하거나 붓으로 칠한다(거스러미 발생을 줄이려면 그 원인이 되는 거스러미를 먼저 제거한다(31쪽 '거스러미 제거' 참조).
③ 도포한 후 적어도 2시간, 가능하면 하룻밤 정도 경화시키고 입도 220번에서 320번 사포로 거스러미를 제거한다. 건식 윤활사포가 효과적이다.
④ 샌딩 먼지를 제거하고 두 번째 도포를 한다. 적어도 2시간 경화시키고 입도 320번 사포나 더 고운 건식 윤활사포로 먼지 티끌을 제거한다.
⑤ 가능한 먼지가 없는 환경에서 저광 수성 마감제를 분무 또는 붓질로 세 번째 도포를 한다.

다. 또한 오일·바니시 혼합물로 마감하는 것을 반대하지는 않지만, 도막형성 마감제를 적용하는 것을 더 선호한다. 도막형성 마감제는 그 두께로 인해 심도가 있어 목재의 특성을 더 많이 표현해 준다.

벚나무

18세기 이래, 벚나무(Cherry)는 인기 있는 가구재이다. 미국 원산으로 수입되는 마호가니 대체재로 사용되었다. 짙은 색감을 더욱 강조하기 위해 때때로 착색되기도 했지만 대부분 착색하지 않고 천연적으로 짙어지게 둔다. 1950년대에 대량생산가구 분야에서 벚나무는 큰 인기를 끌었다. 공장에서는 벚나무를 착색하기보다는 토닝을 주로 했다. 토닝은 얼룩 없이 심변재 간 색상차이를 줄여 고른 재색을 낸다.

벚나무는 최근 독특한 가구를 만드는 목공인에게 가장 인기 있는 목재 중의 하나이다. 대단한 인기 덕분에 현재 미국산 활엽수재 중에서 고가에 속한다. 벚나무가 인기를 끄는 데는 몇 가지 이유가 있다. 가장 중요한 것은 벚나무 고가구에서 발견할 수 있는 따뜻하고 반투명하며 적갈색

젤 바니시로 마감한 고재 벚나무

벚나무가 빛과 산소에 노출되면 자연적으로 짙어진다. 단시간에 눈에 띌 정도로 짙어지지만, 벚나무 고가구처럼 인정받는 따뜻한 적갈색을 내려면 수 년에서 수십 년이 걸린다. 젤 바니시는 얼룩 없이 바르기 쉽고 부드러운 저광을 낸다.

❶ 입도 150번 또는 180번 사포로 샌딩하고 먼지를 제거한다.
❷ 젤 바니시를 헝겊으로 바르고 굳기 전에 여분의 대부분 또는 전부를 닦아낸다. 4~6시간, 가능하면 하룻밤 경화시킨다(젤 바니시는 상당히 빨리 굳어 다음 작업이 불가하므로, 큰 면적은 한 번에 한 부분씩 나눠 전체를 완성하는 것이 좋다).
❸ 입도 280번 사포나 더 고운 사포로 먼지티끌을 제거하기 위해 가볍게 샌딩한다.
❹ 원하는 외관이 될 때까지 2단계를 여러 번 반복한다. 제거해야 할 결점이 발견되면 도포 간에 샌딩한다.

토닝과 연마 래커로 마감한 벚나무

토닝(상도용 마감제에 색소를 첨가한 것)은 얼룩이 티 나지 않으면서 심재와 변재의 색을 고르게 하는 데 사용한다. 연마하여 저광을 내면 도막은 더욱 세련되게 보인다.

1. 입도 150번 또는 180번 사포로 샌딩하고 먼지를 제거한다.
2. 희석된 거스러미 방지(NGR) 염료 착색제를 1~2회 분무해 재색을 낸다. 벚나무 색상을 사용하고 1시간 동안 건조한다.
3. 래커 샌딩 실러나 희석제를 반 정도 섞은 래커를 도포한다. 몇 시간, 가능하면 하룻밤 동안 건조한다.
4. 입도 280번 사포나 더 고운 건식 윤활사포로 평활해질 때까지 샌딩한다. 샌딩 먼지를 제거한다.
5. 벚나무색 안료·염료 혼합제를 래커와 1:1로 섞은 후, 4~6배 래커희석제로 희석한 토너를 수회 분무한다. 원하는 기성 래커 착색제 또는 NGR 염료, 산업용 색소(안료)를 사용할 수도 있다. 붉은색에 약간의 노란색과 검은색을 섞는다.
6. 심변재가 섞여 있으면 재색 차이를 줄이기 위해 변재 부위에 더 많은 토너를 분무하고, 가능하면 하룻밤 건조한다.
7. 먼지 티끌을 제거해야 한다면 입도 400번 사포나 더 고운 건식 윤활사포로 가볍게 샌딩한다. 샌딩 먼지를 제거한다.
8. 래커를 4~8회 분무한다. 먼지 티끌을 제거해야 한다면 도포 간에 가볍게 샌딩한다. 광택을 내는 어떤 래커도 가능하지만, 마지막 상도는 최상층에서 문질러 낼 광택 정도여야 한다.
9. 상도를 입도 600번 습·건식 사포에, 윤활제로 미네랄 오일(광유)과 미네랄 스피릿 혼합제를 사용한다. 아니면 기성 연마 윤활제를 사용해도 된다. 편평한 블록에 사포를 감아 오렌지 껍질이 모두 제거될 때까지 샌딩한다.
10. 나프타를 묻힌 부드러운 천으로 표면을 깨끗이 닦는다.
11. 입도 1000번 사포로 9와 10단계를 반복한다.
12. 왁스나 오일 윤활제를 바르고 #0000 스틸울로 문지른다. 원하면 다리와 앞 주름 부재도 문지른다.

> **메모** 여기에 제공된 정보에도 불구하고 천연적으로 질은 색감을 지닌 벚나무 고재의 재색을 착색제나 토너로 정확히 일치시키는 것은 불가능하다. 색상은 비슷하게 낼 수 있지만, 착색제나 토너 그 어느 것도 고재 벚나무의 천연적인 반투명함을 재현할 수 없다.

과 조합되는 색감이다. 또한 벚나무는 작업하기에도 좋다. 절삭 시 대부분의 다른 수종과 구별되는 독특한 향기가 있다. 그리고 과일로도 그 이름이 익숙한 수종이다(목재를 주로 생산하는 벚나무에서 버찌를 생산하는 것은 아니다).

큰 인기에도 불구하고 벚나무는 마감이 쉽지 않은 수종이다. 갓 제재된 벚나무는 오래된 벚나무에서 볼 수 있는 따뜻하고 균질한 적갈색을 띠지 않는다. 생재의 재색은 대개 분홍에서 밝은 적색이다. 게다가 회색빛이 돌기도 한다. 판재마다 재색의 변이가 있고 동일 판재라도 상당한 재색의 차이가 있을 수 있다. 더군다나 갓 제재한 판재의 무늬는 상당히 그윽한 고재 벚나무보다 훨씬 더 뚜렷하다. 자연적인 고재 색상을 내려면 시간이 오래 걸리기 때문에 많은 목공인이 착색으로 유사한 효과를 즉각적으로 내려한다.

벚나무 착색 문제는 얼룩이 자주 발생한다는 것이다. 이런 점에서 벚나무는 소나무 또는 자작나무와 유사하다. 게다가 균일한 적갈색 착색(내 경험상 가장 좋은 착색제는 록우드의 'Cherry, Natural Antique')이 되었더라도 벚나무는 천연적으로 계속 짙어져 너무 진한 재색이 된다. 그러므로 매우 조심스럽게 판재를 선택해 변재가 거의 없거나 최소로 조합해야 한다. 그 후에 벚나무가 천연적으로 짙어지도록 해야 한다(마감하기 전에 끓인 아마인유를 바르고 일주일 정도 굳히면 천연적으로 짙어지는 것을 가속할 수 있다). 벚나무 색상을 선택했다면 얼룩무늬가 없거나, 매혹적인 얼룩 형태가 없는 판재를 사용하는 것이 좋다. 얼룩을 최소화하면서 벚나무 재색을 내려면 젤 착색제를 사용하거나 토닝을 하는 것이 좋다.

젤 착색제는 벚나무 착색제로 양호한 실적을 가지고 있다. 초창기 바틀리 벚나무 가구 키트(Bartley cherry-furniture kits)에 이 착색제가 포함되어 있었고 사용자들은 큰 만족을 얻었다. 다만 그 착색제의 단점은 선택의 폭이 좁고, 벚나무 고가구의 깊은 색상을 충분할 정도로 따라가지 못한다는 점이다.

토닝은 분무 장비가 있어야 하지만, 토너 도포는 색상 발현 과정을 효과적으로 제어할 수 있다. 무늬 불투명도를 높이지 않으면서 재색을 짙게 하려는 것이 주된 목적이라면 염료 토너로, 바탕 무늬를 감추는 게 주된 목적이라면 안료 토너를 사용한다. 표면 전체에 토너를 바를 때는 거의 대부분의 현대식 벚나무 가구 제조공장에서 적용하는 것처럼 염료와 안료 혼합제가 최상이다. 판재의 재색에 변이가 있을 수 있으므로 작업을 하면서 결정한다.

벚나무를 고재처럼 보이도록 가성소다(양잿물)나 중크롬산칼륨 사용을 권유받는 사례도 있을 수 있다. 둘 다 벚나무를 상당히 짙게 하고, 종종 벚나무 고재와 유사한 재색이 가능하다. 그러나 벚나무가 천연적으로 계속 짙어진다는 분명한 문제 외에도 몇 가지 문제점이 있다.

두 화학물질 모두 사용 시 다소 위험이 따르므로 눈과 피부를 잘 보호해야 한다. 가성소다가 도막을 통과하여 목재로 흡수되면 활성화되어 도막을 벗겨내는 역할을 한다. 그러므로 가성소다는 식초 같은 산으로 반드시 중화시켜야 한다. 또한 재색을 바꾸기 위해 화학물질을 사용하는 것은 결과를 예측하기가 다소 어려울 수 있다. 색이 고르지 못할 수도 있고 너무 짙어지기도 한다. 색을 다시 밝게 하려면 샌딩하거나 탈색하는 이외에는 방법이 없다.

이런 문제로 인해서 나는 가성소다나 중크롬산칼륨을 권장하지 않는다. 벚나무를 그대로 두거나 염료 착색제(얼룩이 문제가 되지 않는다면)나 젤 착색제 또는 토너를 사용한다. 또한 오일·바니시 혼합물보다 도막형성 마감제를 선호하는데, 도막형성 마감제는 더 깊고 풍성한 색을 내기 때문이다. 그렇지만 많은 목공인은 아마도 사용법이 쉽다는 이

> **메모** 변재의 재색이 심재의 재색과 유사하도록 항상 염료 토너를 사용하는 것이 가장 좋다. 안료 토너를 변재에만 바르면 재색이 탁해져서 밝고 선명한 문양의 심재와 확연한 차이가 난다.

유로 오일·바니시 혼합물을 선택하는 경우가 많은데, 그 결과를 부정적으로 평가할 생각은 없다.

물푸레, 느릅나무, 밤나무

물푸레(Ash), 느릅나무(Elm), 밤나무(Chestnut)의 횡단면은 참나무와 아주 유사하다. 가구제조업자는 종종 참나무 대체재로 이들을 사용하거나 참나무와 섞어서 제작한다. 착색 후 어느 것이 어떤 수종인지 식별하는 데는 훈련된 안목이 있어야 한다.

물푸레, 느릅나무, 밤나무를 안료 착색제로 착색하면 참나무와 같은 문제가 발생한다. 목재의 천연적 거칢이 더 현저해진다. 그렇지만 이들은 만재성장이 조밀하지 않아 참나무처럼 문제가 심각하지는 않다. 물푸레, 느릅나무, 밤나무의 만재는 참나무 만재보다 안료입자를 더 많이 안착시켜 전체적인 재색은 더 고르게 된다. 그럼에도 불구하고 참나무에서 보이는 거칢을 최소화하는 기법은 물푸레, 느릅나무, 밤나무에도 잘 작용한다.

나는 참나무에 제안한 것과 같은 방식으로 물푸레, 느릅나무, 밤나무를 마감하는 것을 좋아한다. 무착색, 염료착색, 안료로 토닝하기 또는 피클링, 그런 다음 관공이 선명하게 남도록 얇게 마감하는 방식이다.

저광 래커로 마감하고 토닝한 물푸레나무

토닝은 균질하지 못한 재색을 고르게 하거나 착색에 의한 대비를 줄이는 데 효과적이다. 저광 래커 마감은 그 효과가 더욱 커진다.

1. 입도 150번 또는 180번 사포로 샌딩하고 먼지를 제거한다.
2. 래커 착색제를 분무하거나 천으로 바른다. 굳기 전에 여분을 닦아낸다. 1시간 정도 건조한다.
3. 래커 샌딩 실러 또는 래커 희석제를 반 정도 섞어 분무한다. 2시간 이상 또는 하룻밤 정도 건조한다.
4. 입도 280번 사포나 더 고운 건식 윤활사포로 평활해질 때까지 샌딩하고 먼지를 제거한다.
5. 래커와 래커 착색제로 만든 토너나 래커 희석재로 4~6배 희석한 안료 토너를 분무한다. 원하는 색상·효과가 나올 때까지 분무한다.
6. 저광 래커를 2~3회 분무한다. 먼지 티끌 또는 다른 결점을 제거할 필요가 있다면 도포 간에 입도 320 사포나 더 고운 건식 윤활사포로 샌딩한다.

연필향나무

연필향나무(Aromatic Red Cedar, 향적삼나무)의 고유한 향이 나방을 쫓아내므로 주로 서랍장 제작에 사용한다. 서랍장의 안쪽 부재로 사용하는 연필향나무는 천연 재색이 아름답고, 마감하면 향기를 밀봉하여 방충효과를 기대하기 어렵기 때문에 착색하거나 마감하지 않는다. 서랍장 외부에 사용할 경우, 연필향나무는 대개 마감만 하고 착색하지는 않는다.

서랍장의 일부 내부재로 사용한 연필향나무를 마감하면 문제가 발생한다. 연필향나무의 방향성 용제는 마감된 서랍 내부 부재 속에서 가스를 발생하여 마감제를 부드럽게 하고 끈적거리게 만드는 원인이 된다. 문제를 방지하려면 모든 부위를 마감하지 않은 상태로 두어야 한다.

가구의 외부 부재로 사용한 연필향나무는 착색하지 않고 도막형성 마감제로 마감했을 때가 가장 보기 좋다.

연단풍, 미국풍나무, 포플러

연단풍(Soft Maple), 미국풍나무(Gum), 포플러(Poplar, 사시나무)는 작업하기 쉽고 비교적 저렴한 활엽수재로서 가구제조업계에서는 전통적으로 '부차적인' 목재로 취급되었다. 공장뿐만 아니라 맞춤형 가구제조업자들도 테이블, 서랍장, 의자 등의 구조부재로 사용하였고 좀 더 눈에 띄는 부위에서는 보기 좋은 목재나 무늬단판으로 마감해서 사용하였다. 이런 부차적인 목재들은 품질이 더 좋은 목재와 비슷하게 보이도록 대개 안료착색(보이는 곳에서는)을 했는데, 대부분은 그 차이를 알아차릴 수 없다.

연단풍, 미국풍나무, 포플러 마감에서는 두 가지 문제점이 있다. 경단풍나무, 호두나무와 비교했을 때 낮은 밀도와 밋밋한 무늬가 바로 그것이다. 이런 무늬는 착색되지 않으면 관심을 끌기가 어렵다. 안료보다 염료를 사용하면 더 짙은 재색을 내게 된다. 저밀도 목재는 오일·바니시 혼합물을 사용했을 때보다 도막형성 마감제를 도포했을 때가 더욱 충분한 광택과 미려함을 낼 수 있다.

나는 이들 목재에 도막형성 마감제를 바르는 것을 좋아한다. 재색을 얼마나 짙게 하느냐의 여부에 따라 안료나 염료를 사용하기도 한다.

자작나무

자작나무(Birch)는 단풍나무와 유사하여 간혹 단풍나무로 오인되기도 한다. 자작나무는 비중이 약간 큰 편에 속해 안료 착색제를 많이 받아들이지 못한다. 그러나 자작나무는 대개 소용돌이 목리가 많아 단풍나무보다 얼룩이 잘 생긴다. 참을 수 없을 정도로 얼룩이 심할 경우, 재내로 스며들지 않는 토너를 사용하여 색을 발현시킨다. 마감에 염료를 사용하면 바탕이 불투명해지는 현상 없이 고른 착색을 얻을 수 있다.

자작나무는 단풍나무와 함께 염료 착색제로 붉게 만들어서 20세기 초, 가구제작에 벚나무와 마호가니의 대체제로 사용하였다. 나는 단풍나무 마감과 같은 방식으로 자작나무를 마감하는 것을 좋아한다. 얼룩 발생이 문제가 된다면 대체재로 단풍나무를 사용한다.

유분이 많은 목재들

많은 목공인이 티크(Teak), 로즈우드(Rosewood), 부빙가(Bubinga), 코코볼로(Cocobolo), 흑단(Ebony) 같은 화려한 수입 활엽수재를 장식적 목적, 때로는 다른 목재의 강조용으로 사용하거나 가구 전체에 사용하는 것을 좋아한다. 이들 수종은 거의 착색하지 않는다. 애초에 값비싼 이 목재들을 사용하는 이유는 그들이 지닌 자연적인 아름다움 때문이다. 그렇지만 대부분 마감하는 데 있어 함유된 천연 기름 성분이 문제의 원인이 될 수 있다.

가장 흔한 문제는 마감제가 경화하는 데 시간이 오래 걸린다는 것이다. 이런 현상은 오일, 오일·바니시 혼합물 또는 바니시를 사용할 때 나타날 수 있다. 이들 목재에 함유된 기름 성분이 마감제로 침투해 경화를 지연시킨다.

염색과 수성도료로 마감한 포플러

포플러는 종종 착색하여 호두나무와 유사하게 만들지 않으면 특색이 거의 없는 목재이다. 수성 폴리우레탄은 아주 강한 마감제로 내마모성이 크게 요구되는 곳에 적합하다.

❶ 입도 150번 또는 180번 사포로 샌딩하고 먼지를 제거한다.
❷ 호두색 유용성 염료 착색제를 목리 방향으로 한 번에 길게 붓으로 칠한다. 왓코나 데프트 블랙 대니시 오일로 대체해도 된다. 이 경우에 여분을 모두 닦아내고 수성 마감제를 바르기 전에 일주일 정도 경화시킨다(붓으로 칠한다면 수성 마감제의 하도로 수용성이나 NGR 염료 착색제를 사용해서는 안 된다. 색상이 섞이고 도막을 들어 올릴 수도 있다).
❸ 저광 수성 폴리우레탄을 붓으로 바른다. 적어도 2시간, 가능하면 밤새도록 경화시킨다.
❹ 제거해야 할 먼지, 티끌이나 다른 결점이 있다면 입도 320번 사포나 더 고운 건식 윤활사포로 가볍게 샌딩하고 먼지를 제거한다.
❺ 3과 4단계를 반복한다.
❻ 가능한 먼지가 없는 환경에서 붓으로 최종 도포한다.

프랑스 광택으로 마감한 염료착색 자작나무

자작나무는 염료 착색하여 마호가니와 유사하게 만들 수 있다(이 자작나무 서랍장의 최상단 서랍은 마호가니 무늬목으로 마감되어 있다). 셀락을 바르고 프랑스 광택으로 깊은 거울 유광(Mirror-gloss) 마감을 하였다.

❶ 입도 150번 또는 180번 사포로 샌딩하고 먼지를 제거한다.
❷ 거스러미를 제거한다(31쪽 '거스러미 제거' 참조).
❸ 수용성 염료 착색제(여기서는 '마호가니'색)를 천으로 바르고 마르기 전에 여분을 닦아낸다. 하룻밤 건조한다.
❹ 입도 400번 건식 윤활사포로 아주 가볍게 샌딩한다. 착색제를 갈아내지 않도록, 특히 가장자리와 모서리의 샌딩 시 주의한다.
❺ 샌딩 먼지를 제거한다.
❻ 1-파운드 컷 금발색 셀락을 붓으로 바른다. 2시간 동안, 가능하면 하룻밤 건조한다.
❼ 입도 320번 사포나 더 고운 사포로 거스러미와 먼지티끌을 제거하기 위해 가볍게 샌딩한다.
❽ 6과 7단계를 반복한다.
❾ 표면에 고른 광택이 날 때까지 모든 부위를 3~4회 프랑스 광택을 낸다(147쪽 '프랑스 광택내기' 참조).
❿ 나프타에 적신 천으로 닦아서 오일을 제거한다.
⓫ 실리콘 가구 광택제나 반죽형 왁스를 바른다.

왁스로 마감한 로즈우드

왁스는 로즈우드 천연 재색에 최소의 효과만을 낸다.

❶ 목선반에서 입도 400번 사포나 더 고운 것으로 샌딩하고 먼지를 제거한다.
❷ 반죽형 왁스를 바른다. 광택이 사라지면 여분을 닦아낸다. 하룻밤 정도 왁스를 건조한다.
❸ 두 번째로 반죽형 왁스를 바른다. 광택이 사라지면 여분을 제거한다(덜 조밀한 목재는 고른 저광을 내기 위해 추가로 더 바른다).
❹ 모든 줄무늬 얼룩이 제거되고 고른 광택이 날 때까지 양면패드가 장착된 기계나 수작업으로 표면의 광을 내준다.

또 다른 문제는 래커, 2액형 마감제, 수성 마감제를 사용할 때 생긴다. 유분은 이들 마감제가 목재와 잘 결합하는 것을 방해한다. 이런 문제는 나프타나 래커 희석제 같은 급속 휘발성 용제를 헝겊에 적셔 재면을 닦아 예방할 수 있다. 이렇게 하면 재면에서 유분을 깨끗하게 닦아낼 수 있다. 용제가 증발한 후, 속에 있는 기름 성분이 표면으로 용출되어 나오기 전에 재빨리 마감제를 바른다.

작품을 수입 특수목만으로 제작하면서 관공을 선명하게 드러나게 할 경우, 오일·바니시 혼합물이나 와이핑 바니시를 사용한다. 표면보호가 더 많이 요구될 때는 도막을 더 두껍게 올린다. 작품이 손을 많이 타지 않고 장식용인 경우에만 왁스로 마감한다. 수입 특수목만으로 제작된 제품이 마감 몰딩이나 장식적인 강조의 목적으로 사용되는 곳에서는 그 제품이 전체와 어울리는 마감제를 선택한다.

18장 | 마감 관리하기

- 마감 열화의 원인
- 액상 가구 광택제 바르기
- 마감 열화 방지하기
- 마감면 열화의 원인과 예방
- 광택제 선택 기준
- 고가구 관리
- 가구 광택내기 개론
- 가구 관리 제품의 종류
- 마감제의 열화와 앤티크 로드쇼

모든 마감과 관련된 주제 중에서 마감 관리는 제품 제조업체에 의해 가장 잘못 알려진 항목이다. 그런 사례로는 "가구 광택제는 마감면을 보호해준다."와 같은 불분명한 주장 또는 "가구 광택제는 목재의 천연 오일을 대체한다."와 같은 명백한 오류까지 다양하다. 수많은 소비자를 대상으로 하여 원목은 오일 성분이 있고, 이 오일 성분의 대체품이 필요하다는 것을 납득시킨 가구 광택제 산업의 성공은 미국 마케팅의 가장 큰 사기에 속한다고 할 수 있다.

이 기만적인 마케팅이 강조한 것은 가구 광택제의 실질적인 혜택인 먼지 방지, 청소, 향기 첨가와 같은 장점을 완전히 벗어난 것이었다. 게다가 일부 가구 광택제 제조사는 왁스의 유익한 역할을 완전히 오도하였다. 광택의 오랜 지속성과 내수성을 내세우는 대신에 왁스가 관공을 틀어막아 목재가 숨 쉬는 것을 막고 이것이 쌓여서 얼룩진 표면이 생긴다고 주장하며 문제 삼았다.

기적의 가구 관리법을 강조하고 골동품과 홈-앤드-가든 쇼로 운영되는 부가적인 산업이 번성할 만큼 혼란을 야기했다. 이런 사업은 기본적으로 일반적이며 동일한 성분의 물질을 3~4배 높은 가격에 판매한다. 이런 비즈니스의 성공이 말하는 것은 가구 관리에 대한 이해가 상당히 부족하다는 것을 의미한다.

가구 마감을 관리하는 데 있어 무엇을 달성할 것인지를 파악하기 위해서는 먼저 마감이 열화되는 이유와 열화를 지연시키는 방법을 이해해야 한다. 또한 반죽형 왁스와 액상 가구 광택제가 무엇인지, 그 기능이 무엇인지를 정확하게 이해하는 것이 도움이 된다. 그런 다음에야 가구를 어떻게 관리할지 또는 고객에게 어떻게 조언할지 현명한 결정을 내릴 수 있다.

마감 열화의 원인

마감은 다음 조건으로 열화된다.
- 강한 햇빛 노출
- 산화
- 열, 물, 용제, 화학물질과의 접촉 등 물리적인 남용

강한 햇빛

빛, 특히 태양광선은 마감에 있어 가장 파괴적인 자연적인 요소이다. 주택의 남쪽 면에 칠한 페인트가 북쪽 면보다 얼마나 빨리 바래져 벗겨지는지 생각해 보라. 또는 자동차를 차고가 아니라 야외에 주차했을 때 햇빛으로 인해 얼마나 빨리 칙칙한 색상으로 변하는지 알 수 있다. 심지어 실내등에서 나오는 빛도 가구 마감에 영향을 미친다 (사진 18-1).

사진 18-1 밝은 자외선, 특히 직사광선은 색을 바래게 하고 마감이 갈라지거나 터지게 한다. 위의 100년 된 서랍 앞판에는 서랍 손잡이가 빛을 가로막는 중앙을 제외하고는 어디에서나 갈라진 흔적이 뚜렷하다. 중앙 부분 마무리는 마치 새것 같다.

액상 가구 광택제 바르기

액상 가구 광택제를 바르는 것은 간단하지만, 방법은 각각 다를 수 있다. 즉 광택제를 광택을 내기 위해 사용하는지, 먼지를 제거하기 위해 사용하는지에 따라 달라진다. 어느 경우든 마감면 청결상태부터 확인해야 한다. 만약 더럽다면 주방용 세제 또는 머피 오일 비누와 같은 순한 비누로 세척한다.

광택제를 먼지 제거 용도로 사용한다면 부드러운 천에 광택제를 가볍게 적신 후, 마감면을 닦아낸다. 아마도 젖은 천에 먼지가 달라붙을 것이다. 표면이 축축하게 젖을 정도로 해서는 안 된다.

광택제로 마감면의 광택을 높이거나 긁힘을 줄일 수 있도록 표면을 매끄럽게 만드는 경우, 부드러운 천이 젖을 만큼 많은 양을 사용하여 마감면을 닦는다. 또는 마감면에 광택제를 직접 분사하고 천으로 닦아낼 수 있다. 광택제로 마감면을 적신 후에 여분을 모두 제거한다.

매번 여분의 광택제를 제거하지 않으면, 광택제에 왁스나 실리콘이 함유되어있는 경우에 먼지와 때가 왁스와 실리콘과 섞여서 쌓일 수 있다. 마감면에 지문 자국이 보이기 시작하면 끈적끈적하다는 것을 알 수 있다(이것은 '왁스 축적'이라고 잘못 언급되는 경우가 많다). 끈적끈적함을 없애려면 순한 비누로 표면을 세척하거나, 나프타나 미네랄 스피릿으로 닦아낸다. 닦아낸 천이 더러워지고 마감면이 뿌옇게 된다. 마감면이 선명하지 않은 이유는 가구 광택제 때문이 아니라 시간이 오래되어 그렇다. 가구 광택제를 다시 도포한다. 마감면이 유지되는 한, 광택이 다시 날 것이다. 아래쪽에 적절한 마감면이 없다면 마감 재도장을 해야 한다.

속설 가구 광택제는 목재에 수분을 공급한다.

사실 위 목적을 달성하기 위해서 가구 광택제의 기름진 용제는 청량음료, 땀, 물, 그리고 '기름진 용제'와 같은 액체의 침투를 막는 것이 주목적인 마감제에 침투해야 할 것이다. 가구 색이 칙칙해 보이거나 건조해졌다면 그것은 나무에 뭔가 잘못되었거나 부족해서가 아니라 단지 마감이 열화되었기 때문이다. 도포 작업을 마친 가구에서 광택이 사라지는 것은 광택제가 나무속으로 들어가서가 아니라 광택제가 증발했기 때문이다.

산화

산화는 빛에 이어 두 번째로 파괴적인 자연 요소이다. 산소는 거의 모든 원소와 결합해 산화물로 바뀌게 한다. 과정은 느리지만, 재료 열화에 중요한 요인이다. 산화는 대부분의 마감제를 어둡게 하고 빛이 일으키는 가속 효과 없이도 모든 마감제에 결국 균열을 일으킨다.

물리적 남용

모든 마감제는 거친 물체, 열, 물, 용제, 산이나 알칼리 등으로 인해 물리적으로 손상될 수 있다. 폴리우레탄과 촉매형 마감제 등 일부 마감제는 다른 마감제보다 내성이 강하지만 당연히 손상될 수 있다.

마감 열화 방지하기

그렇다면 빛, 산화, 물리적 남용으로 인한 열화를 막는 방법은 어떤 것이 있을까? 사실 할 수 있는 일의 대부분은 상당히 수동적이다. 능동적 관리는 생각보다 비교적 작은 효과를 낸다(272쪽 '마감면 열화의 원인과 예방' 참조).

수동적 관리

가구의 마감을 관리하는 가장 좋은 방법은 가구를 덮어 두거나, 파괴적인 요소로부터 멀리하는 것이다. 다음은 몇 가지 예이다.

- 강한 빛으로부터 가구를 보호하기 위해 커튼과 그늘로 직사광선을 피하고, 테이블 상판을 식탁보로 덮은 상태

속설 가구 광택제는 목재 속의 유분을 대체한다.

사실 일반적인 가구용 목재는 천연 오일을 함유하고 있지 않으며, 목재도 오일이 필요치 않다. 티크나 로즈우드 같은 천연 오일이 함유된 몇 안 되는 외래 수종도 유분을 교체할 필요가 없으며, 특히 가구 광택제에 함유된 석유 기반 용제로 교체할 필요가 없다. 사실 이러한 목재 속의 유분은 앞 장에서 지적했듯이 대개는 가구 마감에 있어 문제를 일으킨다.

로 유지한다. 장기간 휴가 시에는 좋은 가구 위에 시트를 덮어 보호한다.
- 산화를 늦추기 위해 매우 뜨거워지는 다락방 같은 장소에 가구를 보관하지 마라. 뜨거운 열은 산화를 가속화한다.
- 물리적 손상을 최소화하기 위해 냄비 받침, 코스터, 매트, 식탁보를 사용한다(그러나 비닐로 테이블을 덮으면 안 된다. 비닐과 마감제가 서로 붙을 수 있다).

적극적 관리

적극적 관리로는 반죽형 왁스나 액상 가구 광택제를 정기적으로 가구에 도포하는 방법이 있다(270쪽 '액상 가구 광택제 바르기' 참조). 그러나 반죽형 왁스나 가구 광택제로 빛이나 산화의 파괴적인 힘을 막을 수 없다. 또한 열, 용제 또는 물에 의한 손상도 방지하지 못한다. 이들 둘 다 수직면에서는 물이 방울로 맺혀서 흘러내리게 하지만, 수평면에서는 물의 침투를 막지 못한다. 왁스나 유성 용제의 막은 너무 얇고, 물이 통과할 수 있을 만큼의 구멍, 스크래치는 항상 있다.

반죽형 왁스와 액상 가구 광택제는 사용에 따르는 마모로부터만 가구를 보호한다. 마찰을 줄여주기 때문에 마감면에 부딪히는 물체가 마감 부분을 파고 들어가지 않고 미끄러지는 경향이 있다(273쪽 '가구 광택내기 개론' 참조).

사용에 따르는 마모로부터의 보호 이외에도 반죽형 왁스와 액상 가구 광택제는 칙칙한 표면에 광택을 더하고 경미한 손상을 가릴 수 있다(사진 18-2). 스크

> **주의!** 일부 비누 제조업자는 비누와 물로 가구를 주기적으로 청소하라고 권장한다. 비록 아이보리 비누(동물성 지방과 잿물로 만든)와 머피 오일 비누(식물성 기름과 잿물로 만든)와 같은 순한 천연 비누의 경우, 마감면을 손상시키지 않지만, 가구가 물과 과도하게 접촉될 것이다. 만약 마감면에 크랙이 있으면 물이 스며들어 마감제가 나무에서 벗겨지게 된다. 또한 마감제가 열화되거나 마모된 경우에 물과 과도하게 접촉하면 테이블 상판이 오목하게 뒤틀릴 수 있다. 비누와 물은 가구가 더러울 때만 사용하라!

사진 18-2 반죽형 왁스와 가구 광택제의 주요 기능은 칙칙한 표면의 광택을 높이는 것이다. 반죽형 왁스는 꽤 영구적으로 광택을 유지하고, 액상 광택제는 보통 일시적으로 유지한다. 이 패널의 표면 오른쪽에는 반죽형 왁스가 도포되었다.

> **속설** 가구 광택제가 마감에 수분을 공급해 건조와 균열의 과정을 늦춘다.
>
> **사실** 가구 광택제는 광택과 스크래치에 대한 저항력을 더하는 것 외에는 좋든 나쁘든 경화된 마감제에는 아무런 효과가 없다. 마감면을 '촉촉하게' 하면 마감면이 약해지고 연화되기 때문에 실제로는 마감면에 재앙이 될 것이다. 마감면이 연화되었다면, 그것은 보통 오랜 시간 동안 산성의 보디 오일이나 강한 비누 또는 다른 화학 물질과 반복적으로 접촉하기 때문이다. 앞 장에서 지적했듯이 대개는 가구 마감에 있어 문제를 일으킨다.

마감면 열화의 원인과 예방

원인	방지법
햇빛 노출	- 가구를 창가에서 멀리 놓는다. - 커튼, 가림막을 사용한다. - 사용하지 않을 때 햇빛에 노출되는 민감한 부위는 덮어 둔다.
산화	- 가구를 더운 다락방에 두지 않는다(열은 산화를 가속화한다).
일상적인 사용 또는 남용	- 반죽형 왁스, 가구 광택제로 마찰을 줄인다.
열, 물, 용제, 산, 알칼리와의 접촉	- 냄비 받침, 코스터, 매트, 테이블 보를 사용한다.

> **주의** 브리왁스 오리지널 포뮬러(Briwax Original Formula)와 같은 일부 반죽형 왁스에는 톨루엔이 함유돼 있다(캔에 기재). 이 용제는 완전히 경화되지 않았다면 많은 마감제를 녹이고 제거할 수 있을 만큼 강하다. 심지어 완전히 경화된 수성 마감제를 손상시킬 수 있다.

래치나 자연적인 마감 열화로 인해 생긴 마감면의 작은 공백을 메움으로써 이 작업을 수행한다. 마감면을 들여다보면 빛이 사방으로 흩어지지 않고 반사되는 경우가 있다. 이렇게 되면 마감면 아래의 목재가 더 풍성하고 깊게 보이므로 마감면이 덜 손상된 것처럼 느껴진다(어떤 사람에게는 마치 목재 밑, 마감 부분에 기름을 바른 것처럼 보일 수도 있다).

반죽형 왁스는 증발하지 않는다. 왁스가 포함되지 않은 액상 가구 광택제는 증발한다(액상 가구 광택제에 왁스가 들어 있는 경우, 대개 투명한 용기에 포장되어 바닥에 왁스가 가라앉아 있는 것을 볼 수 있다). 그것이 반죽형 왁스와 액상 광택제의 가장 큰 차이이다. 이는 반죽형 왁스가 마모되거나 표면에서 씻겨 나갈 때까지 지속적인 마모 방지 또는 광택을 제공한다는 것을 의미한다. 반면 왁스가 포함되지 않은 광택제는 증발 전까지만 마모를 방지하고 광택을 낸다.

액상 가구 광택제는 먼지와 때를 제거하는 능력이 뛰어나기 때문에 반죽형 왁스보다 훨씬 좋은 세척제이다. 대부분의 액상 가구 광택제는 방에 쾌적한 향기를 더해준다.

가구 광택제가 마감을 통과하여 목재로 들어간다면 마감이 심하게 열화 되므로, 재마감을 고려해 보아야 한다. 마감도 가구 광택도 목재를 보호하지는 않는다.

목재를 마감할 때 사용하는 **반죽형 왁스**는 다른 마감 위에 광택용으로 사용하는 반죽형 왁스와 동일하며 동일한 방식으로 도포한다(6장 '왁스 마감제' 참조).

액상 가구 광택제는 다음 네 가지 주된 성분으로 이뤄진다.
- 석유 증류분 용제
- 물
- 실리콘
- 왁스

석유 증류분 용제(Petroleum-distillate solvent)는 대부분의 가구 광택제 주요 성분이며 종종 '오일'이라고 불린다. 사실 그것은 증발 속도가 더 느린 미네랄 스피릿의 한 형태이고 유성 용제로 더 정확하게 표현된다. 이 액체는 증발하기 전까지만 광택과 긁힘 저항성을 더해 주며, 보통 몇 시간 안에 일어난다. 또한 이는 먼지를 제거하는 데 도움이 되며 기름기와 왁스를 제거하지만, 수용성 먼지에는 세척 효과가 없다(176쪽 '테레빈유와 석유 증류분 용제' 참조).

속설 레몬 오일과 오렌지 오일 가구 광택제는 레몬과 오렌지로 제조된다.

사실 이런 광택제는 석유 증류분 용제에 약간의 레몬과 오렌지 향을 가미한 것이다. 만약 이런 광택제가 진짜 레몬이나 오렌지 껍질에 존재하는 미량의 오일 성분만으로 제조되었다면, 가격이 엄청나게 비쌀 뿐만 아니라 플로리다에 한파가 올 때마다 가격이 하늘을 찌를 것이다.

물은 모든 오염원의 가장 좋은 세척제이기 때문에 많은 광택제에 첨가된다(물론 물은 주방용 세제나 '오일' 비누와 같은 순한 비누와 결합하는 것이 더 나은 세척제이지만, 이 정도의 세척은 거의 필요하지 않다). 물이 석유 증류분 용제와 결합해 에멀전 광택제가 되면, 처음 발랐을 때 우유처럼 뽀얀 광택이 나타난다. 이것이 에멀전 광택제를 식별하는 방법이다.

실리콘은 매우 매끄러운 합성 오일로 마감 처리 시 목재의 심도가 매우 도드라진다. 실리콘은 일주일 이상 표면에 남아 있어 뛰어난 스크래치 저항성이 있다. 다른 주장도 있을 수 있지만, 실리콘은 완전 불활성이고 마감제나 목재에는 손상을 주지 않는다. 그러나 재도장 마감 시에는 극복해야 할 추가적인 노력이 필요하다(165쪽 '피시 아이와 실리콘' 참조). 결과적으로 많은 재도장 전문가와 가구 보존가는 실리콘 광택제 사용을 꺼린다. 그럼에도 불구하고, 이런 광택제는 소비자에게 인기가 매우 많다.

왁스는 실온에서 고체이고 가구 표면에서 증발하지 않기 때문에 자주 바르지 않아도 된다. 따라서 왁스는 먼지를 제거하거나 청소하거나 향을 첨가하는 데 효과적이지 않다(왁스를 제거하지 않고 왁스 표면의 먼지를 제거하려면, 가구 광택제가 아닌 물에 적신 천이나 두꺼운 면포로 닦는다). 때로는 액체 광택제에 왁스를 첨가하기도 한다. 왁스가 용기에 가라앉기 때문에 쉽게 식별할 수 있다.

속설 다른 마감제 위에 광택제로 바른 왁스는 목재의 관공을 메꾸기 때문에 목재가 숨을 쉬지 못하게 한다.

사실 목재는 숨을 쉬지 않으며 공기를 마시지도 않는다. 목재는 주변 대기와 습기를 교환하면서 팽윤하고 수축한다(1장 '목재는 왜 마감되어야 하는가?' 참조). 그러나 광택제처럼 얇게 발라진 왁스는 수분 교환에 큰 지장을 주지도 않는다. 마감제 역시 숨을 쉬지 않기 때문에 왁스로 인해 마감제가 숨을 쉬지 못하는 것은 아니다. 왁스의 얇은 막이 빛이나 산화로 인한 열화를 늦추면 좋겠지만 실상은 그렇지 않다.

광택제 선택 기준

가구 관리에 대한 적극적인 관리 방식을 선택하는 것은 매장 선반에 놓인 수많은 관리 제품을 고르는 것만큼 혼란스럽거나 복잡한 일은 아니다. 가구 관리 제품에는 클리어 광택제, 에멀전 광택제, 실리콘 광택제, 왁스 등 네 종류가 있다(274쪽 '가구 관리 제품의 종류' 참조). 각 유형 내에서 중요한 차이점은 향기, 증발 속도, 그리고 때로는 추가된 색상이다(자국과 긁힌 자국에 색상을 추가하는 데 도움이 된다).

이런 제품을 굳이 가구나 캐비닛에 사용할 필요는 없다. 두꺼운 면포나 주변에서 흔히 볼 수 있는 천을 적셔 간단히 먼지를 털면 된다. 무엇을 하던 항상 본 장의 앞부분에서 설명한 수동적 관리 방법을 참조한다. 이런 방법은 마감면에 대한 최상의 장기적인 보호 기능을 제공한다.

고가구 관리

최근에 재마감된 것이 아니라면 고가구의 마감은 일반적으로 칙칙하고 균열이 있다. 또한 부품을 고정하는 접합부

가구 광택내기 개론

가구 광택제의 역할

- 일시적인 스크래치 저항성을 가진다.
- 일시적으로 가벼운 스크래치를 가린다.
- 일시적인 광을 내게 한다.
- 먼지 제거에 도움이 된다.
- 기름기, 왁스, 물에 씻기는 먼지를 마감면에서 제거한다.
- 방 안에 좋은 냄새가 나게 한다.

가구 광택제의 한계

- 목재가 '잃어버린 유분'을 보충해 줄 수 없다.
- 마감면을 '보존'할 수 없다.
- 열, 물, 용제, 혹은 화학물질에 대해 보호하지 못한다.
- 빛, 산화에 의한 열화를 늦출 수 없다.

가구 관리 제품의 종류

모든 가구 관리 제품은 아래 네 가지 유형으로 분류할 수 있다. 사용하고자 하는 용도에 따라 관리 제품을 선택한다. 그다음 해당 유형 내에서 마음에 드는 향과 증발 속도를 가진 제품을 선택한다(만약 제품 간 차이를 알고 있다면). 흠집과 긁힌 자국을 감추려면 유색 제품을 선택한다(270쪽 '액상 가구 광택제 바르기', 107쪽 '반죽형 왁스 바르기' 참조).

	제품 예시	제품 설명	제품 선택 이유
클리어 광택제		미네랄 스피릿 같은 석유 증류분이다. 때로는 감귤류나 테레빈유와 같은 관련 용제가 포함된다. 이러한 광택제는 보통 투명한 플라스틱 용기에 포장된다. 기름기를 닦아내고 왁스를 제거할 수 있지만, 건조된 청량음료나 끈적끈적한 지문과 같은 수용성 먼지는 닦아내지 못 한다.	먼지 제거에 도움이 되며 저렴하고 냄새가 좋은 액체를 원한다면 선택한다.
에멀전 광택제		물과 석유 증류분이 혼합된 것으로 처음 바르면 유백색을 띤다. 이러한 광택제는 보통 에어로졸 스프레이 캔에 포장된다. 클리어 광택제에 비해 에멀전 광택제의 장점은 그리스(Grease)와 수용성 먼지를 모두 청소할 수 있다는 것이다.	먼지 제거와 클리닝을 잘해 주는 광택제를 원한다면 에멀전 광택제를 선택한다.
실리콘 광택제		소량의 실리콘이 석유 증류분(맑음) 또는 에멀전(우유 흰색)에 첨가되어 있다. 오일 성분인 실리콘은 표면에서 증발하지 않는다. 며칠이 지나도 실리콘 광택을 식별이 가능하며, 방법은 손가락을 표면 위로 끌면 표시가 난다.	광이 오래 지속되고 스크래치 저항성, 먼지 제거, 세척을 원하면 실리콘 광택제를 선택한다.
왁스		가장 영구적인 가구 관리 제품이다. 하지만 과도하게 도포된 부분을 제거하는데 드는 수고로움 때문에 가장 적용하기 어렵다. 열화된 표면에서는 왁스가 균열과 실금을 감추기에는 액상 광택제보다 장점을 가진다.	오래되거나 열화된 마감면 또는 실리콘 광택제를 사용하지 않고 새 마감제에서 영구적인 광택, 스크래치 방지를 원하면 왁스를 선택한다.

가 헐거워지고 단판이 일어날 수 있다. 전체적으로 볼 때 새 가구보다 깨지기 쉬운 상태이므로 조심히 다뤄야 한다.

새 가구의 관리와 관련된 모든 정보는 고가구의 관리에도 적용된다. 가구는 밝은 빛으로부터 멀리하는 것이 더 중요하고, 마감이 부서지기 쉬우므로 긁힘을 방지하는 것이 더 중요하다. 반죽형 왁스가 가장 좋다.

또한 습도 변동이 크면 접합부가 더 헐거워지고 단판도 들뜨기 때문에 주택이나 실내의 상대습도를 최대한 일정하게 유지하는 것이 좋다. 이처럼 간단한 관리로 가구를 잘 사용하고 즐기는 것 말고 더 이상의 조치는 필요하지 않다.

마감제의 열화와 앤티크 로드쇼

일반 대중에게 고가구와 그 가치를 일깨워주는 데 큰 역할을 했던 미국 PBS의 <앤티크 로드쇼>와 같은 텔레비전 쇼가 의외로 엄청난 양의 고가구를 파괴·훼손시키는 요인이라는 사실은 매우 아이러니하다. 이 쇼를 통해 고가구 감정사들은 사람들이 고가구를 관리하고 재마감하는 것을 꺼리도록 만드는 결과를 가져왔다.

1장 '목재는 왜 마감되어야 하는가?'에서도 설명했듯이, 마감이 열화될 경우, 볼품없어지는 것은 물론이고 접합부가 느슨해지거나, 단판이 벗겨지거나, 뒤틀리거나, 갈라지는 등의 필연적인 결과가 발생한다. 이런 가구는 머지않아 버려질 것이다.

로드쇼의 잘못된 메시지는 재마감이 고가구의 가치를 낮춘다고 인식하는 데서 비롯되었다. 대개는 재마감된 가구를 거의 완벽한 상태의 가구와 비교하여 상당한 가격 차이가 있는 것으로 과장한다. 가구의 재마감 사유는 애초 논의되지 않는다. 가구는 왜 재마감 되는가? 그 이유는 기존의 마감 상태가 매우 나빴기 때문일 것이다.

희소성이라는 명확한 가치가 있는 고가구 몇 점을 제외하면, 마감이 형편없이 열화된 가구를 재마감하는 것은 아무런 문제가 없다. 가구는 사실 재마감되어야 한다.

속설 광택제로 도포된 왁스가 쌓이면 표면을 번들거리게 한다.

사실 왁스는 바를 때마다 여분을 모두 제거하지 않으면 쌓인다. 반죽형 왁스를 새로 칠할 때마다 그 안의 용제가 기존 왁스를 녹여 하나의 층을 만든다.
여분을 제거하고 다시 표면에만 달라붙은 왁스로 돌아간다. 여분을 효과적으로 제거하기 위해 깨끗한 천으로 문지른다. 이미 쌓인 왁스를 제거하려면 미네랄 스피릿, 나프타, 테레빈유 또는 투명한 가구 광택제로 표면을 닦는다(필요한 경우에는 세게 닦는다).

19장 | 마감 보수하기

- 이물질 제거
- 간단한 손상 보수
- 마감면 색상 손상 복구
- 색상 터치하기
- 번인 스틱으로 메꾸기
- 깊은 스크래치와 상처 수리
- 에폭시로 메꾸기

마감은 열화되고 손상된다. 그렇지만 마감은 수리될 수 있다. 앞 장의 설명처럼 일부 마감은 다른 마감보다 수리가 쉽지만, 마감에 발생한 손상은 대부분 수리가 가능하다. 가구 업계에서는 마감 작업과는 다른 전문 분야가 마감 보수 분야이다. 대부분의 마감 피해는 가구 공장, 가구점, 이삿짐 업체에 집중되어 있다.

마감에 발생하는 손상은 크게 다섯 가지로 분류되는데, 때로는 마감면을 지나 아래의 목재까지 이어지기도 한다.
- 촛농, 크레용 왁스, 마커 펜 자국, 라텍스 페인트 튄 것 또는 스티커와 테이프의 접착제 형태로 마감 표면에 부착된 이물질
- 가벼운 긁힘, 실금(크레이징), 뭉개짐, 뜨거운 트럭이나 창고 건물에 쌓여 있던 가구 포장 자국(프레스) 형태의 표면 손상
- 마감 색상 손상
- 목재 색상 손상
- 마감면 또는 마감면을 통과하여 재면까지 긁힌 자국이나 상처 형태의 목재 손상

투명하고 투과되는 마감제(오일 또는 오일·바니시 혼합물)와 얼룩 없는 목재 위에 매우 얇게 도포되는 마감제의 표면에 발생하는 피상적인 손상은 수리하기 쉽다. 오일 또는 오일·바니시 혼합물을 도포한 후, 여분을 닦아내면 된다. 그러나 마감면에 대한 심각한 손상(색상 문제, 상처, 깊은 긁힘)의 경우는 작업할 만큼 도막의 두께가 충분하지 않아서 수리가 어렵다. 한 번 손상된 마감면은 절대로 손상된 부위를 감출 수 없다. 반면에 도막 마감에 생긴 모든 유형의 손상은 보수가 가능하나 단 색상의 문제, 상처, 깊은 긁힘을 숨기려면 고도의 기술이 필요한 경우가 많다.

이물질 제거

마감 표면에 달라붙은 이물질은 연마로 전부 제거할 수 있다. 하지만 연마는 마감면 손상을 가져오므로 마감에 손상을 입히지 않는 용제로 이물질을 제거하는 것이 가장 좋다.

- **촛농**은 고체로 굳으면 표면에서 떨어져 나오는 경우가 많다. 그렇지 않으면 왁스의 대부분을 긁어내고 나머지는 미네랄 스피릿, 나프타, 테레빈유로 문질러 제거한다. 또한 열풍기로 왁스를 가열해 녹이거나 부드럽게 하여 닦아내거나 문지르면 된다. 마감면이 너무 뜨거워지면 연화될 수 있으니 주의해야 한다. 왁스가 착색되어 있고 일부 착색이 마감면이나 아래 목재까지 침투한 경우는 벗겨내고 재도장하지 않는 이상 제거할 수 없다.
- **크레용** 왁스는 미네랄 스피릿, 나프타, 테레빈유로 닦아내어 제거할 수 있다.
- **매직** 마커 자국은 일반적으로 변성 알코올로 제거할 수 있다. 천을 적신 후에 가볍게 닦는다. 마감면을 너무 많이 적시지 않는다. 알코올로 마커 자국이 없어지지 않으면 래커 희석제를 사용할 수 있지만, 마감면이 손상될 위험이 있다 (사진 19-1).

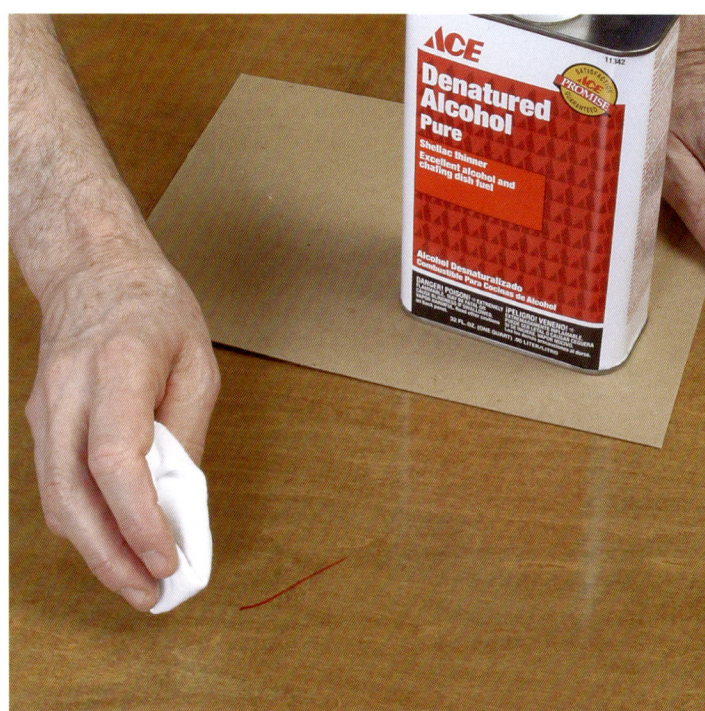

사진 19-1 알코올에 적신 천으로 닦으면 매직 마커의 흔적을 쉽게 지울 수 있다. 효과가 없으면 래커 희석제로 닦는다. 단 래커 희석제는 대부분의 마감제를 손상시키기 때문에 최소한으로 사용해야 한다.

- **라텍스 페인트** 자국은 톨루엔, 자일렌 또는 DBE(Dibasic Ester)로 제거할 수 있다. 천에 적신 후에 가볍게 문지른다. Goof Off 또는 Oops! 같은 제품을 포함한 여러 상업용 제품이 이런 유형의 자국을 제거하는 용도로 판매된다. 브랜드마다 여러 가지 제품을 제공한다. 약한 페인트, 바니시 제거제에 사용되는 것과 동일한 용매인 자일렌이 더 효과적이며 약한 것은 DBE이다. DBE는 수성 마감제에 사용하기에 더 안전하며 때로는 '환경 안전'으로 홍보된다. 라벨의 성분을 읽고 캔의 용제를 결정한다.
- **스티커**와 **테이프**의 접착제가 문제가 될 수 있다. 래커 희석제로 접착제 제거를 할 수 있지만 마감면이 손상될 수 있다. 래커 희석제를 사용하기 전에 나프타, 테레빈유, 톨루엔 또는 자일렌으로 닦는다. 일반적으로 톨루엔과 자일렌이 효과적이다(176쪽 '테레빈유와 석유 증류분 용제' 참조).

간단한 손상 보수

간단한 마모, 가벼운 긁힘, 눌린 자국, 표면 열화는 일반적이며 대개 수리하기 쉽다. 이런 손상을 수리하는 방법에는 네 가지가 있다.
- 반죽형 왁스를 도포한 후, 여분을 닦아낸다.
- 손상된 부위나 뭉개진 부위를 사포로 연마하여 아래의 손상되지 않은 마감을 노출시킨다. 또는 미세한 스크래치 패턴으로 손상을 가리기 위해 스틸울이나 연마재로 문지른다.
- 문제가 되는 부위를 덮기 위해 다른 마감제를 한두 번 정도 도포한다. 이 작업은 손상 부위 바로 위에서 수행하거나, 연마제를 사용하여 손상 부위를 제거한 후에 수행할 수 있다.
- 아말가메이팅 작업을 하거나, '리플로우'로 마감한다. 이어 마감을 평탄하게 연마한다.

반죽형 왁스 도포하기

마감면에 반죽형 왁스를 바르는 것이 모든 수리 중 가장 쉽다. 가벼운 마모와 긁힘을 가리고 칙칙한 표면의 광택을 높이는 데 매우 효과적이다(107쪽 '반죽형 왁스 바르기' 참조). 유색 반죽형 왁스는 가벼운 긁힌 자국에 색조를 입히는 데 도움이 될 수 있다. 반죽형 왁스는 가구 광택제에 의해 얼룩이 지거나, 영향을 받을 수 있으므로, 반죽형 왁스 마감 후에는 (가구 광택제를 사용하지 않고) 마른 천, 또는 물에 적신 천으로 관리해야 한다

마감면 일부 연마하기

마감면이 충분히 두껍다면 다시 연마하여 더 좋은 표면을 노출시킬 수 있다. 새 마감면을 연마하는 것과 동일한 방식으로 이 작업을 수행한다(16장 '마감 완성하기' 참조). 먼저 사포와 윤활유로 표면을 평평하게 하거나, 이 단계를 건너뛰고 스틸울이나 광택제로 간단히 연마할 수 있다. 항상 손상을 효율적으로 제거할 수 있는 가장 미세한 연마제를 선택한다. 대부분의 경우, 입도 400번, 600번 또는 1000번 이상의 사포, #0000 스틸울, 회색 연마 패드, 부석 정도가 좋다. 마감면이 노출되는 위험을 줄이고 마감면에 필요 이상으로 깊은 흠집을 낼 필요도 없다.

마감면에 추가적인 마감 도포하기

기존의 마감제가 무엇인지 모를 경우에도 기존 마감면 위에 추가적인 마감제를 도포할 수 있다(137쪽 '마감제 호환성' 참조). 마감층 사이를 연마하는 것처럼 추가적인 마감제를 바르기 전에 표면을 샌딩하거나 연마하여 매끄럽게 할 수 있다. 만약 원제품의 마감을 직접 했다거나 무엇을 사용했는지 기억할 수 있다면, 같은 마감제를 한 번 더 바르는 것이 가장 좋다(같은 브랜드를 사용하는 것은 중요하지 않다). 그렇지 않다면 세 가지 광범위한 선택권이 있다. 오일·바니시

> **주의!** 많은 마감제, 특히 공장에서 도포한 마감제에는 토너나 도막착색제의 형태로 색상이 들어 있다. 그래서 마감을 갈아낼 때, 목재에 닿기도 전에 일부 색상이 제거되기 시작할 수 있다. 표면의 색이 점점 옅어지는 것은 연마를 멈추라는 조기 경고이다.

혼합물 또는 와이핑 바니시를 도포한다. 표면을 프랑스 광택 작업한다. 내구성을 원하는 경우는 폴리우레탄과 같이 각자가 원하는 특성을 제공하는 도막 마감을 적용한다. 빠르고 효과적이어서 표면 청소 후, 래커를 가볍게 분무하는 작업자들이 많다(8장 '도막 형성 마감제 입문' 참조).

오일·바니시 혼합물은 과다한 부분을 전부 닦아내야 하므로 반죽형 왁스보다 더 좋을 게 없다. 하지만 때때로 유색 오일·바니시 혼합물은 반죽형 왁스보다 착색에 매우 효과적일 수 있고 영구적이다(5장 '오일 마감제' 참조). 그러나 거울처럼 평평한 테이블 상판에 오일·바니시 혼합물을 바르는 것은 좋은 생각이 아니다. 표면에는 모든 결함이 나타나며 오일·바니시 혼합물은 부드러워서 쉽게 손상된다. 이런 표면은 보통 반죽형 왁스나 다른 방법으로 수리하는 것이 좋다.

프랑스 광택은 약간 손상된 표면을 수리하는 훌륭한 기술이다(147쪽 '프랑스 광택내기' 참조). 19세기에 널리 사용된 기법으로 여전히 유럽과 미국의 좋은 골동품 가구에서 오래된 마감면을 '빛나게' 하는 목적으로 많이 사용되고 있다. 현대 가구는 원래 셀락으로 마감되지 않았기 때문에 프랑스 광택 작업할 표면이 깨끗하고 조금 거친 것이 매우 중요한다. 셀락이 쉽게 붙을 수 있는 긁힌 면을 만들기 위해 샌딩하거나 스틸울로 연마하는 것이 현명하다.

도막을 새로 분무하거나 붓질하는 것은 마감제 동일 여부와 관계없이 항상 기존 마감면에 위험을 초래한다. 잘 펴져서 흐르지 않거나, 뭉치거나, 피시 아이 등 예측할 수 없는 일이 일어날 수 있다(165쪽 '피시 아이와 실리콘' 참조). 또한 작업과정이 종종 불편하다. 가구를 마감할 수 있도록 설치된 구역으로 옮겨야 하며 가구는 한동안 사용하지 못할 수 있다. 이 수리 방법을 선택한 경우, 시작하기 전에 137쪽 '마감제 호환성'을 참조한다.

마감면을 갈아내거나, 추가적인 마감을 도포하는 대안은 마감을 벗겨내고 재마감하면 된다. 수리해서 손해 볼 것은 없다.

아말가메이팅

셀락과 래커는 증발형 마감제이므로 적절한 용제(셀락의 경우는 알코올, 래커의 경우는 래커 희석제)를 도포하여 표면을 재용해하고 리플로우할 수 있다(8장 '도막 형성 마감제 입문' 참조). 리플로우(Reflowing)는 아말가메이팅(Amalgamating)이라고 하는데, 기존 마감과 색상을 보존하기 위해 아말가메이팅을 선택할 수 있다.

아말가메이팅으로 마감하는 방법에는 두 가지가 있다. 마감면에 용제를 뿌리거나 붓질하거나 프랑스 광택으로 작업한다. 붓질이나 분무는 마감제를 녹여서 다시 흐르게 할 수 있다. 연마하면 표면이 매끄러워진다. 잘 수행되면 두 방법 모두 광택을 재생하고 매끄러움을 개선한다. 그러나 두 방법 모두 마감면 전체를 수리하는 경우는 거의 없다. 이렇게 하면 마감제가 다시 완전히 용액 상태로 바뀌어 다시 흐르거나 처지고 뭉칠 것이다. 요컨대 균열이 심할 경우, 마무리 부분을 똑바로 들여다보면 수리 후에도 여전히 그것을 볼 수 있을 것이다.

셀락의 경우는 용제를 선택할 수 없다. 변성 알코올만 가능하다. 래커를 사용하면 증발 속도를 위해 래커 희석제 중에서 선택할 수 있으며, 일반적으로 증발 속도가 가장 느린 래커 희석제가 최상의 결과를 제공한다(159쪽 '래커 희석제' 참조). 셀락 또는 래커가 뭉치지 않으면서 완전한 액체 상태로 되돌아갈수록 깊이감 있고 더욱 완벽한 수리에 가까워진다. 아말가메이팅은 위험하다. 실패할 경우, 재도장한다는 각오 없이는 시도하지 말라(사진 19-2).

> **팁** 마감이 손상된 부분을 수리하려면 상당한 기술이 필요한데, 특화된 제품을 여러 개 구비해 놓으면 도움이 된다. 모호크 피니싱 프로덕트(Mohawk Finishing Products)는 미국 전역의 도시에서 교육 과정을 3일간 진행한다. 또한 자사의 특화된 제품을 판매한다(328쪽 '관련 재료 미국 현지 구입처' 참조).

사진 19-2 열화되어 갈라진 마감은 종종 아말가메이팅 또는 샌딩 후 마감제를 재도포 할 수 있다. 하지만 이 피아노 위의 마감은 이미 너무 지나 버렸다. 가장 확실한 단서는 떨어져 나간 마감제 조각이다. 너무 열화되고 갈라져서 일부 도막이 박리되어 버린 것이다. 안타깝지만 이 경우는 시행착오를 거치며 마감 수리의 한계를 배워야 한다. 단 대안으로 마감을 벗겨낼 수 있다면 시도해 보는 것도 결코 나쁘지 않다.

마감면 색상 손상 복구

마감면 색상의 손상은 다음 세 가지 유형이다.
- 물에 의한 손상
- 열로 인한 손상
- 색상 일부를 긁거나 문질러서 발생한 손상

물 자국 제거

물 자국은 수분이 마감제에 들어갈 때 발생하며 도막의 투명도를 가린다. 도막은 흐리거나 하얗게 보이며 일반적으로 마감제에 수분이 응축되기 쉬운, 술잔이나 뜨거운 컵에 의해 발생하기 때문에 반지 모양의 테두리로 나타난다. 열은 침투 속도를 높인다. 물 자국은 오래되고 미세한 균열이 생긴 마감면에서 더 흔하게 발생한다. 균열은 습기가 스며들 수 있게 한다. 알코올은 또한 수분과 함께 마감을 통과하기 때문에 물 자국을 발생시킬 수 있다.

매우 오래된 마감면 손상은 어려울 수 있지만, 일반적으로 물 자국은 제거할 수 있다 (사진 19-3). 다음 몇 가지 방법이 있는데, 훨씬 강한 방법이라서 잠재적으로 마감면에 더 큰 피해를 줄 수도 있다.

- 가구용 광택제, 석유계 젤리, 마요네즈와 같은 기름진 물질을 손상 부위에 바르고 하룻밤 동안 그대로 둔다. 이

사진 19-3 알코올에 적신 천은 물 자국 제거에 매우 효과적이다. 부드럽게 닦을 때 알코올이 증발하는 자국만 남을 정도로 조금만 사용하여 마감이 손상되지 않도록 주의한다.

> **속설** 물 자국은 종종 가구 광택제 또는 왁스 마감 층에 발생한다.
>
> **사실** 가구 광택제, 왁스에도 컵 자국은 생기지 않는다. 가구용 광택제나 왁스를 제거할 때처럼 미네랄 스피릿과 같은 기름진 용제로 표면을 닦으면 때로는 물 자국이 희미해지기 때문에 이런 속설이 유행하게 되었다.

> **주의!** 물이 마감층에 스며들어 마감을 들뜨게 했다면, 들뜬 마감과 손상된 색상을 벗겨내고 재마감해야 한다. 때때로 이런 유형의 손상은 마감면에 균열로 나타난다. 물이 마감을 통과해 목재를 검게(염색) 했다면 마감을 벗겨내고 옥살산으로 어두운 얼룩을 탈색해야 한다.

것은 거의 효과가 없는 편이나 가끔 물 자국을 옅게 해 주고 마감면에 손상을 끼치지 않는다.

- 변성 알코올로 닦을 때는 수증기 자국이 남을 정도로만 아주 살짝 적신 천으로 손상 부위를 닦아내라. 많은 양을 적시면 마감을 연화시키고 줄무늬가 생기거나, 물 자국이 생길 수 있다. 세게 문지르지 말고 표면이 젖지 않도록 한다.
- 대부분의 마감제(특히 래커)에 글리콜 에테르 용매를 조금 뿌려본다. 부틸 셀로솔브는 대개 이런 용도로 에어로졸 분무 캔 제품으로 사용할 수 있다. 제품명으로는 블러시 엘리미네이터, 블러시 컨트롤, 슈퍼 블러시 리타더(물 자국은 래커 또는 셀락의 '블러시'와 유사함) 같은 브랜드가 있다. 이 제품은 모호크(Mohwak) 제품 유통사를 통해 공급되며 비전문가도 구할 수 있다.
- 모든 종류의 마감면에 대해, 약한 연마재로 문질러 손상 부위를 갈아낸다. 손상은 대개 마감 표면에서 발생하므로 많이 문지르지 않아도 된다. 광택이 다른 부분에 비해 눈에 띌 만큼 많이 연마하지 않는 것이 요령이다. 치약 또는 담뱃재를 물이나 기름에 섞어 문지르면 때로 광택 효과가 있다. 물이나 기름이 섞인 로튼스톤도 조금 거칠지만, 광택이 난다. 부석과 #0000 스틸울은 저광을 내며 항상 효과가 있다. 긁힘이 덜하도록 기름이나 왁스를 윤활

색상 터치하기

분말 형태의 착색제는 액체 형태의 착색제보다 작업하기 쉽다. 휴대용 케이스는 편리함을 제공하지만, 운반 도중에 착색제가 엎질러지고 섞이지 않도록 주의해야 한다. 나는 이 상자에 염료와 색소를 함께 보관한다. 필름 통은 바인더 용기로 사용하기 편하다.

색상이 마모되거나 긁힌 부분 또는 단색의 목재 퍼티, 번인 스틱, 하드 왁스, 에폭시 패치뿐만 아니라 접착제 얼룩 위에도 나뭇결 모양을 그리거나 채색할 수 있다. 이 모든 경우는 작업 장소와 동일한 유형의 조명(백열등, 형광 또는 자연광) 아래에서 작업하는 것이 가장 좋다. 또한 채색하기 전에 표면을 에어로졸, 셀락 또는 패딩 래커(래커 희석제 용제에 용해된 셀락, 154쪽 '패딩 래커' 참조)로 실링하는 것이 가장 좋다. 실링하면 표면의 실제 색상이 드러나고 색상이 잘못되었을 경우에도 쉽게 되돌릴 수 있다.

착색제의 경우, 원하는 투명도에 따라 색소나 염료를 사용할 수 있다. 착색제가 아직 바인더를 포함하지 않은 경우에는 바인더를 추가한다. 대부분의 수리 전문가는 빠르게 건조되는 셀락이나 패딩 래커 바인더를 사용하지만, 오일이나 일본 색소를 바니시와 결합하여 원한다면 작업 시간을 늘릴 수 있다. 각 단계 사이에 꽤 오랜 시간을 두어야 한다.

색상 맞추기의 한계로 인해 효과는 떨어지지만, 화가용 연필은 착색제와 바인더를 대체할 수 있다. 단계 사이의 색상을 밀봉하려면 에어로졸을 사용해야 한다.

가정이나 사무실 환경에서 작업하는 경우, 사용 중인 용제로 인해 발생하는 악취에 대해 불만이 제기될 수 있다. 유성만큼 잘 작용하지는 않지만, 수성 에어로졸이나 모호크 마감 제품의 Finish-Up과 같은 수성 패딩 래커로 대체할 수 있다(에어로졸의 노즐이 막히지 않도록 잘 닦아야 한다). 마감 수리와 관련된 용제 냄새 문제에 대해 보편적으로 통용되는 해결 방법은 없다.

참나무나 마호가니처럼 관공이 큰 목재에 맞게 단단한 패치를 칠할 경우, 칼끝으로 패치에 나뭇결을 그려 넣는다.

유리판은 매칭하려는 색상을 고스란히 볼 수 있으므로 색소를 혼합하는 데 유용하다. 녹색 안료를 유리판에 올려놓고 짙은 호박색의 붉은 기를 '낮춤'으로써 참나무 목재의 나뭇결과 어울리는 색으로 매칭했다(76쪽 '색상 맞추기' 참조).

화가용 붓으로 나뭇결을 그린다. 관공 모양에 맞게 주변 나뭇결과 선을 연결한다. 일반적으로 안료(바인더 포함)가 이 작업에 가장 적합하다. 또한 선을 그을 때 그레인 펜을 사용할 수도 있다. 그레인 펜은 아티스트의 연필과 동일하며 사용하기 쉽지만, 색상이 제한되어 있다.

19장 | 마감 보수하기

나뭇결 선이 건조되면, 에어로졸 래커나 셀락 또는 패딩 래커를 연마 패드로 가볍게 샌딩하면서 '실링' 한다(39쪽 '헝겊' 참조). 그런 다음 배경색(주변 목재에서 가장 연한 색상)을 미세하게 조정하고 화방 붓으로 짧은 선을 많이 찍어 색상을 완성한다. 또는 셀락, 패딩 래커를 빠르게 앞뒤로 문지른 후, 손가락으로 소량의 염료나 색소 가루를 묻혀도 된다. 수리를 완료했으면 에어로졸 또는 연마 패드로 보호 마감제를 도포한다. 적절한 에어로졸 광택제나 연마제로 광택을 조절한다. 마감면 사이에 수리한 경우는 마감 작업을 계속 진행한다.

> **팁** 분무총이나 에어브러시로 손상이나 패치에 누락된 색상을 '채워 넣기' 할 수 있다.
>
> 방법 ❶: 손상된 바로 위에서 손상, 패치 크기만큼 구멍이 뚫린 마분지 조각을 잡는다. 그런 다음 마분지 몇 인치 위에서 몇 번 짧게 분사한다.
>
> 방법 ❷: 분무총이나 에어브러시를 이용하여 미세한 양을 좁은 패턴으로 분사한다. 분사되기 직전까지만 방아쇠를 당기고 누락된 색상이 있는 부분을 향해 표면을 가로질러 이동하기 시작한다. 분무총이 여기를 지나갈 때 방아쇠를 더 당기고 손목을 움직여서 칠한 다음 방아쇠를 놓는다. 여러 번 칠해야 할 정도로 색상을 옅게 해야만, 반복하면서 조정할 수 있다.

유로 사용한다. 연마한 부분의 광택이 너무 약할 경우, 더 고운 연마재로 문지르거나 적당한 마감제를 광택이 모자라는 곳에 분무한다. 또한 표면 전체를 고르게 연마해도 된다.

열에 의한 손상 복구

열에 의한 손상은 일반적으로 물에 의한 손상과 비슷하다. 도막이 흐려지고 색이 뿌옇게 변한다. 또한 열이 나면 마감면에 움푹 파인 곳이 생길 수 있다. 열에 의한 손상은 마감층 전체까지 이어질 수 있으며, 마감을 제거하고 재도장하지 않고서는 깨끗한 수리가 안 된다. 하지만 물 자국 제거 방법을 시도해 볼 가치는 있다. 278쪽 '간단한 손상 보수'에 설명한 것처럼 손상 자국을 누르듯이 움푹 파인 부분을 처리한다.

손상된 색상 바꾸기

가벼운 색상의 손상은 일반적으로 흠집, 긁힘, 마모의 형태를 띤다. 가능한 상황은 네 가지이며 각각 다른 수리 절차가 필요하다.

- 목재 자체의 자연스러운 색상이나 착색제가 충분히 남아있는 목재의 경우는 손상 부위를 깨끗하게 마무리하여 투명한 마감제를 도포한다. 마감이 손상 부위를 충분히 어둡게 할 것이다.
- 목재의 색상이 많이 남지 않은 경우는 탈색 손상을 복구하기 위해 색을 추가해야 할 수 있다.
- 목재는 여전히 실링되어 있으므로 색상이 더 스며드는 것을 방지한다. 위에 컬러 마감을 해주어야 한다.
- 목재의 섬유가 너무 상했을 경우는 액체를 바르면 색이 너무 진해진다. 중성 반죽형 왁스, 수성 마감 또는 매우 빠른 건조 마감을 사용해야 한다.

각기 여러 상황에 대한 해결 방법이 다르기 때문에 어떤 것이 가장 효과적일지 미리 테스트해 봐야 한다. 여기 쉬운 테스트가 있다. 깨끗한 액체를 손상 부위에 바르고 어떤 일이 일어나는지 확인한다. 액체가 손상 자국을 없애주는가? 손상 부위를 충분히 어둡게 하지 못하는가? 아무런 변화가 없는가? 손상 부위를 너무 어둡게 만드는가? 와 같은 상황

사진 19-4 어떤 수리 절차가 마감제 색상 손상 복구에 가장 적합한지 알고 싶다면, 손상된 부위를 미네랄 스피릿이나 침으로 적셔 본다. 색상이 돌아오면 투명한 마감제를 도포하면 된다. 색이 조금 돌아왔지만, 충분하지 않을 경우에는 착색한다. 색상 변화가 없으면 유색 마감제를 도포한다. 색이 너무 진해지면 투명한 반죽형 왁스를 도포한다.

사진 19-5 가장자리의 색상 손상을 복구하려면 매직 마커와 비슷하지만, 목재 톤으로 된 터치업 마커를 사용한다. 손상된 모서리를 따라 적절한 색상의 마커의 펠트 끝을 그리기만 하면 된다.

을 살펴봐야 한다.

가장 좋은 액체는 미네랄 스피릿이지만 판매점이 작업장에서 멀리 있다거나, 단순히 친구를 만나 구할 수 있는 상황이 아닐 수도 있다. 그럴 경우는 대신 침을 사용하면 된다. 손가락으로 손상 부위를 가볍게 두드리기만 하면 된다(사진 19-4). 액체가 색상에 미치는 영향에 따라 몇 초 안에 상황을 파악할 수 있다.

- **액체가 색상을 회복시키면** 투명한 마감제를 도포하면 된다. 가장 좋은 선택은 오일·바니시 혼합물, 투명한 셸락 또는 바니시이다. 오일·바니시 혼합물은 투명한 셸락보다 더 어두워진다. 바니시는 그 중간쯤일 것이다.

- **액체가 충분히 어두워지지 않으면** 착색제 처리를 한다. 유성 와이핑 착색제 또는 수성 염료 착색제가 주변부의 손상 없이 여분을 닦아낼 수 있으므로 가장 쉽다. 또한 Howard사의 Restor-A-Finish 또는 유색 반죽형 왁스처럼 판매되는 제품을 사용할 수도 있다.

- **액체가 아무런 효과가 없다면** 목재는 여전히 마감으로 실링되어 있다. 교체하려는 색상은 마감제에 있었으므로 다시 도색해야 한다. 이 작업은 터치업 마커(사진 19-5)로 수행하거나, 바인더를 포함하는 모든 착색제를 붓질할 수 있다. 일반적인 바인더는 셸락, 바니시, 수성 마감제 등이 포함된다. 래커 희석제 용제에 셸락을 녹인 패딩 래커도 사용할 수 있다(사진 19-6) (154쪽 '패

번인 스틱으로 메꾸기

번인 스틱(Burn-In Stick)은 막대 형태의 고체 마감제이다. 이것은 셸락 또는 래커와 같은 증발형 마감제인데, 증발형 마감제는 쉽게 용해되고 열로 쉽게 다룰 수 있기 때문이다(8장 '도막 형성 마감제 입문' 참조). 다음은 '번인'을 위한 단계이다. 같은 방법으로 하드 왁스를 사용할 수도 있지만, 과도한 부분은 자주 긁어내야 한다.

사포나 스크레이퍼로 가장자리 주변의 거친 부분을 제거해 손상 부위를 정리한다. 담뱃불에 탄 자국일 경우 탄 부분을 제거한다. 주변 목재 배경색(가장 밝은 색상)과 비슷하게 일치하는 색상의 번인 스틱(스틱 조합 사용 가능)을 선택한다. 손상된 부위에 원래 색상이 남아있으면 투명한 번인 스틱을 선택한다. 뜨거운 번인 나이프나 전기 또는 부탄 나이프를 사용해 번인 스틱을 손상 부위에 녹여 채운다. 또는 납땜인두나 불꽃으로 달군 스크루 드라이버를 사용할 수도 있지만, 그을음을 닦아내야 한다. 손상 부위를 약간 과다하게 채운다.

뜨거운 번인 나이프나 전기 또는 부탄 나이프로 번인 스틱을 손상 부위에 녹여 채운다. 또는 납땜인두나 불꽃으로 달군 스크루 드라이버를 사용할 수도 있지만, 그을음을 닦아내야 한다. 손상 부위를 약간 과다하게 채운다.

③ 번인이 식으면 마감면에 맞춰 수평을 맞춰준다. 한 가지 방법은 입도 320번 사포 또는 더 고운 사포와 오일 윤활유로 수평으로 샌딩하는 것이다. 샌딩하는 수리 부위 정도 크기의 코르크 블록으로 사포를 받친다. 코르크 블록 레벨을 수평 상태로 유지하여, 주변 마감이 제거되지 않도록 한다.

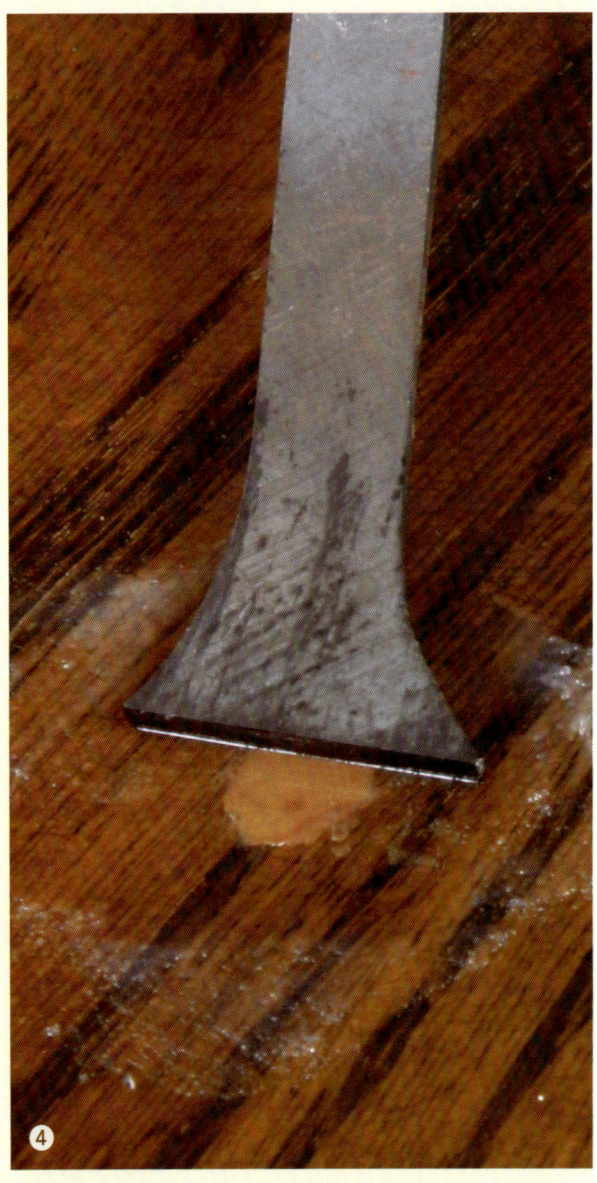

④ 번인 자국을 평평하게 만들기 위한 또 다른 방법은 번인 나이프의 열로 번인을 녹여 여분을 제거하는 것이다. 칼이 번인을 녹일 수 있을 정도로 달궈졌지만, 주변 마감을 손상시키지 않을 정도로 뜨겁지 않아야 이상적이다. 녹은 번인 스틱이 주변 마감에 다시 달라붙지 않도록 특수한 '번인 밤'(또는 약간의 석유 젤리)을 표면에 도포한다. 칼이 깨끗한지 확인한다. 가열된 칼을 뭉친 번인 위로 살짝 끌어내어 여분의 번인 일부를 칼에 옮긴다. 천으로 칼에 묻혀낸 여분의 번인 마감제를 닦아낸다. 수리하고자 하는 패치가 주변 표면과 거의 수평이 될 때까지 여분의 번인을 계속 제거한다. 그런 다음 왼쪽 사진과 같이 샌딩으로 마무리한다. 손상 부위에 색을 입혀 마무리한다(282쪽 '색상 터치하기' 참조).

19장 | 마감 보수하기 287

딩 래커' 참조). 사실상 옅은 페인트를 칠할 수도 있다. 범용 색조 조색제와 색소 분말에 셸락, 패딩 래커, 수성 마감제를 쓰고 오일 또는 일본 색소는 바니시와 함께 사용한다 (282쪽 '색상 터치하기' 참조).

- **액체가 색을 너무 진하게 만든다면** 이것은 보통 목재가 거칠어서 액체가 너무 많이 흡수되어 남아있다는 것을 나타낸다. 표면을 매끄럽게 할 수 없다면 색을 어둡게 바꾸지 않는 투명 반죽형 왁스를 바르거나 셸락이나 수성 마감제를 도포한다.

속설 만약 색조만 잘 맞추었다면, 손상 마감면은 언뜻 보아서는 분간하지 못할 것이다.

사실 광택과 마감면의 평평함을 맞추는 것이 더 중요하다. 색은 약간 변색될 수 있으나, 표면은 평평하고 광택이 고르다면 사람들은 목재에 흔히 생기는 자연적인 차이라고 여길 것이다.

깊은 스크래치와 상처 수리

마감면 또는 마감면의 재면까지 파고 들어간 스크래치와 상처는 메꾸어야 한다. 우드 퍼티는 닿을 때마다 마감면에 강한 손상을 주지 않고서는 제거하기 어려우므로 우드 퍼티로는 성공적으로 메꾸기는 매우 어렵다. 손상 부위는 단단한 마감제('번인 스틱' 형태), 에폭시 또는 다양한 경도로 제공되는 왁스로 채우는 것이 좋다(286쪽 '번인 스틱으로 메꾸기', 289쪽 '에폭시로 메꾸기' 참조). 번인 스틱, 에폭시, 그리고 하드 왁스는 매우 단단해지는 성질 덕분에 테이블 상판 위에서 효과적이다. 에폭시와 하드 왁스는 사용이 간편하므로 캐비닛 문과 기타 수직인 표면에서 도포하기에 더 적합하다. 둘 다 번인 스틱보다 광택이 낮고 주변 광택과 맞추기 쉽다. 에폭시는 매우 탄력적으로 경화되기 때문에 테이블 모서리, 조각이나 목선반 제품을 메꾸는 데 가장 적합하다. 번인 스틱과 하드 왁스는 부서지기 쉽다.

일부 수입 가구와 피아노는 폴리에스테르로 마감되어 있으므로 손상을 완전히 수리하기 위해서는 특수한 폴리에스테르 수리 재료가 필요하다.

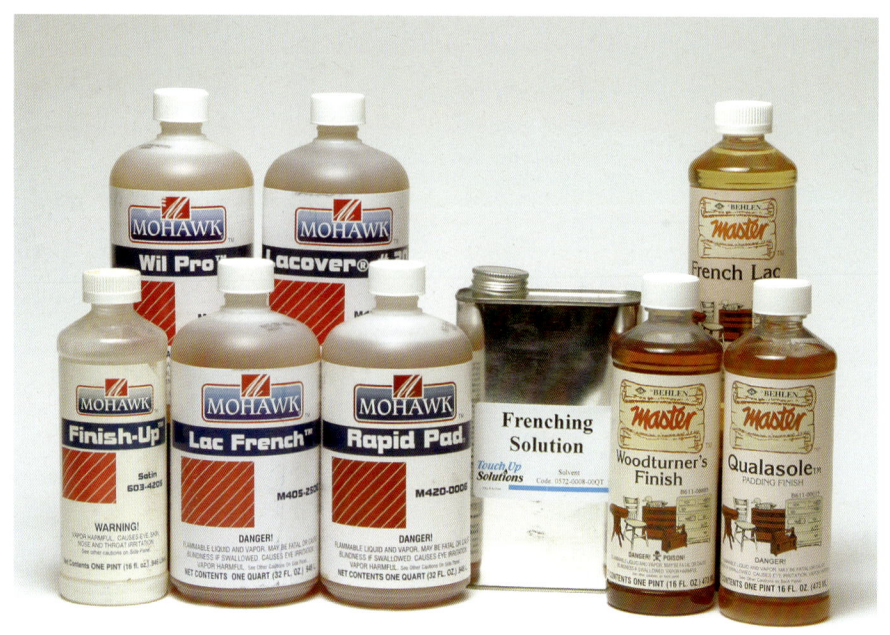

사진 19-6 패딩 래커는 주로 셸락이며 종종 내수성 개선을 위해 다른 수지를 첨가하고 알코올 대신 더 강한 래커 희석제를 사용한다. 패딩 래커에는 윤활유가 포함되어 있고 도포 후에 증발하므로 따로 제거할 필요가 없기 때문에 사소한 수리에 사용하기 편하다.

에폭시로 메꾸기

모든 에폭시를 사용하여 스크래치 또는 홈을 채울 수 있지만, 가장 쉽게 사용할 수 있는 에폭시는 스틱 또는 '투시-롤' 에폭시이다. 이것은 2액형 에폭시 한 부분이 다른 한 부분을 감싸는 원통형 막대이다. 에폭시를 반죽할 때 에폭시 스틱을 오일, 혹은 일본 색소를 제외한 거의 모든 착색제와 결합하거나, 미리 조색한 색상의 스틱을 사용할 수 있다. 대부분의 에폭시 스틱은 혼합 후, 작업 시간이 8~10분 정도이다. 에폭시가 경화되기 전까지 번인 스틱을 사용할 때처럼 동일한 방법으로 뜨거운 나이프를 사용하여 여분을 제거하거나, 혹은 다음 방법을 사용할 수 있다.

❶ 수리 중인 마감면의 바탕색에 맞는 적절한 에폭시 스틱을 선택하거나 무색 스틱으로 색소를 혼합한다. 수리가 가능할 정도로 에폭시를 충분히 썰어 손가락에 넣고 한 가지 색이 될 때까지 반죽한다. 손가락을 적시는 것이 도움이 될 것이다.

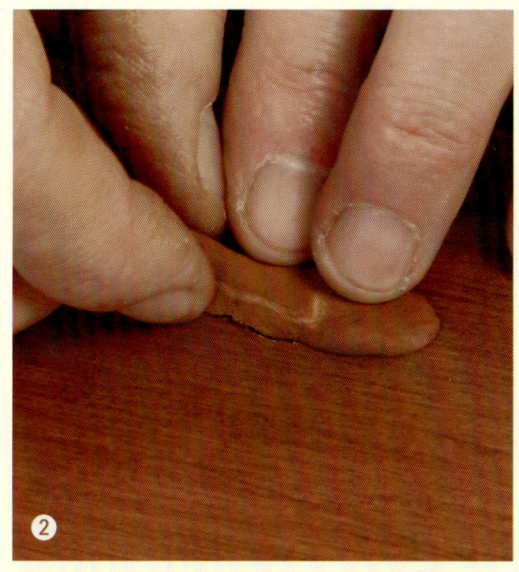

❷ 손가락으로 반죽한 에폭시를 손상 부위에 약간 튀어나오도록 충분히 눌러 넣는다.

❸ 투명 필름으로 에폭시 메꿈 부위를 덮도록 다듬는다. 투명 필름 한쪽 끝을 마스킹 테이프로 고정한다.

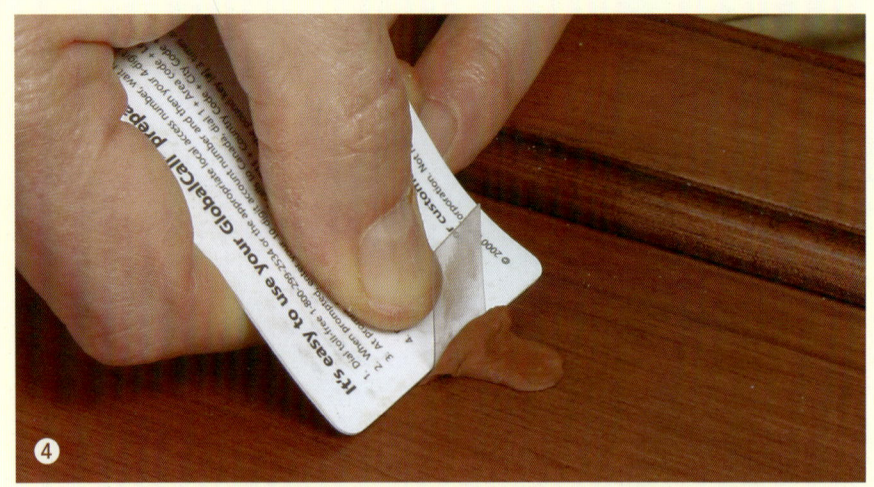

신용카드나 비슷한 재질을 손에 쥐고 마스킹 테이프로 고정시킨 투명 테이프 쪽부터 여분의 에폭시를 짜낸다. 신용카드는 채울 영역보다 넓어서 카드가 채울 영역을 주변과 수평을 이루도록 해야 한다.

채워진 에폭시를 뜯어내지 않도록 조심스럽게 투명 테이프를 제거한다.

에폭시가 경화되기 전에 닦아내기용(이소프로필) 알코올로 적신 천으로 주변 부위의 과다한 부분을 닦아낸다. 그런 다음 필요한 경우, 282쪽 '색상 터치하기'에 설명된 기법으로 색을 칠한다.

20장 | 실외마감

- 목재 열화
- 목재 열화 지연
- 실외 문 마감하기
- 목재 데크 착색 마감
- 자외선으로부터 보호
- 적절한 마감제의 선택

목재는 아름다운 재료이다. 선명하게 마무리해서 본래의 색상을 살려주면 더욱 아름답다. 아름다운 목재를 오래 보존하고자 하는 소비자의 욕구는 데크, 문, 외부용 가구, 울타리, 기타 목제품처럼 실외에 노출된 제품까지 확장되어 있으며 이는 전혀 놀라운 일이 아니다. 이런 열망 덕분에 외부 마감제를 공급하는 산업이 크게 발달했다.

자외선(UV)과 습기로부터 보호된다면 목재의 아름다움은 무기한 지속할 것이다. 잘 손질된 오래된 건물의 페인트 아래를 살펴보면 그 증거를 찾을 수 있다. 페인트를 벗겨내면 목재가 새것과 같다. 그러나 1년 정도 햇빛과 비에 노출되면 목재는 잿빛으로 변하고 갈라지고 뒤틀리기 시작할 것이다. 심지어 썩기 시작할지도 모른다. 주위에서 항상 보아왔으므로 익숙한 상황일 것이다. 목재가 습한 기후에 방치되고, 특히 그늘에 있어 공기 이동이 제한되면 흰곰팡이가 생기기 시작하는데, 목재에 점점 어두운 색감으로 나타난다.

본 장에서는 햇빛과 습기가 목재를 열화시키는 방법을 설명하고, 손상을 예방하거나 최소한 속도를 늦추는 방법을 설명하고자 한다.

목재 열화

햇빛과 비에 오랫동안 노출되면 목재는 열화된다. 이것은 크게 네 가지 방법으로 진행된다.
- 목재의 색이 바랜다.
- 목재가 썩는다.
- 목재가 갈라지고 뒤틀린다.
- 목재에 곰팡이가 자란다.

퇴색

목재는 햇빛과 비에 노출되면 은회색으로 상당히 빠르게 변하는데, 햇빛과 비가 결합해 목재의 표면에 있는 리그닌과 목재 추출물을 파괴하기 때문이다. 자외선은 리그닌을 분해하고, 비는 리그닌과 추출물을 제거한다. **리그닌**은 셀룰로오스 목재 세포에 강성을 부여하고, 셀룰로오스 목재 세포를 서로 결합시키는 접착제 역할을 한다. **목재 추출물**은 목재에 흥미로운 노란색, 갈색, 분홍색, 빨간색을 부여한다. 리그닌과 추출물이 사라지면 색깔도 사라진다. 자외선 분해에 강한 회색 셀룰로오스만 남게 된다.

만약 회색을 좋아하고 썩거나 갈라지는 것에 개의치 않는다면, 목재를 별다른 처리 없이 내버려두면 된다. 회색 표면은 실제로 그 아래 목재의 추가적인 열화를 차단하는 데 매우 효과적이다 (사진 20-1). 침엽수재는 100년에 약 1/4 in.만 열화된다.

회색빛이 마음에 들지 않을 경우, 통상 시판용 데크 광택제, 옥살산(표면 셀룰로오스 제거로)으로 제거할 수 있다. 옥살산은 효과가 매우 좋으나 옥살산을 뿌리기 전후에 주변 식물과 풀을 덮어주거나 물에 적셔 보호해야 한다. 가장 심한 경우에만 분해된 목재 표면을 제거하기 위해 샌딩한다.

부후

목재 부후(Rot)는 곰팡이가 목재의 셀룰로오스를 분해한 결과이다 (사진 20-2). 시각적으로 유사한 충해는 곤충의 침입으로 일어난다. 둘 다 수분이 있어야 퍼지기 때문에 수분은 부패나 충해의 간접적인 원인이 된다 ('건부후'라는 용어는 일반적으로 너무 많이 썩어서 가루가 될 정도로 부서진 목재에 적용되는 잘못된 명칭으로 여전히 수분이 원인이다).

레드우드, 삼나무, 티크 등 일부 목재의 심재에는 곰팡이 부후에 저항하는 성분이 함유되어 있다. 그래서 이 목재들은 종종 외부용 목재로 많이 선택된다. 천연림 목재가 인공림 목재에 비해 부후에 더 강하다

목재 부후는 건조한 서부 기후에서는 드물게 발생하는

> **주의** 가정용 표백제(차아염소산 나트륨 또는 염소 표백제)는 곰팡이 포자를 죽이는 데 매우 효과적이지만, 리그닌을 파괴해 목재의 많은 색상을 제거하고 표면 목재 섬유를 거칠게 만든다. 최대 3배의 물을 섞어 표백제의 양을 줄이고 손상을 최소화하기 위해 약 10분 이내로 목재에서 씻어낸다. 곰팡이를 죽이고 싶을 때만 가정용 표백제를 사용한다. 가정용 표백제와 양잿물(가성소다)을 섞지 말라. 이들이 결합하면 독가스를 생성한다.

사진 20-1 자외선과 빗물이 목재 표면의 리그닌을 파괴하고 제거한다. 동시에 목재에 독특한 색을 주는 목재의 추출물도 씻겨 나가며 은회색으로 변한다. 변화는 목재 표면에서만 일어난다.

사진 20-2 부후는 곰팡이와 다른 유기체들이 목재의 셀룰로오스를 소비함으로써 발생한다. 간접적인 원인은 수분과 산소인데, 그들 없이는 유기체가 살 수 없기 때문이다.

데, 이는 수분이 곰팡이 부후에 필수적이기 때문이다. 그 결과 곰팡이 부후에 저항성이 없는 수종을 별다른 조치 없이 그냥 방치해놓은 채로 수십 년 동안 부후 없이 잘 버틸 것으로 기대할 수도 있다. 물론 목재의 표면은 은회색으로 변하겠지만, 그 아래쪽은 영향을 받지 않을 것이다.

대부분의 침엽수재는 부후에 대한 저항성이 없다. 그러나 이들은 건설 산업에 필수적으로 사용되며 일반적으로 부후가 쉽게 일어나는 곳(예를 들면 창문턱과 데크 같은)에 주로 사용된다. 부후 방지를 위해서 남부 황소나무류 등의 목재에 ACQ(Alkaline Copper Quaternary) 또는 CBA(Copper Azole) 등의 화학물질을 주입한다 (2003년까지 Chromated copper arsenate, 즉 CCA가 표준이었으나 그 이후는 안전상의 이유로 시장에서 퇴출되었다). 이런 식으로 화학물질이 목재를 가득 채우면 목재는 썩지 않는다. 이런 목재는 '가압 처리됨' 또는 'PT'로 분류되어 판매되며, 우리에게 익숙한 옅은 녹색 또는 옅은 갈색 색상을 가지고 있다.

시판되는 보존제나 방부제가 함유된 발수제 또는 착색제를 목재 표면에 바르면 곰팡이에 의한 부후가 일정 기간 지연될 수 있다. 그러나 어떤 목재가 가지는 천연 방부제, 그리고 가압 처리에 의한 방부처리와 비교했을 때, 이런 제품이 제공하는 보호 정도는 일시적이고 매우 피상적이다. 방부제를 자주 발라야 하고 목재 표면 아래에 부후가 시작되면 여전히 곰팡이에 의해 부후될 수 있다.

방부제 도포는 가압처리 되지 않아 부후 저항성이 없는 목재가 습한 기후에 노출될 때에는 필수적이다. 또한 곰팡이 부후에 저항성이 있는 목재라도, 특히 변재의 부후 방지를 위해 상당히 유용하다. 방부제는 조림목 심재의 부후 방지뿐만 아니라 부후에 저항성이 있는 목재에도 유용하다. 방부제는 부후에 저항성이 있는 가압 처리된 목재에서는 흰 곰팡이에 대한 저항성(일반적으로 흰 곰팡이 방지제가 들어 있음)만을 증가시킨다.

곰팡이에 의한 부후가 모두 나쁜 건 아니다. 목재를 부후시키는 부후균과 나무를 갉아 먹는 흰개미 같은 곤충이 없다면 산림 생태계는 제 기능을 할 수 없다. 곰팡이 부후는 죽은 목재를 순환하는 자연의 방식이다.

할렬 또는 틀어짐

회색을 띠며 부후에 저항성을 가진 목재를 사용하는 경우라도 갈라지고 뒤틀리는 현상은 반드시 해결해야 한다. 이 현상은 햇빛과 비에 의해 발생한다. 햇빛은 목재의 노출된 표면을 가열하고 건조시켜 목재가 수축하고 갈라지며 뒤틀리게 한다. 빗물은 노출된 면을 적셔 팽윤을 일으키는데, 두꺼운 목재는 이런 팽윤을 막는다. 그 결과 압착된 세포는 건조 후에도 그 모양을 유지하며 이런 과정이 몇 번 반복되면, 목재가 갈라지고 뒤틀린다. 이를 '압축 수축'이라고 한다 (18쪽 '갈라짐, 할렬과 틀어짐' 참조).

갈라짐은 울타리의 널빤지 맨 위, 데크 보드의 맨 끝, 지붕 널빤지 맨 아래에서 먼저 나타난다. 갈라짐과 뒤틀림은 판목 판재보다 정목 판재에서 훨씬 덜 발생한다 (그림 17-1). 이런 이유로 실외용 작업에서는 구할 수 있다면 정목(Quartersawn) 판재를 사용하는 것이 좋다 (사진 20-3).

곰팡이

흰 곰팡이(Mildew)는 목재 또는 마감제 위에서 회색, 진녹색, 갈색 또는 검은색 변색을 발생시키며, 특히 습한 기후나 공기 이동이 제한된 교목이나 관목에서 잘 자란다. 곰팡이는 목재나 도막에 심각한 손상을 입히지 않으며 겉보기에 좋지 않을 뿐이다 (사진 20-4). 곰팡이에 대한 간단한 테스트(먼지와 구별하기 위해)는 가정용 표백제를 변색 부위에 몇 방울 떨어뜨린 후, 그것이 옅어지는가를 확인하는 방법이 있다. 표백제는 곰팡이를 죽이고 목재는 원래 색으로 돌아가거나 조금 옅어진다.

목재 열화 지연

실외에 있는 목재의 분해를 방지하거나 늦추기 위해서는 자외선을 차단하고 목재가 물에 닿지 않도록 밀봉해야 한다. 습한 기후에서 곰팡이의 성장을 막으려면 방부제를 발라야 할 수도 있다. 가구처럼 이동 가능한 물건인 경우, 사용하지 않을 때 덮개(예를 들면 지붕 덮개가 있는 현관이나 차고 같은) 아래에 보관할 수 있다. 외부 문은 처마가 최선의 보호 수단이

사진 20-3 판목 판재는 정목 판재보다 훨씬 빨리 갈라진다. 이 삼나무 탁자의 판재는 약 8년 동안 아무런 보호 없이 햇빛과 비에 노출되었다. 판목 판재(위)는 무수히 갈라진 것을 볼 수 있으며, 정목 판재는 회색으로 바랜 것을 제외하고는 거의 완벽한 형태를 띠고 있다.

사진 20-4 밀듀(흰 곰팡이류)는 목재나 마감제 위에서 생기는 어두운 변색으로 외관상 좋아 보이지는 않지만, 목재에 큰 해를 끼치지 않는다. 가정용 표백제를 뿌려 곰팡이와 먼지를 구분하는 테스트를 한다. 밀듀가 자랐다면, 변색된 부위가 상당히 옅어진다.

20장 | 실외마감 295

다(297쪽 '실외 문 마감하기' 참조). 이 모든 것 이외에도 목재를 보호하는 방법에는 페인트, 착색제, 투명 마감 또는 발수제를 바르는 방법이 있다.

페인트

페인트는 목재를 보호하는 가장 효과적인 코팅 방법이다. 두꺼운 도막은 수분 투과를 차단하고, 안료는 자외선을 차단한다. 잘 관리된 페인트 마감은 지속적인 목재 보호력이 크기에 200년이 지나도 완벽한 형태를 갖춘 목재 사이딩을 찾을 수 있다.

유성 페인트와 수성 페인트(라텍스)의 두 가지 범주를 선택할 수 있다. 유성 페인트는 라텍스 페인트보다 마모에 강해 의자나 피크닉 테이블 같은 목제품 마감에 있어서 최선이다.

또한 유성 프라이머를 한 달 이상 외부에 노출되는 목재에 칠할 경우, 특히 목재가 회색으로 변했을 때 가장 최선의 대안이다. 회색은 리그닌이 파괴되어 목재 표면의 섬유가 아래 섬유에 부착되지 않았다는 증거이다. 유성 프라이머는 라텍스 프라이머보다 더 깊이 침투하기 때문에 열화된 목재를 더 많이 관통하고, 그 아래에 있는 단단한 목재에 접착할 수 있다. 목재가 최근에 제재되었거나 샌딩한 경우, 아크릴 라텍스 프라이머도 아주 좋다.

라텍스 페인트는 수증기를 통과시키는 데 있어 유성 페인트보다 우수하기에 목재 사이딩과 트림에 가장 적합하다(사진 20-5). 난방이나 냉방을 위해 문을 닫았을 때 건물 내부에서 요리, 샤워 등으로 인해 발생한 습기가 밖으로 빠져

> **팁** 물이 침투해서 페인트 아래에 스며들 가능성이 있는 모든 부위를 잘 메꾸기 바란다. 가장 취약한 부분은 사이딩이 트림을 받쳐주는 곳이다. 사이딩과 트림 설치를 스스로 할 경우, 설치하기 전에 판재의 마구리면에 도장 가능한 발수제를 도포한 후에 설치하면 수년 동안 내수성을 향상시킬 수 있다. 그럼에도 모든 부위를 다 메꾸어야 한다.

속설 사이딩, 데크, 담장을 설치한 후에는 최소 6개월 이상 기다린다. 목재가 마른 다음에 페인트, 착색제 작업을 해야 한다.

사실 목재가 흠뻑 젖지 않는 한(절단 시 톱날이 물을 뿌리는 경우), 한 달 이내에 페인트나 착색제를 발라야 한다. 더 오래 기다리면 햇빛과 비에 노출되어 목재의 품질이 저하되고 페인트나 착색제의 접착력이 약해져서 도장 실패 확률이 커진다.

사진 20-5 라텍스 페인트는 페인트가 '숨쉬기' 때문에 외부 사이딩에 가장 좋다. 이것은 건물 내부에서 요리와 샤워로 인해 발생한 수분이 증기 형태로 통과할 수 있게 해준다. 알키드 유성 페인트는 수분을 차단하는 능력이 뛰어나 수분이 페인트 뒤에 쌓여서 페인트를 벗겨지게 한다.

실외 문 마감하기

외장용 목재 문은 특히 시각적인 매력으로 선택된 아름다운 활엽수재로 제작되는 경우가 많기 때문에 가끔 특별한 문제가 생길 수 있다. 이 활엽수재는 데크나 울타리에 사용되는 침엽수재처럼 햇빛과 비를 만나면 회색으로 색이 바래고 갈라진다.

이러한 문이 제작되는 방식(대개 프레임과 패널, 때로는 단단한 코어에 부착된 장식 패턴에 개별 보드가 배치되는 방식)으로 인해 마감 아래로 물이 들어가 마감층이 벗겨지는 현상을 막는 것은 사실상 불가능하다. 패널이나 각각의 판재는 계절 변화에 따라 확장 또는 수축하므로 어떤 마감면에서도 균열이 생긴다.

외장용 문의 색감이 바래거나 갈라지지 않고 좋은 상태로 수년 동안 생존할 수 있는 유일한 방법은 햇빛과 비를 막아주는 것이다. 태양광선이 문제가 되지 않는 건물의 북쪽에는 덧문(Storm door)만 있으면 된다. 문에 햇빛이 비친다면 이런 경우에 가장 좋은 해결 방법은 처마나 덮개를 씌운 현관으로 설계하는 것이다. 처마는 덧문을 사용하지 않을 경우, 햇빛뿐만 아니라 비도 완전히 차단할 수 있을 만큼 커야 한다.

사진처럼 처마가 건물의 디자인을 손상시킬 경우의 차선책은 마린 바니시로 문을 마감하고(자외선에 대해 저항하기 위해), 덧문을 달아 물 피해를 방지하는 것이다. 덧문이 설치되지 않을 경우, 문의 외관을 보기 좋게 유지하려면 꽤 규칙적으로 마감을 벗기고 재도장해야 할 것이다.

덧문이나 처마가 있으며 햇빛에 노출되지 않는다 해도 목재는 습도 변화에 따라 상당히 수축하고 팽윤하기 때문에 문은 유연한 스파 바니시로 마감해야 한다. 자외선 흡수제는 필요 없다.

이 현관문은 서쪽을 향하고 있는데, 오후의 햇빛을 차단할 목재나 다른 장애물이 없어서 햇빛이나 비로부터 거의 보호되지 않는다. 움푹 들어간 문의 윗부분은 문틀에 의해 보호되어 상태가 양호하지만, 아래로 내려갈수록 햇빛과 비에 모두 노출되어 상태가 점차 악화되는 것을 볼 수 있다.

목재 데크 착색 마감

데크를 착색 마감할 때는 두 가지 단계가 있는데, 첫 번째 단계는 너무 자주 무시된다. 첫 번째 단계는 데크를 새로 설치했더라도 깨끗하게 청소하는 것이다. 대부분의 판재가 수평으로 설치되기 때문에 데크는 매우 쉽게 더러워진다. 두 번째 단계는 선택한 마감제를 적용하는 것이다. 아래 내용에서 설명하듯이 대부분의 데크에 가장 적합한 마감은 착색제(스테인)이다.

청소하기

다음 청소 관련 지침은 모든 마감면·마감제에 대해 사용할 수 있다. 목재를 청소하려면 상황에 따라 다음 지시사항을 따라야 한다.

새로 설치된 목재인 경우

❶ 밀 도막착색제(Mill glaze) 또는 왁스 처리 여부를 확인한다. 밀 도막착색제는 제재 공정에서 액체가 스며들지 않고 방울로 뭉치게 만들어진 상태이다. 왁스는 압력 처리 과정에서 사용되기도 하며 동일한 효과가 있다. 여러 부위에 물을 튀겨 물이 침투하는지를 확인한다. 물방울이 맺히면 다음 중 하나를 수행한다.
- 몇 주 동안 데크가 외부에 노출되도록 한다.
- 데크를 고압 세척한다.
- 시판용 데크 광택제를 바르고, 뻣뻣한 브러시나 빗자루로 문지른다.
- 데크를 샌딩한다.

❷ 데크가 더러우면 세척하고 건조한다.

발수제를 바른 목재인 경우

❶ 고압 세척기, 정원용 호스 또는 뻣뻣한 빗자루로 모든 먼지를 닦아낸다.

❷ 곰팡이가 남아있으면, 펌프 분무기, 롤러 또는 브러시로 시판용 데크 광택제를 바르고, 데크를 긁어내거나 압력 세척기로 세척한다(데크 광택제에는 차아염소산나트륨, 옥살산 또는 산소 표백제가 함유되어 있으며 종종 세제가 포함되어 있다). 좀 더 곰팡이 자국을 잘 제거하려면, 먼저 데크를 정원용 호스로 적신다.

❸ 타닌이나 녹 얼룩이 남아있는 경우, 옥살산 용액과 물 또는 옥살산이 함유된 시판용 데크 광택제나 표백제를 사용한다.

❹ 목재를 깨끗이 씻은 후 말린다.

착색 마감된 목재인 경우

❶ 발수제로 처리된 목재인 경우, 세척에 대한 지침을 따른다.

❷ 기존 얼룩을 제거하려면 보통 약한 농도의 수산화나트륨 성분의 데크 착색 제거제를 도포한다.

❸ 목재를 깨끗이 씻은 후 말린다.

페인트 칠한 목재인 경우

❶ 데크 착색 제거제(일반적으로 수산화나트륨), 열풍기 또는 용매 제거제로 페인트를 제거한다. 샌딩은 목재에 있는 못이나 나사 때문에 그다지 좋은 생각이 아니다.

❷ 목재를 깨끗이 씻은 후 말린다.

착색제는 좀처럼 벗겨지지 않기 때문에 보통 데크에 가장 좋은 마감제이다. 착색제 안료는 약간의 자외선 차단 기능을 제공하고 바인더는 약간의 방수 기능을 제공한다.

메모 고압 세척기는 수도꼭지에서 나오는 물을 매우 높은 압력으로 공급하는 펌프이다. 어느 장비 대여점에서나 대여 가능하다. 500 psi 또는 1000 psi로 시작하고 필요하면 압력을 증가시키되, 목재를 크게 손상시키지 않는 범위 내로 한다.

도포하기

데크 착색제, 발수제를 도포하려면 다음 단계를 따른다.

1. 따뜻한 날에 작업한다. 유성 제품인 경우는 24시간 동안 40°F (4.4°C), 수성 제품의 경우는 24시간 동안 50°F(10°C) 이하로 떨어지지 않아야 한다.
2. 최소 하루 동안 비가 오지 않는지 확인한다.
3. 착색제 또는 발수제를 브러시, 롤러(짧은 롤러 사용) 또는 패드(페인트 패드 사용)로 목재에 바른다. 롤러 또는 페인트 패드를 사용하는 경우는 최상의 결과를 위해 백 브러시 방법을 사용한다. 즉 도포한 마감 반대 방향으로 한 번 더 바른다. 나뭇결 방향으로 바른다(분무도 가능하지만 마감제를 너무 두껍게 도포하지 않도록 주의한다).
4. 여러 판재에서 한 번에 끝에서 끝까지 작업하고 칠 자국이 남지 않도록 젖은 모서리를 유지한다.
5. 모든 판재의 마구리면을 코팅한다.
6. 수성, 유색, 반투명 착색제, 발수제, 오일 제품 등 모든 제품을 사용하여 한 번만 마감하고 두껍게 마감하지 않는다. 가능한 한 많은 마감제가 목재에 스며들기를 원하기 때문에 도막이 거의 또는 전혀 만들어지지 않는다. 목재 위에 도막을 만들도록 설계된 알키드 착색제를 사용할 때는 완벽히 청소하여 마감제가 벗겨지지 않도록 한다.
7. 데크가 마모되거나 건조해 보이면 청소하고 다시 마감한다.

팁 식물, 잔디, 기타 생명체들을 비닐로 덮거나 표백제나 얼룩을 바르기 전과 후에 물을 부려 보호한다.

나가기 때문에 단점으로 여겼던 것이 사실은 장점이 된다. 수증기는 벽을 통과하고 단열재를 통과하며 목재 사이딩을 통과한다. 페인트층을 통과하지 못하면 습기가 페인트 뒤에 쌓여서 페인트가 벗겨지게 된다(라텍스 페인트 아래에 바르는 유성 페인트의 프라이머는 습기 침투를 막을 만큼 두껍지 않다).

페인트는 두 판재가 만나는 지점을 밀봉할 수 있으므로 사이딩과 주택 트림에 좋고 습기에 많이 노출되지 않을 경우, 가구와 외부용 문에 사용할 수 있다. 그러나 수분에 자주 노출되고 모든 마구리면을 효과적으로 밀봉하거나 메꾸는 것이 거의 불가능한 데크나 울타리의 경우에 페인트는 좋은 선택이 아니다. 페인트 아래로 물이 스며들어 페인트가 벗겨질 것이며 다시 페인트칠을 하기 위해 샌딩하거나 전체를 벗겨내는 것은 아주 성가신 일이 될 것이다. 페인트는 유지 보수에 너무 많은 작업이 필요하기에 갑판이나 울타리에서는 거의 사용되지 않는다.

수증기와 물이 도막을 벗겨내는 방식에 차이가 있음을 주목한다. 수증기는 건물 안에서부터 사이딩을 통과해 빠져나간다. 물은 수증기 상태로 라텍스 페인트를 통과할 수 있다. 액체 상태의 물은 도막 외부에서 타고 흐른다. 액상의 물은 농도가 너무 높아 두꺼운 코팅을 통과할 수 없다.

안료 착색

안료 착색은 외부 목재에 두 번째로 효과적인 코팅이다. 페인트와 마찬가지로 바인더와 색소가 모두 함유되어 있어 수분과 자외선 손상에 강하다. 하지만 안료 착색은 도막 형성이 매우 작거나 거의 없어서 페인트만큼 목재를 보호하

속설 착색제의 기능적 수명과 관련된 제조업체의 주장은 신뢰할 만하다.

사실 미니아폴리스, 뉴올리언스, 투싼과 같이 다양한 기후 조건을 지닌 지역에서 동일 제품을 적용할 경우, 제조업체가 요구하는 동일한 작업 수명을 따르는 것은 바람직하지 않다. 남쪽으로 갈수록 제조업체가 권장하는 재마감 시간을 상당한 정도로 단축하는 것이 현명할 것이다.

지 않는다. 또한 보호력이 오랜 지속성을 갖지도 못한다. 반면에 도막 형성이 거의 없기 때문에 유지관리가 쉽다. 보통 기후와 목재의 노출 정도에 따라 매년 또는 2년에 한 번, 안료 착색제를 새로 바르면 된다. 긁어내거나 샌딩할 필요는 거의 없다(298쪽 '목재 데크 착색 마감' 참조).

목재 데크, 울타리, 페인트칠하지 않은 적삼목, 낙우송 또는 세쿼이아 사이딩의 경우에 일반적으로 안료 착색이 최선의 선택이다.

바인더는 세 종류, 안료는 두 종류 중에서 선택할 수 있다. 바인더는 유성, 수성, 알키드 기반이다. 안료는 반투명하거나 유색이다.

유성 착색제가 가장 흔하고 대중적이며 사용하기에도 가장 쉽다. 마감면에 붓질하거나 분무하거나 롤러로 바를 수 있다. 그들은 목재에 충분히 스며들거나 증발해서 도막이 거의 만들어지지 않거나 아예 만들어지지 않을 것이다. 도막을 형성하지 않으므로 마감이 벗겨질 수도 없어서 재도장도 쉽다. 목재에 묻은 흙과 곰팡이만 닦아내고 재도장하면 된다.

수성 아크릴 착색제는 냄새가 없고 청소가 용이하며, 오염 용매의 양이 적어서 인기가 높다. 그러나 수성 착색제는 나뭇결을 다소 가리고 물이 스며들면 벗겨질 수 있는 도막을 형성한다. 수성 착색제는 유성 착색제보다 자글자글한 패턴을 더 쉽게 보여주는데, 이는 얇은 도막이 마모되기 때문이다.

알키드 기반 착색제는 목재에 안료를 접착하기 위해 장

> **팁** 광택이 나는 마린 바니시에 저광을 내는 세 가지 효과적인 방법이 있다.
> - 스틸울로 문지른다.
> - 다른 바니시 캔의 바닥에서 소광제를 추가한다(128쪽 '소광제로 광택 조절하기' 참조).
> - 실내용 저광 바니시를 위에 도포한다(이 바니시는 열화 속도가 빨라서 보수를 자주 해야 하지만, 아래 마린 바니시 층의 자외선 흡수제는 자외선이 목재에 닿는 것을 차단한다).

자외선으로부터 보호

주로 햇빛이나 형광등에서도 나오는 자외선은 목재, 착색제, 심지어 페인트를 색바래게 하고 칙칙하게 만들며 결국은 마감이 벗겨지게 한다. 안료는 마감제에 사용할 수 있는 최고의 자외선 차단제이다. 이것은 자외선을 흡수하여 목재에 닿지 못하게 하는 작용을 한다. 하지만 안료는 목재를 가리거나 최소한 뿌옇고 흐리게 만든다. 자외선 흡수제라고 불리는 화학물질은 자외선을 막기 위해 제조사에 의해 투명한 마감제에 첨가될 수 있다. 이 화학물질은 목재를 가리지 않는다. 그것은 빛 에너지를 열에너지로 바꾸는 자외선 차단제처럼 작용한다. 그러나 자외선 차단제와 마찬가지로 자외선 흡수

자외선을 부분적으로 차단하는 창유리를 통해서도 햇빛이 목재와 착색제를 탈색시키므로 마감이 벗겨질 수 있다. 이 캐비닛의 뒷면은 5년 동안 서향 창가에 노출되어 있었다.

해변에서 파는 마린 바니시와 홈센터와 페인트 매장에서 파는 마린 바니시는 큰 차이가 있다. 이 붉은 칠판은 서로 다른 4종의 바니시로 각 5회 마감하고 6개월 동안 서쪽 창문에 놓았는데, 윗부분은 신문지로 덮어 보호하였다. 왼쪽 패널은 해안가에서 구입한 마린 바니시로 마감되었다. 두 개의 중간 패널은 홈 센터와 페인트 매장에서 흔히 구할 수 있는 인기 제품인 마린 바니시로 마무리되었다. 오른쪽 패널은 표준 내부용 알키드 바니시로 마감되었다. 해변에서 산 바니시는 자외선 침투와 염료 탈색 방지에 상당히 효과적이었다. 홈 센터, 페인트 매장에서 구입한 마린 바니시는 자외선 흡수제가 없는 내장용 바니시보다 약간 더 효과적이었다.

제는 시간이 지나면 닳아 없어진다. 따라서 투명 마감에 의한 자외선 차단은 일시적일 뿐이다.

   자외선을 부분적으로 차단하는 창유리를 통과한 햇빛이 목재와 착색제를 탈색시키므로 마감이 벗겨질 수 있다. 사진 속의 이 캐비닛 뒷면은 5년 동안 서향 창가에 노출되어 있었다.

   많은 제조업체가 투명한 외부용 목재 마감제를 자외선 차단용이라고 주장하지만, 홈 센터와 페인트 매장에서 구할 수 있는 일반 소비자 브랜드 제품은 효과적인 값비싼 자외선 흡수제를 충분히 포함하지 않는 경향이 있다. 자외선 차단 효과가 가장 뛰어난 투명한 마감제는 해변에서 구할 수 있다. 자외선 차단 기능이 있는 시판되는 다른 제품은 너무 얇게 발라서는 효과가 없다. 여기에는 발수제와 소위 '티크' 오일을 포함한 오일 마감제가 포함된다(96쪽 '티크 오일' 참조). 이 두 마감제 모두 목재 위에 도막 형성이 되지 않기 때문에 마감에 UV 흡수제 함량에 관계없이 흡수제가 큰 효과를 발휘할 만큼의 충분한 두께를 가질 수가 없다. 이런 마감제는 금방 그 효과가 사라진다.

   효과가 몇 년 이상 지속되려면 목재 위에 두꺼운 도막을 만들어야 한다. 목재보트 마감 작업자의 경우는 상당한 고품질의 자외선 차단 마린 바니시를 8~12회 도포한다. 이러한 마감 상태를 유지하는 한, 최대 10년 이상 효과를 누릴 것으로 예상한다. 목재의 관리는 마감이 열화되면 매년 최상층 도막을 벗겨내고 다시 몇 번 재도장하는 것을 의미한다. 또한 마린 바니시를 사용한 모든 면이 칙칙해지면(예를 들어 문짝), 이 작업을 수행해야 한다. 칙칙하다는 것은 마감된 표면이 열화되어 칙칙해진 깊이까지 자외선에 대한 저항력이 더 이상 미치지 못함을 뜻한다.

유성 바니시를 사용한다. 이 착색제는 목재 위에 도막을 올리기 위한 것인데, 목재에 잘 접착되고 유연해서 잘 벗겨지지 않는다. 흔히 제조업체는 최대 3회의 마감을 권장하고 1~2년마다 한 번씩 표면을 청소하고 추가로 마감하기를 권고한다. 가장 널리 사용되는 브랜드는 Sikkens이다. 이런 착색제의 단점은 최초 마감 또는 재마감 시에 목재가 거의 완벽하게 깨끗하지 않은 경우 벗겨진다는 점이며, 많이 사용되는 부분에서는 눈에 띄는 마모가 흔하게 발생한다. 이 부분을 벗겨내고 재마감하지 않고서는 다른 부분과의 차이를 표시 나지 않게 수리하는 것은 매우 어려운 일이다.

반투명 착색제와 유색 착색제의 주된 차이점은 포함된 안료의 양이다. 유색 착색제는 안료가 더 많이 함유되어 있어 자외선을 차단하기에 좋다. 하지만 그것은 반투명 착색제보다 목재를 더 가린다. 반투명 착색제, 특히 더 투명한 트랜스 옥사이드 염료를 사용하는 착색제가 가장 흔하고 인기 있는 착색제이다. 또한 처지는 현상이 드물기에 사용하기도 더 쉽다.

투명 마감제

수성 마감제와 모든 종류의 바니시를 포함해 투명한 도막을 제공하는 마감제의 경우, 수분 침투에는 저항성이 크지만, 자외선을 잘 견디지 못한다. 파괴적인 자외선이 투명한 도막을 통과해 목재를 분해시킨다. 셀룰로오스 섬유를 접착하는 리그닌은 강도가 떨어지고, 표면 섬유는 목재의 나머지 부분으로부터 분리된다. 이렇게 되면 표면에 도포된 마감제는 쉽게 벗겨진다. 햇빛에 노출된 투명한 마감제는 대개 마감제 도막이 사라질 정도로 열화되기 훨씬 전에 벗겨진다.

자외선에서 살아남는 투명한 마감을 얻는 비결은 자외선 흡수제를 추가하는 것인데, 많은 제조사가 이런 제품을 공급하고 있다. 그러나 제조사마다 자외선 차단 효과에는 큰 차이가 있다 (300쪽 '자외선으로부터 보호' 참조).

외부용으로 판매되는 투명 마감제는 마린 바니시, 스파 바니시, 오일 3종으로 나뉜다. 수성 외부용 마감제도 가능하지만, 아직 큰 호응을 얻지 못하고 있다. 마린 바니시는 자외선 흡수제가 첨가된 장유성 바니시이다 (170쪽 '오일과 수지 혼합물' 참조). 스파 바니시는 자외선 흡수제가 첨가되지 않은 장유성 바니시이다. 오일에는 자외선 흡수제가 첨가될 수도 있고 첨가되지 않을 수도 있지만, 설령 첨가되더라도 햇빛으로부터 많은 보호를 제공하기에는 표면에서 오일 마감의 두께가 너무 얇다. 목재가 햇빛이나 비에 노출되면 오일 마감이 매우 빠르게 목재에서 사라진다.

아마인유나 끓인 아마인유 모두 햇빛과 물을 차단하는 데 효과가 없다. 더 나쁜 것은 곰팡이가 자라기 쉽다는 것이다. 사실 곰팡이는 아마인유의 지방산을 먹고 살기 때문에 아마인유를 바르지 않았을 때보다 곰팡이가 더 쉽게 발생할 수 있다. 매우 건조한 기후의 조건에서만 아마인유를 외부 목재의 마감제로 간주할 수 있다.

해안가에서 구할 수 있는 마린 바니시는 실외용으로 알맞은 가장 좋은 투명한 마감제이다. 마린 바니시는 매우 광택이 있고 (빛 반사를 좋게 하기 위해), 상대적으로 부드러우며 (유연성 향상), 최대로 자외선에 저항하기 위해서는 8~9회의 마감이 필요하다. 또한 이 마감제의 자외선 흡수제는 마감 자체의 열화를 방지하지 않기 때문에 표면이 열화되면 (칙칙해짐, 백악화, 갈라짐), 샌딩으로 제거하고 두세 번 덧칠해야 한다.

발수제

발수제는 보통 물을 튕겨내기 위한, 표면 장력이 낮은 왁스나 실리콘이 첨가된 미네랄 스피릿이다. 때로는 단순히 희석된 수성 마감제이기도 하다. 비록 수명이 짧기는 하지만 목재로 침투하는 물 양을 줄이는 데 꽤 효과적이다. UV 흡수제가 들어있으면 자외선을 일부 차단하지만, 짧은 시간 동안만 기능한다. 얇은 도막이라 그 층에 포함된 UV 흡수제가 소량이며 금방 마모된다. 그 결과로 발수제를 바르고 비와 햇빛에 노출된 목재는 마감되지 않은 목재와 거의 비슷한 속도로 탈색되고 갈라지고 뒤틀린다.

발수제는 모든 외부용 목재 마감제 중에서 최소한의 보호 기능을 제공하지만, 뭉치거나 벗겨지지 않아 마감하기 매우 쉽다.

적절한 마감제의 선택

위의 논의를 바탕으로 외부용 표면에 대한 마감제를 선택하는 것은 어렵지 않다. 외부 사이딩, 트림, 문, 가구, 펜스에는 페인트를 사용한다. 페인트 아래에서 물이 유입되어 흐를 수 있는 마구리면과 같은 모든 부위를 메꿔야 한다. 사이딩에는 라텍스 페인트를 사용하고 마모에 잘 대응하기 위해서는 유성 페인트를 사용한다.

데크, 울타리, 적삼목 싱글 사이딩 뿐아니라 가구와 문에도 착색제를 사용할 수 있다. 알키드, 유색, 수성 마감제, 반투명 착색제 중에서 선택하면 된다. 알키드, 유색, 수성 마감제는 목재 위에 도막이 형성되는 경향이 있어 마감이 벗겨지기 쉽다. 반투명 착색제는 자외선과 물에 대한 저항성이 낮지만 벗겨지지 않아서 재도장이 용이하다.

문과 가구에는 투명한 도막 마감제를 사용하고, 사막처럼 건조한 기후라면 아마인유를 아무 곳에나 사용해도 된다. 투명한 마감으로 최대의 자외선 저항성이 필요한 곳에는 마린 바니시를 도포한다. 자외선 저항성이 중요하지 않으면 스파 바니시를 사용한다. 도막이 형성된 마감층 아래로 물이 흐른다면 마감이 벗겨진다는 점을 기억해야 한다.

위의 '팁'에서 설명한 것처럼 목재가 회색으로 변색되어도 개의치 않으며 계속 보수할 수 있다면 데크에 발수제를 사용한다. 습한 기후지역에서 살고 있다면 방부제가 포함된 발수제를 사용한다. 설치하기 전에 사이딩과 트림의 마구리면에 페인트 또는 가능하면 발수제를 바른다.

> **팁** 데크나 울타리 목재의 원래 색상을 유지하는 데 노력을 더하고 싶다면 다음 방법이 있다. 새 목재부터 UV 흡수제가 함유된 발수제를 발라준다. 목재가 회색으로 변하기 시작하면 데크 광택제나 옥살산으로 세척해 원래 색으로 되돌린다. 그런 다음 자외선 흡수제가 포함된 발수제를 더 바른다. 습한 기후라면 방부제가 함유된 것을 사용한다. 사용자의 거주 지역과 사용 정도에 따라 종종 3~6개월마다 재마감해야 할 수도 있다. 이 절차는 수년 동안 회색으로 탈색되는 것을 막아주지만, 갈라지거나 뒤틀리는 것을 방지하지는 못한다.

21장 | 슬기로운 마감 생활

- 하루 안에 마감하기
- 비누 마감
- 색상 맞추기
- 목재 마감제 역사

이번 신판에서는 페인트와 마감제 제거에 관한 내용을 삭제하는 대신에 본서의 나머지 다른 부분에 가치를 더하고자 지난 10년간 모아놓은 자료들을 새롭게 대체하는 것으로 방향을 세웠다. 첫째, 마감제 제거는 마감에 관한 본서의 내용 가운데 중심적인 것이 아니다. 둘째, 무엇보다 중요한 것은 지난 몇 년 동안 가장 빠르고 효과적인 마감 제거제로 추천했던 제품들이 인체에 미치는 여러 안전상의 이유로 시장에서 퇴출되었으며 그에 필적할 만한 제품들로 대체되지 않았다. 다음은 이러한 상황에 대한 설명이다.

구판에서 가장 효과적이라고 했던 염화 메틸렌은 규제의 대상이 되었다. 이것이 암의 원인이라는 사실을 뒷받침하는 증거는 찾아볼 수는 없지만, 일부의 사람들이 급성 노출로 사망했다. 내가 봤을 때 극소수의 사례였고 그들은 제조업체의 설명서에 적힌 안전 지침을 따르지 않았음에도, 일부 소비자 단체들끼리 힘을 합쳐 염화 메틸렌, 그리고 또 다른 덜 효과적인 용매인 n-메틸 피롤리돈을 매장 진열대에서 전부 수거하라면서 대형 상점주에게 요청했다.

이들 단체는 또한 환경보호국(EPA)에 비전문가에 대한 모든 판매를 중단하도록 압력을 가하는 데 성공했다. 그래서 이전의 판본에서 내가 가장 효과적이라 예시했던 4개의 용제 그룹은 더 이상 아마추어와 목공방을 대상으로 하는 판매점에서 구할 수 없게 되었다.

물론 제조업체는 이 용제를 다른 제품으로 대체했지만, 새로운 용제는 효과가 훨씬 떨어진다. 이 또한 사견에 불과하나 과연 적당한 대체물이 나올지는 의문이다.

하루 안에 마감하기

마감은 보통 목공에서 가장 재미있는 작업이라고 말할 수 없기에 많은 작업자가 하루, 심지어 반나절 안에 마감하기를 원한다. 많은 제조사들의 제품 사용법에서 이를 권장하고 있는데, 때로는 공정을 너무 빨리 진행하기 때문에 최적의 결과를 얻지 못하는 경우도 많다. 그럼에도 불구하고 샌딩 후, 하루 이내에 전체 마감 공정을 완료하는 방법이 있다. 여기에 관련 내용이 있다.

> **팁** 하루 안에 마감 공정을 끝낼 수도 있다. 하지만 좋은 마감을 위해서는 마감면 사이 샌딩 단계를 거치지 말고, 선택한 마감제의 건조 시간을 잘 고려해야 한다.

사진 21-1 착색제과 마감제. 일반적인 유형의 마감제는 왼쪽, 일반적인 유형의 착색제는 오른쪽에 배열되어 있다. 하루 안에 마감을 완료하는 것이 목표인 경우, 중요한 기능은 마감제의 건조 속도이다.

21장 | 슬기로운 마감 생활 305

사진 21-2 2회 마감이 필요함. 완전히 광택이 나려면 최소한 2회 마감이 필요하다. 첫 번째 마감면이 건조되면 샌딩해서 부드럽게 만든다. 1회 마감한 면(왼쪽)과 2회 마감한 면(오른쪽)의 대비가 차이를 설명한다.

사진 21-3 분무. 분무도장과 에어로졸은 붓질보다 장점이 있지만, 건조 속도와는 관계없다. 각 착색제 또는 마감제 유형은 도포 방법과 관계없이 각각 자체 건조 속도를 가지고 있다. 착색제나 다른 마감제를 분무도장한다고 해서 건조 속도가 더 빨라지지는 않는다.

마감제 2회 도포의 필요성

일단 1회 마감만으로는 좋은 결과를 얻을 수 없음이 중요하다. 광택을 내기 위해서는 첫 번째 마감면이 건조된 후에 샌딩 작업을 포함하여 최소 2회의 마감이 필요하다.

첫 번째 마감제는 목재에 스며들어 목재 거스러미를 조금 생기게 하고 (수성 마감제인 경우 심함) 건조된 후에 솟아오른 거스러미를 제자리에 고착화시킨다. 표면은 거칠게 느껴질 뿐만 아니라 도막이 너무 얇고 솟아오른 거스러미가 빛을 난반사시켜 생각보다 칙칙해 보인다.

원하는 광택을 얻으려면 첫 번째 마감면을 부드럽게 샌딩하고 두 번째 마감을 해야 한다. 필요 이상으로 깊게 샌딩하지 않고 효율적인 사포를 사용한다. 대부분은 입도 220, 320 또는 400번 사포를 사용한다.

따라서 하루 안에 모든 마감을 완료하고자 할 때 가장 크게 고려해야 할 사항은 사용 중인 마감제가 건조되는 시간이다. 첫 번째 마감이 마를 때까지 충분한 시간이 있어야 샌딩하고 두 번째 마감을 도포할 수 있다.

오일과 바니시

젤 바니시를 제외하고 오일과 바니시 (폴리우레탄 바니시, 와이핑 바니시 포함) 제품은 건조 시간이 느리므로 하루 안에 마감하기가 어렵다. 첫 번째 마감이 충분히 건조할 수 있도록 매우 이른 시간에 도포한 후 늦게 샌딩하고 두 번째 마감을 해야 한다. 충분히 따뜻한 곳에서 작업해야 한다.

젤 바니시는 다른 바니시보다 빨리 마르기 때문에 하루에 두 번 덧칠할 수 있다. 하지만 도포 후 여분을 닦아내면, 도막이 너무 얇아서 젤 바니시 2회 마감으로는 광택을 내기에는 부족하다.

이 모든 마감제의 문제는 며칠 동안 상당히 강한 냄새를 계속 방출한다는 것이다. 따라서 단 하루 만에 프로젝트를 완료한다고 해도 사용하려면 며칠 동안 기다려야 한다.

래커와 셸락

래커와 셸락은 모두 빠르게 건조된다. 건조되려면 래커 희석제 또는 알코올 등의 용제만 증발하면 되기 때문이다. 그래서 하루에 두 번, 심지어 세 번도 쉽게 마감할 수 있다.

그러나 분무용 래커에 비해 상당히 느리게 마르는 '붓질용' 래커의 경우는 그렇지 않다(분무장비 또는 에어로졸로 마감하는 것은 마감이 마르는 속도에 전혀 영향을 미치지 않는다).

래커와 셸락의 가장 큰 차이점은 냄새이다. 래커는 모든 용매가 증발할 때까지 매우 강한 냄새가 발생한다. 셸락의 냄새는 변성 알코올로 상당히 약한 편이다.

거칠게 사용하지 않는 한, 셸락으로 마감된 가구는 바로 다음 날에도 사용할 수 있다. 그러나 래커 마감인 경우는 며칠을 기다리는 것이 좋다.

수성 마감제

마감을 급히 서둘러야 할 때 가장 좋은 마감제가 수성 마감제라는 사실은 의심할 여지가 없다(희석 또는 세척 용제가 바로 물이다).

수성 마감제는 비교적 사용하기 어렵지만, 빨리 마르고 악취가 거의 없다. 습도가 아주 높지 않다면 8시간 동안 3번

사진 21-4 속건성 착색제. 수성 착색제는 빠르게 건조된다. 크고 복잡한 표면에서는 여분의 얼룩이 굳기 전에 닦아내는 데 문제가 있을 수 있다(사진 참조). 이럴 경우, 젖은 착색제를 작은 부분에 재빨리 발라 굳어진 착색제를 다시 적신 후 빠르게 닦아내거나, 바르는 동안 보조작업자가 닦아내도록 한다. 바닥재 보호를 위해서 필요하다면 신문이나 비닐을 밑에 깔아 둔다.

사진 21-5 수용성 염료 착색제. 수용성 염료 착색제 마감면에 수성 마감제를 붓질할 경우, 수용성 염료 착색제가 다시 녹아서 표면을 따라 염료가 이동하면 어떤 부분은 더 밝고 어떤 부분은 더 어둡게 된다. 분무(예를 들어 에어로졸 수성 마감)하거나, 혹은 다른 마감제(예를 들어 셀락 1회 마감)로 염료를 '봉인' 해야 한다.

의 마감을 쉽게 도포하고 다음 날 사용할 수 있다. 물론 일주일 정도 지나야 딱딱해지므로 스크래치 등에 내구성이 생길 것이다.

수성 마감의 문제는 첫 번째 마감 후에 다른 마감보다 거스러미가 훨씬 많이 생긴다는 것이다. 계속하기 전에 첫 번째 마감면을 매끄럽게 샌딩하는 데 더 많은 시간을 투자해야 한다. 이렇게 하면 추가적인 마감에서는 거스러미가 생기지 않는다.

착색하기

착색제는 네 가지 유형의 제품이 있다. 유성 액상 착색제, 유성 젤 착색제, 수성 액상 착색제 또는 수용성 염료 착색제이다.

유성 액상 착색제를 사용하면 하루 안에 프로젝트를 완료할 수 없다. 마감 단계를 계속하기 위해서는 밤새 건조해야 한다.

이와는 대조적으로 유성 젤 착색제와 수성 액상 착색제는 젤과 수성 마감제처럼 빠르게 건조된다. 따라서 8시간 안에 두 번 착색 마감된 결과물을 얻을 수 있다.

수성 착색제를 사용할 경우, 주의해야 할 두 가지 문제점이 있다.

첫째, 매우 빨리 마른다는 점이다. 작업물이 크다나 복잡한 경우에 얼룩이 마르기 전에 여분의 착색제를 닦아내는 데 문제가 있을 수 있다. 이렇게 하면 얼룩이 남는다. 붓질보다는 젖은 천이나 스펀지(또는 분무)로 착색제 작업을 하는 것이 더 효과적이다. 여러분이 직접 바른 직후, 보조

작업자의 도움을 받아 닦아내는 것도 좋은 결과를 내는 데 도움이 된다.

둘째, 수성 착색제는 거스러미를 많이 올린다. 일부 착색제를, 특히 가장자리를 나중에 샌딩해서 없애지 않으려면 첫 번째 마감면을 샌딩한 후에 진행한다. 생긴 거스러미를 '감추기'한 다음 매끄럽게 샌딩한다.

바인더가 없는 수용성 염료 착색제는 바인더가 포함된 수성 착색제보다 건조 속도가 느리다. 그래서 착색제를 도포할 시간이 더 있다.

공기가 상당히 건조하고 여분을 잘 닦아냈다면 3~4시간 이내에 착색제가 마를 수 있다. 이런 이유로 당일 건조가 빠른 셸락, 래커, 수성 마감제 등을 두 번 덧발라도 시간이 남는다.

그러나 수용성 염료 위에 수성 마감제를 붓질하면 일부 색상이 녹아 나와 표면으로 이동할 수 있다. 마감을 분무하거나 다른 마감제(예를 들어 셸락)로 먼저 목재를 밀봉하는 것이 가장 좋다.

비누 마감

덴마크와 다른 북유럽 국가에서 가구와 바닥용으로 꽤 인기 있는 마감제가 비누라는 사실을 알게 되면 아마 놀랄지도 모른다. 나는 1970년대 중반, 덴마크에서 2년 동안 살았고 그 후로 여러 번 방문했다. 그곳에서 나는 비누로 마감한 아름다운 가구를 꽤 많이 보았다.

수분에 과도하게 접촉되면 단판이 분리될 수 있기 때문에 소재는 항상 원목을 사용한다. 또한 참나무, 물푸레나무, 너도밤나무, 단풍나무, 소나무 등 밝은 재색의 목재에 주로 적용된다. 비누 마감은 벗나무와 호두나무처럼 짙은 색상 목재의 경우, 풍부한 색을 퇴색시킨다.

아무 비누나 사용해서는 안 되며 반드시 천연 비누 조각만 가능하다. 미국 내에서 더 이상 구할 수 없는 아이보리 비누 조각이 이런 사례에 속한다. 이제는 그 비누 조각을 수입해야 한다. 내가 사용하는 것은 Msodistributing.com에서 파는 제품들이다.

사진 21-6 비누를 이용해서 마감하기. 이 사진은 덴마크의 Ansager A/S가 만든 참나무 테이블로 비누 마감이 매우 얇고 무광이며 색깔이 없음을 알 수 있다. 마치 전혀 마감되지 않은 것처럼 보인다.

비누 마감은 기름이나 왁스처럼 매우 얇지만, 색도 없고 광택도 없다. 오일 마감은 약간의 노란색·오렌지색을 더하고(황변 현상), 오일과 왁스 모두 광택을 더한다. 비누 마감은 완전히 무광이다. 전혀 마감이 안 된 것 같지만, 얼룩에 강해서 마감이 안 된 것보다는 낫다.

비누 마감은 비록 아름답고 저렴하고 환경친화적이며 바르기도 매우 쉽지만 오일이나 왁스보다 유지관리에 훨씬 더 신경 써야 한다는 점을 주의해야 한다. 테이블 상판처럼 사용량이 많은 표면은 한 달에 한 번 정도 재마감할 필요가 있다. 따라서 관리 책임자는 보수에 기꺼이 노력을 기울여야 하고 그렇지 않을 경우, 마감은 상당히 빠른 속도로 칙칙해진다.

비누 조각

천연 비누 조각의 작동원리는 끓는 물에 녹으면 비누 조각이 끈적끈적해지고, 물이 증발하고 나면 제법 단단해지는 성질에 있다. 이는 비누가 한두 달 동안 구멍이 없는 표면에서 경화되면 오일·바니시 혼합물과 거의 같은 강도로 굳어지기 때문이다. 손톱을 비누에 파서 넣을 수는 있지만, 비누는 목재 표면의 관공을 메꿔서 얼룩이 빠르게 침투하는 것을 방지할 만큼 굳는다.

비누 마감제를 만들기 위해서는 1 qt.(946ml)의 끓는 물에 비누 조각 2 큰술을 넣는다. 정확하지 않아도 된다. 실제로 위의 비율은 초기 마감 시, 유지관리 마감 시에 다양하게 변할 수 있다. 모두 잘 작용한다.

잘 저어주고 밤새도록 혼합물을 식히고 걸쭉하게 둔다. 처음 몇 번 도포한 후, 원한다면 비누의 비율을 높일 수 있다. 또한 끓는 물을 넣고 저으면 너무 진한 젤을 묽게 만들 수 있다.

적용 단계

비누 마감을 적용하기 전에 목재를 적어도 입도 150번 사포로 샌딩한다.

비누는 목재의 거스러미를 일으키기 때문에 먼저 목재를 적셔 거스러미를 미리 올리고, 목재가 마른 후에 매끈하게 샌딩한다. 아니면 이 단계를 건너뛰고 마감 사이에 점점 더 고운 사포로 샌딩하면 된다. 나는 주로 이 방식으로 하며 내가 본 사용설명서는 대개 그런 방식을 권유하고 있다.

처음 두세 번 마감하는 동안에는 테이블 상판과 넓은 패널 양쪽에 비누 마감을 도포하는 것이 가장 좋다(또는 최소한 밑면에 스프라이처로 적시는 것도 좋다). 목재의 한 면만 여러 번 적시면 목재가 휘게 되어 데크의 널빤지처럼 갈라진다. 마감 단계는 다음과 같다.

- 깨끗한 천이나 스펀지로 비눗물을 신속하게 목재 위에 두껍게 펴 바른다.
- 비누를 몇 분 정도 두었다가 여분을 목리 방향으로 닦아낸다.
- 목재를 말리고 입도 220 또는 320번 사포로 연마하여 발생한 거스러미를 효율적으로 제거하되, 거칠게 샌딩하지는 않는다.
- 위의 과정을 반복해서 두 번째 마감을 적용한다.

마감 사이사이에 샌딩하면서 원하는 횟수의 마감을 한

사진 21-7 비누조각. 천연 비누 조각은 미국에서 아이보리 비누 조각으로 판매되었다. 지금은 조각 형태와 포장된 조각을 영국에서 수입한다. 오른쪽은 끓는 물 1 qt.에 조각 2큰술을 넣고 섞은 것인데, 휘저은 혼합물이 식고 걸쭉해진 상태의 용기 안에 헝겊을 그대로 두었다.

사진 21-8 **엎질러진 것 닦아내기**. 무언가를 엎질렀다면 빨리 닦아내야 한다. 적포도주를 엎지른 후, 2분 내로 일부분을 닦았다. 입도 280번 사포로 여러 번 가볍게 문지르자 사진 21-11과 같이 자국이 완전히 사라졌다.

사진 21-9 **10분 뒤에 닦아내기**. 엎지른 것을 닦고 샌딩하고 사진을 찍는 동안, 재면 위 적포도주의 일부를 그대로 두었다가 10분 후에 닦아내자 뚜렷한 흔적을 남겼다.

사진 21-10 **스카치 브라이트로 문지르기**. 10분 뒤에 닦아낸 자국은 바로 닦았을 때처럼 사포로 동일 처리해도 여전히 뚜렷한 자국이 남았다. 그래서 스카치 브라이트 패드로 가볍게 문질러주고 비누칠을 더했다. 이상적으로는 전체적인 색을 고르게 유지하기 위해 표면 전체에 이렇게 했을 것이다.

사진 21-11 **얼룩이 없어짐**. 사진에서 보듯이 목재가 마르면 얼룩이 완전히 없어진다.

다. 한꺼번에 3, 4회 이상 도포할 이유가 없다. 그래도 얼룩 저항성은 향상되지 않는다. 유일한 문제는 표면에 비누를 너무 두껍게 놔둬서 물체가 끌려갈 때 자국이 남는 것이다.

이 마감을 가구나 바닥에 바로 적용하기 전에 자투리 목재로 시험해 보는 것이 좋다. 마감이 서너 번 되면 물, 적포도주, 케첩 등을 표면에 떨어뜨려 1~2분 후 닦아내라. 그런 다음 아래의 유지관리 단계를 따라 이 마감을 정말 적용하고 싶은지 확인한다.

유지관리

비누 마감 시 정기적인 유지관리가 매우 중요하다. 비누 조각을 처음에 잘 녹여서 보관하면, 계속 사용할 수 있다.

젖은 천으로 먼지를 닦아내고 가구 광택제는 절대 쓰지 않는다.

처음 몇 달 동안은 특히 표면이 건조해 보이기 시작할 때마다 매주 또는 격주로 비누 마감제를 다시 바른다.

사용 시 표면이 얼룩질 수 있다. 얼룩은 대개 지우기 쉬운데, 내가 경험해본 바로는 놀랍도록 쉬웠다.

먼저 얼룩으로 인해 솟아오른 거스러미를 제거하기 위해 입도 220 또는 320번 사포로 가볍게 샌딩한다(스틸 울을 사용하지 말라). 그런 다음 비누 마감제를 한 번 더 바르고 여분을 닦아낸다. 이렇게 하면 보통 얼룩이 제거된다.

얼룩이 제거되지 않으면, 연마용 스펀지나 스카치 브라이트 패드로 항상 나뭇결 방향으로 표면을 문지르고 더 많은 비누 마감제를 사용한다. 이렇게 여러 번 하면서 중간에 표면을 건조한다. 전체적인 색감을 맞추기 위해서 전면에 위 과정을 진행한다.

얼룩이 계속 남아있으면 끓는 물을 붓고 닦아낸 후, 비누 마감제를 더 묻힌다. 끓는 물은 비누를 녹이고 심한 얼룩을 제거하는 데 아주 효과적이다. 여러 번 해도 된다.

그래도 얼룩이 제거되지 않으면 표면 전체를 샌딩하고, 더 많은 비누 마감제를 도포한다.

덴마크어로 비누 마감은 'Saebebehandling(비누 처리)'이다. 웹사이트에서 이 방법을 검색해 보면 얼마나 쉬운지 알 수 있고, 사진과 비디오(마감 과정이 얼마나 쉬운지 알려준다)를 통해서도 확인한다.

색상 맞추기

목재 마감에서 가장 어려운 작업 중 하나는 기존 물체, 실제품, 색 조견표 또는 잡지 사진의 색상을 맞추는 것이다. 대부분은 착색제만으로 이것을 해결하려고 하지만 좀처럼 쉽지 않다.

예를 들어 공장에서 완성된 가구 대부분은 여러 단계에 걸쳐 색을 입히며, 한 번의 착색제 처리를 거친 경우이거나, 목재가 단순히 오래되었다고 해도 착색제만 가지고는 정확하게 흉내 내기란 여전히 불가능하다.

토닝은 마감제를 분무하는 많은 전문가가 색상을 맞추기 위해 사용하는 기술이다. 먼저 착색제를 이용해 근접한 색상으로 맞춘 후, 아주 엷은 래커에 소량의 안료나 염료를 넣고 분무하면서 색상을 조금씩 바꾸면서 원하는 색상

사진 21-12 매치할 색상. 1930년대에 제작된 이 의자는 마호가니처럼 보이도록 마감된 고무나무이다. 나는 밝은 색상의 단풍나무 합판에 연습용 컬러 매치를 위해 사용하고 있다. 먼저 연습해보는 것이 좋다.

을 매치시키는 방법이다. 이 방법의 문제는 토너가 기존 마감제까지 용해하기 때문에 매우 조심해야 한다. 색이 잘못되거나 너무 진하면 다 벗겨내고 다시 시작해야 한다.

분무도장으로 동일한 결과를 성취하기 위해 활용할 수 있는 더 쉬운 방법이 있다. 만약 완성된 마감이 마음에 들지 않는다면 그냥 씻어내고 조정한 후 다시 시도하는 것이다. 다음은 아주 밝은 색상의 단풍나무 합판을 이용해서, 마호가니처럼 보이도록 채색된 1930년대 고무나무 의자의 다리 색상과 비슷하게 색상을 매칭하는 시연 설명이다.

배경색

첫 번째 단계는 바탕색에 맞게 염료 착색제를 사용하는 것이다. 아래 색상이 지금 보는 샘플 중에서 가장 밝은 색상이다. 정확한 매치가 필요하지는 않으며 비슷한 색이면 된다. 가급적 밝은 쪽으로 이 색상을 유지하도록 한다.

가장 좋은 착색제는 아세톤으로 희석된 NGR(거스러미 방지) 착색제이다. 동일하지만 더 농축된 목공 재료 공급 업체의 '트랜스틴트' 염료도 사용할 수 있다. 거스러미가 올라오지 않도록 물 이외의 용제로 희석한다.

원하는 만큼만 뿌리고 그대로 둔다. 닦으면 안 된다.

그런 다음 색상에 좀 더 가깝게 브라운 색상 유성 안료 착색제를 바르고 닦아낸다. 일부 안료는 나뭇결을 더 뚜렷하게 만든다. 이 얼룩이 너무 진해지면 나프타로 빨리 닦아내어 옅어지게 한다(샘플의 나뭇결이 흐리거나 아예 없는 경우, 간혹 밝은 것을 원하지 않을 수도 있으나 이런 적은 거의 없다).

결과가 만족스러우면 색상을 바로 보기 위해 실러를 발라주면 된다. 이는 샌딩 작업을 쉽게 하기 위한 샌딩 실러, 내구성 향상을 위한 비닐 실러, 목재 문제점을 차단하기 위한 셸락 또는 마감제 자체일 수 있다. 이 마감층은 샌딩하면 색상이 변하므로 다음 단계까지 샌딩하지 않는다.

진행 상황 확인

마감하려는 것과 원제품(또는 사진)을 나란히 비교하면서 구현하고자 하는 색상의 방향을 결정해야 한다. 나뭇결의 방향을 맞추어 비교하면 더 정확하게 볼 수 있다.

거의 모든 경우에 빨강, 노랑 또는 초록을 추가하거나

사진 21-13 배경 색상. 첫 번째 단계는 바탕색을 일치시키는 것이다. 배경색은 일치시키려는 사물이나 사진에서 가장 밝은 색상이다. NGR 염료 착색제를 뿌린 후, 갈색 톤의 유성 안료 착색제를 부려 목재의 결을 뚜렷하게 한다. 그런 다음 실러 마감하여 이 색상으로 고정한다.

검정(예를 들어 빨간색을 더 갈색으로 만들기 위해)을 섞어서 색감의 강도를 줄일 수 있다. 노란색에 검은색을 조합하면 '녹색화'(빨간색을 '죽인다'는 뜻)하므로 지금 당장 필요한 색은 빨강, 노랑, 검정뿐이다.

가장 쉽게 사용할 수 있는 색상 매체는 바니시에 갈아놓은 안료인 일본 색소이지만, 착색제나 도막착색제 캔 바닥에 있는 안료를 퍼내어 사용할 수 있다. 또한 대부분의 페인트 매장에서 구입할 수 있는 범용 색조 조색제를 사용할 수도 있다.

색상 비교를 잊어버리고 표면을 샌딩했을 경우에는 나프

타나 미네랄 스피릿으로 닦아 일시적으로 색상을 회복할 수 있다. 나프타는 매우 빠르게 증발하기 때문에 모든 단계에서 내가 선호하는 용제이다. 미네랄 스피릿(페인트 희석제)은 상당히 느리게 건조된다.

색상 추가

각자가 선택한 색깔을 나프타나 미네랄 스피릿으로 아주 약한 농도로 희석한다. 1 pt.(473ml) 통에서 2~3 in.의 휘젓는 용도의 막대를 들어 올릴 때 아래층에서 조금만 묻어나올 정도의 적은 양의 물감만 사용한다. 색상은 조금씩 변화시켜야 한다. 그렇지 않을 경우, 색상조절을 할 수 없고 금방 어두운 색상이 될 것이다.

안료 덩어리를 제거하기 위해서 이 혼합물을 분무 컵에 붓는다. 안료가 빨리 가라앉기 때문에 혼합물을 자주 흔들어 주어야 한다.

이 혼합물을 마감하려는 작품에 분무한다. 분사 폭을 좁히고 분무총을 낮은 각도로 유지하여 겹쳐져서 색상이 진해지는 것을 방지해야 한다. 일반 마감제를 분무할 때보다 더 빠르고 먼 거리에서 총구를 움직인다. 주름이 생기거나 흐르지 않고 표면이 젖을 정도로만 혼합물을 사용해야 한다.

건조해지면 색상이 부정확하므로 젖은 상태에서 주의하면서 천천히 색상을 맞춘다. 음영 처리(일부 영역을 다른 영역보다 더 어둡게)를 하려면 지금이 바로 적시이다.

만약 이 단계에서 추가하려는 색이 올바른 방향으로 가고 있지 않거나 색이 너무 진해지면, 나프타나 미네랄 스피릿을 적신 헝겊으로 전부 씻어내고 다시 조정된 색으로 시작한다.

이 컬러 매칭 기술은 래커 토너 분무에 비해 장점이 크다. 베이스 컬러나 실러 마감층을 제거하지 않고도 반복해서 시도해 볼 수 있다.

만들어진 색상을 '실링하기'

색상이 거의 비슷해지면 워시코트제를 도포한다. 이 마감제는 약 3~6%의 고형분을 포함하도록 희석되어 건조되면 도막 두께는 얇지만, 젖은 듯한 정확한 색상을 보여준다.

샘플과 계속 비교하면서 확인한다. 색상이 일치하지 않으면 색상을 더 뿌린 후, 워시코트한다. 워시코트제를 바를 때마다 색상을 실링하는 것이기에 아래 염료 층까지 제거하지 않는 이상, 색상을 없앨 수는 없다. 색상 매치가 만족스러우면 마무리 마감제를 도포한다(76쪽 '색상 맞추기' 참조).

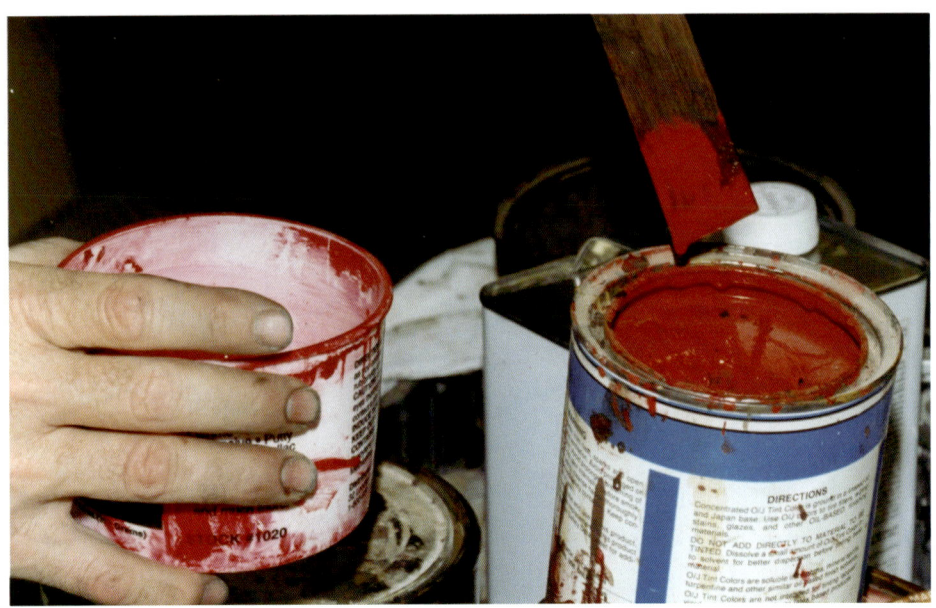

사진 21-14 조색하기. 보통 빨강, 초록, 노랑, 검정으로 색을 옮길 방향을 결정한 후, 나프타나 미네랄 스피릿에 극소량의 색소를 넣고 잘 저어준다. 색을 약하게 천천히 변화시켜야 색상을 조절할 수 있다.

사진 21-15 낮은 각도로 분무하기. 수직 방향에서 분사할 때 겹쳐서 어두워지는 것을 피하려면 좁은 분무 패턴으로 낮은 각도로 분사한다. 색을 천천히 올려 여러 번의 분사를 통해 색상을 맞춰 준다. 색상이 아직 젖어 있을 때 진행 상황을 판단한다.

사진 21-16 워시코트. 워시코트제를 바른 후, 마지막으로 완성된 색상 매칭이다.

목재 마감제 역사

주요 박물관에 전시된 가구들을 보면, 조각마다 표기된 라벨은 스타일, 기본 또는 보조 목재, 때로는 제작자를 알려준다. 하지만 마감은 무엇으로 했는지, 원래 마감인지, 보수 처리한 건지 등, 마무리 작업에 대한 정보를 알려주는 경우는 드물다. 그 결과 스타일, 목재, 제작자에 관해서 배우는 것보다 마감의 역사에 대해 배우는 경우가 훨씬 적을 수밖에 없다.

수십 년 동안 골동품 가구를 작업하는 과정에서 내가 배운 것은 작품에 사용된 마감제는 그것이 제작된 시대와 연관되어 있다는 사실이다 (재마감되었어도 마찬가지이다). 즉 시대마다 각기 다른 마감제를 사용하는 것이 일반적이라는 사실이다. 그래서 가구가 언제 만들어졌는지 안다면, 어떤 마감제가 사용되었는지 알 수 있다.

물론 용제로 마감 상태를 테스트할 수도 있다. 그러나 박물관에서는 이 작업을 수행할 수 없으며 일반적으로 고객이나 친구의 집도 마찬가지이다.

18세기 마감제

가장 초기의 마감제는 대개 제작자가 구할 수 있는 밀랍이나 아마인유였다. 만약 제작자가 항구 근처에 살았다면 알코올이나 오일에 녹는 수지를 구할 수 있었을 것이다. 그러나 18세기 마감제를 밝혀내기 위한, 현존하는 조각에 관한 최고의 연구에 의하면 당시에도 현재의 마감 도막에 해당하는 바닥 층에서 왁스와 오일 등이 존재했다고 한다.

이런 보고는 셸락이 18세기 고급 가구에서 널리 사용됐다는 일반적인 믿음과 배치된다. 사실 셸락 자체는 거의 사용되지 않은 것으로 보인다. 당시 구할 수 있었던 셸락은 너무 어두워서 대중의 기호와는 맞지 않았다. 그래서 셸락

사진 21-17 **마감제의 역사**. 마감제의 역사에 대해 약간의 전문지식이 있다면 가구 한 점이 언제 만들어졌는지 아는 것만으로도 적용된 마감을 상당히 정확하게 식별할 수 있다.

은 알코올용성 수지의 사용이 가능한 시기에 와서 보통 산다락(Sandarac) 같은 밝은색 수지와 혼합되어 더 밝은 결과물을 만들어냈다.

19세기 마감제

셀락은 19세기 초까지 세상에 나오지 않았다. 프랑스 광택은 19세기 초, 영국에 도입되었고 1810년대 미국에 도입되었다. 색을 밝게 하기 위한 탈색 방법은 1820년대에야 알려져서 도입되기 시작하였다. 1820년대부터 1920년대까지 미국과 유럽에서 제작되는 거의 모든 가구는 셀락으로 마감되었다.

그 당시 셀락은 아마인유와 단단한 천연수지를 함께 끓여서 만든, 근대적인 바니시와 비슷한 오일 바니시와의 구별을 위해서 '스피릿 바니시'라고 불렸다. 따라서 19세기 또는 20세기 초의 가구를 언급할 때 '오래된 바니시에 금이 갔다'라거나 또는 다른 바니시에 대한 언급을 들었다면 이는 실제로 현대적인 용어로는 셀락 마감일 가능성이 가장 크다.

1920년대

1920년대에는 마감제와 마무리에 있어서 두 가지 주요한 변화가 있었다. 니트로셀룰로오스 래커와 분무는 모두 이 시기에 가구 공장에 도입되었다. 1930년대에는 가구마다 래커가 뿌려져 있었다고 볼 수 있다.

래커는 다음의 두 가지 이유로 셀락보다 우수한 것으로 여겨졌다.

첫째, 래커는 래커 희석제를 용매로 사용한다. 셀락에 사용되는 알코올과 달리 래커 희석제의 증발 속도는 제조에 사용되는 용제로 조절할 수 있다. 따라서 래커는 다양한 날씨 조건에서 사용할 수 있어 훨씬 더 유용하다.

둘째, 래커는 합성해서 제조되는 마감제로 수요가 많을수록 가격이 저렴해진다. 셀락은 천연수지 상품으로 수요가 증가함에 따라 가격이 상승한다. 셀락 가격이 올라가는 동안 래커의 가격은 내려갔다.

또한 래커는 셀락보다 내구성이 강하지만, 이것이 래커로의 전환이 가능할 만큼 유의미하지는 않다.

가구업계에서는 래커가 셀락을 대체했지만, 1950년대와 1960년대까지 집수리 페인트공과 아마추어는 셀락을 계속 사용했다. 아직도 일부 아마추어는 셀락을 사용하고 있다.

분무 기술은 세기 초부터 존재했지만, 1920년대까지는 가구 공장에서 널리 쓰이지 않았다. 셀락과 마찬가지로 붓은 1950년대까지 집수리 페인트공이 계속 사용했으며, 지금도 아마추어 사이에서 널리 사용하고 있다.

래커는 도막착색을 더 쉽게 만들고 분무로 토닝이 가능했기 때문에 1930년대 이후 만들어진 가구는 장식용 효과를 위해 도막착색 또는 토닝하는 경우가 많았다. 이런 기술은 1920년대 이전에는 거의 사용되지 않았다.

1960년대

마감제와 마감 기술은 1920년대부터 1960년대까지 변화없이 일정하게 유지되었는데, 이 시기에도 몇 가지 변화는 있었다.

첫째, 소비자들 사이에서는 내구성이 뛰어난 마감제, 즉 널리 사용되고 있는 플라스틱 적층재(Formica)와 비교할 수 있는 마감제에 대한 욕구가 있었다. 이를 통해 촉매 마감제가 도입되고 최종적으로 폴리에스테르, 2액형 폴리우레탄, 산업용 UV 경화 마감제, 아마추어용 일액형 폴리우레탄이 도입되었다.

둘째, 대기오염이 점차 문제가 되고 있었기 때문에 대기 중으로 배출되는 용제를 줄이려는 움직임이 시작되었다. 1960년대와 70년대에 통과된 법안들은 1980년대에 수성 마감제와 HVLP 분무총을 도입하게 만들었다.

셋째, 경쟁이 치열해지면서 휴대용 정전기식 분무총을 시작으로 자동화가 이어졌고, 결국 마감 공정에서 작업자의 접촉을 크게 제한하는 방식으로 이어졌다.

넷째, 1971년 산업보건안전국(OSHA)이 설립됨에 따라 마감제를 사용하는 근로자의 건강에 대한 우려가 증가하였다. OSHA는 모든 피고용자의 근로조건에 대한 감독권한은 있지만 아마추어나 자영업자에 대한 감독권한은 없다.

다섯째, DIY 시장이 급속도로 성장하기 시작했다. 이는 보다 저렴한(그리고 낮은 품질의) 도구와 아마추어 목공 잡지와 책에 소개된 마감제에 대한 많은 무분별한 정보의 도입으로 이어졌다. 이런 도구와 정보에 의존하는 전문가들은 종종 그 결과로 시달려 왔다.

여섯째, 1990년대에 도입된 인터넷은 정보의 확산에 지대한 영향을 미치고 있다. 부정확한 정보가 지속되는 와중에도 인터넷이라는 새로운 매체 덕분에 가능해진 정보의 빠른 교환으로 인해 오류 섞인 정보들이 점차 도태되리라는 희망이 생겼다.

보수를 위한 암시

1960년대에 내구성이 더 높은 마감제가 도입되기 전까지 사용된 마감제가 '증발형'이었다는 것에 주목한다. 즉 용제의 증발에 의해 완전히 건조되고 열이나 용제의 접촉에 의해 재용해될 수 있는 마감제이다.

내구성이 뛰어난 마감제로의 전환은 손질과 보수에 큰 영향을 미쳤다. 마감제가 왁스, 셀락 또는 래커일 경우에 목재 손상은 눈에 띄지 않을 정도로 쉽게 수리할 수 있다. 마감제가 반응형일 경우에는 눈에 띄지 않는 수리가 훨씬 더 어려워진다. 여기에는 대개 컬러링 트릭으로 수리 또는 기존 마감 사이의 경계를 위장하는 작업이 포함된다.

마감제가 셀락인지 확인하기 위해서는 다리 뒷부분과 같이 눈에 띄지 않는 부위에 변성 알코올을 조금 발라주면 된다. 마감이 셀락이면 1~2초 안에 끈적거리다가 계속 적시면 완전히 지워진다.

래커 검사는 셀락 검사와 동일하며, 알코올 대신 래커 희석제를 사용한다.

후기

이제 여러분은 모든 초급과 중급 목재의 마감과 몇 가지 고급 기술을 접하게 되었다. 마감제 재료와 몇 가지 간단한 도구에 대한 정확한 이해가 발판이 되었다면 목재 마감이 어렵지 않은 주제임을 확실히 깨달았을 것이다. 물론 목재 마감 기술을 마스터하기 위해서는 많은 경험이 필요하다. 안타깝게도 목재마감법은 제조업체로부터 오도되거나, 부정확한 정보, 그리고 관련 잡지와 도서가 조장해온 방대한 분량의 모순된 정보로 인해 훨씬 더 어려워졌다.

『Bob Flexner의 목재 마감』(Understanding Wood Finishing) 1994년 초판 발행 이후 지금껏 자사 제품에 대해 더 좋고 더 정확한 정보를 제공하려는 제조사 측의 움직임을 본 적이 없다. 그리고 일부 목공 잡지와 목공 관련 서적 출판사의 경우에 그들이 전파하는 정보의 정확성을 높이고자 노력을 기울였으나 거의 예외적인 일이었다.

세미나가 열릴 때마다 혹시 부정확하거나 오해의 소지가 있는 정보를 발견한다면 개선을 요구하는 목소리를 높여달라고 참가자 모두에게 부탁하는 것으로 강의를 마무리한다. 즉 제조업체나 출판사에 문제를 알리고 판매 직원이나 통신 판매 업체에 문제를 지적하거나, 제조업체가 오류를 인지할 수 있도록 강하게 전달해 달라고 거듭 강조한다. 이 책의 독자 여러분에게도 같은 부탁을 드린다. 확신하건대, 이러한 '소비자 반란'이 필요한 변화를 가져올 것이다. 그렇지 않으면 바뀌지 않을 것이다

•

『Bob Flexner의 목재 마감』 초판을 써달라는 요청을 받은 것을 늘 영광으로 여겨왔다. 제3판을 집필할 수 있는 이번 기회 역시 더없는 영광이 아닐 수 없다. 폭스 채플 출판사(Fox Chaple Publishing)의 Alan Giagnocavo, Mark Johnson, Kerry Bogert에 감사하며 귀사의 신뢰에 깊은 사의를 표한다.

이 책을 쓰면서, Rick Mastelli, Deborah Fillion과 같이 훌륭한 분들과 함께 작업하게 된 점은 매우 큰 행운이었다. 그들은 첫 두 판을 함께 만들었다. 이 책처럼 방법론에 관한 서적의 성공은 정보 자체만큼이나 정보의 표현에 달려 있으며, Rick(편집자 겸 사진작가)과 Deborah(디자이너 겸 레이아웃 아티스트)는 이러한 종류의 정보를 가장 잘 표현했다. 만약 독자들이 이 책을 매력적이고 접근하기 쉽다고 느낀다면, 모두 그들 덕분임을 밝혀둔다.

목재마감에 관한 지식을 향상시키는 데 많은 분들이 도움을 주었다. 그중에서도 Jim McCloskey는 『Finishing and Restoration』(이전 『Professional Refinishing』) 잡지를 4년 동안 편집하는 기회를 주었으며, 그 몇 년 동안 전국 각지의 뛰어난 기술을 가진 재마

감 전문가들과의 교류를 통해서 많은 것을 배웠음에 고마움을 표하고자 한다. 또한 『Woodshop News』, 『Popular Woodworking』, 『Woodwork』, 『Maine Antique Digest』, 『The Paint Dealer』, 『American Painting Contractor』 등의 수많은 잡지 편집자들이 해당 저널의 수백 편의 목재마감 관련 주제를 살펴볼 귀중한 기회를 제공했던 것이 큰 도움이 되었다. 기사들을 기고하면서 정리한 많은 내용을 이 책에 포함했다.

오랜 시간 동안 기술적인 정보를 공유해준 많은 이들과 동료가 되는 영광도 누렸다. David Bueche, Mike Fox, Jerry Hund, David Jackson, Lloyd Haanstra, Russ Ramirez와 Greg Williams 등은 열정적인 지원을 아끼지 않은 친구들이다.

또한 필요할 때마다 언제나 격려와 조언을 보내 준 훌륭한 지역 목공인들과 마감전문가들이 옆에 있어 큰 행운이었다. 특히 Randall Cain, Matthew Hill, Bill Hull, Alan Lacer와 Bryan Slocomb 등에게 감사를 표한다. Alan Lacer와 Bryan Slocomb은 Chris Christenberry, Charles Radtke, Michael Puryear와 함께 그들의 작품 사진을 사용하도록 허락해 주었다. Jim Roberson은 필자의 작업 과정 사진을 촬영하고 이를 제공해 주었다.

마지막으로, 항상 필자를 믿어왔으며 어려운 여정 속에서도 계속 전진할 수 있도록 많은 도움을 준 가장 중요한 동반자인 아내 Birthe에게 고마움을 전한다.

밥 플렉스너 (Bob Flexner)

찾아보기

2액형 마감제　6, 57, 127, 129, 130, 132, 133~135, 138, 143, 156, 170, 180~182, 184, 185, 199, 201, 202, 204~207, 219, 225, 267, 321
2액형 폴리우레탄　6, 124~127, 133, 180~182, 184, 185, 205, 317, 321
HVLP　45~47, 49~52, 139, 204, 317, 321
HVLP 분무　45, 47, 49, 50, 52, 204, 317, 32
LVLP　49, 51, 321
NGR 염료　64, 66, 69, 71, 75, 85, 196, 210, 211, 219, 251, 261, 264, 313, 321

ㄱ

가교결합　92, 93, 129, 130, 133, 136, 162, 183, 201
가교 결합형 수성 마감제　6, 180, 181, 182, 185
가교제　185, 190
가구용 바니시　321
가소제　156, 157
가압 처리　294
갈라짐　17~19, 24, 25, 34, 54, 181, 294, 302
거스러미　4, 23, 29, 31~34, 61, 64, 65, 68, 73~75, 85, 89, 113, 127, 134, 135, 166, 190, 193, 194, 210, 218, 221, 230, 240, 244, 247, 249, 251, 254, 256, 258, 259, 261, 266, 306, 308, 309, 310, 312, 313
거스러미 제거　4, 23, 29, 31, 75, 89, 113, 193, 194, 256, 259, 266
건부후　292
건식 윤활 사포　174, 193, 226
건조지연제　194, 195
경단풍나무　7, 237, 257, 265
경도　93, 100, 104, 206, 225, 288
경화성 오일　169
경화 속도　171, 202
경화제　8, 129, 185, 190

고스팅　162, 231
고재처럼 마감하기　6, 208, 209, 211, 216
고형분 함량　5, 80, 115, 123, 124, 126, 138, 144, 167, 172, 183, 184, 193, 224
곧은결 판재　245
곰팡이　292~295, 298, 300, 302
공구연마　6, 222, 234
공기압축기　4, 31, 38, 45, 46, 49, 51, 52, 54
과분무　157, 158, 164
광택　5, 7, 8, 20, 22, 29, 39, 44, 50, 93~95, 99, 100, 102, 104~108, 111, 113, 118, 119, 123~125, 128, 129, 133, 136, 140, 142, 145, 147~150, 152~154, 157, 161~167, 175, 177, 191, 193, 199, 200, 206, 211, 217, 223~231, 233, 234, 236, 239, 240, 246, 249, 250, 253~255, 258, 261, 265~275, 278~281, 284, 288, 292, 298, 300, 302, 306, 307, 309, 312, 317
광택기　234, 236
광택제　7, 8, 39, 99, 102, 104, 105, 107, 108, 125, 128, 136, 145, 149, 154, 163~165, 167, 175, 177, 191, 193, 199, 211, 223~229, 231, 233, 234, 236, 254, 266, 268~275, 278, 280, 281, 284, 292, 298, 302, 312
균질화 작업　210
글리콜 에테르　6, 33, 61, 64, 65, 130, 131, 136, 137, 159, 160, 188, 190, 196, 204, 281
금속 건조제　90~92, 170~172, 179, 212
기포 발생　173, 187, 192

ㄴ

나프타　11, 61, 64, 74, 85, 97~99, 106~108, 117~120, 136, 137, 153, 154, 159, 175~179, 211, 212, 219, 230, 231, 261, 266, 267, 270, 275, 277, 278, 313, 314

내마모성	29, 141, 157, 169, 171, 190, 201, 204, 242, 257, 264
내산성	169~171, 190, 201
내알칼리성	170, 171, 190, 201
내열성	133, 141, 157, 169~171, 190, 201, 204, 205
내용제성	133, 141, 170, 171, 190, 201, 204, 205
녹 발생	194, 196
눈메꿈	5, 7, 8, 22, 80, 89, 110~117, 119, 120, 122, 148, 149, 193, 199, 210, 218, 226, 243, 245, 248, 252~255
느릅나무	7, 60, 218, 237, 238, 263
니트로셀룰로오스	5, 35, 36, 115, 126, 135, 141, 155~157, 162, 165, 182, 183, 189, 190, 202, 205, 207, 239, 317

ㄷ

단유성 바니시	72, 170, 177
덧문	297
데크	7, 12, 19, 291, 292, 294, 296~300, 302, 303, 310
데크 광택제	292, 298, 302
도막 두께	5, 80, 123, 124, 126, 162, 167, 172, 173, 184, 224, 314
도막착색제	21, 80, 130, 157, 161, 184, 192, 194, 195, 209~215, 217~220, 227, 239, 242, 243, 255, 278, 298, 313
동유	88, 90~96, 98~101, 129, 130, 141, 169, 171, 173, 199, 201, 203, 206, 207
드라이 브러싱	211, 217
등유	176, 177
디스트레싱	210, 211, 216

ㄹ

라텍스	92, 133, 136, 177, 189, 191, 196, 218, 247, 248, 277, 278, 296, 299, 303
라텍스 페인트	92, 136, 177, 189, 191, 196, 218, 247, 277, 278, 296, 299, 303
래커	5~9, 11, 21, 33, 35~37, 41, 43, 50, 57, 60, 61, 64~66, 71, 72, 74, 77, 79, 80, 84~86, 89, 90, 97, 98, 102, 109, 112, 115, 116, 119, 122, 124~127, 129~138, 140~142, 144, 147, 148, 150, 153~167, 169, 170, 177, 179~185, 189~194, 196, 197, 199, 201~207, 209~212, 219~221, 225, 230, 239~241, 244, 248, 251, 254, 255, 258, 261, 263, 267~288, 307, 309, 312, 314, 317, 318
래커 희석제	5, 11, 33, 35, 36, 41, 43, 57, 61, 64, 72, 74, 80, 84~86, 97, 98, 102, 116, 119, 127, 130, 131, 136, 137, 154~165, 177, 179, 182, 183, 191, 192, 196, 197, 203, 204, 220, 240~244, 251, 254, 263, 267, 277~279, 282, 285, 288, 307, 317, 318
랙깍지벌레	124, 141
랜덤-오비탈 샌더	234, 235
레이어링	231
레이트(CBA) 수지	322
리그닌	292, 293, 296, 302

ㅁ

마감 보수	7, 36, 66, 124, 135, 148, 158, 171, 204, 219, 276, 277, 289
마감제	4~15, 20~22, 29, 31, 33, 35, 39~55, 57, 61, 64~66, 69~73, 78, 80~82, 85~100, 102~105, 107~117, 119, 120, 122~139, 141, 143, 145, 147~150, 152, 156~171, 173, 175, 177, 178, 180~185, 188, 189~207, 209, 210, 212, 215~220, 223~228, 230~233, 236, 238~253, 255, 256, 258, 259, 261~264, 265, 267~275, 277~281, 284~288, 291, 292, 294, 295, 298~310, 312~314, 316~319, 321
마감제 분류	5, 123, 127, 133
마감제 호환성	5, 123, 136, 137, 278, 279
마구리면 착색	4, 58, 80, 82
마린 바니시	171, 207, 297, 300~303
마호가니	7, 22, 24, 25, 59, 60, 66, 81, 102, 111, 112, 114, 119, 122, 148, 149, 162, 191, 199, 200, 210, 213, 216, 221, 237~240, 249, 252~255, 259, 265, 266, 283, 312, 313
말레인	156
먼지 제거	29, 42, 148, 166, 175, 193, 224, 270, 273, 274
메탄올	144
목재 열화	7, 291, 292, 294
목재 컨디셔너	81, 82, 241
목재 탈색	4, 58, 63, 67, 69, 102, 216, 250
목재 패치	34

목재 퍼티	4, 23, 24, 34~36, 114, 115, 130, 282
목재 흑단화 처리	4, 58, 63, 73, 257
무광	22, 50, 93, 100, 107, 128, 161, 175, 216, 218, 223, 239, 309
무늿결 판재	243, 245, 323
무취 미네랄 스피릿	176, 177
물결무늬	59, 75, 217, 256, 257
물질안전자료	126, 159
물푸레나무	7, 21, 24, 60, 111, 112, 218, 263, 309
미국풍나무	7, 237, 238, 265
미네랄 스피릿	11, 32, 43, 61, 69, 72, 80, 81, 85, 86, 88, 94, 95, 98~100, 102, 106~108, 113, 117~120, 130, 136, 137, 141, 149, 154, 166, 172~178, 191, 196, 203, 211, 212, 218~220, 223, 227, 228~234, 242, 261, 270, 272, 274, 275, 277, 281, 285, 302, 314
밀랍	104, 106, 316

ㅂ

바니시	7, 9, 21, 22, 29, 31, 37, 41~43, 57, 60, 61, 65, 66, 69, 71, 72, 79~85, 87~101, 105, 109, 112, 113, 116, 117, 124, 126, 127, 129, 130, 132~136, 139, 141, 143, 145, 147, 148, 150, 156, 162, 166, 168~179, 181~185, 187, 189, 190, 193, 194, 197, 199~202, 204~207, 210, 211, 218~220, 225, 230, 231, 239, 240, 242, 246~249, 252, 253, 255, 258~260, 262, 263, 265, 267, 277~279, 282, 285, 288, 297, 300~303, 306, 307, 310, 313, 317
바인더	35, 60, 61, 63~66, 68, 69, 71, 72, 84~86, 113, 114, 117, 130, 134, 156, 161, 220, 282, 283, 285, 298~300, 309
반경화성 오일	169
반응형 마감제	124, 125, 127, 129~131, 133, 136~138, 162, 171, 183, 201, 225
반죽형 목재 메꿈제	5, 22, 80, 89, 110, 112~122, 130, 149, 157, 192, 194, 195, 210, 213, 224, 239, 243, 254
반죽형 왁스	5, 99, 103~108, 154, 229, 230, 232~234, 250, 254, 266, 267, 269, 271~275, 278, 279, 284, 285, 288
발수제	294, 296, 298, 299, 301~303
밤나무	7, 59, 237, 238, 263, 309
백화현상	152, 157, 158, 163~165, 181

번인 스틱	7, 276, 286~289
범용 색조 조색제	36, 71, 114, 120, 209, 212, 288, 313
벚나무	7, 59, 60, 66, 72~75, 111, 114, 148, 149, 162, 183, 191, 210, 216, 237, 238, 258~262, 265, 309
베이스 코트	161
벤젠	176, 177
벤진	176, 177
변재 착색	210
복구가능성	6, 198, 199, 204, 205
복합형 마감제	5, 123~125, 127, 131~133, 190
부석	89, 149, 150, 225~229, 233, 278, 281
부후	292~294
분무배기장치	4, 38, 46~48
분무 장비	40, 172, 201, 202, 262
분무총	4, 38, 39, 45~47, 49~57, 75, 77, 78, 89, 118, 138, 139, 141, 148, 152, 159, 160, 161, 163, 166, 167, 183, 193, 194, 196, 219, 284, 314, 317
분체 도장	181, 182
붓	4~6, 9, 38~45, 66~69, 72, 73, 75, 78~80, 82, 86, 89, 118, 120, 121, 125, 126, 137, 140, 143, 144, 147~153, 157~159, 162, 163, 166, 168, 170~176, 178, 179, 185~188, 190~195, 197, 202~207, 209~214, 217~223, 226, 230, 232, 240, 242, 243, 246~248, 250, 251, 253~256, 259, 264, 266, 279, 283~285, 300, 306~309, 312, 314, 317
붓질용 래커	157, 159, 206, 207
붓질하기	4, 5, 38, 42, 44, 158, 163, 168, 172, 174, 175, 178, 193, 207
블리딩	4, 87, 89, 95, 97
비누 마감	7, 304, 309, 310, 312
비닐	43, 48, 80, 135, 156, 167, 183, 184, 210, 271, 299, 307, 313

ㅅ

사이징	210
사포	4, 23, 26~33, 36, 68, 80, 83~85, 89, 97, 102, 113, 114, 119, 120, 129, 130, 134, 137, 148, 149, 152, 153, 165, 167, 171, 174~176, 178, 193, 197, 210, 211, 217, 220,

	223~234, 236, 239~244, 246~251, 253~256, 258~261, 263, 264, 266, 267, 278, 286, 287, 306, 310~312		176, 218, 237~243, 262, 294, 309
사포 규격	30	손상	4, 7, 18, 20, 23, 24, 29, 34~36, 53, 54, 62, 63, 66, 90, 91, 93, 98, 99, 105, 112, 113, 127, 129, 132, 133, 135~137, 147~149, 152~154, 157, 158, 162, 165, 171, 177, 181, 182, 205, 211, 219, 226, 228, 230, 232, 270~273, 276~281, 284~289, 292, 294, 297, 299, 318
산토도밍고 마호가니	252, 255		
산화	30, 66~68, 76, 93, 169~171, 216, 269~273, 298		
산화과정	93, 169		
새눈무늬	75, 78, 256, 257	송진포	29, 42, 44, 55, 167, 174, 193, 228, 231
색상	4, 7, 20, 27, 30, 31, 33, 35~37, 48, 58, 59, 62, 64, 66~69, 74~79, 82~86, 98~100, 102, 104~106, 114, 117, 118, 120, 122, 124, 125, 135, 143, 161, 171, 182, 191, 199, 202, 209~13, 216, 218,~221, 227, 231, 234, 238, 239, 242~245, 247~251, 255~259, 261~264, 269, 273, 276~290, 292, 294, 302, 304, 309, 312~315	수성 마감제	6, 7, 11, 39, 41~43, 48, 50, 55, 57, 65, 69, 80~82, 89, 90, 96, 97, 113, 116, 122, 124, 125, 127, 130, 132~138, 141, 143, 162, 163, 165, 166, 169, 180~182, 185, 188~197, 199, 201~207, 212, 218~220, 225, 227, 230, 231, 240, 247, 252, 259, 264, 267, 272, 278, 285, 288, 302, 303, 306~309, 317
색상 맞추기	4, 7, 58, 69, 75, 76, 220, 282, 283, 304, 312, 314	수성 반죽형 목재 메꿈제	5, 110, 120~122, 195
색상 터치	276, 282, 287, 288, 290	수증기 처리	34, 324
색소	20, 60, 61, 63, 66, 70~72, 76, 99, 105, 106, 113, 114, 118, 120, 122, 134, 209, 212, 214, 219, 241, 243, 261, 282~284, 288, 289, 299, 313, 314	스크래치 저항성	201, 273, 274
		스텝 패널	6, 208, 219, 221, 251
		스트라이킹-아웃	210, 211
샌더	27, 29, 30, 113, 120, 234~236, 243	스틸울	6, 73, 85, 89, 97, 98, 102, 107, 113, 129, 130, 137, 142, 149, 152, 164, 167, 171, 174, 175, 178, 196, 197, 206, 211~231, 233, 242, 249, 250, 253, 256, 258, 261, 278, 279, 281, 300
샌딩	4, 22~24, 26~34, 36, 39, 44, 61~63, 66, 68, 69, 75, 80, 82~85, 89, 93, 98, 100, 102, 105, 112~122, 133~135, 148~153, 164~167, 174, 175, 177, 183, 187, 192~194, 200, 210, 212~226, 228, 230~234, 239~244, 246~251, 253~256, 258~264, 266, 267, 278~280, 284, 287, 292, 296, 298~300, 302, 305, 306, 308~314		
		스파 바니시	169, 171, 206, 297, 302, 303
		식품의약품안전청(FDA)	170
		실러	5, 30, 36, 37, 75, 78, 80, 85, 86, 112, 115, 117, 123, 124, 130, 134, 135, 147, 149, 156, 167, 172, 174, 183, 184, 194, 209, 210, 212, 241, 244, 251, 255, 261, 263, 313, 314
석유 증류분 용제	6, 104, 136, 137, 166, 168, 173, 176, 272, 273, 278		
선-촉매형 래커	182, 183, 185, 219	실러 바르기	5, 36, 78, 112, 123, 124, 134, 147, 149, 156, 167, 172, 174, 183, 212
셸락	5, 7, 21, 22, 37, 41~43, 50, 66, 71, 80, 85, 86, 89, 90, 92, 105, 109, 112, 119, 122, 124, 126~130, 132~138, 140~154, 156~158, 162, 166, 167, 170, 189, 192, 193, 199, 201~207, 209, 211, 212, 219, 225, 241, 248, 250, 252, 254, 256, 266, 279, 281, 282, 284~286, 288, 307~309, 313, 316~318	실리콘	5, 30, 53, 135, 141, 147, 155, 162~166, 178, 192, 193, 229, 233, 234, 254, 266, 270, 272~274, 279, 302
		실리콘 광택제	165, 273, 274
셀룰로오스	5, 35, 36, 115, 126, 135, 141, 155~157, 162, 165, 182, 183, 189, 190, 202, 205, 207, 239, 292, 293, 302, 317	실코트	144, 195
셀룰로오스-아세테이트-부티레이트(CAB) 수지	157		
셰이딩	20, 21, 65, 85, 124, 125, 210, 211, 215, 216, 219, 220	**ㅇ**	
소광제	5, 93, 98~100, 123, 125, 128, 142, 161, 175, 193, 199, 228, 300	아닐린 염료	4, 58, 63, 64, 66, 73~75, 77
소나무	6, 24, 25, 59, 60, 72, 74, 78, 80, 82, 135, 149, 169,	아마인유	4, 37, 87, 88~96, 98~102, 104, 105, 116, 129, 130, 169,

	173, 179, 199, 201, 203, 206, 207, 212, 256, 258, 262, 302, 303, 316, 317		255, 259, 262, 263, 265, 267, 277~279, 285, 310
아말가메이팅	278, 279, 280	오일 제거	148, 153, 154
아미노	156, 170, 182	옥살산	11, 67, 68, 102, 166, 281, 292, 298, 302
아지리딘	185	온두라스 마호가니	149, 252, 253
아크릴	35, 36, 64, 71, 114, 120, 124, 125, 156, 157, 161, 170, 189, 191, 201, 205~207, 296, 300	와이핑 바니시	5, 7, 88, 92~100, 130, 141, 168, 173~177, 197, 200~202, 204, 210, 219, 239, 248, 252, 253, 255, 258, 267, 279, 306
아프리카 마호가니	253, 255	왁스	5, 7, 8, 20, 21, 36, 37, 89, 91, 96, 99, 103~109, 127, 128, 130, 134~137, 141~143, 145, 147~149, 154, 165, 176, 177, 185, 186, 195, 199, 201, 202, 204~207, 210, 219, 223, 224, 229~234, 242, 245, 250, 254, 256, 258, 261, 266, 267, 269~275, 277~279, 281, 282, 284~286, 288, 298, 302, 309, 316, 318
안전성	6, 92, 198, 199, 202~204		
알코올	5, 8, 41, 43, 61, 64, 66, 69, 71, 73, 74, 80, 85, 86, 89, 102, 127, 129~131, 136, 137, 140~48, 150~154, 156, 159, 169, 181, 196, 203, 204, 211, 247, 277, 279~281, 288, 290, 307, 316~318		
알키드	65, 71, 91, 93, 125, 156, 157, 169~173, 182, 184, 199, 201, 206, 207, 296, 299~301, 303	외관	6, 84, 93, 99, 111, 117, 122, 126, 141, 149, 150, 161, 162, 198~200, 211, 216, 217, 219, 238~240, 243, 246, 253, 260, 295, 297
알키드 수지	156, 169, 171~173, 184	용제	5, 6, 8, 11, 32, 33, 41, 43, 47, 53, 57, 61, 64, 66, 68, 72, 74, 75, 84~86, 92, 102, 104~108, 116, 120, 123~125, 127, 129~133, 136~139, 141, 144, 147, 148, 154~157, 159~166, 168, 170, 171, 173, 175~177, 179~182, 185, 189~192, 194~196, 198, 201, 203~205, 207, 211, 218, 219, 226, 265, 267, 269, 270~275, 277~279, 281, 282, 285, 305, 307, 313, 314, 316~318
압력용기용 분무총	54		
앤티크 가구	8, 162		
앤티크 로드쇼	20, 268, 275		
에멀전 광택제	273, 274		
에어로졸 분무	4, 38, 46, 50, 281		
에어브러시	284		
에탄올	144		
에폭시 수지	6, 126, 180~182, 185, 187, 205	용제 폐기물	6, 198, 203, 204
연단풍	7, 59, 237, 238, 265, 325	우레탄	6, 33, 50, 93, 94, 95, 109, 124~127, 130, 133~135, 139, 141, 156, 169~173, 179~182, 184, 185, 187, 189, 190, 197, 199, 201, 202, 205~207, 225, 231, 242, 264, 270, 279, 306, 317, 321
연마	4, 6, 7, 22, 29, 30, 33, 38, 39, 44, 97, 104, 105, 113, 119, 125, 128, 129, 133, 135, 137, 141, 142, 144, 147~150, 154, 157, 162, 171, 174~176, 178, 183, 184, 192, 193, 197~199, 204, 206, 207, 211~236, 242, 250, 253, 254, 261, 269, 277~279, 281, 284, 310, 312		
		워시코트	4, 58, 78, 80~86, 114~120, 122, 125, 135, 184, 192, 195, 210~213, 220, 221, 241, 247, 248, 251, 254, 314, 315
연마재	162, 223~226, 229, 231~233, 278, 281, 284		
연마 패드	4, 38, 39, 148, 154, 211, 228, 233~236, 278, 284	워시코트제	4, 58, 78, 80~82, 117, 118, 135, 184, 212, 254, 314, 315
연필향나무	7, 237, 238, 265		
열화	7, 8, 19, 144, 147, 268~275, 277, 278, 280, 291, 292, 294, 296, 300~302	워시코팅	117, 210, 241
		위생	4, 16, 17
오일 마감제	4, 87~90, 92, 94~100, 102, 116, 124, 177, 199, 204, 205, 207, 279, 301	유광	22, 50, 91, 99, 100, 107, 113, 124, 128, 142, 147, 153, 161, 175, 176, 223, 225, 233, 239, 266
오일·바니시 마감제	4, 89, 91, 94, 95	유사 마감	211
오일·바니시 혼합물	6, 7, 88, 93~99, 101, 105, 109, 130, 133, 173, 179, 197, 199, 201, 202, 207, 219, 239, 246~249, 252,	유성 반죽형 목재 메꿈제	5, 110, 114, 116, 118, 121, 254
		유화제	191

이소프로판올	144		58~66, 68~86, 102, 114~120, 122, 125, 128, 130, 137, 157, 161, 165, 176, 183, 184, 192, 194, 195, 197, 209~221, 227~239, 241~243, 245~248, 250~252, 254~257, 261~266, 278, 282, 284, 285, 289, 294, 296, 298~303, 305~309, 312, 313
인라인 패드 샌더	234~236		
일본 건조제	116, 170, 212		
잇꽃씨유	169		

참나무　6, 7, 24, 25, 60, 61, 66, 70, 73, 81~83, 91, 96, 97, 111, 112, 114, 119, 199, 200, 215, 218, 221, 237, 238, 242~248, 263, 283, 309

ㅈ

자외선	7, 32, 61, 96, 171, 172, 181, 182, 184, 206, 269, 291~294, 296~303
자외선 차단제	171, 172, 300
자외선(UV) 경화 마감제	181, 182
자일렌	33, 36, 61, 64, 74, 136, 138, 159, 176, 177, 182, 278
자작나무	7, 59, 60, 74, 75, 83, 237, 238, 262, 265, 266
잠재 용제	159
장식효과	4, 16, 20, 114
장유성 바니시	170~172, 300, 302
저광	6, 7, 22, 91, 93, 95, 98, 100, 105, 109, 128, 141, 161, 175~177, 216, 218, 223~227, 229, 230, 242, 244, 247, 248, 251, 255, 259, 260, 261, 263, 264, 267, 281, 300
전환형 바니시	22, 124, 126, 133, 135, 177, 181~185, 199, 205
점도	19, 25, 49, 51, 54, 60, 61, 65, 72, 144, 163, 173, 176, 185, 194, 209, 210, 211, 242
접착제 얼룩	4, 23, 31~33, 282
접착제 제거	33, 177, 278
접합파괴	19
젤 바니시	6, 7, 72, 130, 168, 174~177, 197, 202, 260, 306, 307
조색제	36, 71, 114, 120, 209, 212, 215, 220, 288, 313
주방가구제조자협회	6, 180, 181
중력식 분무총	46, 51
중유성 바니시	170
중합오일	93, 95, 96, 98~100
증발형 마감제	124, 125, 127, 129, 133, 136, 147, 148, 156, 162, 207, 224, 231, 279, 286
질감	20~22, 27, 31, 84, 99, 106, 111, 218, 238, 247, 252

천연모　40, 41
천연 수지　148, 169
촉매형 마감제　6, 158, 169, 180~184, 270
치수안정화　4, 16, 17
침투　4, 18, 31, 33, 35, 61, 65, 70~72, 74, 75, 77, 78, 83, 85~91, 99, 100, 105, 124, 133, 134, 136, 147, 169, 174, 185, 194, 201, 206, 220, 239, 241, 247, 265, 270, 271, 277, 280, 296, 298, 299, 301~303, 310

ㅋ

카나우바 왁스	104, 106, 108
코팔	169
콘	5, 30, 53, 135, 141, 147, 155, 162~166, 178, 192, 193, 203, 226, 229, 233, 234, 254, 266, 270, 272~274, 279, 302
쿠바 마호가니	149
크래클 래커	5, 155, 157, 161
크레이징	277
크롤링	165, 178
클리어 광택제	273, 274

ㅊ

착색제　4, 6, 7, 10, 13, 20, 21, 25, 29, 31, 33, 40, 41, 45,

ㅌ

탈색	4, 20, 21, 33, 40, 58, 60, 63, 67~69, 76, 102, 113, 130, 143, 144, 210, 216, 250, 262, 281, 284, 300~302, 303, 317
터빈 분무총	54
테레빈유	6, 61, 64, 74, 95, 104, 106, 120, 130, 136, 137, 166, 168, 173, 176, 272, 274, 275, 277, 278

토너	46, 50, 65, 75, 125, 143, 157, 194, 195, 196, 215, 216, 219~221, 241~243, 250, 261~263, 265, 278, 313, 314
토닝	6, 7, 20, 21, 66, 85, 124, 125, 158, 195, 208, 209, 210, 211, 215, 219, 220, 242, 250, 258, 259, 261~263, 312, 317
톨루엔	33, 36, 61, 64, 74, 106, 136, 138, 159, 176, 177, 182, 272, 278
퇴색	4, 58, 60, 61, 64, 69, 77, 292, 309
퇴색저항	4, 58, 61, 64, 77
투명도	21, 61, 62, 84, 86, 128, 141, 143, 150, 157, 199, 204, 257, 262, 280, 282
투-컵 방법	185
틀어짐	17~19, 294
티크 오일	88, 95, 96, 301

ㅍ

파라핀 왁스	104, 176, 177
패딩 래커	5, 66, 124, 136, 140, 153, 154, 282, 284, 285, 288
페놀 수지	169, 170, 171
페인트	8, 11, 13, 36, 39~41, 43, 45, 51, 53, 63, 72~74, 84, 85, 88, 91~93, 97, 116, 124, 125, 134, 136,~138, 144, 145, 148, 161, 169, 170, 173, 177, 184, 189~194, 196, 203, 211, 214, 215, 218, 219, 229, 240, 247, 248, 269, 277, 278, 285, 292, 296, 298~301, 303, 305, 313, 314, 317
페인트 패드	39~41, 43, 193, 299
평활화	4, 23, 24, 26, 28, 30, 33, 89, 128, 247
포플러	7, 59, 237, 238, 264, 265
폴리우레탄 수지	93, 124, 125, 171, 172, 184, 189
폼 브러시	40, 41
프랑스 광택	7, 39, 124, 140, 145, 147~149, 150, 152~154, 200, 266, 279, 317
플라이스펙	212, 214, 217
피시 아이	5, 135, 147, 155, 162~166, 178, 192, 193, 273, 279

피아노 바니시	169
피클링	6, 7, 191, 199, 208, 209, 212, 218, 247, 248, 263
필리핀 마호가니	252, 253

ㅎ

하이라이팅	210, 211
할렬	17~19, 25, 124, 143, 257, 294
함몰	4, 23, 24, 34, 35
합성모	40, 41, 193
합성 수지	156, 169
합성 스틸울	6, 97, 222, 226~228
헝겊	4, 9, 29, 31, 37~40, 45, 66, 67, 73, 89, 95, 102, 105, 107, 108, 118, 147, 153, 166, 174, 178, 204~206, 211, 225, 246, 248, 253, 260, 267, 284, 310, 314
호두나무	7, 24, 59, 60, 66, 69, 70, 73, 77, 81, 97, 111, 112, 122, 148, 149, 162, 189, 191, 200, 202, 210, 216, 221, 237, 238, 240, 241, 247, 249~252, 264, 265, 309
화학 착색제	4, 58, 63, 66, 328
활성 용매	159, 160
황변현상	21, 156, 157, 169~171, 184, 194, 205, 206, 247
후-촉매형 래커	182, 183
휘발성 유기 화합물	181, 189
흡상식 분무총	46
흩뿌리기	211, 212, 214
희석 용제	159
희석제	5, 11, 33, 35, 36, 41, 43, 44, 49, 57, 61, 64, 69~72, 74, 78~80, 84~86, 88, 94, 95, 97, 98, 102, 114, 116, 118~121, 123, 126, 127, 129~131, 133, 136, 137, 144, 154~161, 163~165, 172, 173, 175~177, 179, 182, 183, 191, 192, 196, 197, 203, 204, 209~212, 218~220, 240, 241, 244, 251, 254, 261, 263, 267, 277~279, 282, 285, 288, 307, 314, 317, 318

관련 재료 미국 현지 구입처

페인트 매장과 홈센터는 주택 페인트칠에 필요한 대부분의 물품을 구비하고 있지만, 목재 마감에 필요한 기본적인 것 이상을 취급하는 경우는 거의 없다. 유통업체와 일부 페인트 매장에서는 래커, 2액형 마감제, NGR 착색제 및 기타 전문 제품을 취급하며 이 제품들은 온라인에서 구할 수 있다. 고품질의 분무 장비와 다양한 연마 관련 마감 용품은 자동차 튜닝 관련 공급 매장, 또는 온라인에서도 만나볼 수 있다.

현지에서 찾을 수 없는 다른 품목의 경우, 우편 주문 공급업체에 문의해야 한다. 아래 목록은 온라인에서 찾을 수 있는 신뢰할 수 있는 공급업체이다. 소비자가 요청하면 카탈로그를 받아볼 수도 있다.

www.bencosales.com
Benco Sales, Inc. : 재마감 업계에 마감제와 마감제 제거제를 공급

www.constantines.com
Constantine's : 마감 관련 재료들을 다량 보유

www.goffscurtainwalls.com
Goff's Curtain Walls : 분무배기장치 제작용 산업용 커튼 공급

www.tools-for-woodworking.com
Highland Woodworking : 마감 관련 재료들을 다량 보유함. 관련 교육도 진행

www.hoodfinishing.com
Hood Finishing Products : 마감·재마감 업계에 마감제와 마감제 제거제를 공급

www.homesteadfinishingproducts.com
Homestead Finishing Products : 마감 관련 재료들을 다량 보유

www.woodworkingshop.com
Klingspor's Woodworking Shop : 마감 관련 재료들을 다량 보유

www.leevalley.com
Lee Valley Tools, Ltd. : 마감 관련 재료들을 다량 보유함. 캐나다 지점 20개 보유

www.wdlockwood.com
W.D. Lockwood & Co. : 마감 업계에 대한 수성, 알코올 및 유성 분말 염료의 최대 공급처

www.meritindustries.com
Merit Industries : 마감 관련 재료들과 색상 손질재료를 다량 보유

www.mohawk-finishing.com
Mohawk Finishing Products : 전문적인 마감·재마감 업계에 관련 재료들과 색상 손질 재료를 다량 공급함. 전국적인 색상 손질교육을 제공

www.oldemill.com
Olde Mill Cabinet Shoppe : 마감 관련 재료들과 색상 손질재료를 다량 보유함. 관련 교육도 진행

www.rockler.com
Rockler : 전국에 있는 지점에 마감 관련 재료들을 다량 보유함. 지점에서 관련 교육도 진행

www.touchupdepot.com
Touch Up Depot : 재마감 업계에 마감제, 마감제 제거제, 색상 손질재료 주로 공급

www.touchupsolutions.com
Touch Up Solutions : 마감·재마감 업계에 다량의 마감제, 색상 손질재료를 공급

www.woodcraft.com
Woodcraft : 전국에 있는 지점에서 마감 관련 재료들을 다량 보유, 지점에서 관련 교육도 진행

www.woodworker.com
Woodworker's Supply : 마감 관련 재료들을 다량 보유